大学化学及实验

（第二版）

张会菊　段培高　范云场　主编

科学出版社

北　京

内 容 简 介

本书是按照工科大学化学课程教学基本要求编写的,是一本面向理工类非化学专业本科生,集理论、应用、实验于一体的大学化学教改教材。本书在保持第一版特点和风格的基础上,重新编写和更新了部分章节内容。全书共 8 章：前 6 章为理论部分,第 7、8 章为实验部分。其中理论部分包括两大知识模块：第 1~5 章是大学化学的基本理论,第 6 章是化学中的分析分离方法。本书强调工科特色,不但注重基础和应用,更注重适用性。

本书可作为高等院校理工类非化学专业本科生的大学化学教材,也可供广大化学、化工工作者参考。

图书在版编目(CIP)数据

大学化学及实验/张会菊,段培高,范云场主编. —2 版. —北京：科学出版社,2017.8
ISBN 978-7-03-054055-3

Ⅰ.①大… Ⅱ.①张… ②段… ③范… Ⅲ.①化学–高等学校–教材 ②化学实验–高等学校–教材 Ⅳ.①O6

中国版本图书馆 CIP 数据核字(2017)第 182641 号

责任编辑：陈雅娴　孙静惠 / 责任校对：贾伟娟
责任印制：徐晓晨 / 封面设计：迷底书装

科学出版社 出版
北京东黄城根北街 16 号
邮政编码：100717
http://www.sciencep.com

北京虎彩文化传播有限公司 印刷
科学出版社发行　各地新华书店经销

*

2011 年 2 月第 一 版　开本：787×1092　1/16
2017 年 8 月第 二 版　印张：16　插页：1
2020 年 8 月第十次印刷　字数：406 000
定价：45.00 元
(如有印装质量问题,我社负责调换)

《大学化学及实验（第二版）》
编写委员会

主　编　张会菊　段培高　范云场

编　委（按姓名汉语拼音排序）

　　　　别红彦　段培高　范云场　李海艳

　　　　李彦伟　王秋芬　张会菊

第二版前言

本书第一版于 2011 年 2 月出版,在各院校使用了 6 年。随着大学化学教学改革的不断深入及教学水平的日益提高,一线教师在使用过程中提出了宝贵建议,为适应高等院校理工类非化学专业本科生的通用大学化学课程的学习,有必要对本书加以修订。

本次修订仍保持了第一版的编写风格,即将原来两门课程大学化学和大学化学实验的教学内容融为一体,压缩篇幅,组成新的教学体系,以满足目前大学化学课程学时普遍较少的现状。同时,根据学科发展及教学改革的需要,对本书内容做了适当调整和增减。本次修订有三个变动:一是根据课程学时设置的变化,将理论部分的"化学与生活"相关内容删除;二是前 6 章增加了阅读材料,加入与理论相关的应用小故事、科学最前沿、历史发展等材料,增加教材趣味性,拓宽知识面;三是实验部分内容做了较大调整,实用性更强。

参加本书的编写人员有:河南理工大学张会菊(第 1 章、参考文献、附录)、段培高(第 2 章、每章的阅读材料)、李海艳(第 3 章)、李彦伟(第 4 章)、王秋芬(第 5 章)、范云场(第 6 章)、别红彦(第 7 章、第 8 章),全书由张会菊、段培高、范云场修改定稿。

在本书编写过程中参考了相关教材有关内容,主要参考文献已列出,在此对文献原作者深表感谢!

由于编者水平有限,书中难免有疏漏和不当之处,请读者不吝指教!

编 者
2017 年 5 月

第一版前言

化学（chemistry）是研究物质的组成、结构、性质以及变化规律的科学，已日益渗透到生活的各个方面，特别是与人类社会发展密切相关的重大问题的解决越来越离不开化学研究。作为通识教育的大学化学，一直以来都作为高等教育中实施化学教育的基础，在本科教学中有着举足轻重的地位，尤其是对于非化学专业的学生，大学化学可能成为其四年学习中接触的唯一一门化学课程。因此，大学化学对于完善其知识结构、培养其相应的化学素质具有重要作用。

与其他大学化学类教材相比，本书具有以下特点：

（1）将原来两门课程大学化学和大学化学实验的教学内容融为一体，压缩篇幅，组成新的教学体系，适合目前大学化学课程学时少的现状。

（2）结构合理，条理清晰，在对知识点的把握上，做到了简明扼要、深入浅出、知识性与趣味性相结合。

（3）针对性和适用性强，适合非化学专业工科学生的知识需求。

本书参编教师全部来自大学化学教学第一线，多年来一直承担着大学化学教学任务，有丰富的教学经验、扎实的理论功底，学科知识广泛，对大学化学的基础性地位和作用有深刻的理解。我们结合自身教学经验，汲取同类优秀教材的优点，注重体现教改思想，针对教学中的重点、难点及学生的接受情况编写了本书。

本书的编写人员有张会菊（河南理工大学，第 1 章、4.6 节、4.7 节）、别红彦（河南理工大学，第 2 章、第 10 章）、徐周庆（河南理工大学，第 3 章）、张爱芸（河南理工大学，4.1～4.5 节、第 8 章）、赵丹（河南理工大学，5.1～5.3 节）、孟磊（河南农业大学，5.4 节、7.2 节）、毕文彦（河南理工大学，第 6 章）、缪娟（河南理工大学，7.1 节）、李英杰（河南理工大学，第 9 章）、杨磊（河南理工大学，第 11 章、15.2 节、15.3 节）、阳虹（河南理工大学，第 12 章、第 15 章实验 1～实验 4）、孔继川（河南理工大学，第 13 章、第 14 章）、金秋（河南农业大学，第 15 章实验 5～实验 8，附录）。全书由张会菊、缪娟修改校阅。

本书参考了相关教材及互联网上有关内容，主要参考文献已列出，在此对文献原作者深表感谢！

由于编者水平有限，书中难免存在错误和不当之处，请读者不吝指教！

编　者

2010 年 11 月

目　录

第二版前言
第一版前言
第 1 章　化学热力学 ··· 1
    1.1　基本概念 ··· 1
        1.1.1　系统和环境 ··· 1
        1.1.2　相和态 ··· 2
        1.1.3　状态与状态函数 ··· 2
        1.1.4　系统的性质 ··· 3
    1.2　热力学第一定律 ·· 3
        1.2.1　热力学第一定律的内容 ·· 3
        1.2.2　功和热 ··· 4
    1.3　化学反应的热效应 ·· 4
        1.3.1　等容反应热 Q_V ··· 4
        1.3.2　等压反应热 Q_p ··· 5
        1.3.3　焓 ·· 5
        1.3.4　热力学标准态 ·· 6
        1.3.5　热化学反应方程式 ··· 7
        1.3.6　单质和化合物的标准（摩尔）生成焓 ·· 7
        1.3.7　化学反应标准（摩尔）焓变的计算 ··· 8
        1.3.8　化学反应热的应用 ··· 10
    1.4　化学反应进行的方向 ·· 10
        1.4.1　焓变与化学反应进行的方向 ·· 11
        1.4.2　熵、熵变与化学反应进行的方向 ·· 11
        1.4.3　功与化学反应进行的方向 ·· 14
        1.4.4　吉布斯函数变与化学反应进行的方向 ····································· 14
    1.5　化学反应的限度——化学平衡 ··· 18
        1.5.1　平衡常数的概念 ··· 19
        1.5.2　标准平衡常数的计算 ··· 20
        1.5.3　化学平衡的移动——影响化学平衡的因素 ····························· 22
    阅读材料 ··· 24
    思考题与习题 ··· 29
第 2 章　化学反应动力学 ·· 32
    2.1　化学反应速率 ··· 32
        2.1.1　化学反应进度 ·· 32
        2.1.2　化学反应速率的表示和测定 ·· 33

2.2 影响化学反应速率的因素 ··· 34
2.2.1 浓度对化学反应速率的影响 ·· 34
2.2.2 温度对化学反应速率的影响 ·· 37
2.2.3 反应速率理论 ··· 39
2.2.4 催化剂对化学反应速率的影响 ·· 40
阅读材料 ·· 41
思考题与习题 ·· 45

第3章 水溶液中的离子平衡 ·· 47
3.1 酸碱理论的发展简介 ·· 47
3.2 酸碱质子理论 ··· 48
3.2.1 酸碱的定义 ··· 48
3.2.2 酸碱反应的实质 ··· 49
3.2.3 酸碱的相对强弱 ··· 49
3.3 弱电解质的解离平衡 ·· 50
3.3.1 水的解离平衡 ··· 50
3.3.2 一元弱酸、弱碱的解离平衡 ·· 51
3.3.3 多元弱酸、弱碱的解离平衡 ·· 53
3.4 缓冲溶液 ·· 54
3.4.1 缓冲溶液作用原理 ·· 54
3.4.2 缓冲溶液的组成、类型 ·· 55
3.4.3 缓冲溶液 pH 的计算 ··· 55
3.4.4 缓冲溶液的性质 ··· 56
3.5 沉淀溶解平衡 ··· 60
3.5.1 溶度积和溶解度 ··· 60
3.5.2 溶度积规则及其应用 ·· 62
阅读材料 ·· 65
思考题与习题 ·· 67

第4章 氧化还原反应与电化学 ·· 69
4.1 氧化还原反应 ··· 69
4.1.1 基本概念 ··· 69
4.1.2 氧化还原反应方程式的配平 ·· 70
4.2 原电池 ·· 71
4.2.1 原电池的组成 ··· 71
4.2.2 电极反应 ··· 71
4.3 电极电势 ·· 72
4.3.1 电极电势的产生 ··· 72
4.3.2 标准电极电势 ··· 72
4.4 能斯特方程 ·· 73
4.4.1 电极电势的计算 ··· 73
4.4.2 原电池电动势的计算 ·· 74

4.5 电极电势的应用 ... 74
4.5.1 判断氧化剂、还原剂的相对强弱 ... 74
4.5.2 判断氧化还原反应进行的方向 ... 75
4.5.3 计算氧化还原反应进行的程度 ... 76
4.5.4 元素电势图及应用 ... 76
4.6 化学电源 ... 78
4.6.1 干电池 ... 78
4.6.2 蓄电池 ... 79
4.6.3 新型燃料电池 ... 80
4.6.4 海洋电池 ... 80
4.6.5 高能电池 ... 80
4.6.6 锂离子电池 ... 81
4.7 电解及其应用 ... 81
4.7.1 电解 ... 81
4.7.2 电解的应用 ... 82
4.8 金属的腐蚀与防护 ... 82
4.8.1 腐蚀的发生 ... 82
4.8.2 金属的防护 ... 87
阅读材料 ... 90
思考题与习题 ... 93

第5章 物质结构基础 ... 96
5.1 原子结构 ... 96
5.1.1 原子结构的近代理论 ... 96
5.1.2 微观粒子运动的特征 ... 98
5.1.3 单电子原子的量子力学描述 ... 100
5.1.4 多电子原子结构和元素周期律 ... 106
5.1.5 元素性质的周期性 ... 112
5.2 化学键与分子结构 ... 116
5.2.1 化学键 ... 117
5.2.2 分子的空间构型 ... 122
5.3 分子间力与氢键 ... 128
5.3.1 分子的极性和变形性 ... 128
5.3.2 分子间力 ... 130
5.3.3 氢键 ... 131
5.3.4 分子间力和氢键对物质性质的影响 ... 131
5.4 晶体结构基础 ... 132
5.4.1 晶体的特征 ... 132
5.4.2 晶体的类型 ... 133
5.4.3 晶体缺陷 ... 135
阅读材料 ... 135

思考题与习题 ·· 137

第6章 分析化学中常见的分离、分析方法 ··· 141
6.1 分析化学简介 ·· 141
6.1.1 分析化学的任务和作用 ·· 141
6.1.2 分析方法的分类 ··· 142
6.1.3 分析方法的选择 ··· 143
6.1.4 分析化学的发展 ··· 144
6.2 分析过程概述 ·· 145
6.2.1 试样的采集与制备 ··· 145
6.2.2 试样的预处理 ·· 146
6.2.3 测定和分析结果的计算与评价 ··· 147
6.3 常见分离方法 ·· 148
6.3.1 沉淀分离法 ··· 148
6.3.2 溶剂萃取分离法 ··· 150
6.3.3 离子交换法 ··· 152
6.3.4 色谱分离法 ··· 154
6.3.5 毛细管电泳 ··· 162
6.3.6 新型萃取分离方法简介 ·· 164
阅读材料 ·· 171
思考题 ··· 173

第7章 化学实验基础知识 ·· 174
7.1 化学实验室规则 ··· 174
7.1.1 化学实验课基本要求 ·· 174
7.1.2 实验室事故的处理和急救常识 ··· 174
7.1.3 实验室废物处理 ··· 175
7.1.4 化学实验室安全 ··· 176
7.1.5 实验预习报告和实验报告 ··· 176
7.2 化学实验中常用仪器的介绍和主要仪器的使用 ······································· 177
7.2.1 化学实验常用仪器介绍 ··· 177
7.2.2 主要仪器的使用 ··· 180
7.3 化学实验的基本操作 ·· 185
7.3.1 试剂的取用 ··· 185
7.3.2 滴定 ·· 186
7.3.3 分离和提纯 ··· 189

第8章 大学化学实验 ·· 193
实验一 粗盐的提纯与纯度检验 ·· 193
实验二 化学平衡与反应速率 ··· 194
实验三 电解质在水溶液中的离子平衡 ·· 198
实验四 乙酸解离度和解离常数的测定 ·· 203

实验五　电化学实验 206
　　实验六　环保天然皂的制备 210
　　实验七　络合反应在文物表面沉淀和锈蚀物清洗中的应用 213
　　实验八　废干电池的综合利用 215
思考题与习题参考答案 218
参考文献 228
附录 229
　　附录1　一些基本物理常数 229
　　附录2　常见物质的标准摩尔生成焓、标准摩尔生成吉布斯函数及标准
　　　　　摩尔熵（298.15K） 229
　　附录3　弱酸在水中的解离常数（298.15K） 233
　　附录4　弱碱在水中的解离常数（298.15K） 235
　　附录5　金属离子与EDTA配合物的$\lg K_f^{\ominus}$（298.15K） 236
　　附录6　标准电极电势（298.15K） 236
　　附录7　部分氧化还原电对的条件电极电位（298.15K） 239
　　附录8　难溶化合物的溶度积常数（298.15K） 241

第1章 化学热力学

教学目的与要求

(1) 掌握系统、环境、热力学能、功、热、状态、状态函数、热力学标准态、等压热效应、等容热效应、标准生成焓等基本概念；了解它们之间的相互关系。
(2) 熟悉热力学第一定律；掌握化学反应标准焓变的计算方法。
(3) 理解和掌握反应自发性的判据，能利用自发性判据判断化学反应的方向。
(4) 理解和掌握吉布斯函数和吉布斯函数变的简单计算方法。
(5) 理解和掌握化学平衡的计算及平衡移动原理。

热力学是研究热能和机械能以及其他形式能量之间转化规律的一门科学。用热力学的理论和方法研究化学，则产生了化学热力学。化学热力学是物理化学和热力学的一个分支学科，可以解决化学反应中能量变化的问题，同时可以解决化学反应进行的方向和限度问题。例如，C（石墨）$\longrightarrow$ C（金钢石）很难，很长时间不能实现转化，可通过热力学手段解决这一难题，在加热、加压（15 000atm[①]、高温）、加催化剂条件下实现该转化。

化学热力学的特点是：①讨论大量质点的平均行为（宏观性质），不涉及少数或个别分子、原子的微观性质，不依赖结构知识；②由实践经验可以推出热力学三大定律，进而推理演绎出基本的函数；③通常回答是什么或怎么样可能性的问题，并不回答为什么和如何实现的问题；④不涉及时间的概念，不能解决反应速率和反应机理的问题；⑤热力学三大定律的意义不限于纯自然科学。

在学习热力学内容之前，必须首先了解热力学中的常用术语。

1.1 基 本 概 念

1.1.1 系统和环境

为了明确研究对象，人为地将一部分物质与其余物质分开，被划定的研究对象称为系统，或称体系。系统指的是宏观物质；系统之外，与系统密切相关、影响所能及的部分称为环境。例如，在烧杯中加入稀 H_2SO_4 和几粒 Zn 粒，如把 H_2SO_4 + Zn 粒当成研究对象，则 H_2SO_4 + Zn 粒就是系统，而烧杯、空气等就是环境；如把烧杯和 H_2SO_4 + Zn 粒当成系统，则周围的空气就是环境。

按照系统和环境之间物质和能量的交换情况，通常可以将系统分为孤立系统、封闭系统和敞开系统。孤立系统是指系统和环境之间既没有物质交换，也没有能量交换。封闭系统是指系统与环境之间没有物质交换，但有能量交换。敞开系统是指系统和环境之间既有物质交换，又有能量交换。例如，把一个内盛一定量热水的烧杯作为系统，则此系统为敞开系统（图 1-1）。因为它既有水分子逸入空气（环境）中，又与环境交换能量。

---

① 1atm=1.013 25×10^5Pa，下同。

如果用木塞把盛热水的锥形瓶口塞紧，则此系统就成为封闭系统（图 1-2），因为这种条件下锥形瓶和环境之间只有热量交换。如果把所用的锥形瓶改为保温瓶，则此系统就成为孤立系统（图 1-3）。

图 1-1　盛热水的烧杯　　　图 1-2　木塞封口的盛热水的锥形瓶　　　图 1-3　盛热水的保温瓶

但要注意的是，若将化学反应（包括作用物和产物）作为研究对象，那就属于封闭系统了。注意，在研究化学反应时，若不加特殊说明，都按封闭系统处理。

1.1.2　相和态

相是指在一个系统中，物理性质和化学性质完全相同并且组成均匀的部分。只有一个相的系统称为单相系统，含有两个或两个以上相的系统则称为多相系统。对于气态系统，只有一个相，是单相系统，如 H_2S、H_2、CO_2 的混合气体，虽然有三种气体，但视为一相。对于液态系统，纯液体物质为单相系统，如纯水、乙醚；两种或两种以上的液态组分，看其是否互溶，互溶为一相，不互溶的为不同的相，如水和乙醇二者互溶，所以为单相，水和乙醚二者不互溶，分层，则为两相。对于固态物质，有几种纯固态便有几个相。相与相之间有明确的界面。

态是指物质的聚集状态。通常物质的存在状态有三种：气态、液态、固态。目前，物质的聚集状态还有第四态，对气体物质施以高温、放电、热核反应等作用，气体原子便会电离为带电的离子和自由电子，它们的电荷数相等、符号相反，这种状态称为等离子体，即物质的第四态。随着科学技术的发展，物质的聚集状态还可能会有第五态、第六态等。

相和态是两个完全不同的概念，如上述由乙醚和水所构成的系统，只有一个状态——液态，却包含两个相。

1.1.3　状态与状态函数

一个系统的状态可由它的一系列物理量（如压力、温度、体积、能量、密度、组成等）来确定。或者说系统的宏观性质的总和确定了系统的状态。当这些性质有确定值时，系统就处于一定的状态；当系统的某一个性质发生变化时，系统的状态也随之改变。所以，系统的各种宏观性质之间并不是孤立的，它们之间存在某种函数关系，如理想气体状态方程等，这种函数关系就是状态函数。状态函数用来描述系统宏观状态的物理量之间的相互关系。上述提到的压力（p）、温度（T）、体积（V）等都是状态函数。状态函数具有以下特点：①系统状态一定，状态函数有一定值；②系统状态变化时，状态函数的变化只取决于系统的初始状态和终止状态，与变化途径无关；③系统一旦恢复到原来的状态，状态函数即恢复原值。

【例 1-1】　一杯水的始态是 20℃、100kPa、50g，其终态是 60℃、100kPa、50g。不管采取什么途径，其温度的改变量 ΔT 都是 40℃。

【例 1-2】

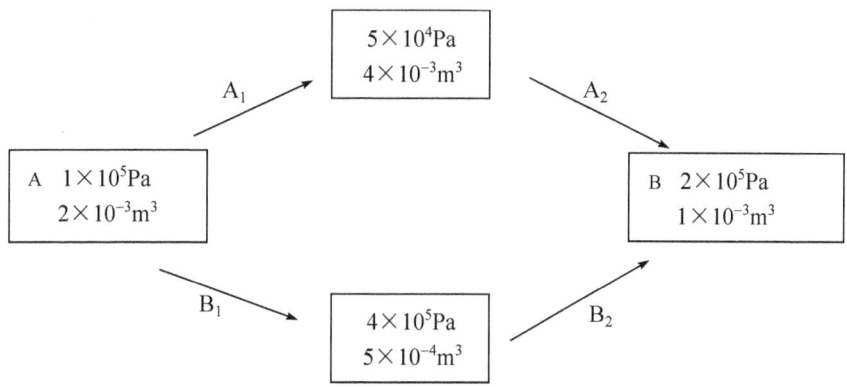

某气体从状态 A 变化到状态 B，无论是 A—A_1—A_2—B 途径，还是 A—B_1—B_2—B 途径，或者是其他途径，不管中间过程如何，都是从状态 A 变化到状态 B。

1.1.4 系统的性质

用宏观可测的性质来描述系统的热力学状态，这些性质又称为热力学变量，可以分为强度性质和广度性质。

强度性质是指与物质数量无关的性质，如温度、压力、密度等，其数值与系统的数量无关，此种性质不具有加和性，其数值取决于系统自身的特性。

广度性质又称广延量，与强度性质相对，与系统中存在物质的物质的量成正比，如质量 m、体积 V、能量等。广延量具有加和性，即整体的性质是组成整体的各部分的性质之和。

1.2 热力学第一定律

热力学共包括四大定律：热力学第零定律、热力学第一定律、热力学第二定律和热力学第三定律。如果两个热力学系统中的每一个都与第三个热力学系统处于热平衡（温度相同），则它们彼此也必定处于热平衡，这一结论称为"热力学第零定律"。热力学第零定律的重要性在于它给出了温度的定义和温度的测量方法。热力学第二定律共有两种表述方式，分别是克劳修斯（Clausius）在 1850 年提出的"热不可能自发地、不付代价地从低温物体传到高温物体"（不可能使热量由低温物体传递到高温物体，而不引起其他变化，这是从热传导的方向来表述的）和 1851 年开尔文（Kelvin）提出的"不可能从单一热源取热，把它全部变为功而不产生其他任何影响"（这是从能量消耗的角度表述，它说明第二类永动机是不可能实现的）。热力学第三定律规定了熵的概念，将在本章后面详细介绍。

1.2.1 热力学第一定律的内容

热力学第一定律指出，热能可以从一个物体传递给另一个物体，也可以与机械能或其他能量相互转换，在传递和转换过程中，能量的总值不变。实际上热力学第一定律是能量守恒与转化定律在化学中的应用。

在化学热力学中，研究的是宏观静止系统，不考虑系统整体运动的动能和系统在外力场（如电磁场、离心力场等）中的势能，只着眼于系统的热力学能。热力学能是指系统内分子的平动能、转动能、振动能、分子间势能、原子间键能、电子运动能、核内基本粒子间核能等能量的总和，用符号 U 表示，单位为 J 或者 kJ，其值与物质的量成正比。

假设系统由始态（热力学能为 U_1）变为终态（热力学能为 U_2），若在此过程中，系统从环境吸热为 Q，环境对系统做功为 W，则系统热力学能变化是

$$\Delta U = U_2 - U_1 = Q + W \tag{1-1}$$

式（1-1）就是热力学第一定律的数学表达式。

式（1-1）表明：变化过程中系统热力学能的增量=系统所吸收的热+环境对系统所做的功。这也是能量守恒定律。在孤立系统中，系统与环境间既无物质交换，又无能量交换，所以无论系统发生了怎样的变化，始终有 $Q=0$，$W=0$，$\Delta U=0$，即在孤立系统中热力学能守恒。

热力学能的性质包括：①任何系统在一定状态下，热力学能是一定的，其绝对值未知，只能求出热力学能的变化量；②$\Delta U = U_{终态} - U_{始态}$，只要终态和始态一定，热力学能的变化量是一定的，与变化的途径无关，所以 U 是状态函数；③热力学能 U 具有广度性质，有加和性，与体系的物质的量成正比。

1.2.2 功和热

热力学中将能量的交换形式分为热和功，它们都不是状态函数，其数值与途径有关。热是系统与环境因温度不同而传递的能量。热力学中规定，系统从环境吸收热量，Q 为正值；系统放热，Q 为负值。热量的符号为"Q"，单位为 J 或者 kJ。功的符号为"W"，单位为 J 或者 kJ，系统对环境做功时，W 取负值；环境对系统做功时，W 取正值。热力学中将功分为体积功（膨胀功）和非体积功（有用功），即 $W = W_体 + W_有$。热力学中把除体积功以外的功统称为非体积功，以 $W_有$ 表示，如电功、表面功等。热力学系统体积变化时对环境所做的功称为体积功。体积功对于化学过程有特殊意义，因为许多化学反应是在敞口容器中进行的。如果外压 p 不变，这时的体积功为 $W_体 = -p\Delta V$。

化学反应一般伴有反应热，因此化学反应热的测量和计算对于研究化学反应有着很重要的作用。

1.3 化学反应的热效应

化学反应时所放出或吸收的热量称为化学反应的热效应，简称反应热。通常把只做体积功，且始态和终态具有相同温度时系统吸收或放出的热量称为反应热。反应热有多种形式，如生成热、燃烧热、中和热等。化学反应热是重要的热力学数据，它是通过实验测定的，所用的主要仪器称为"热量计"。根据反应条件的不同，反应热分为两种：等（恒）容反应热和等（恒）压反应热。现从热力学第一定律进行分析。

1.3.1 等容反应热 Q_V

在等温、等容、不做有用功的条件下，热力学第一定律中 $W_体 + W_有 = 0$。所以

$$\Delta U = Q_V \tag{1-2}$$

式中：Q_V 为等容反应热，下标字母 V 表示等容过程。式（1-2）表明，等容反应热全部用于改变系统的热力学能。热力学能只与始态和终态有关，而与途径无关。发生等温等容反应时，系统与环境没有功交换，反应热效应等于反应前后系统的热力学能的变化量。使用的测定仪器是"燃烧弹"。

1.3.2 等压反应热 Q_p

在等温、等压、不做有用功的条件下，热力学第一定律可以写成

$$Q_p = \Delta U - W_{体}$$

式中：Q_p 为等压反应热。因为体系对环境做功，$W_{体}$ 规定为负值，所以等压时 $W_{体} = -p\Delta V = -p(V_2 - V_1)$，因此上式可以写成

$$Q_p = \Delta U + p\Delta V \tag{1-3}$$

1.3.3 焓

式（1-3）可以写成

$$Q_p = (U_2 - U_1) + p(V_2 - V_1)$$

即

$$Q_p = (U_2 + pV_2) - (U_1 + pV_1)$$

如令

$$H \equiv U + pV \tag{1-4}$$

则

$$Q_p = H_2 - H_1 = \Delta H$$

式中：H 为物理学中提到的焓，ΔH 称为焓变。式（1-4）是焓的定义式。H 是状态函数 U、p、V 的组合，所以焓 H 也是状态函数，单位是 J 或者 kJ。因为焓的定义式中包含热力学能，所以焓的绝对值也是无法确定的，但是焓变的数值在等温等压条件下等于等压反应热。根据 Q 符号的规定，当 $\Delta H < 0$ 即 $Q_p < 0$ 时，等压反应系统放热；当 $\Delta H > 0$ 即 $Q_p > 0$ 时，等压反应系统吸热。

本书中提到的化学反应大部分是在 100kPa 下、在敞口容器中进行的，而且许多反应都伴有明显的体积变化，则可以认为这些反应是在等压下进行的，其反应热是等压反应热，刚好和焓变数值相同，故通过焓变值 ΔH 就可以知道等压反应热的大小。因此，可用 ΔH 表示等压反应热。

由于等压反应热 ΔH 与途径无关，因此可以用易测的反应热来求算难测的反应热。

【例 1-3】 在温度 T、压力 p 及非体积功 $W_{有} = 0$ 的条件下，要实验测得反应 $C + \frac{1}{2}O_2 \rightleftharpoons CO$ 的反应热是很困难的。因为无法保证只生成 CO，而没有 CO_2 生成。但可以设计如下反应：

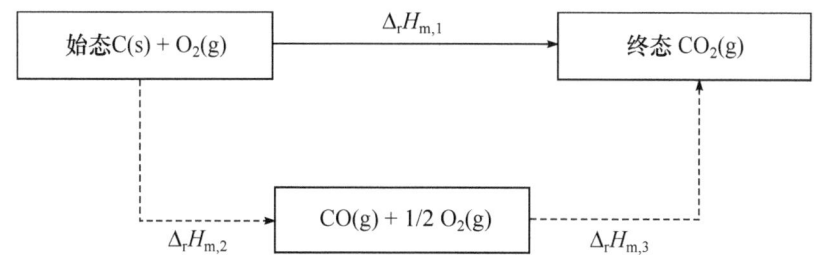

因为 ΔH 与途径无关，所以有

$$\Delta_r H_{m,1} = \Delta_r H_{m,2} + \Delta_r H_{m,3}$$

式中：下标 r 表示反应；m 表示 1mol 反应（1mol 反应可以简单理解为按所给的反应方程式进行的反应）。在 100kPa 和 298.15K 下，已经测得反应（1）和反应（3）的等压反应热分别是

（1） $C(s) + O_2(g) \longrightarrow CO_2(g)$ $\Delta_r H_{m,1} = -393.5 \text{kJ} \cdot \text{mol}^{-1}$

（3） $CO(g) + \frac{1}{2}O_2(g) \longrightarrow CO_2(g)$ $\Delta_r H_{m,3} = -283.0 \text{kJ} \cdot \text{mol}^{-1}$

所以   （2）$C(s) + \frac{1}{2}O_2(g) \longrightarrow CO(g)$

$$\Delta_r H_{m,2} = \Delta_r H_{m,1} - \Delta_r H_{m,3} = -393.5 \text{kJ} \cdot \text{mol}^{-1} - (-283.0 \text{kJ} \cdot \text{mol}^{-1})$$
$$= -110.5 \text{kJ} \cdot \text{mol}^{-1}$$

上面的例子表明，一个总反应的 $\Delta_r H_m$ 等于其所有分步反应 $\Delta_r H_{m,i}$ 的总和，这就是赫斯（Hess）定律。赫斯定律是 19 世纪中叶俄国科学家赫斯综合分析大量实验数据总结出来的，所以称赫斯定律，又称反应热加和定律。

利用赫斯定律可以由分步反应的 $\Delta_r H_{m,i}$ 求总反应的 $\Delta_r H_m$，当然也可以从已知的 $n-1$ 反应（n 是总反应和所有分步反应数的总和），求另一个未知反应的 $\Delta_r H_m$。由赫斯定律推理：任一化学反应可以分解为若干最基本的反应（生成反应），这些生成反应的反应热之和就是该反应的反应热。

例如
$$AB + CD = AC + BD \quad \Delta H$$
$$A + B = AB \quad \Delta H_1$$
$$C + D = CD \quad \Delta H_2$$
$$A + C = AC \quad \Delta H_3$$
$$B + D = BD \quad \Delta H_4$$

则
$$\Delta H = \Delta H_4 + \Delta H_3 - \Delta H_1 - \Delta H_2$$

即
$$\Delta_r H = \sum \Delta_r H_i \tag{1-5}$$

式（1-5）即为赫斯定律的数学表达式。

【例 1-4】 试求以下反应

（1）$CO(g) + H_2O(g) == CO_2(g) + H_2(g)$ 在 298.15K、100kPa 条件下的反应热（该反应是工业制氢的重要反应）。

已知下列反应在 298.15K、100kPa 时的 $\Delta_r H_m^\ominus$ 为

（2）$C(石墨) + \frac{1}{2}O_2(g) == CO(g)$ $\Delta_r H_m^\ominus = -110.5 \text{kJ} \cdot \text{mol}^{-1}$

（3）$H_2(g) + \frac{1}{2}O_2(g) == H_2O(g)$ $\Delta_r H_m^\ominus = -242 \text{kJ} \cdot \text{mol}^{-1}$

（4）$C(石墨) + O_2(g) == CO_2(g)$ $\Delta_r H_m^\ominus = -393.5 \text{kJ} \cdot \text{mol}^{-1}$

解 分析四个反应可知，(4)-(2)-(3)=(1)，代入有关数据，可得反应（1）的 $\Delta_r H_m = -41 \text{kJ} \cdot \text{mol}^{-1}$。

在进行反应热的计算时，要说明反应温度、压力以及物质的聚集状态等。这是因为化学反应中的能量变化受许多条件（如温度、压力、聚集态、浓度等）的影响，因此为了方便比较，国际上规定了物质的标准条件。

1.3.4 热力学标准态

标准状态是指在温度 T 和标准压力 $p^\ominus$（100kPa）下该物质的状态，简称标准态。应该注意的是，标准态只规定了标准压力 $p^\ominus$（100kPa），而没有限定温度。纯理想气体的标准态是指该气体处于标准压力 $p^\ominus$（100kPa）下的状态，而混合理想气体中任一组分的标准态是指该气体组分的分压力为 $p^\ominus$ 时的状态。纯液体（或纯固体）物质的标准态是指压力 $p^\ominus$ 下的纯液

体（纯固体）的状态。关于溶液中溶质的标准态的选择问题，较为复杂，这里选其浓度 1mol·L^{-1} 为标准态。

处于 $p^{\ominus}$ 下的各种物质，在不同温度下就有不同的标准态，但是国际纯粹与应用化学联合会（IUPAC）推荐选择 298.15K 作为参考温度，所以从手册或专著查到的有关热力学数据一般是 298.15K 时的数据（本书书后的数据也是如此）。

在标准态时，化学反应的反应热用 $\Delta_r H_m^{\ominus}$ 表示。下标 r 表示反应，$\ominus$ 表示标准态，m 表示进行 1mol 反应。本书所用的数据如不加以说明，一般是 T=298.15K 时的数据，此时温度不标明。

1.3.5 热化学反应方程式

表示化学反应与热效应关系的方程式称为热化学反应方程式。例如

$$2H_2(g) + O_2(g) =\!=\!= 2H_2O(g) \quad \Delta_r H^{\ominus}(298.15K) = Q_p = -483.6 \text{kJ·mol}^{-1}$$

在书写热化学反应方程式时，应注意以下几点：

（1）要标明各物质的状态（s、l、g）。

（2）要标明反应条件（通常指反应温度和压力），$\Delta_r H^{\ominus}$（298.15K）表示的反应条件是 1atm、298.15K。

（3）反应的热效应与热化学方程式的书写有关（与反应物的量有关）。例如

$$H_2(g) + 1/2 O_2(g) =\!=\!= H_2O(g) \quad \Delta_r H^{\ominus}(298.15K) = -241.8 \text{kJ·mol}^{-1}$$

（4）书写时，热效应应注明是等压热效应还是等容热效应。

1.3.6 单质和化合物的标准（摩尔）生成焓

在一定温度、标准态下，由元素的参考态单质（这里人为地规定参考态单质的 $\Delta_f H_m^{\ominus} = 0$）生成单位物质的量的纯物质时反应的焓变称为该物质的标准摩尔生成焓，以符号 $\Delta_f H_m^{\ominus}$ 表示，常用的单位是 kJ·mol^{-1}。例如

$$C(石墨) + O_2(g) =\!=\!= CO_2(g) \quad \Delta_r H^{\ominus}(T)$$

其中，C（石墨）为碳的参考态单质，$O_2(g)$ 为氧的参考态单质，此反应是生成反应。所以此反应的焓变即是 $CO_2(g)$ 的生成焓：

$$\Delta_r H^{\ominus}(T) = \Delta_f H_m^{\ominus}(CO_2, g, T)$$

如果某种单质有几种不同的同素异构体，当它本身结构改变时，也会产生热效应。例如，在标准条件下的石墨和金刚石，石墨是最稳定单质。当 1mol 石墨转化为金刚石时需要吸收 1.91kJ 的热量，即

$$C(石墨) \longrightarrow C(金刚石) \quad \Delta_f H_m^{\ominus}(金刚石) = 1.91 \text{kJ·mol}^{-1}$$

如果是氯化氢（HCl）和硫酸钠（Na_2SO_4）这类电解质，它们在水中将解离成正、负离子，而各种正、负离子在水溶液中都有不同程度的水合，形成水合离子。显然，这些水合离子总是同时存在正、负离子。因此，不可能测定任意单独水合正离子和水合负离子的焓值。在化学热力学中，对于水合离子，规定其浓度（确切地说应为活度）为 1mol·L^{-1} 的条件为标准态，并规定 298.15K 时水合氢离子的标准生成焓值为零。水合氢离子的标准生成焓用符号 $\Delta_f H_m^{\ominus}$（H$^+$，aq）表示。

化合物的标准生成焓并不是绝对值，而是相对于合成它的参考态单质的相对值。根据物

质的标准摩尔生成焓的代数值,可以比较同类型物质的稳定性,标准摩尔生成焓越小,物质越稳定。

书末的附录中列出了一些单质和化合物的标准生成焓的数据。有了标准生成焓就可以计算化学反应的标准焓变。

1.3.7 化学反应标准（摩尔）焓变的计算

假设有一反应
$$AB + CD = AC + BD \tag{1}$$

其标准焓变为 $\Delta_r H_{m,1}^{\ominus}$。这一反应也可以分两步进行：

$$AB + CD = A + B + C + D \tag{2}$$

$$A + B + C + D = AC + BD \tag{3}$$

反应（2）的标准焓变为 $\Delta_r H_{m,2}^{\ominus}$，反应（3）的标准焓变为 $\Delta_r H_{m,3}^{\ominus}$，则根据焓变与途径无关，必有

$$\Delta_r H_{m,1}^{\ominus} = \Delta_r H_{m,2}^{\ominus} + \Delta_r H_{m,3}^{\ominus}$$

而
$$\Delta_r H_{m,2}^{\ominus} = -\Delta_f H_{m,AB}^{\ominus} - \Delta_f H_{m,CD}^{\ominus} \qquad \Delta_r H_{m,3}^{\ominus} = \Delta_f H_{m,AC}^{\ominus} + \Delta_f H_{m,BD}^{\ominus}$$

所以有
$$\Delta_r H_{m,1}^{\ominus} = \Delta_f H_{m,AC}^{\ominus} + \Delta_f H_{m,BD}^{\ominus} - \Delta_f H_{m,AB}^{\ominus} - \Delta_f H_{m,CD}^{\ominus}$$

即对一个化学反应,其化学反应热可按式（1-6）计算：

$$\Delta_r H_m^{\ominus} = \sum \Delta_f H_{m,\text{生成物}}^{\ominus} - \sum \Delta_f H_{m,\text{反应物}}^{\ominus} \tag{1-6}$$

计算时要注意反应方程式中的化学计量数（每一个分子式前的系数）。

例如,对任一化学反应
$$aA + fF = gG + dD$$

则有
$$\Delta_r H_m^{\ominus} = g\Delta_f H_{m,G}^{\ominus} + d\Delta_f H_{m,D}^{\ominus} - a\Delta_f H_{m,A}^{\ominus} - f\Delta_f H_{m,F}^{\ominus} = \sum_B \nu_B \Delta_f H_{m,B}^{\ominus} \tag{1-7}$$

式中：ν_B 为对应物质 B 的化学计量数,对反应物取负值,对产物取正值。利用式（1-7）即可计算化学反应的热效应。对于例 1-2,除了用赫斯定律外,还可以用各物质的标准摩尔生成焓来进行计算。

【例 1-5】 试求以下反应
$$CO(g) + H_2O(g) = CO_2(g) + H_2(g)$$

在 298.15K、100kPa 条件下的反应热。

解　　　　　　　　　　$CO(g) + H_2O(g) = CO_2(g) + H_2(g)$

$\Delta_f H_m^{\ominus}/(kJ \cdot mol^{-1})$ 　　　　-110.5 　-242 　　　-393.5 　　0

则　　　　$\Delta_r H_m^{\ominus} = \sum_B \nu_B \Delta_f H_{m,B}^{\ominus}$

$\qquad\qquad\qquad = \Delta_f H_m^{\ominus}(CO_2,g) + \Delta_f H_m^{\ominus}(H_2,g) - \Delta_f H_m^{\ominus}(CO,g) - \Delta_f H_m^{\ominus}(H_2O,g)$

$\qquad\qquad\qquad = (-393.5 + 0) - [(-110.5) + (-242)]$

$\qquad\qquad\qquad = -41(kJ \cdot mol^{-1})$

由于煤中含有 S,因此在烧煤时会产生 SO_2 或 SO_3 而造成环境污染（形成酸雨）,治理硫氧化物污染可利用以下反应。

【例 1-6】 试计算反应 $SO_3(g) + CaO(s) = CaSO_4(s)$ 的标准焓变。

$\Delta_f H_m^{\ominus}/(kJ \cdot mol^{-1})$ 　　-395.7 　-635.1 　　-1434.1

解
$$\Delta_r H_m^\ominus = \Delta_f H_m^\ominus(CaSO_4,s) - \Delta_f H_m^\ominus(CaO,s) - \Delta_f H_m^\ominus(SO_3,g)$$
$$= (-1434.1 + 395.7 + 635.1) \text{kJ} \cdot \text{mol}^{-1} = -403.3 \text{kJ} \cdot \text{mol}^{-1}$$

该反应不仅可以消除硫氧化物，还可以产生热。但也产生固体废弃物和酸性废水，带来二次污染，用电化学方法会取得更好的效果。

【例 1-7】 试计算反应 $2NO(g) = N_2(g) + O_2(g)$ 的标准焓变。

$\Delta_f H_m^\ominus/(\text{kJ} \cdot \text{mol}^{-1})$　　90.25　　　　0　　　　0

解
$$\Delta_r H_m^\ominus = \Delta_f H_m^\ominus(N_2,g) + \Delta_f H_m^\ominus(O_2,g) - 2\Delta_f H_m^\ominus(NO,g)$$
$$= -2 \times 90.25 = -180.5 (\text{kJ} \cdot \text{mol}^{-1})$$

例 1-7 的反应就是汽车尾气治理的反应，后面在讨论这一反应进行的方向时，还要用到这一数据。

高中化学中学过，氧-乙炔焰可以用于金属焊接和切割，说明乙炔燃烧后能产生很高的能量，发热量很大，通过以下反应可以计算。

【例 1-8】 计算乙炔完全反应的标准摩尔焓变。

解　　　　　$C_2H_2(g) + 5/2 O_2(g) = 2CO_2(g) + H_2O(l)$

$\Delta_f H_m^\ominus/(\text{kJ} \cdot \text{mol}^{-1})$　　　226.73　　　　0　　　　−393.51　　−285.83

$$\Delta_r H_m^\ominus = \sum_B \nu_B \Delta_f H_{m,B}^\ominus$$
$$= 2\Delta_f H_m^\ominus(CO_2,g) + \Delta_f H_m^\ominus(H_2O,l) - 5/2 \Delta_f H_m^\ominus(O_2,g) - \Delta_f H_m^\ominus(C_2H_2,g)$$
$$= 2 \times (-393.51) + (-285.83) - (226.73 + 0)$$
$$= -1299.58 (\text{kJ} \cdot \text{mol}^{-1})$$

联氨（N_2H_4）又称肼，与氧或氧化物反应时放出大量的热，且燃烧速率极快，产物（N_2，H_2O）稳定无害，是理想的高能燃料。液态 N_2H_4 和气态 N_2O_4 混合作燃料已用于"大力神"号运载火箭发动机，推动火箭升空。

【例 1-9】 试计算反应 $2N_2H_4(l) + N_2O_4(g) = 3N_2(g) + 4H_2O(g)$ 的标准焓变。

$\Delta_f H_m^\ominus/(\text{kJ} \cdot \text{mol}^{-1})$　　50.63　　　　9.66　　　　0　　　　−241.84

解
$$\Delta_r H_m^\ominus = 3\Delta_f H_m^\ominus(N_2,g) + 4\Delta_f H_m^\ominus(H_2O,g) - \Delta_f H_m^\ominus(N_2O_4,g) - 2\Delta_f H_m^\ominus(N_2H_4,l)$$
$$= 0 - 4 \times 241.84 - 9.66 - 2 \times 50.63$$
$$= -1078.28 (\text{kJ} \cdot \text{mol}^{-1})$$

若该反应热能完全转变为使 100kg 重物垂直升高的势能，此重物可达到的高度是 1100m。实际上，此反应不仅产生大量热，还有大量的气体，更有利于推动火箭升空。"大力神"号运载火箭发动机采用的就是液态 N_2H_4 和气态 N_2O_4 作燃料。

上面的一些计算说明，如果希望反应放出较大的热量，则要求反应产物的标准生成焓 $\Delta_f H_m^\ominus$ 负值越大越好；反应物的标准生成焓 $\Delta_f H_m^\ominus$ 越小越好，甚至为正值更好。

在计算化学反应热的时候需要注意的是：

（1）必须正确书写热化学反应方程式。

（2）由于热力学能（U）和焓（H）与物质的量成正比，因此必须依据配平的化学方程式来计算 ΔU 和 ΔH。

（3）正反应的 ΔU、ΔH 与逆反应的 ΔU、ΔH 数值相等而符号相反。

（4）$\Delta_f H_m^\ominus$（298.15K）是热力学基本数据，可查表。单位为 $\text{kJ} \cdot \text{mol}^{-1}$。

（5）C（石墨）、$H_2(g)$、$O_2(g)$ 皆为参考态单质。参考态单质的标准摩尔生成焓为零。

(6) 由于 $\Delta_f H_{m,B}^{\ominus}$ 与 B 的物质的量成正比，因此在进行计算时 B 的化学计量数 ν_B 不可忽略。

(7) 化学反应的 ΔH 一般随温度（T）的变化而变化，但变化不大。因此在温度变化不是很大、计算精度要求不高的情况下，可以不考虑温度对 ΔH 的影响，即 $\Delta_r H_m(T) \approx \Delta_r H_m$ (298.15K)。后面如不加特殊说明，都按此处理。为了简化书写，对于与温度有关的热力学量（如 H 及后面要提到的熵 S 等），如不标明温度，均指温度为 298.15K。

1.3.8 化学反应热的应用

例 1-9 计算表明化学反应热是重要的能源。当然，煤和石油更是重要能源，它们的重要性也可以通过其化学反应热的计算来说明。

利用化学反应热还可以实现热能的输送。如果选择有强烈热效应、反应物和生成物都是液体的反应系统，即可利用可逆的吸热反应，将热源的热能转化成化学能，再用管道输送到需要使用热能的地区，经可逆的放热反应释放热能而加以利用。取出热能后的反应系统，通过管道再输回热源处继续利用。这样的输送管道称为化学热管。目前，可望成为化学热管的反应体系有以下几种：

$$CH_4(g) + H_2O(g) \rightleftharpoons CO(g) + 3H_2(g) \quad \Delta_r H_m^{\ominus} = 206.2 \text{kJ} \cdot \text{mol}^{-1}$$

$$2NH_3(g) \rightleftharpoons N_2(g) + 3H_2(g) \quad \Delta_r H_m^{\ominus} = 160.6 \text{kJ} \cdot \text{mol}^{-1}$$

化学反应热不仅可以通过计算得到，也可以通过实验测得，或者通过键能来估算。实际上实验测定是基础。

化学反应热也可以带来有害的一面，如爆炸、温室效应等。环境污染中还有一种热污染：一般以煤或燃油为燃料的热电厂，只有 1/3 的热量转变为电能，而 2/3 的热量随冷却水流走或排入大气浪费掉。热污染引起水温升高、水中溶解氧减少，使水中某些生物死亡或者影响水中生物的生长。若能综合利用热能，则能化害为利。现在的集中供热一般都是利用热电厂的余热，再进一步升温。

1.4 化学反应进行的方向

根据热力学第一定律以及化学反应热的定义，在等压条件下，化学反应热与反应的焓变数值相等。焓是状态函数，其改变量只与始态、终态有关，而与变化途径无关，这就为计算化学反应热带来了方便。利用标准生成焓就可以对给定的化学反应热进行计算。了解化学反应热不仅有利于有效利用化学反应热，还可帮助判断化学反应的方向。学习了热力学第一定律，也掌握了化学反应热的计算，就可以进一步讨论化学反应的方向。

了解化学反应的方向是非常有用的。例如，高炉炼铁中的主要反应是 $Fe_2O_3 + 3CO =\!=\!= 2Fe + 3CO_2$，能否用类似反应在高炉炼铝？又如，汽车尾气中同时含有 CO 和 NO，能否利用二者相互反应生成无毒的 N_2 和 CO_2？这些都是需要知道反应方向的问题。

自然界发生的宏观过程（指不靠外力自然发生的过程——自发过程）都有确定的方向和限度。生活中的自发过程很多，如水由高处往低处流、自由落体运动、电流由电位高的地方向电位低的地方流。对于化学反应也是如此，铁器暴露于潮湿的空气中会生锈、室温下冰块会融化、甲烷可以燃烧生成二氧化碳和水，这些都是自发过程，它们的逆过程是非自发。将自发过程定义为：一旦开始便不需外力维持而能自动进行下去的过程。对于自发反应的特点，归纳起来有三点：自发地趋向能量最低状态；自发地趋向平衡状态；系统具有对外做功的能力。

能否找到一个统一的标准来判断一个变化的方向呢？这里要强调一下，我们今后讨论的变化方向是指等温、等压条件下（书中不做有用功的条件可以去掉）变化的方向和限度，也是寻求在这一条件下的判断标准。

很早以前，化学家们就致力于研究化学反应方向和限度的规律，力求寻找表征化学反应方向性的物理量。19 世纪中叶，在热化学发展的基础上，化学家们曾提出一个经验规律：在没有外界能量的参与下，反应（或变化）总是朝着放热更多的方向进行。那么在等温、等压下，用反应热能否判断变化的方向呢？

1.4.1 焓变与化学反应进行的方向

实验研究表明，像下面这样一些化学反应都是自发进行的过程。

【例 1-10】
$$CH_4(g) + 2O_2(g) = CO_2(g) + 2H_2O(l)$$
$\Delta_f H_m^\ominus/(kJ \cdot mol^{-1})$　　−74.8　　0　　−393.5　−285.8
$$\Delta_r H_m^\ominus = -890.3 \text{kJ} \cdot \text{mol}^{-1} < 0$$

这一反应是放热反应，可以自发进行。

【例 1-11】
$$2NO(g) = N_2(g) + O_2(g)$$
前面已经算出　　$\Delta_r H_m^\ominus = -180.5 \text{kJ} \cdot \text{mol}^{-1} < 0$

这一反应可以自发进行。

有些变化却不是这样，如以下一些过程。

【例 1-12】
$$KNO_3(s) = K^+(aq) + NO_3^-(aq)$$
$\Delta_f H_m^\ominus/(kJ \cdot mol^{-1})$　　−494.6　　−252.4　−207.4
$$\Delta_r H_m^\ominus = 34.8 \text{kJ} \cdot \text{mol}^{-1} > 0$$

这一反应可以自发进行。

【例 1-13】
$$H_2O(s) = H_2O(l)$$
$\Delta_f H_m^\ominus/(kJ \cdot mol^{-1})$　　−293.0　　−285.8
$$\Delta_r H_m^\ominus = 7.2 \text{kJ} \cdot \text{mol}^{-1} > 0$$

这一变化可以自发进行（室温下冰确实可以自发变成水）。

以上的例子说明，在等温、等压的条件下，仅用 $\Delta_r H_m^\ominus$ 是否小于零来判断化学反应（也包括物理变化）的方向是不行的。除了反应热以外，化学反应变化的方向还与什么有关呢？

1.4.2 熵、熵变与化学反应进行的方向

1. 熵

首先来看一些日常生活中的自发过程：整齐火柴散落；硝酸铵溶于水——固体溶解；密闭空间中气体发生扩散；两种固体紧贴很长时间后微粒向对方扩散。这些现象都是自发进行的过程，但是这些过程并不是能量由高到低，而是从"有序"到"无序"。自然现象中，除能量外，还存在一种能够推动体系变化的因素：在密闭条件下，体系有从有序自发地转变为无序的倾向，与有序相比，无序体系"更加稳定"。这个"无序"就是混乱度，上述自发的过程都是混乱度增加的过程。这些事实也说明自发过程除了受反应热影响以外，还受系统混乱度的影响。混乱度是指组成物质的质点在一个指定空间区域排列和运动的无序程度。在热力学中，用熵来描述系统混乱度的大小。

"熵"（entropy）是德国物理学家克劳修斯（1822—1888）在1850年创造的一个术语，他用它来表示任何一种能量在空间中分布的均匀程度。能量分布得越均匀，熵就越大。如果对于我们所考虑的系统，能量完全均匀地分布，那么，这个系统的熵就达到最大值。在克劳修斯看来，在一个系统中，如果听任它自然发展，那么，能量差总是倾向于消除的。一个热物体同一个冷物体相接触，热就会以下面的方式流动：热物体将冷却，冷物体将变热，直到两个物体达到相同的温度为止。因此，克劳修斯认为自然界中的一个普遍规律是：能量密度的差异倾向于变成均等。换句话说，"熵将随着时间而增大"。克劳修斯所提出的熵随时间而增大的说法是非常基本的一条普遍规律，所以被称为"热力学第二定律"。

熵是描述热力学系统的重要状态函数之一，熵的大小反映系统所处状态的稳定情况，熵的变化指明热力学过程进行的方向，熵为热力学第二定律提供了定量表述。

为了定量表述热力学第二定律，应该寻找一个在可逆过程中保持不变、在不可逆过程中单调变化的状态函数。克劳修斯在研究卡诺（Carnot）热机时，根据卡诺定理得出了对任意循环过程都适用的一个公式$dS \geq dQ/T$，式中Q是系统从温度为T的热源吸收的微小热量，等号和不等号分别对应可逆和不可逆过程。对于绝热过程，$Q=0$，故$S \geq 0$，即系统的熵在可逆绝热过程中不变，在不可逆绝热过程中单调增大，这就是熵增加原理。由于孤立系统内部的一切变化与外界无关，必然是绝热过程，因此熵增加原理也可以表述为：一个孤立系统的熵永远不会减少。它表明随着孤立系统由非平衡态趋于平衡态，其熵单调增大，当系统达到平衡态时，熵达到最大值。熵的变化和最大值确定了孤立系统过程进行的方向和限度，熵增加原理就是热力学第二定律。

对于孤立系统，存在着如下变化规律：

$\Delta S > 0$　过程自发

$\Delta S < 0$　过程非自发（或逆向自发）

$\Delta S = 0$　过程处于平衡状态

从微观上说，熵是组成系统的大量微观粒子无序度的量度。系统越无序、越混乱，熵就越大。热力学过程不可逆性的微观本质和统计意义就是系统从有序趋于无序、从概率较小的状态趋于概率较大的状态。

通俗地讲，熵是系统混乱度（无序度）的量度。系统的混乱度越大，其熵值越大。熵是状态函数，用符号S来表示。物质的熵值与其聚集态和温度有关。相对于熵来说，还有绝对熵（规定熵）、标准熵。

1912年普朗克（Planck）提出：在0K温度下，任何纯净完整晶态物质的熵都等于0（这就是热力学第三定律的一种说法。实际是一种假设，不能用实验方法加以证明，因为无法达到0K）。以此为基准就可以求出其他温度时的熵值［如果已知1mol的任何物质的完美晶体从0K升到$T(K)$时过程的熵变ΔS，就可得到1mol该物质在T时的熵值$S_T = \Delta S = S_T - S_{0K}$］，$S_T$称为规定熵或绝对熵（这与焓是不同的，焓没有绝对值）。

单位物质的量（1mol）的纯物质在标准条件下的规定熵称为该物质的标准（摩尔）熵，以符号$S_m^\ominus$表示，其单位为$J \cdot mol^{-1} \cdot K^{-1}$。书末附录中给出了一些单质和化合物在298.15K时的标准熵值。

由熵的定义可知，影响熵值的因素主要有以下几个方面：①同一物质，S（高温）$>S$（低温），S（低压）$>S$（高压），S（g）$>S$（l）$>S$（s）；②相同条件下，不同物质分子结构越复杂，熵值越大（如 CH_4 186 J·mol^{-1}·K^{-1}、C_2H_6 230 J·mol^{-1}·K^{-1}、C_3H_8 270 J·mol^{-1}·K^{-1}、C_4H_{10} 310 J·mol^{-1}·K^{-1}）；③S（混合物）＞S（纯净物）；④如反应是由固 ⟶ 液、液 ⟶ 气或气（物质的量少） ⟶ 气（物质的量多），则 S 增加。

要注意的是，物质的熵是绝对值，只要温度不是 0K，或者不是完整的晶体物质，其熵值就不是零。即使是稳定单质，它在 298.15K 时的标准熵也不为零。

2. 熵变与化学反应进行的方向

当系统由状态 1 变到状态 2 时，其熵值的改变量为 $\Delta S = S_2 - S_1$，ΔS 就是熵变。从前文的一些例子可以知道，混乱度（熵变）也和变化的方向有关。$\Delta_r S > 0$ 时，变化应该可以自发进行；而 $\Delta_r S < 0$ 时，变化应该不能自发进行。除了上面提到的例子外，如食盐溶解于水、香水的扩散等，就是向着熵增加的方向进行的。但是否对于所有变化都可以用熵变来判断方向呢？

1）标准熵变的计算

熵与焓一样都是状态函数，所以化学反应的熵变也与化学反应的焓变计算方法相同，只与反应的始态和终态有关，与变化过程无关。

对任一化学反应 $aA + fF \Longleftrightarrow gG + dD$，有

$$\Delta_r S_m^\ominus = gS_{m,G}^\ominus + dS_{m,D}^\ominus - aS_{m,A}^\ominus - fS_{m,F}^\ominus = \sum_B \nu_B S_{m,B}^\ominus \tag{1-8}$$

一般情况下，温度升高，熵值增加不多。对于一个反应，温度升高，生成物和反应物的熵值同时相应增加，所以标准摩尔熵变随温度变化较小，在近似计算中可以忽略，即

$$\Delta_r S_m^\ominus(T) = \Delta_r S_m^\ominus(298.15K)$$

那么仅用标准熵变能否判断等温、等压条件下反应变化的方向呢？

【例 1-14】 计算反应 $2NO(g) \Longleftrightarrow N_2(g) + O_2(g)$ 的标准熵变。

$S_m^\ominus/(J·mol^{-1}·K^{-1})$　　210.7　　191.5　205.0

解　$\Delta_r S_m^\ominus = S_m^\ominus(N_2,g) + S_m^\ominus(O_2,g) - 2S_m^\ominus(NO,g)$
$= 191.5 + 205.0 - 2 \times 210.7 = -24.9 (J·mol^{-1}·K^{-1}) < 0$

这一反应的标准熵变虽然小于零，但是仍可以自发进行。这是因为前面已经计算该反应的标准焓变也小于零，即是放热反应，从能量角度来看，该反应应该可以自发进行。由这一个例子可以看出，在等温、等压条件下，应该从能量和混乱度两方面综合考虑一个化学反应的方向。

【例 1-15】 计算反应 $2NH_3(g) \Longleftrightarrow N_2(g) + 3H_2(g)$ 的标准熵变。

$S_m^\ominus/(J·mol^{-1}·K^{-1})$　　192.3　　　191.5　　130.6
$\Delta_f H_m^\ominus/(kJ·mol^{-1})$　　−46.1　　　0　　　0

解　$\Delta_r S_m^\ominus = 3S_m^\ominus(H_2,g) + S_m^\ominus(N_2,g) - 2S_m^\ominus(NH_3,g)$
$= 3 \times 130.6 + 191.5 - 2 \times 192.3 = 198.7 (J·mol^{-1}·K^{-1}) > 0$

$\Delta_r H_m^\ominus = -2\Delta_f H_m^\ominus(NH_3,g) = 92.2 kJ·mol^{-1} > 0$

对于这一反应，从能量角度看是吸热反应，应该不能自发进行；但从混乱度（熵变）来看，是熵增加的，应能自发进行。实际上该反应在低温下不能自发进行，但在高温时是可以自发进行的。

2）结论

例 1-14、例 1-15 说明，在等温、等压条件下，单独用 $\Delta_r H$ 或 $\Delta_r S$ 来判断变化的方向都是

不行的，必须将两者结合起来。

1.4.3 功与化学反应进行的方向

自发过程"水往低处流"是可以做功的。长江三峡水利枢纽、小浪底水利枢纽是我国著名的水利枢纽工程，是将上游的水聚集到一定的程度时，利用水位的落差来发电，将水的势能转化为电能，做的是有用功。自发的化学反应也是如此。金属的置换反应是很常见的化学反应，例如

$$Zn + Cu^{2+} = Cu + Zn^{2+}$$

人们可以利用此反应组装成原电池，如图 1-4 所示，就可以将化学能转化为电能。对所有的自发过程进行研究，都会发现此规律，即自发过程可以对外做有用功。

吉布斯（Gibbs）通过大量的研究，最终找到了能够判断化学反应进行方向的新的判据。

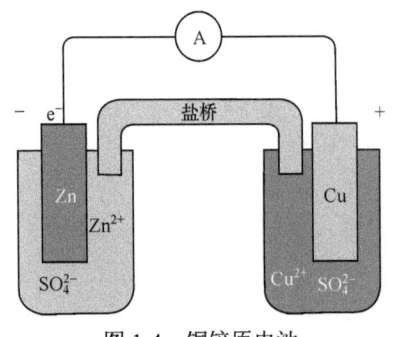

图 1-4　铜锌原电池

1.4.4 吉布斯函数变与化学反应进行的方向

1. 吉布斯函数与吉布斯函数变

由上面的讨论可以知道，在等温、等压条件下，判断一个变化的方向，只考虑焓变或者熵变都是不全面的，必须同时考虑焓变和熵变。1876 年，美国物理学家吉布斯提出：判断反应自发性的标准是在等温、等压下，如果某一反应无论在理论上还是实践上可被利用来做有用功（W'），那么该反应就是自发的；如果必须从外界吸收功才能使一个反应进行，则该反应是非自发的。

1882 年德国生物学家亥姆霍兹（Helmholtz）总结吉布斯的理论，提出了一个综合了体系的焓变、熵变和温度三者关系的方程式，即吉布斯-亥姆霍兹方程式：

$$\Delta G = \Delta H - T\Delta S \tag{1-9}$$

或者

$$\Delta_r G(T) = \Delta_r H(T) - T\Delta_r S(T) \tag{1-10}$$

吉布斯-亥姆霍兹方程式是化学热力学中最重要、最有用的公式之一。ΔG 是吉布斯函数变，或称吉布斯自由能变，它是封闭系统在等温、等压条件下向环境能做的最大有用功，或者说二者在数值上相等，即 $\Delta G = W_{最大有用功}$。当 $W_{最大有用功} < 0$ 时，系统对环境做功，应是自发进行，此时 $\Delta G < 0$；当 $W_{最大有用功} > 0$ 时，环境对系统做功，应是不自发的，此时 $\Delta G > 0$。因此式（1-9）又可以作为等温、等压条件下反应进行方向的判断标准。

G 称为吉布斯函数，其定义式为

$$G \equiv H - TS \tag{1-11}$$

它是用以判断一个封闭系统内是否发生自发过程的状态函数。吉布斯函数是一个广度量，具有加和性，其值和系统物质的量成正比，其单位和功一致，是 J 或者 kJ。

吉布斯已经证明：吉布斯函数变可以作为系统做最大有用功的量度，即代表了系统的做功能力（变化的推动力）。

2. 由吉布斯函数变判断化学反应进行的方向

1）判据

由吉布斯-亥姆霍兹等温方程可以明显看出，ΔG 和温度有关（这与 ΔH、ΔS 不同）。对于

等温、等压、不做有用功的变化，自发进行方向的判据是

$\Delta G < 0$　自发进行

$\Delta G = 0$　平衡状态

$\Delta G > 0$　不能自发进行

这就是说，在 T、p 一定的条件下，自发过程总是朝 G 减小的方向进行，直到 G 值减至最小。需要特别提出的是，使用吉布斯函数判据的条件是：①反应系统必须是封闭系统；②反应系统不做非体积功。

例如，$2NaCl(s) \longrightarrow 2Na(s) + Cl_2(g)$，$\Delta_r G_m > 0$，非自发进行。

若环境对系统做电功，则可使其向右进行。$\Delta_r G_m$ 只能说明某条件下反应的可能性。

又如，298.15K、标准状态下，$2SO_2(g) + O_2(g) \longrightarrow 2SO_3(g)$，$\Delta_r G_m^{\ominus} < 0$，标准状态下反应自发向右进行。

$\Delta_r G_m$ 的大小与反应速率无关。

2）反应的吉布斯函数变的计算

（1）标准摩尔生成吉布斯函数（自由能）。

吉布斯函数是状态函数。与物质的焓相似，物质的吉布斯函数也采用相对值。在一定的温度、标准状态下，由元素的参考态单质生成单位物质的量的纯物质时反应的吉布斯函数变称为该物质的标准摩尔生成吉布斯函数。用符号 $\Delta_f G_m^{\ominus}$ 表示，常用单位为 $kJ \cdot mol^{-1}$。例如

$$H_2(g) + 1/2\ O_2(g) = H_2O(g)$$
$$\Delta_r G_m^{\ominus} = -228.57 kJ \cdot mol^{-1} = \Delta_f G_m^{\ominus}(H_2O, g)$$

书末附录中给出了一些物质在 298.15K 时的标准摩尔生成吉布斯函数变的数据。

（2）反应的标准摩尔吉布斯函数变的计算。

反应的标准摩尔吉布斯函数变 $\Delta_r G_m^{\ominus}$ 可以用物质的标准摩尔生成吉布斯函数（$\Delta_f G_m^{\ominus}$）来计算。对于反应 $aA + fF = gG + dD$，和反应的焓变、熵变一样，也有

$$\begin{aligned}\Delta_r G_m^{\ominus} &= g\Delta_f G_{m,G}^{\ominus} + d\Delta_f G_{m,D}^{\ominus} - a\Delta_f G_{m,A}^{\ominus} - f\Delta_f G_{m,F}^{\ominus} \\ &= \sum \nu_i \Delta_f G_m^{\ominus}(\text{生成物}) - \sum \nu_i \Delta_f G_m^{\ominus}(\text{反应物})\end{aligned} \quad (1-12)$$

【例 1-16】　标准态下 HAc 能否电离？

$$HAc(aq) = H^+(aq) + Ac^-(aq)$$

$\Delta_f G_m^{\ominus}/(kJ \cdot mol^{-1})$　　　　 -361　　 0　　 -334.6

解　$\Delta_r G_m^{\ominus} = \Delta_f G_m^{\ominus}(H^+, aq) + \Delta_f G_m^{\ominus}(Ac^-, aq) - \Delta_f G_m^{\ominus}(HAc, aq)$

　　　　$= -334.6 + 0 - (-361)$

　　　　$= 26.4(kJ \cdot mol^{-1}) > 0$

标准态下不能电离。

当然反应的 $\Delta_r G_m^{\ominus}$ 也可以利用吉布斯-亥姆霍兹等温方程来计算。由标准摩尔生成吉布斯函数计算的 $\Delta_r G_m^{\ominus}$ 是 298.15K 时的数据。

（3）等压下，任意温度时反应的标准摩尔吉布斯函数变的计算。

在无相变且 ΔT 不大时，ΔH、ΔS 随 T 的变化较小，可忽略；而 ΔG 随 T 的变化较大。若求其他温度下的反应标准摩尔吉布斯函数变，还要利用吉布斯等温方程。

$$\begin{aligned}\Delta_r G_m^{\ominus}(T) &= \Delta_r H_m^{\ominus}(T) - T\Delta_r S_m^{\ominus}(T) \\ &\approx \Delta_r H_m^{\ominus}(298.15K) - T\Delta_r S_m^{\ominus}(298.15K)\end{aligned} \quad (1-13)$$

所以，可以用式（1-13）估算任意温度时反应的标准摩尔吉布斯函数变。

【例 1-17】 化学反应 $2NO(g) \rightleftharpoons N_2(g) + O_2(g)$
前面已经计算得到 $\Delta_r H_m^\ominus = -180.5 \text{kJ} \cdot \text{mol}^{-1} < 0$
$\Delta_r S_m^\ominus = -24.9 \text{J} \cdot \text{mol}^{-1} \cdot \text{K}^{-1} < 0$
$\Delta_r G_m^\ominus = \Delta_r H_m^\ominus - T\Delta_r S_m^\ominus$
$= [-180.5 - 298.15 \times (-0.0249)] \text{kJ} \cdot \text{mol}^{-1}$
$= -173.1 \text{kJ} \cdot \text{mol}^{-1} < 0$

或者

$$2NO(g) \rightleftharpoons N_2(g) + O_2(g)$$

$\Delta_f G_m^\ominus / (\text{kJ} \cdot \text{mol}^{-1})$　　86.55　　0　　0

$\Delta_r G_m^\ominus = -173.1 \text{kJ} \cdot \text{mol}^{-1} < 0$

故该反应是可以自发进行的，而且推动力很大。事实也确是如此。

计算方法不同，结果是一样的。实际上有了吉布斯等温方程 $\Delta G = \Delta H - T\Delta S$，当 T 已知时，ΔG、ΔH 和 ΔS 三者中已知两个即可求出第三个。

【例 1-18】 化学反应 $2NH_3(g) \rightleftharpoons N_2(g) + 3H_2(g)$

$\Delta_f G_m^\ominus / (\text{kJ} \cdot \text{mol}^{-1})$　　-16.5　　0　　0

则　　$\Delta_r G_m^\ominus = 33 \text{kJ} \cdot \text{mol}^{-1} > 0$

虽然此反应混乱度是增加的，但它是吸热反应，即 $\Delta_r H_m^\ominus > 0$，总的结果是 $\Delta_r G_m^\ominus > 0$，即在298.15K时该反应不能自发进行。

等温下，ΔG 只受两个因素 ΔH、ΔS 影响，或者说，化学反应的推动力由焓变和熵变两项组成，只是在不同的条件下两者产生的影响大小不同（表1-1）。

表 1-1　ΔH、ΔS 及 T 对反应自发性的影响

类型	ΔH	ΔS	$\Delta G = \Delta H - T\Delta S$	正反应的自发性	举例
I	-	+	永远为-	任何温度均自发	$2O_3(g) \longrightarrow 3O_2(g)$
II	+	-	永远为+	任何温度均非自发	CO 分解
III	+	+	低温为+ 高温为-	低温非自发 高温自发	$CaCO_3(g) \longrightarrow CaO(s) + CO_2(g)$
IV	-	-	低温为- 高温为+	低温自发 高温非自发	$HCl(g) + NH_3(g) \longrightarrow NH_4Cl(s)$

注：（1）$H_2(g) + F_2(g) \rightleftharpoons 2HF(g)$，$\Delta H^\ominus = -271 \text{kJ} \cdot \text{mol}^{-1}$，$\Delta S^\ominus = +8 \text{J} \cdot \text{mol}^{-1} \cdot \text{K}^{-1}$，$\Delta G^\ominus = -273 \text{kJ} \cdot \text{mol}^{-1}$，正反应恒自发。

（2）$2CO(g) \rightleftharpoons 2C(石墨) + O_2(g)$，$\Delta H^\ominus = +221 \text{kJ} \cdot \text{mol}^{-1}$，$\Delta S^\ominus = -179.7 \text{J} \cdot \text{mol}^{-1} \cdot \text{K}^{-1}$，$\Delta G^\ominus = +274.6 \text{kJ} \cdot \text{mol}^{-1}$，正反应恒非自发。

（3）$HCl(g) + NH_3(g) \rightleftharpoons NH_4Cl(s)$，$\Delta H^\ominus = -176.4 \text{kJ} \cdot \text{mol}^{-1}$，$\Delta S^\ominus = -284 \text{J} \cdot \text{mol}^{-1} \cdot \text{K}^{-1}$，$\Delta G^\ominus = -91.8 \text{kJ} \cdot \text{mol}^{-1}$，低温正反应自发，高温逆反应自发。

（4）$CaCO_3(s) \rightleftharpoons CaO(s) + CO_2(g)$，$\Delta H^\ominus = +178.3 \text{kJ} \cdot \text{mol}^{-1}$，$\Delta S^\ominus = +160.4 \text{J} \cdot \text{mol}^{-1} \cdot \text{K}^{-1}$，$\Delta G^\ominus = +130.5 \text{kJ} \cdot \text{mol}^{-1}$，低温正反应非自发，高温正反应自发。

（4）任意状态下的吉布斯函数变的计算。

前面所涉及的吉布斯函数变的计算都是指标准状态下，对于非标准状态，反应的吉布斯函数变计算需要新的方法。

在等温、等压及非标准态条件下，对于任一反应：

$$a\text{A} + b\text{B} \longrightarrow d\text{D} + e\text{E}$$

$$\Delta_r G_m(T) = \Delta_r G_m^\ominus(T) + RT\ln Q \tag{1-14}$$

式中：R 和 T 分别为摩尔气体常量和温度；Q 为反应商。$\Delta_r G_m(T)$ 是指非标准状态的吉布斯函数变。式（1-14）称为等温方程式。

若 A、B、D、E 均为气体，则

$$Q = \frac{(p_D/p^\ominus)^d (p_E/p^\ominus)^e}{(p_A/p^\ominus)^a (p_B/p^\ominus)^b}$$

若 A、B、D、E 均为溶液，则

$$Q = \frac{(c_D/c^\ominus)^d (c_E/c^\ominus)^e}{(c_A/c^\ominus)^a (c_B/c^\ominus)^b}$$

若反应为混合型的，即反应物和生成物中，有的是气体，有的是溶液，有的是纯固体或者纯液体，则在 Q 的表达式中，是气体的用 $p_i/p^\ominus$ 代入，是溶液的用 $c_i/c^\ominus$ 代入，纯固体或者纯液体及纯溶剂可以在 Q 的表达式中不出现。

【例 1-19】 判断在标准态及下列条件下反应自发进行的方向。

$$2NO(g) + O_2(g) \longrightarrow 2NO_2(g)$$

分压/Pa　　　1.0×10^3　　1.0×10^2　　　1.0×10^8

解　　　　　　　　$2NO(g) + O_2(g) \longrightarrow 2NO_2(g)$

$\Delta_f G_m^\ominus/(kJ\cdot mol^{-1})$　　86.55　　　　0　　　　　51.31

$$\Delta_r G_m^\ominus = 2\times51.31 - 2\times86.55 = -70.48(kJ\cdot mol^{-1})$$

$\Delta_r G_m^\ominus < 0$，标准态下反应自发向右进行。

$$RT\ln Q = 8.314\times10^{-3}\times298\ln\frac{[p(NO_2)/p^\ominus]^2}{[p(NO)/p^\ominus]^2\cdot[p(O_2)/p^\ominus]}$$

$$= 8.314\times10^{-3}\times298\ln\frac{\left(\dfrac{1.0\times10^8}{1.0\times10^5}\right)^2}{\left(\dfrac{1.0\times10^3}{1.0\times10^5}\right)^2\cdot\left(\dfrac{1.0\times10^2}{1.0\times10^5}\right)}$$

$$= 74.16(kJ\cdot mol^{-1})$$

$$\Delta_r G_m^\ominus = \Delta_r G_m^\ominus + RT\ln Q = -70.48 + 74.16 = 3.68(kJ\cdot mol^{-1})$$

$\Delta_r G_m^\ominus > 0$，反应自发向左进行。

3. 吉布斯函数变的应用

对于反应的吉布斯函数变，可以通过不同的方法计算出标准和非标准状态下反应的吉布斯函数变，进而判断化学反应进行的方向。除此以外，对于一些比较特殊的反应，如低温自发、高温非自发反应或者高温自发、低温非自发的反应，可以利用吉布斯函数变计算这样一个特殊的温度，化学上称为转变（换）温度。

1）标准态下反应的自发转换温度

标准态下

$$\Delta_r G_m^\ominus(T) = \Delta_r H_m^\ominus(T) - T\Delta_r S_m^\ominus(T)$$
$$\approx \Delta_r H_m^\ominus(298.15K) - T\Delta_r S_m^\ominus(298.15K)$$

当 $\Delta_r G_m^\ominus(T) = 0$ 时，反应处于自发与非自发临界点，转变温度

$$T = \Delta_r H_m^\ominus(298.15K)/\Delta_r S_m^\ominus(298.15K) \tag{1-15}$$

2）非标准态下反应的自发转换温度

非标准态下

$$\Delta_r G_m(T) = \Delta_r G_m^\ominus(T) + RT\ln Q$$
$$= \Delta_r H_m^\ominus(T) - T\Delta_r S_m^\ominus(T) + RT\ln Q$$
$$= \Delta_r H_m^\ominus(298.15K) - T\Delta_r S_m^\ominus(298.15K) + RT\ln Q$$

当 $\Delta_r G_m(T) = 0$ 时，反应处于自发与非自发临界点，转变温度

$$T = \Delta_r H_m^\ominus(298.15K)/[\Delta_r S_m^\ominus(298.15K) - R\ln Q] \tag{1-16}$$

3）应用举例

【例 1-20】 求下列条件下，反应 $CaCO_3(s) \longrightarrow CaO(s) + CO_2(g)$ 自发进行的温度。（1）标准态；（2）$p(CO_2) = 10^{-3}\, p^\ominus$。

解

	$CaCO_3(s) \longrightarrow$	$CaO(s)$	$+\ CO_2(g)$
$\Delta_f H_m^\ominus /(kJ \cdot mol^{-1})$	−1206.92	−635.09	−393.509
$S_m^\ominus /(J \cdot mol^{-1} \cdot K^{-1})$	92.9	39.75	213.74

$\Delta_r H_m^\ominus(298.15K) = (-635.09) + (-393.509) - (-1206.92) = 178.32(kJ \cdot mol^{-1})$

$\Delta_r S_m^\ominus(298.15K) = (39.75 + 213.74) - 92.9 = 160.6(J \cdot mol^{-1} \cdot K^{-1})$

（1）标准态下，当 $\Delta_r G_m^\ominus(T) = 0$ 时，反应处于自发与非自发临界点，即

$$T = \Delta_r H_m^\ominus(298.15K)/\Delta_r S_m^\ominus(298.15K) = 1110.3K$$

（2）$p(CO_2) = 10^{-3}\, p^\ominus$ 时，当 $\Delta_r G_m(T) = 0$ 时，反应处于自发与非自发临界点，即

$$T = \Delta_r H_m^\ominus(298.15K)/[\Delta_r S_m^\ominus(298.15K) - R\ln Q] = 818K$$

要研究和利用一个化学反应，仅知道它的进行方向不够，还应该知道它进行的限度，即当反应达到平衡时产物有多少，因此还要研究化学反应的限度。

1.5 化学反应的限度——化学平衡

化学热力学除了要解决反应的自发性和方向性问题外，还解决自发进行的反应所能达到的最大限度，即化学平衡。

19 世纪，人们发现炼铁炉出口含有大量的 CO。高炉中炼铁的主要反应为

$$Fe_2O_3(s) + 3CO(g) \Longleftrightarrow 2Fe + 3CO_2(g)$$

已知 $\Delta_r H_m^\ominus = -24.7 kJ \cdot mol^{-1}$，$\Delta_r S_m^\ominus = 15.4 kJ \cdot mol^{-1}$，$\Delta_r G_m^\ominus = -29.4 kJ \cdot mol^{-1}$，该反应应该在任意温度下均可自发进行，为什么还有大量 CO 呢？

当时认为这是由于 CO 和铁矿石接触时间不够，为了使反应完全，英国曾造起 30 多米的高炉，但是出口气体中 CO 的含量并未减少。

实际上，如果当时已知在一定条件下，化学反应有一定限度，就不至于造成那样的浪费了。当然，如果有了平衡移动和影响平衡移动因素的知识，就可以从其他的角度来考虑这一问题了。

对于绝大多数的化学反应来说，既有反应物变成产物的反应发生，同时有产物变为反应物的反应发生。虽然从总体上说反应有确定的方向，但实际上它们都包含两个方向相反的反应，即反应存在着对峙性，这样的反应称为可逆反应。在同一条件下，既能向一个方向进行，又能向相反方向进行的反应称为可逆反应。几乎所有的化学反应都具有可逆性。仍以上述反应为例，在高温下，刚开始反应时应是生成 Fe 和 CO_2，而且反应速率很快；而一旦有 CO_2

和 Fe 生成，则逆反应也开始进行，由于产物很少，逆反应速率很慢。随着反应的进行，反应物逐渐减少，产物逐渐增多，则正反应速率逐渐减慢，最后正、逆反应速率相等，四种物质的浓度不再改变，此时系统处于平衡状态。

对任一可逆反应

$$aA + bB \rightleftharpoons gG + dD$$

反应经过一段时间后，反应物和生成物的含量或浓度不再改变，即达到了平衡状态，这是化学反应在一定条件下达到的最大限度。

化学平衡状态实质是一个动态的、相对的、暂时的、有条件的平衡，而不平衡是绝对的、永恒的。平衡意味着反应达到一定限度，那么用什么来衡量呢？用 $\Delta G = 0$ 只能确定是处于平衡态，不能说明进行的程度。而要表征进行的程度，就要看平衡时的特点。平衡时作用物和产物的浓度不变，因此可以用平衡常数来表征。

1.5.1 平衡常数的概念

1. 平衡常数的定义

大量实验结果表明，当反应 $aA + fF \rightleftharpoons gG + dD$ 达到平衡时，其反应物和产物的平衡浓度（或平衡分压）按一种形式进行特殊组合得到一个常数——平衡常数。平衡常数可以由实验测得，称为实验平衡常数；也可以由热力学计算求得，称为标准平衡常数。实验平衡常数又分为以平衡浓度表示的平衡常数和以平衡分压表示的平衡常数，下面分别加以介绍。

2. 平衡常数的表示方法

1) 浓度平衡常数

$$K_c = \frac{c_G^g \cdot c_D^d}{c_A^a \cdot c_F^f} \tag{1-17}$$

式（1-17）是以平衡浓度表示平衡常数的表达式，K_c 称为浓度平衡常数。若浓度的单位采用 $\text{mol} \cdot \text{L}^{-1}$，则 K_c 的单位是 $(\text{mol} \cdot \text{L}^{-1})^{\sum_B \nu_B}$，$\sum_B \nu_B = g + d - a - f$。由此可见，化学平衡状态最重要的特点是存在一个平衡常数。它是反应限度的一种表示，K_c 越大，反应进行得越完全。K_c 大小与各物质起始浓度无关，只与反应的本质和温度有关。

2) 压力平衡常数

对于在低压下进行的任何气相反应：

$$aA + fF \rightleftharpoons gG + dD$$

在一定温度下达到化学平衡状态时，参与反应的各物质的平衡分压按式（1-18）组合也是一个常数，以 K_p 表示，称为分压平衡常数，即

$$K_p = \frac{p_G^g \cdot p_D^d}{p_A^a \cdot p_F^f} \tag{1-18}$$

式中：p_G、p_D、p_A、p_F 分别为物质 G、D、A、F 在平衡时的分压。

某一种气体的分压是指混合气体中某一种气体在与混合气体处于相同温度下时，单独占有整个容积时所呈现的压力。混合气体的总压等于各种气体分压的代数和：

$$p_\text{总} = p_A + p_B + p_C + \cdots = \sum_i p_i$$

若压力的单位采用 Pa，则 K_p 的单位为$(Pa)^{\sum_B \nu_B}$。

上述给出的 K_c 和 K_p 都是由实验得到的，称为实验平衡常数。

3. 标准平衡常数

1）非标准状态下的吉布斯函数变

非标准状态下的吉布斯函数变可以由范特霍夫（van't Hoff）等温方程式得到：

$$\Delta_r G_m = \Delta_r G_m^\ominus + RT \ln Q \tag{1-19}$$

其中
$$Q = \frac{(p_G/p^\ominus)^g (p_D/p^\ominus)^d}{(p_A/p^\ominus)^a (p_F/p^\ominus)^f} \quad \text{或} \quad Q = \frac{(c_G/c^\ominus)^g (c_D/c^\ominus)^d}{(c_A/c^\ominus)^a (c_F/c^\ominus)^f}$$

式中：p_G、p_D、p_A、p_F（或 c_G、c_D、c_A、c_F）为系统所处状态（始态）各物质的分压（或浓度）；Q 为反应商。由式（1-19）可知，一个反应在任意状态的自发方向的判据 ΔG 不仅与标准态时的 $\Delta G^\ominus$ 有关，还要考虑与起始状态有关的反应商。例如，式（1-19）中的 p_B 都等于标准压力时，$\Delta G_T = \Delta G_T^\ominus$，即 $\Delta G_T^\ominus$ 代表温度为 T、反应物和生成物的起始分压都处于标准态（都是标准浓度或标准压力）时的吉布斯函数变。

2）标准平衡常数

当上述反应在等温、等压条件下达到化学平衡时，则应有 $\Delta_r G_m = 0$，此时

$$\Delta_r G_m^\ominus + RT \ln Q_{平衡} = 0$$

而对于一个指定反应，在一定温度下 $\Delta_r G_m^\ominus$ 是一个常数，因此 $Q_{平衡}$ 也是常数。把平衡时的反应商称为标准平衡常数（或热力学平衡常数），用 $K^\ominus$ 表示，即 $K^\ominus \equiv Q_{平衡}$。则有

$$\Delta_r G_m^\ominus(T) = -RT \ln K^\ominus \tag{1-20}$$

标准平衡常数 $K^\ominus$ 的量纲为 1，而且它只与反应的本质和温度有关［因为它与 $\Delta_r G_m^\ominus(T)$ 在数值上相等］。利用式（1-20）可由该温度下的标准吉布斯函数变，计算出该温度下的标准平衡常数 $K^\ominus$。R 是摩尔气体常量，$R = 8.314 \text{J} \cdot \text{mol}^{-1} \cdot \text{K}^{-1}$。

有了式（1-20），则式（1-19）可以写成

$$\Delta_r G_m = -RT \ln K^\ominus + RT \ln Q \tag{1-21}$$

由等温方程式可以看出，用 $K^\ominus$ 和 Q 的对比也可以判断反应的方向与限度。

3）标准平衡常数与反应方向

由等温方程式可以看出

$Q < K^\ominus$	$\Delta_r G_m < 0$	反应正向自发进行
$Q > K^\ominus$	$\Delta_r G_m > 0$	反应逆向自发进行
$Q = K^\ominus$	$\Delta_r G_m = 0$	平衡状态

要注意的是，$K^\ominus$ 与 K_c 在数值上是相等的，但量纲不一定相同。而 $K^\ominus$ 与 K_p 之间则有如下关系：

$$K^\ominus = K_p / (p^\ominus)^{\sum_B \nu_B} \tag{1-22}$$

1.5.2 标准平衡常数的计算

1. 计算公式

（1）利用公式 $\ln K^\ominus = -\Delta_r G_m^\ominus(T)/RT$ 就可以通过 $\Delta_r G_m^\ominus(T)$ 计算 $K^\ominus(T)$。

（2）范特霍夫方程。由式（1-20）可以得到

$$\Delta_r G_m^\ominus = -RT \ln K^\ominus$$

则

$$-RT \ln K^\ominus = \Delta_r H_m^\ominus - T\Delta_r S_m^\ominus$$

$$\ln K^\ominus = \frac{-\Delta_r H_m^\ominus}{RT} + \frac{\Delta_r S_m^\ominus}{R} \tag{1-23}$$

如对于 T_1、T_2 两个不同的温度，则有

$$\ln K^\ominus(T_1) = \frac{-\Delta_r H_m^\ominus}{RT_1} + \frac{\Delta_r S_m^\ominus}{R}$$

$$\ln K^\ominus(T_2) = \frac{-\Delta_r H_m^\ominus}{RT_2} + \frac{\Delta_r S_m^\ominus}{R}$$

两式相减可得

$$\ln \frac{K^\ominus(T_2)}{K^\ominus(T_1)} = \frac{\Delta_r H_m^\ominus}{R}\left(\frac{1}{T_1} - \frac{1}{T_2}\right) \tag{1-24}$$

从式（1-24）可以看出温度对平衡常数的影响，并可用它来计算不同温度下的 $K^\ominus$。式（1-24）称为范特霍夫方程。

2. 应用举例

【例 1-21】 试计算反应 $2NO(g) \Longrightarrow N_2(g) + O_2(g)$ 在 298.15K 和 1000K 时的标准平衡常数 $K^\ominus$。

解 （1）298.15K 时的标准平衡常数。

利用公式 $\ln K^\ominus = -\Delta_r G_m^\ominus(T)/RT$，298.15K 时的 $\Delta_r G_m^\ominus$ 前面已经算出，即

$$\Delta_r G_m^\ominus(298.15K) = -173.1 \text{kJ} \cdot \text{mol}^{-1} < 0$$

则 $\ln K^\ominus(298.15K) = 173.1 \text{kJ} \cdot \text{mol}^{-1}/(0.008\,314\text{kJ} \cdot \text{mol}^{-1} \cdot \text{K}^{-1} \times 298.15K) = 69.83$

可得 $K^\ominus(298.15K) = 2.1 \times 10^{30}$

可见该反应推动力很大，进行得很完全。也就是说，采用让 NO 分解成 N_2、O_2 的方法治理汽车尾气是有可能的。

（2）1000K 时的标准平衡常数。

要求 1000K 时的标准平衡常数，必须知道 1000K 时的 $\Delta_r G_m^\ominus$（1000K）。而要求 1000K 时的 $\Delta_r G_m^\ominus$，可用吉布斯等温方程，用 298.15K 时的 $\Delta_r H_m^\ominus$ 和 $\Delta_r S_m^\ominus$ 计算得到其近似值。

$$\begin{aligned}\Delta_r G_m^\ominus(1000K) &= \Delta_r H_m^\ominus(298.15K) - 1000 \times \Delta_r S_m^\ominus(298.15K)\\ &= -180.5\text{kJ} \cdot \text{mol}^{-1} - 1000K \times (-0.0249\text{kJ} \cdot \text{mol}^{-1} \cdot \text{K}^{-1})\\ &= -155.6\text{kJ} \cdot \text{mol}^{-1}\end{aligned}$$

则 $\ln K^\ominus(1000K) = 155.6\text{kJ} \cdot \text{mol}^{-1}/(0.008\,314\text{kJ} \cdot \text{mol}^{-1} \cdot \text{K}^{-1} \times 1000K) = 18.72$

$$K^\ominus(1000K) = 1.3 \times 10^8$$

可见升高温度对这一反应的产率并没有好处。这由等温方程式中的 ΔH、ΔS 的符号也可以定性地看出。当然也可以利用范特霍夫方程来计算。

【例 1-22】 试计算反应 $N_2(g) + 3H_2(g) \Longrightarrow 2NH_3(g)$ 在 298.15K、800K 时的 $K^\ominus$。

解 前面已经算出该反应 298.15K 时的 $\Delta_r G_m^\ominus = -33\text{kJ} \cdot \text{mol}^{-1}$，则

$$K^\ominus(298.15K) = 6.1 \times 10^5$$

下面计算合成氨反应在 800K 时的 $K^\ominus$。要求 800K 时的 $K^\ominus$，必须知道 $\Delta_r G_m^\ominus$（800K），计算 $\Delta_r G_m^\ominus$（800K）应当用吉布斯-亥姆霍兹方程。这又需要知道 298.15K 时的 $\Delta_r H_m^\ominus$ 和 $\Delta_r S_m^\ominus$。利用前面的数据，氨分解反应的

$\Delta_r S_m^\ominus = -198.7 \text{J} \cdot \text{mol}^{-1} \cdot \text{K}^{-1}$，$\Delta_r H_m^\ominus = -92.2 \text{kJ} \cdot \text{mol}^{-1}$，所以该反应的

$$\Delta_r G_m^\ominus(800\text{K}) = (-92.2 + 800 \times 0.1987)\text{kJ} \cdot \text{mol}^{-1} = 66.76 \text{kJ} \cdot \text{mol}^{-1}$$

则
$$\ln K^\ominus(800\text{K}) = -\Delta_r G_m^\ominus(800\text{K})/RT = -66.76/(800 \times 0.008\,314) = -10.04$$

$$K^\ominus(800\text{K}) = 4.4 \times 10^{-5}$$

当然也可以利用式（1-24）进行计算，即

$$\ln \frac{K^\ominus(800\text{K})}{K^\ominus(298.15\text{K})} = \frac{-92\,200}{8.314}\left(\frac{1}{298.15} - \frac{1}{800}\right) = -23.35$$

$$\ln K^\ominus(800\text{K}) = -23.35 + 13.32 = -10.03$$

$$K^\ominus(800\text{K}) = 4.4 \times 10^{-5}$$

由此可见，平衡常数大大减小，可见升高温度对于合成氨反应是不利的。在 800K 时，该反应的 $\Delta_r G_m^\ominus(800\text{K}) = 66.76 \text{kJ} \cdot \text{mol}^{-1} > 0$，反应应该不能进行。但是仍然有平衡常数，虽然平衡常数很小，也表明有一点产物。也就是说，该反应可以进行一些。因为反应的 $\Delta_r G_m^\ominus$ 是指在标准态下进行 1mol 反应时的吉布斯函数变，只能判断标准态下的情况。而如果不是标准态时，应用 $\Delta_r G_m$ 来判断。由式（1-19）和式（1-21）可以看出，当产物很少时，即使 $\Delta_r G_m^\ominus > 0$，$\Delta_r G_m$ 仍然可以小于零，反应可以自发进行。如果始态只有反应物，而没有产物，则对任何反应总是可以进行一点的，即仍有平衡常数，只不过平衡常数很小。如果一定要用 $\Delta_r G_m^\ominus$ 来判断非标准态时化学反应方向，可用 $|\Delta_r G_m^\ominus| > 41.8 \text{kJ} \cdot \text{mol}^{-1}$ 来判断。当 $\Delta_r G_m^\ominus < -41.8 \text{kJ} \cdot \text{mol}^{-1}$ 时，反应可以自发进行（此时可以算出其 $K^\ominus = 2.2 \times 10^7$，说明反应可以进行得很完全）。当 $\Delta_r G_m^\ominus > 41.8 \text{kJ} \cdot \text{mol}^{-1}$ 时，反应不能自发进行（此时 $K^\ominus = 4.7 \times 10^{-8}$，产物很少，实际就相当于反应不能进行）。

从前文讨论可知，如果合成氨反应在 800K 进行时产量很小，为什么工业上还采用该温度呢？虽然可以加快反应速率，但如果平衡浓度太小也没有意义。为什么工业上还能得到较大产率呢？这是平衡移动的结果。

1.5.3 化学平衡的移动——影响化学平衡的因素

化学平衡是一个动态平衡。若环境保持不变，化学平衡可以保持下去。若环境条件（如温度、压力和浓度等）发生改变，则原来的化学平衡可能被破坏，导致反应朝某一方向进行，直到在新的条件下建立新的平衡。这种因环境条件改变使反应从一个平衡态向另一个平衡态过渡的过程称为平衡的移动。

为了更好地利用化学反应，了解影响反应平衡移动的规律也很重要，可使反应向有利于需要的方向移动。进行合成氨反应时加高压、将产物移走等都是利用平衡移动的原理。

化学平衡的移动在工业生产中有着重要意义，研究化学平衡就是要做平衡的转化工作，使化学平衡尽可能朝着有利于生产需要的方向转化。这里主要讨论浓度、压力、温度对化学平衡移动的影响。

1. 浓度对化学平衡的影响

例如

$$CO(g) + H_2O(g) \rightleftharpoons CO_2(g) + H_2(g)$$

$$Q = \frac{\dfrac{c(CO_2)}{c^\ominus} \cdot \dfrac{c(H_2)}{c^\ominus}}{\dfrac{c(CO)}{c^\ominus} \cdot \dfrac{c(H_2O)}{c^\ominus}}$$

根据 $\Delta_f G_m = RT\ln\dfrac{Q}{K^\ominus}$，在一定温度下达平衡，$\Delta_r G_m = 0$，$K^\ominus = Q$。增加反应物 CO 或 H_2O 的浓度，或者减小 CO_2 或 H_2 的浓度，使 Q 值减小，而 K 值不变，所以 $Q < K^\ominus$，反应正向自发进行，平衡发生移动，直到 Q 重新等于 $K^\ominus$，达到新的平衡。

由此可见，浓度对平衡的影响是：在恒温下增加反应物的浓度或减小生成物的浓度，平衡向着正反应方向移动；相反，减小反应物的浓度或增加生成物的浓度，平衡向着逆反应方向移动。

2. 压力对化学平衡的影响

由于压力对固体和液体的体积影响很小，因此，压力变化对没有气体参加的液态反应和固体反应的平衡影响很小。但是，对于有气体参加的反应，压力的改变往往会引起平衡移动。

仍以合成氨反应为例：

$$N_2(g) + 3H_2(g) \Longleftrightarrow 2NH_3(g)$$

当 1mol 氮气和 3mol 氢气反应时，生成了 2mol 氨，反应前后气体的总物质的量发生了改变。

在一定温度下，当反应达到平衡时，设备组分的平衡分压为 $p(NH_3)$、$p(H_2)$、$p(N_2)$，则

$$K^\ominus = \frac{\left[\dfrac{p(NH_3)}{p^\ominus}\right]^2}{\left[\dfrac{p(H_2)}{p^\ominus}\right]^3 \cdot \left[\dfrac{p(N_2)}{p^\ominus}\right]}$$

若将平衡体系的总压力增大到原来的两倍，这时各组分的任意分压变为原来平衡分压的两倍，体系的 Q 为

$$Q = \frac{\left[\dfrac{2p(NH_3)}{p^\ominus}\right]^2}{\left[\dfrac{2p(H_2)}{p^\ominus}\right]^3 \cdot \left[\dfrac{2p(N_2)}{p^\ominus}\right]}$$

即 $Q < K^\ominus$，反应将向生成氨的方向自发进行，直到 Q 重新等于 $K^\ominus$，达到新的平衡。

由此可知，恒温下增加总压力，平衡向着气体物质的量减少的方向移动。反之，降低总压力，平衡向着气体物质的量增多的方向移动。

对于反应前后气体的物质的量没有改变的反应，如

$$H_2O(g) + CO(g) \Longleftrightarrow CO_2(g) + H_2(g)$$

当反应达到平衡时

$$K^\ominus = \frac{\left[\dfrac{p(H_2)}{p^\ominus}\right] \cdot \left[\dfrac{p(CO_2)}{p^\ominus}\right]}{\left[\dfrac{p(H_2O)}{p^\ominus}\right] \cdot \left[\dfrac{p(CO)}{p^\ominus}\right]}$$

若改变体系的总压，各组分分压改变的倍数相等，即 $Q = K^\ominus$，因此，压力对反应前后气体物质的量不改变的平衡体系没有影响。

3. 温度对化学平衡的影响

浓度和压力对化学平衡的影响是通过改变体系的组成使 Q 改变，而 $K^\ominus$ 不改变，此时 $Q \neq K^\ominus$，

平衡发生移动。温度对化学平衡的影响导致 $K^\ominus$ 改变，从而使平衡发生移动。

平衡常数 $K^\ominus$ 与浓度（或压力）无关，而与温度有关，主要是与化学反应的热效应有关。

对于一个给定的平衡体系，式（1-24）是温度影响平衡常数的关系式，即范特霍夫方程，温度改变，$K^\ominus$ 发生改变。若是一个吸热反应（$\Delta_r H_m > 0$），升高温度时，$T_2 > T_1$，则 $K_2^\ominus > K_1^\ominus$，即 $K^\ominus$ 随温度升高而增大，表明平衡向着正反应（吸热反应）方向移动。总之，升高温度，平衡向吸热方向移动；降低温度，平衡向放热方向移动。

温度对平衡常数影响的关系式不仅可以定性解释温度对平衡移动的影响，更重要的是可以利用它来进行定量计算。

【例 1-23】 计算反应 $NO(g) + 1/2O_2(g) \rightleftharpoons NO_2(g)$ 在 298.15K 和 598K 时的标准平衡常数 $K^\ominus$。已知 $\Delta_r G_m^\ominus(298.15K) = -34.85 \text{ kJ}\cdot\text{mol}^{-1}$，$\Delta_r H_m^\ominus(298.15K) = -56.5 \text{ kJ}\cdot\text{mol}^{-1}$。

解 由

$$\Delta_r G_m^\ominus = -RT \ln K^\ominus = -2.303RT \lg K^\ominus$$

在 298.15K 时

$$\lg K^\ominus = -\frac{\Delta_r G_m^\ominus}{2.303RT}$$

$$= -\frac{-34.85 \times 1000}{2.303 \times 8.314 \times 298.15} = 6.105$$

$$K^\ominus(298.15K) = 1.28 \times 10^6$$

根据

$$\lg \frac{K_2^\ominus}{K_1^\ominus} = \frac{\Delta_r H_m^\ominus}{2.303R} \left(\frac{T_2 - T_1}{T_1 T_2} \right)$$

$$\lg \frac{K^\ominus(598K)}{1.28 \times 10^6} = -\frac{56.5 \times 1000}{2.303 \times 8.314} \left(\frac{598 - 298.15}{598 \times 298.15} \right)$$

$$\lg K^\ominus(598K) = 1.14$$

$$K^\ominus(598K) = 13.8$$

通过计算可以看出，$\Delta_r H_m^\ominus < 0$，为放热反应，当温度从 298.15K 升高到 598K 时，$K^\ominus$ 从 1.28×10^6 减小到 13.8，表明升高温度，平衡向着逆反应（吸热反应）方向移动。

勒夏特列（Le Chatelier）根据上述各种因素对平衡的影响，总结出一条普遍规律：任何达到平衡的体系，假如改变平衡体系的条件之一（如温度、压力或浓度等），平衡就向着减弱这种改变的方向移动。这就是平衡移动原理。

阅 读 材 料

1. 永动机

某物质循环一周回复到初始状态，不吸热而向外放热或做功，这就是永动机。这种机器不消耗任何能量，却可以源源不断地对外做功。历史上曾经无数人痴迷于永动机的设计和制造，但从没有成功过。因为根据能量守恒定律，任何机器只能转变能量存在的形式，并不能制造能量。这也注定永动机根本无法制造。由于其违背热力学第一定律，我们把这种永动机称为"第一类永动机"。

永动机的想法最早起源于印度，并于公元 1200 年前后从印度传到了中东、阿拉伯地区，又从这里传到了西方。在欧洲，早期最著名的一个永动机设计方案是 13 世纪时一个叫亨内考的法国人提出来的。如图 1-5 所示：轮子中央有一个转动轴，轮子边缘安装着 12 个可活动的短杆，每个短杆的一端装有一个铁球。方案的设计者认为，右边的球比左边的球离轴远些，因此，右边的球产生的转动力矩要比左边的球产生的转动力矩大。这样轮子就会永无休止地沿着箭头所指的方向转动下去，并且带动机器转动。这个设计被不少人以不同的形式复制出来，但从未实现不停息地转动。仔细分析一下就会发现，虽然右边每个球产生的力矩大，但是球的个数少，左边每个球产生的力矩虽小，但是球的个数多。于是，轮子不会持续转动下去而对外做功，只会摆动几下便停下来。

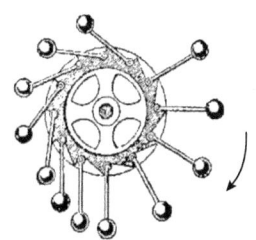

图 1-5 亨内考提出的永动机模型

此后，人们又提出过各种永动机设计方案，有采用"螺旋汲水器"的，有利用轮子的惯性、水的浮力或毛细作用的，也有利用同性磁极之间排斥作用的。尤其在 17 世纪和 18 世纪，有学识的和无学识的人都相信永动机是可能的。这一任务像海市蜃楼一样吸引着研究者们，但是，所有这些方案都无一例外地以失败告终。研究者长年累月地在原地打转，创造不出任何成果。其实，在所有的永动机设计中，总可以找出一个平衡位置来，在这个位置上，各个力恰好相互抵消掉，不再有任何推动力使它运动。所有永动机必然会在这个平衡位置上静止下来，变成不动机。

19 世纪中叶，一系列科学工作者为正确认识热功能转化和其他物质运动形式相互转化关系做出了巨大贡献，不久后伟大的能量守恒和转化定律被发现了。人们认识到：自然界的一切物质都具有能量，能量有各种不同的形式，可从一种形式转化为另一种形式，从一个物体传递给另一个物体，在转化和传递的过程中能量的总和保持不变。能量守恒的转化定律为辩证唯物主义提供了更精确、更丰富的科学基础，有力地打击了那些认为物质运动可以随意创造和消灭的唯心主义观点，它使永动机幻梦被彻底打破了。将能量守恒定律应用于热力学系统，就得到了热力学第一定律的另外一种表示方式：第一类永动机是不可能实现的。

历史上曾经无数人痴迷于永动机的设计和制造，在热力学体系建立之前，这些人中既有科学家，也有希望借此成名发财的投机者，而热力学体系建立后，致力于永动机设计的除了希望打破现有科学体系的民间科学家外，更多的则是一些借永动机之名牟取钱财的骗子。历史上著名的永动机骗局如下。

（1）自动轮骗局：1714 年，德国人奥尔菲留斯声称发明了一部名为自动轮的永动机，这部机器每分钟旋转六十转，并能够将 16kg 的物体提高相当的高度，当他宣布了这一消息并进行了公开实验后，名噪整个德国。1717 年一位来自波兰的州长在验看了安放自动轮的房间后，派军队把守这座房屋，40 天后他发现自动轮仍在转动，便给奥尔菲留斯颁发了鉴定证书。奥尔菲留斯靠展出自动轮获取了大量金钱，俄国沙皇彼得一世甚至与他达成价值 10 万卢布的购买协议。最终由于奥尔菲留斯的太太与女仆发生争执，女仆愤而曝光，原来自动轮是依靠隐藏在房间夹壁墙中的女仆牵动缆绳运转的，整个事件是一个骗局。

（2）王洪成骗局：哈尔滨人王洪成曾在 1984 年提出一个永动机方案，他利用他设计的永动机驱动自家的洗衣机、电扇等装置运转。不久骗局被揭穿，他制作的永动机模型是用隐藏的纽扣电池驱动一个电动马达，而供应洗衣机、电扇运转的则是暗藏在地下的电线。1998 年，王洪成提出自发电机的设计，据称可以利用大功率蓄电池带动所谓具备自回充电功能的直流发电机，后经多次试验失败后再无下文，同年他的另一个骗局"水变油"被揭穿，此人也因此入狱。

（3）中华宇宙能源超磁能机车：陈锦文以自发电机为号召，利用多层次传销手法来进行吸金集资，并假称与台湾三阳工业合作开发新型电动机车，在产品发布会上声称该机动车无需加油、加水、充电即可骑乘，但经媒体记者查证后其坦承该车仍需更换电池。且三阳工业在 2011 年 9 月 23 日于公司网站上公告，并未与"台湾新动力产业股份有限公司"及"庆骅国际能源股份有限公司"合作或签约研发"磁能发电机"与"磁能动力车"。

科学在不断进步，永动机的研究却从来没有停止。中国乃至世界不知有多少民间科学家甚至专家、学者、教授，花费了大量宝贵的时间、金钱、心血来坚持不懈地寻找这样一种不存在的事物，不能不令人扼腕。虽然永动机的设计方案越来越具有迷惑性，但是，只要利用能量守恒定律和热力学第一定律，就能轻松戳破永动机的泡沫。

2. 热力学第零定律——温度的概念

温度的概念最初来源于生活。用手触摸物体，感觉热者其温度高，感觉冷者温度低。我们可以利用此比较两杯水的温度。但仅凭主观感觉不但不能定量地表示物体真实的冷热程度，而且常常会得出错误的结果。比如冬天在室外用手触摸铁器和木器，会感觉到铁比木头冷，其实二者温度是相同的。感觉之所以不同是因为二者对热量的传导速率不同。因此要定量地表示出物体的温度，必须对温度给出严格的定义。

图 1-6 中 A、B 和 C 为 3 个质量和组成固定，且与外界完全隔绝的热力学系统。将其中的 A、B 用绝热壁隔开，同时使它们分别与 C 发生热接触。待 A 与 C 和 B 与 C 都达到热平衡时，再使 A 与 B 发生热接触。这时 B 和 C 的热力学状态不再变化，这表明它们之间在热性质方面也已达到平衡。简单说来，就是如果两个热力学系统中的每一个都与第三个热力学系统处于热平衡（温度相同），则它们彼此也必定处于热平衡。这一结论称为"热力学第零定律"。这个结论是大量实验事实的总结和概括，它不能由其他的定律或定义导出，也不能由逻辑推理导出（如甲和乙是好朋友，甲和丙也是好朋友，但不能由此推论乙和丙也是好朋友）。

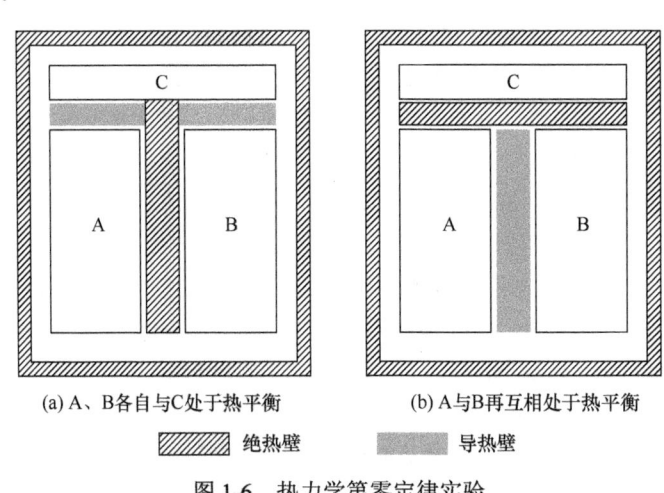

(a) A、B 各自与 C 处于热平衡　　　(b) A 与 B 再互相处于热平衡

▨ 绝热壁　　■ 导热壁

图 1-6　热力学第零定律实验

热力学第零定律的重要性在于它给出了温度的定义和温度的测量方法。它为建立温度概念提供了实验基础。这个定律反映出：处在同一热平衡状态的所有的热力学系统都具有一个共同的宏观特征，这一特征是由这些互为热平衡系统的状态所决定的一个数值相等的状态函数，这个状态函数被定义为温度。而温度相等是热平衡的必要条件。温度计能够测定物体温度正是依据这个原理。在比较各个物体的温度时，不需要将物体直接接触，只需将一个作为标准的第三系统分别与各个物体相接触达到热平衡，这个作为第三物体的标准系统就是温度计。

热力学第零定律比其他任何定律更为基本，但直到 20 世纪 30 年代前人们一直未察觉到有把这种现象以定律的形式表达的需要，直到英国物理学家福勒（R. H. Fowler）于 1930 年正式提出。热力学第零定律比热力学第一定律和热力学第二定律晚了 80 余年，但它是后面几个定律的基础，所以称为热力学第零定律。

3. 熵的趣谈

熵是系统混乱度大小的量度。熵增原理：一个孤立系统的熵永远不会减少。但熵是怎么来的呢？在这里我们简单了解一下熵产生的历史、熵的意义，以及熵增原理在现实生活中的应用。

蒸汽机的发明吹响了工业革命的号角，其作用就是把热转变为功，简单说就是热机从高温热源吸热，一部分对外做功，剩余的热量传至低温热源。热机效率就是功与从高温热源吸收的热之比。这样算来，当时蒸汽机的效率是很低的，只有 5%。面对这样的结果，资本家们表示不能接受。于是人们就开始幻想，如果热机效率能达到 100%多好，也就是说将从高温热源吸收的热完全转变为功，它并不违背热力学第一定律，所以把从单一热源吸热全部转化为有用功的热机称为第二类永动机。这个想法可行吗？

针对此问题，法国科学家萨迪·卡诺提出了一个由四个可逆过程，即恒温可逆膨胀、绝热可逆膨胀、恒温可逆压缩、绝热可逆压缩过程组成的卡诺循环，提出了三点重要结论。第一，工作于所有同温热源和同温冷源之间的热机，可逆热机的效率最大；第二，可逆热机的效率仅取决于高温和低温热源的温度；第三，卡诺循环热温商之和为零。卡诺的工作非常有意义，他规定了热机效率的极值，由于低温热源不可能达到绝对零度，所以热机的效率是恒小于 1 的，也就是说第二类永动机是不可能实现的。但他错误地引入了"热质理论"，导致他的结论在当时不被大家接受。但是第三点结论：卡诺循环热温商之和为零，却启发了一个人——德国物理学家克劳修斯。

既然卡诺循环的热温商之和为零，那么任意可逆循环呢？其实任意可逆循环可以划分为无数个卡诺循环。所以，对于任意可逆循环，其热温商之和均等于零。那么用一个闭合曲线代表任意可逆循环，然后在曲线上任取 1、2 两点，把循环分成由 1 沿着 a 途径到 2，再由 2 沿着 b 途径到 1 两个可逆过程，如图 1-7（a）所示。这样可逆循环热温商之和为零的公式，即

$$\oint \left(\frac{\delta Q_r}{T}\right) = 0 \tag{1-25}$$

就可以分成 1 到 2 和 2 到 1 两个可逆过程积分项的加和，即

$$\int_1^2 \left(\frac{\delta Q_r}{T}\right)_a + \int_2^1 \left(\frac{\delta Q_r}{T}\right)_b = 0 \tag{1-26}$$

由于过程可逆，积分上下限可交换，只是要提出负号。移项后可得

$$\int_1^2 \left(\frac{\delta Q_r}{T}\right)_a = \int_1^2 \left(\frac{\delta Q_r}{T}\right)_b \tag{1-27}$$

这表明由 1 到 2，虽经历不同途径，可逆热温商的改变量是相等的。再加上可逆热温商环路积分为零，说明这个可逆热温商具有状态函数的性质。于是，克劳修斯把这一状态函数记为 S，将之命名为 entropy，英文意思是"转变的本领"。至于中文译名"熵"的由来，还有个小故事。1923 年，量子力学敲门人普朗克在南京讲学，我国物理学家胡刚复先生为他翻译时遇到了 entropy 这个词，汉语里一时找不到合适的字表示此义，他索性造一个字出来。既然讲的是热温商，而热又是火，干脆"商"加"火"字旁，"熵"就这样诞生了。

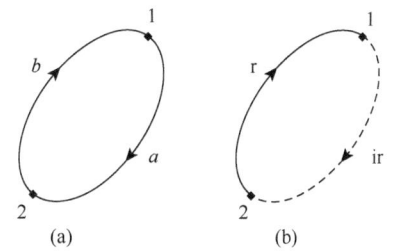

图 1-7 可逆循环（a）与不可逆循环（b）

根据卡诺循环，已知可逆热机效率最大，不可逆热机效率一定小于可逆热机的效率，那么不可逆循环的热温商之和必定小于零。对于微小循环也是如此。而任意循环都可以用无限多微小循环代替，所以，对于任意循环，其热温商之和小于等于 0，即

$$\oint \left(\frac{\delta Q_r}{T}\right) \leqslant 0 \quad (\text{<表示不可逆；=表示可逆}) \tag{1-28}$$

那么，假设有这么一个循环，1 到 2 是不可逆过程，2 到 1 是可逆过程，所以整个循环为不可逆循环，如图 1-7（b）所示。所以，其热温商之和必定小于 0，即

$$\int_1^2 \frac{\delta Q_{ir}}{T} + \int_2^1 \frac{\delta Q_r}{T} \leqslant 0 \quad (\text{<表示不可逆；=表示可逆}) \tag{1-29}$$

由于 2 到 1 的过程是可逆的，积分上下限可交换。移项之后，式（1-29）变为

$$\int_2^1 \frac{\delta Q_r}{T} \geqslant \int_1^2 \frac{\delta Q_{ir}}{T} \quad (\text{>表示不可逆；=表示可逆}) \tag{1-30}$$

这样，同一个始态和终态，可逆过程的热温商要大于不可逆的，而根据熵的定义，可逆热温商等于熵变。因此很容易得到

$$\Delta S \geqslant \int_1^2 \frac{\delta Q_{ir}}{T} \quad (\text{>表示不可逆；=表示可逆}) \tag{1-31}$$

这就是著名的克劳修斯不等式。这个不等号在某种意义上指明了一个过程的方向，可以用来判断过程的方向和限度。如果这个过程绝热，即 δQ 等于 0，不等式可写成

$$\Delta S \geqslant 0 \quad (\text{>表示不可逆；=表示可逆}) \tag{1-32}$$

即绝热条件下，系统发生不可逆过程的时候，其熵增加，或者说在绝热条件下，熵不可能减小。但是我们碰到的系统往往都是非绝热的，对于这种情况，我们会把与系统密切相关的环境也包括进来，作为隔离系统。于是很容易得到：一个孤立系统的熵永远不会减少，这就是熵增原理。如果觉得这句话略显抽象，我们可以由此推导出两个稍通俗并与之等价的表述，也就是热力学第二定律的克劳修斯表述和开尔文表述。在这里"而不引起其他变化"和"孤立系统"的表述是等价的。前者讲的是孤立系统热传递的不可逆性，后者讲的是孤立系统热功转换的不可逆性。这两个表述其实是相通的，其本质就是孤立系统的熵不可能减少，也就是熵增原理。很明显，这两个通俗表述直接"枪毙"了前面提到的第二类永动机方案。因此，热力学第二定律也就有了更为简单好记的第三种表述"第二类永动机是不可能造成的"。

回过头来，我们再来看克劳修斯提出的熵的意义。能量传递的两种形式就是功和热。功是可以无条件地全部转化为热的，与热源的温度无关。例如，冬天我们搓手取暖，就是功转化为热，两块冰相互摩擦而融化也是功转化为热的体现。但热是不能无条件地全部变为功的，在热机里面只能有部分转变为功。并且根据卡诺热机的效率公式可知，相同数量的热，放在高温热源可以多做功，放在低温热源就少做功。而且热量可以自发地由高温热源流向低温热源，反之则不行。根据热力学第一定律，发生这些过程能量的总值不变，但是当功转变为热，或者热量从高温物体传至低温物体时，系统对外做功的能力降低了，相当于能量"贬值"了，我们把这种现象称为能量退降。而功转变为热，或高温热源向低温热源传热时，熵是增大的，而且熵的增加与能量退降的程度是成正比的。因此，熵就是能量退降程度的量度。

克劳修斯第一个提出熵的概念。不过他一定不会想到，他的熵还有两个"同胞兄弟"。克劳修斯提出的熵，我们称之为热力学熵或克劳修斯熵。它的两个"同胞兄弟"分别是物理学泰斗玻耳兹曼提出的统计学熵和信息论之父香农提出的信息熵。和克劳修斯熵相比，这两个"同胞兄弟"理解起来更加直观一些。

奥地利物理学家玻耳兹曼从统计学的角度对大量微观粒子的热运动进行了解释，从而推出了玻耳兹曼熵的表达式：$S = k\ln\Omega$。这完全是初等函数，形式上非常简单漂亮。式中：S 为玻耳兹曼熵；k 为玻耳兹曼常量；Ω 为热力学概率，是系统中粒子排布的所有可能数。例如，一个箱子隔成两半，一红一蓝两个小球在箱子中排布就有 4 种可能，那么 Ω 就为 4。还是这样的箱子，放上一堆红球、蓝球，代表不同的气体分子。隔板抽掉，红球、蓝球或者维持原状，或者彼此混合。这两种状态的熵和热力学概率分别为 S_1、Ω_1 和 S_2、Ω_2。由彼此分开到相互混合这个过程的熵变为 ΔS，那么根据玻耳兹曼公式，$\Delta S = S_2 - S_1 = k\ln\Omega_2/\Omega_1$。根据常识，彼此混合的概率要大一些，也就是 Ω_2 大于 Ω_1。所以，这个过程的熵变大于 0。这说明孤立系统总是朝着混乱度增加的方向运动，而玻耳兹曼熵就是系统混乱度的量度，比克劳修斯熵的解释要直观得多。后人为纪念他的伟大贡献，直接将玻耳兹曼公式作为他的墓志铭。

科学家们总是爱钻牛角尖，英国科学家麦克斯韦做了一个思想实验：一个充满均匀气体的孤立容器被隔板分成 A、B 两部分，隔板上有个光滑的活门。有个小妖精，它的工作就是控制活门，当发现高速分子由 A 跑向 B 或者低速分子由 B 跑向 A 时，开门，其他情况一律关门，如图 1-8（a）所示。结果就造成 B 中分

子普遍比 A 中速度快，能量高，如图 1-8（b）所示，也就产生温差，这样就能造出一台热机。由于活门无摩擦，热机不做功，也不损耗能量，那这台热机不就是第二类永动机吗？这就是著名的麦克斯韦模型，当时这让科学家很无奈，知道它不合法，却说不出来哪里不合法，想判它死刑却找不到适用死刑的司法解释，直到信息熵的出现。

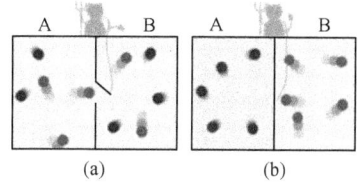

图 1-8 麦克斯韦妖模型
a. 活门打开；b. 活门关闭

信息熵的理解要比玻耳兹曼熵抽象得多。信息论之父香农引入了两个概念：信息熵，用于表示一个概率事件的不确定程度；信息量，就是信息熵的改变量。信息的作用就是消除事物的不确定性。信息获得越多，不确定度越少，信息熵越小。一般来说系统越有序，信息熵越低，反之就越高。因此，信息熵就是系统无序化程度的一个度量。

知道这些，我们就可以对麦克斯韦宣判了。麦克斯韦能够控制活门的前提是需要了解分子的位置和速度等信息，而信息的利用等于熵的减少，但获得信息是必须消耗能量的。因此不做功也不损耗能量的装置是不存在的！

虽然克劳修斯熵、玻耳兹曼熵、信息熵的内涵有所差异，但它们都终始捍卫着热力学第二定律，即孤立系统的熵不可能减少。

回过头来，麦克斯韦的设想其实还是有意义的。有了麦克斯韦设想的存在，系统就成了敞开系统，他所做的工作就是将负熵输入系统，从而降低了系统的熵。由此引发了人们对敞开系统的熵变的思考，对于敞开系统，其熵变包含着系统内部不可逆过程的熵增和系统与外界由物质和能量交换所引起的熵流。其中系统内部的熵变是恒大于 0 的，但系统与外界交换的熵流是可以小于 0 的。这就允许敞开系统的熵是减小的。敞开系统熵的研究具有重大的现实意义。

思考题与习题

一、选择题

1. 在等压且不做非体积功的条件下，热力学第一定律可以表述为　　　　　　　　（　　）
   A. $Q_p = \Delta H$ B. $H = U + pV$ C. $G = H - TS$ D. $\Delta G = -W'_{\max}$

2. 标准状态下，温度高于 18℃时，白锡较灰锡稳定，反之，灰锡较白锡稳定，则反应 Sn（白）=== Sn（灰）为　　（　　）
   A. 放热、熵减   B. 放热、熵增   C. 吸热、熵减   D. 吸热、熵增

3. 下列各组物理量中，全部是状态函数的是　　　　　　　　　　　　　　　　　（　　）
   A. p、Q、V B. H、U、W C. U、H、G D. S、ΔH、T

4. 某反应在高温时能自发进行，低温时不能自发进行，则其　　　　　　　　　　（　　）
   A. $\Delta H > 0$，$\Delta S < 0$ B. $\Delta H > 0$，$\Delta S > 0$ C. $\Delta H < 0$，$\Delta S > 0$ D. $\Delta H < 0$，$\Delta S < 0$

5. 将固体 NH_4NO_3 溶于水中，溶液变冷，则该过程的 ΔG、ΔH、ΔS 的符号依次是　　（　　）
   A. +、−、−   B. +、+、−   C. −、+、−   D. −、+、+

6. 反应 B ⟶ A 和 B ⟶ C 的热效应分别为 $\Delta_r H_{m,1}^{\ominus}$ 和 $\Delta_r H_{m,2}^{\ominus}$，则反应 A ⟶ C 的热效应 $\Delta_r H_m^{\ominus}$ 应是　　（　　）
   A. $\Delta_r H_{m,1}^{\ominus} + \Delta_r H_{m,2}^{\ominus}$ B. $\Delta_r H_{m,1}^{\ominus} - \Delta_r H_{m,2}^{\ominus}$ C. $\Delta_r H_{m,2}^{\ominus} - \Delta_r H_{m,1}^{\ominus}$ D. $2\Delta_r H_{m,1}^{\ominus} - \Delta_r H_{m,2}^{\ominus}$

7. 根据数据 $\Delta_f G_m^{\ominus}$ (NO, g) = 86.5 kJ·mol^{-1}，$\Delta_f G_m^{\ominus}$ (NO$_2$, g) = 51.3 kJ·mol^{-1}。对反应（1）N$_2$(g) + O$_2$(g) === 2NO(g) 和（2）2NO(g) + O$_2$(g) === 2NO$_2$(g) 在标准态下进行的情况，说明正确的是　　（　　）
   A.（1）能自发，（2）不能   B.（1）和（2）都能自发
   C.（1）不能自发，（2）能自发   D.（1）和（2）都不能自发

8. 下列物质中，摩尔熵最大的是 （   ）
   A. MgF_2 B. MgO C. $MgSO_4$ D. $MgCO_3$

9. 升高温度后，某化学反应平衡常数变大，则此反应 （   ）
   A. $\Delta_r H_m^\ominus > 0$ B. $\Delta_r S_m^\ominus < 0$ C. $\Delta_r H_m^\ominus < 0$ D. $\Delta_r S_m^\ominus > 0$

10. $2NO(g) + O_2(g) \rightleftharpoons 2NO_2(g)$ 反应 $\Delta_r H^\ominus < 0$，到达平衡后，使平衡向右移动的条件是 （   ）
    A. 降温与降压   B. 升温与增压   C. 降温与增压   D. 升温与降压

11. 已知某温度下反应 $2SO_2(g) + O_2(g) \rightleftharpoons 2SO_3(g)$ 达到平衡，平衡常数 $K^\ominus = 10$。若使各气体的分压都是 50kPa，该反应的平衡状态将 （   ）
    A. 向右移动   B. 向左移动   C. 不移动   D. 因条件不足，无法判断

12. 298K 时，对反应 $2AB(g) \rightleftharpoons A_2(g) + B_2(g)$，保持 T 不变，增大容器体积，降低总压力时，反应物转化率 （   ）
    A. 增大   B. 减少   C. 不变   D. 不能确定

二、填空题

1. 如果环境对系统做功 160J，系统热力学能增加了 200J，则该过程的 Q 为____J。

2. $Q_V = \Delta U$ 的条件是_____；$Q_p = \Delta H$ 的条件是_____。

3. 100℃、101.325kPa 下，液态水气化成水蒸气，该过程的 ΔH____0，W____0，ΔG____0，ΔS____0。（填 "<"、">" 或 "="）

4. 某温度下，反应 $C_2H_6(g) \rightleftharpoons C_2H_4(g) + H_2(g)$ 达到平衡状态，若保持温度和总压力不变，引入不参加反应的水蒸气，乙烯的产率_____；若保持温度和体积不变，引入水蒸气使总压增大，乙烯的产率_____。

5. 在等温下，若化学平衡发生移动，其平衡常数_____。

6. 在 298.15K 时，某一反应的反应商 $Q = 10$，在该温度下，反应平衡常数 $K^\ominus = 2$，则 Q 对应的 $\Delta_r G_m =$_____。

三、判断题

1. 纯单质的 $\Delta_f H_m^\ominus$、$\Delta_f G_m^\ominus$、$S_m^\ominus$ 均为零。 （   ）

2. 化学反应的熵变随温度升高显著增加。 （   ）

3. 由于 $\Delta H = Q_p$，H 是状态函数，ΔH 的数值只与系统的始、终态有关，而与变化的过程无关，故 Q_p 也是状态函数。 （   ）

4. 凡 $\Delta G > 0$ 的过程均不能进行。 （   ）

5. 273K、101.325kPa 水凝结成冰，其过程的 $\Delta S < 0$，$\Delta G = 0$。 （   ）

6. 对于放热反应，提高温度该反应的 $\Delta_r G_m$ 值一定减小。 （   ）

7. 298.15K、标准状态下，由元素的最稳定单质生成 1mol 某纯物质时的热效应，称为该物质的标准摩尔生成焓。 （   ）

8. 标准平衡常数就是化学反应在标准状态下达到平衡时的反应商。 （   ）

9. 可逆反应 $C(s) + H_2O(g) \rightleftharpoons CO(g) + H_2(g)$，$\Delta_r H_m^\ominus = 121 kJ \cdot mol^{-1}$，由于化学方程式两边物质的计量系数的总和相等，因此增加总压力对平衡无影响。 （   ）

10. 平衡常数 $K^\ominus$ 值可以直接由反应的 ΔG 值求得。 （   ）

四、计算题

1. 阿波罗登月火箭用 $N_2H_4(l)$ 作燃料，用 $N_2O_4(g)$ 作氧化剂，燃烧后产生 $N_2(g)$ 和 $H_2O(l)$。写出并配平化学方程式，利用下列数值计算 $N_2H_4(l)$ 的摩尔燃烧热。

已知	$N_2H_4(l)$	$N_2O_4(g)$	$H_2O(l)$
$\Delta_f H_m^\ominus$ /(kJ·mol^{-1})	50.63	9.66	−285.84

2. 求反应的 $\Delta_r H_m^\ominus$、$\Delta_r G_m^\ominus$ 和 $\Delta_r S_m^\ominus$，并用这些数据讨论利用反应 $CO(g) + NO(g) \longrightarrow CO_2(g) + \frac{1}{2} N_2(g)$ 净化汽车尾气中的 NO 和 CO 的可能性（数据可自查）。

3. 煤里总含有一些含硫杂质，因此燃烧时会产生 SO_2 和 SO_3。能否用 CaO 来吸收 SO_3 以减少烟道气体对空气的污染？若能进行，试计算标准状态下能使反应进行的最高温度。

4. 已知 $\Delta_f H_m^\ominus$ (Hg, l) = 0，$\Delta_f H_m^\ominus$ (HgO, s) = −90.37 kJ·mol^{-1}；$S_m^\ominus$ (Hg, l) = 77.4 J·mol^{-1}·K^{-1}，$S_m^\ominus$ (HgO, s) = 72.0 J·mol^{-1}·K^{-1}；$S_m^\ominus$ (O_2, g) = 205.0 J·mol^{-1}·K^{-1}。

（1）通过计算判断反应 $2HgO(s) \rightleftharpoons 2Hg(l) + O_2(g)$ 在 298.15K 时是否自发进行。（2）近似计算反应能自发进行的最低温度。

5. 反应

	$Fe^{2+}(aq)$ + $Ag^+(aq)$		$\rightleftharpoons$ $Fe^{3+}(aq)$ + $Ag(s)$	
$\Delta_f H_m^\ominus$ /(kJ·mol^{-1})	−89.1	105.58	−48.5	0
$S_m^\ominus$ /(J·mol^{-1}·K^{-1})	−138	72.68	−316	42.55

（1）计算 $\Delta_r G_m(298.15K)$ 及 $K^\ominus(298.15K)$。（2）当温度上升到 308K 时平衡常数为多大？其最多做电功多少？（3）当 $c(Ag^+) = 0.10$ mol·L^{-1}，$c(Fe^{2+}) = 0.10$ mol·L^{-1}，$c(Fe^{3+}) = 0.01$ mol·L^{-1} 时的反应方向如何？

6. 在一定温度下 $Ag_2O(s)$ 能分解，发生反应 $Ag_2O(s) \rightleftharpoons 2Ag(s) + \frac{1}{2} O_2(g)$。假设反应的 $\Delta_r H_m^\ominus$、$\Delta_r S_m^\ominus$ 不随温度的变化而改变，Ag_2O 的最低分解温度和在该温度下 O_2 的分压是多少？

第 2 章　化学反应动力学

教学目的与要求

（1）掌握化学反应进度、化学反应速率的概念及计算方法。
（2）理解浓度对化学反应速率的影响，掌握零级反应和一级反应的特点。
（3）理解温度对化学反应速率的影响，掌握阿伦尼乌斯（Arrhenius）方程式及其计算。
（4）初步了解反应速率的理论（碰撞理论和过渡态理论）。

对于化学反应，我们经常讨论两个方面的问题：一是在一定条件下反应能否发生；二是反应进行的快慢。前者属于反应热力学研究的范畴，主要从反应过程的基本热力学量入手，研究反应的方向和进行的程度（反应平衡）；后者属于反应动力学研究的范畴，主要从反应实际进行情况入手，研究反应进行的快慢（反应速率）及影响反应速率的因素，并从分子水平予以理论说明。本章从宏观和微观两个方面对反应动力学进行初步的研究。

2.1　化学反应速率

化学反应速率与人类的生活息息相关。人们总希望有利的反应进行得快些（如钢铁的冶炼、氨的合成等），而不利的反应进行得慢一些（如金属的腐蚀、橡胶的老化、食物的腐败等）。因此，研究化学反应速率并掌握它的规律是非常重要的。

2.1.1　化学反应进度

化学反应进度是描述反应进行程度的物理量，用符号 ξ 表示，其 SI 单位为 mol。
对于反应
$$aA(aq) + fF(aq) \longrightarrow yY(aq) + zZ(aq)$$
反应进度可以定义为

$$\Delta\xi = \frac{\Delta n_A}{-a} = \frac{\Delta n_F}{-f} = \frac{\Delta n_Y}{y} = \frac{\Delta n_Z}{z}, \text{ 通式为 } \Delta\xi = \frac{\Delta n_B}{\nu_B} \tag{2-1}$$

式中：Δn_B 为系统中反应物或生成物的物质的量的变化值；ν_B 为反应物或生成物的化学计量数，单位为 1，对于反应物 ν_B 取负值，对于生成物 ν_B 取正值。例如

$$2N_2O_5(g) \rightleftharpoons 4NO_2(g) + O_2(g)$$

若 $\Delta\xi = 1\text{mol}$，表示此时反应进度为 1mol，则 $\Delta n(N_2O_5) = -2\text{mol}$，$\Delta n(NO_2) = +4\text{mol}$，$\Delta n(O_2) = +1\text{mol}$，即 2mol $N_2O_5(g)$ 完全分解生成了 4mol $NO_2(g)$ 和 1mol $O_2(g)$。
对于反应

$$N_2O_5(g) \rightleftharpoons 2NO_2(g) + 1/2 O_2(g)$$

若 $\Delta\xi = 1\text{mol}$，也表示此时的反应进度为 1mol，但是 $\Delta n(N_2O_5) = -1\text{mol}$，$\Delta n(NO_2) = +2\text{mol}$，$\Delta n(O_2) = +1/2\text{mol}$，即 1mol $N_2O_5(g)$ 完全分解生成了 2mol $NO_2(g)$ 和 1/2mol $O_2(g)$。由此可见，当反应进度相同时，对于不同的反应方程式，反应物或产物变化的物质的量不同，所以在应

用反应进度进行相关计算时,一定要注意相关的反应方程式。

2.1.2 化学反应速率的表示和测定

通常情况下,化学反应在固定的反应容器中进行,所以常用单位体积内反应进度随时间的变化率表示反应速率(reaction rate)。

$$\bar{v} = \frac{1}{V} \cdot \frac{\Delta \xi}{\Delta t} = \frac{1}{V} \frac{\Delta n_B}{\nu_B \Delta t} = \frac{1}{\nu_B} \cdot \frac{\Delta c_B}{\Delta t} \tag{2-2}$$

式(2-2)表示化学反应的平均反应速率,单位为 $mol \cdot L^{-1} \cdot$ 时间$^{-1}$。而在真实反应过程中的不同反应阶段,反应速率常会有较大的变化,所以要准确描述反应快慢,就必须使用瞬时反应速率。瞬时反应速率是当 Δt 趋近于 0 时的平均反应速率。

$$v = \lim_{\Delta t \to 0} \left[\frac{1}{\nu_B} \cdot \frac{\Delta c_B}{\Delta t} \right] = \frac{1}{\nu_B} \cdot \frac{dc_B}{dt} \tag{2-3}$$

对于反应

$$aA(aq) + fF(aq) \longrightarrow yY(aq) + zZ(aq)$$

$$v \stackrel{def}{=\!=\!=} \frac{d\xi}{Vdt} = \frac{1}{\nu_B} \frac{dc_B}{dt} = -\frac{1}{a} \frac{dc_A}{dt} = -\frac{1}{f} \frac{dc_F}{dt} = \frac{1}{y} \frac{dc_Y}{dt} = \frac{1}{z} \frac{dc_Z}{dt} \tag{2-4}$$

对于定容条件下的气相反应,也可用反应系统中组分气体的分压对时间的变化率来表示反应速率,即

$$v = \frac{1}{\nu_B} \frac{dp_B}{dt}$$

瞬时反应速率可以由图解法求得。测量某一反应物(或产物)在不同时刻的一系列浓度,绘制浓度随时间变化的曲线,曲线上任意一点切线的斜率($\Delta c_B/\Delta t$)再乘以 $1/\nu_B$,即为反应在该时刻的瞬时反应速率。

【例 2-1】 已知反应 $2N_2O_5(g) \rightleftharpoons 4NO_2(g) + O_2(g)$ 的实验数据如下:

时间/s	0	500	1000	1500	2000	2500	3000
$c(N_2O_5)/(mol \cdot L^{-1})$	5.00	3.25	2.48	1.75	1.23	0.87	0.61

求:(1) 500~1000s 及 2000~2500s 的平均速率。(2) 1000s 时的瞬时速率。

解 (1)根据式(2-2)

$$\bar{v} = \frac{1}{\nu_B} \cdot \frac{\Delta c_B}{\Delta t} = -\frac{1}{2} \cdot \frac{\Delta c(N_2O_5)}{\Delta t} = -\frac{1}{2} \cdot \frac{c_2(N_2O_5) - c_1(N_2O_5)}{t_2 - t_1}$$

则 500~1000s 的平均速率($\bar{v}_1$)为

$$\bar{v}_1 = -\frac{1}{2} \times \frac{2.48 mol \cdot L^{-1} - 3.25 mol \cdot L^{-1}}{(1000 - 500)s} = 7.7 \times 10^{-4} mol \cdot L^{-1} \cdot s^{-1}$$

则 2000~2500s 的平均速率($\bar{v}_2$)为

$$\bar{v}_2 = -\frac{1}{2} \times \frac{0.87 mol \cdot L^{-1} - 1.23 mol \cdot L^{-1}}{(2500 - 2000)s} = 3.6 \times 10^{-4} mol \cdot L^{-1} \cdot s^{-1}$$

(2)根据表中所列实验数据作 $c(N_2O_5)$-t 曲线,如图 2-1 所示。

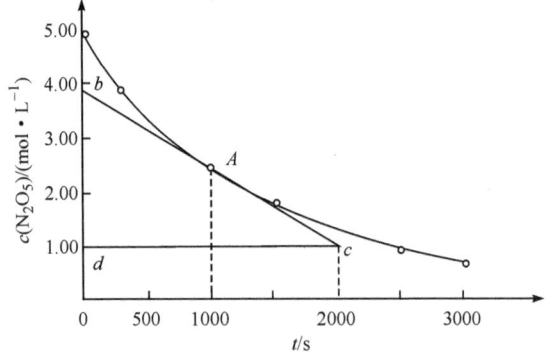

图 2-1 反应物浓度与时间的关系

由图 2-1 可见，当时间为 1000s 时，曲线上对应的点是 A 点，过 A 点作曲线的切线，截取 bc 段，作直角三角形 bdc，则切线 bc 的斜率为

$$\text{斜率} = \frac{bd}{dc} = \frac{\Delta c}{\Delta t} = \frac{c_2 - c_1}{t_2 - t_1} = \frac{(0.99 - 3.85)\text{mol} \cdot \text{L}^{-1}}{(2000 - 0.00)\text{s}} = -1.43 \times 10^{-3}\,\text{mol} \cdot \text{L}^{-1} \cdot \text{s}^{-1}$$

所以该反应在 1000s 的反应速率为

$$v_{1000} = -\frac{1}{\nu_B} \times \text{斜率} = -\frac{1}{2} \times (-1.43 \times 10^{-3}\,\text{mol} \cdot \text{L}^{-1} \cdot \text{s}^{-1}) = 7.15 \times 10^{-4}\,\text{mol} \cdot \text{L}^{-1} \cdot \text{s}^{-1}$$

2.2 影响化学反应速率的因素

影响化学反应速率的因素有反应物的本性、浓度、温度、压力、催化剂、反应物的聚集状态、反应介质和光照等。本章主要讨论浓度、温度、催化剂等对化学反应速率的影响。

2.2.1 浓度对化学反应速率的影响

1. 反应机理与基元反应

反应机理（reaction mechanism）又称反应历程（reaction path），表示化学反应过程中从反应物变为生成物所经历的具体途径。由反应物分子一步直接转化为产物分子的反应称为基元反应（或元反应）。由一个基元反应组成的总反应称为简单反应，由两个或两个以上的基元反应构成的反应称为复杂反应。一般的宏观化学反应总是由一系列基元反应组成的，用基元反应描述的宏观反应过程即反应机理。例如化学反应：

$$2NO + 2H_2 = N_2 + 2H_2O$$

此反应式表面上为一步反应，而实际上表示的是一个宏观的总反应，它是由三个基元反应组成的复杂反应，表示如下：

$$2NO + H_2 = N_2O + H_2O \quad (慢) \tag{1}$$

$$2N_2O = 2N_2 + O_2 \quad (快) \tag{2}$$

$$O_2 + 2H_2 = 2H_2O \quad (更快) \tag{3}$$

反应机理中各基元反应的速率相差较大，而复杂反应的速率取决于反应机理中速率最慢的基元反应，因此该基元反应称为复杂反应的决速步骤。

2. 质量作用定律和速率方程式

大量实验证明，在给定温度条件下，对于基元反应，反应速率与各反应物的浓度的幂乘积成正比，其中各浓度的幂指数为反应方程式中相应组分的化学计量数。这就是质量作用定律，其相应的数学表达式称为速率方程式。对于基元反应

$$aA + fF \Longrightarrow gG + dD$$

其速率方程式为

$$v = \frac{1}{\nu_B} \cdot \frac{dc_B}{dt} = kc_A^a c_F^f \tag{2-5}$$

式中：k 为反应速率常数。温度一定，反应速率常数为一定值，与浓度无关。当所有反应物的浓度均为单位浓度时，k 在数值上等于反应速率 v，它是反应本身的属性。k 值越大，表明给定条件下该反应速率越大。

3. 反应级数

经验告诉人们，大多数的化学反应都不是基元反应，所以其速率方程式不符合质量作用定律，但可以由实验数据得出相应的经验速率方程，并也可写成与式（2-4）相类似的幂乘积形式：

$$v = \frac{1}{\nu_B} \cdot \frac{dc_B}{dt} = kc_A^\alpha c_F^\beta \tag{2-6}$$

式中：k 为反应速率常数；α 和 β 分别为反应物 A 和 F 的反应级数，$\alpha + \beta$ 为总反应级数。对于基元反应，A 和 F 的反应级数恰好等于其化学计量数 a 和 f，此时式（2-6）即为式（2-5）。但值得注意的是，A 和 F 的反应级数恰好等于其化学计量数 a 和 f 的反应不一定是基元反应，因为对于非基元反应（复杂反应），其反应级数是由实验数据得出的，α 和 β 可能与化学计量数 a 和 f 分别相同，但更多情况下它们是没有直接关系的。复杂反应的反应级数可能是整数，还有可能是分数和负数。下面首先从简单级数的反应入手讨论浓度对反应速率的影响。表 2-1 为常见的反应及对应的反应级数。

表 2-1 一些反应的反应级数

化学反应式	速率方程	反应级数	化学计量数
$2HI(g) \xrightarrow{Au} H_2(g) + I_2(g)$	$v = k$	0	2
$2H_2O_2(aq) \longrightarrow 2HO_2(l) + O_2(g)$	$v = kc(H_2O_2)$	1	2
$SO_2Cl_2(g) \longrightarrow SO_2(g) + Cl_2(g)$	$v = kc(SO_2Cl_2)$	1	1
$CH_3CHO(g) \longrightarrow CH_4(g) + CO(g)$	$v = k[c(CH_3CHO)]^{3/2}$	3/2	1
$CO(g) + Cl_2(g) \longrightarrow COCl_2(g)$	$v = kc(CO)[c(Cl_2)]^{3/2}$	1+3/2	1+1
$NO_2(g) + CO(g) \xrightarrow{>500K} NO(g) + CO_2(g)$	$v = kc(NO_2)c(CO)$	1+1	1+1
$NO_2(g) + CO(g) \xrightarrow{<500K} NO(g) + CO_2(g)$	$v = k[c(NO_2)]^2$	2	1+1
$H_2(g) + I_2(g) \longrightarrow 2HI(g)$	$v = kc(H_2)c(I_2)$	1+1	1+1
$2NO(g) + 2H_2(g) \longrightarrow N_2(g) + 2H_2O(g)$	$v = k[c(NO)]^2 c(H_2)$	2+1	2+2
$S_2O_8^{2-}(aq) + 3I^-(aq) \longrightarrow 2SO_4^{2-}(aq) + I_3^-(aq)$	$v = kc(S_2O_8^{2-})c(I^-)$	1+1	1+3

注：k 为反应速率常数，表示单位浓度时的反应速率。

4. 一级反应

一级反应（反应速率与反应物浓度的一次方成正比）比较常见，也比较简单。例如，放射性同位素的衰变、一些热分解反应以及分子重排反应等多属于一级反应。

1) 一级反应的速率方程

对于任何一个一级反应，如 A $\longrightarrow$ D，其速率方程为

$$v = \frac{1}{\nu_B} \cdot \frac{dc_A}{dt} = \frac{dc_A}{dt} = kc_A$$

即

$$-\frac{dc_A}{c_A} = kdt$$

假设反应初始时 $t=0$，反应物浓度为 c_0，反应进行到 t 时刻，反应物 A 的浓度为 c_t，对上式两边进行积分可得

$$\int_{c_0}^{c_t} -\frac{dc_A}{c_A} = \int_0^t kdt$$

得

$$\ln\frac{c_t}{c_0} = -kt \tag{2-7}$$

或

$$\ln c_t = \ln c_0 - kt \tag{2-8}$$

2) 一级反应的特点

（1）由式（2-8）可见，反应物浓度的对数 $\ln c_t$ 与反应时间 t 之间呈线性关系，作图为一直线，斜率为 $-k$，截距为 $\ln c_0$。根据实验所测的不同时间的 c_t，作 $\ln c_t$ 随时间变化曲线，若是直线即为一级反应，这个判断反应级数的方法称为作图法。

（2）半衰期为反应物消耗一半所需的时间，用 $t_{1/2}$ 表示。对于一级反应，由式（2-7）可见，$\ln\frac{c_t}{c_0} = \ln\frac{1}{2} = -kt_{1/2}$，即 $t_{1/2} = \frac{\ln 2}{k} = \frac{0.693}{k}$，可见一级反应的半衰期与反应物的初始浓度无关，而与反应速率常数成反比。

【例 2-2】 某有机农药质量为 3.50mg，经过 6.3h 后，该农药剩余 2.73mg，如果有机农药的降解反应为一级反应，求：(1) 该有机农药的半衰期。(2) 若使该农药降解达到 99.99%，需经过多长时间？

解 （1）设该有机农药的摩尔质量为 M，体积为 V，由式（2-7）可知

$$k = -\frac{1}{t}\ln\frac{c_t}{c_0} = \frac{1}{t}\ln\frac{c_0}{c_t} = \frac{1}{6.3h}\ln\frac{3.50\text{mg}/(MV)}{2.73\text{mg}/(MV)} = 0.0394\text{h}^{-1}$$

由于此反应为一级反应，因此

$$t_{1/2} = \frac{0.693}{k} = \frac{0.693}{0.0394\text{h}^{-1}} = 17.6\text{h}$$

（2）若使农药降解达到 99.99%，则 $c_t = c_0 \times (1-99.99\%) = 1.00 \times 10^{-4} c_0$

$$t = \frac{1}{k}\ln\frac{c_0}{c_t} = \frac{1}{0.0394\text{h}^{-1}}\ln\frac{c_0}{1.00 \times 10^{-4} c_0} = 233.8\text{h}$$

5. 其他级数的反应

其他级数反应的分析方法和一级反应类似，可以根据反应级数分析反应进行的情况，同时也可以根据实验数据分析某反应是几级反应。常见反应速率方程式与反应级数如表 2-2 所示。

表 2-2 反应速率方程式与反应级数

反应级数	反应速率方程	积分速率方程	对 t 作图是直线	直线斜率	$t_{1/2}$
0	$v=k$	$c_{At}=-kt+c_{A0}$	c_{At}	$-k$	$\dfrac{c_{A0}}{2k}$
1	$v=kc_A$	$\ln c_{At}=-kt+\ln c_{A0}$	$\ln c_{At}$	$-k$	$\dfrac{0.693}{k}$
2	$v=k[c_A]^2$	$\dfrac{1}{c_{At}}=kt+\dfrac{1}{c_{A0}}$	$\dfrac{1}{c_{At}}$	k	$\dfrac{1}{kc_{A0}}$

注：此表仅适用于只有一种反应物（A）的反应。

对于有两种反应物的二级反应和三级反应，相对较复杂，在此不做讨论。

2.2.2 温度对化学反应速率的影响

温度是影响化学反应速率的重要因素，例如，氢气和氧气在室温下共存几年也不会发生反应，但如果温度升高到 873K，则立即发生剧烈反应，甚至发生爆炸。温度对反应速率的影响主要通过速率常数 k 来体现，通常温度升高，k 值增大，反应速率加快。在大量实验的基础上，1884 年范特霍夫总结出一个温度对反应速率影响的经验规律：对于一般的化学反应，温度每上升 10℃，反应速率就增大为原来的 2~4 倍，即

$$\frac{k_{T+10K}}{k_T}=2\sim 4$$

1. 阿伦尼乌斯方程式

范特霍夫规则只能粗略地估计温度对反应速率的影响，而不能说明为什么升高同样的温度，不同的反应其反应速率增大的程度却不同。1887 年阿伦尼乌斯总结出另一个经验公式：

$$k=Ae^{-E_a/RT} \tag{2-9}$$

式中：A 为指前因子；E_a 为反应的活化能，单位为 kJ·mol^{-1}。A 和 E_a 都是非常重要的动力学参量，均可由实验求得。当反应的温度区间变化不大时，A 和 E_a 可视作与温度无关。由于 E_a 在指数位置，因此它对 k 的影响很大。

将式（2-9）改为对数形式：

$$\ln k=\ln A-\frac{E_a}{RT} \tag{2-10}$$

式（2-10）表明 $\ln k$ 与 $1/T$ 有直线关系，直线的斜率为 $-E_a/R$，截距为 $\ln A$。

式（2-10）中，将 $\ln k$ 对 T 求导数，得阿伦尼乌斯方程式的微分表达式：

$$\frac{d\ln k}{dT}=\frac{E_a}{RT^2} \tag{2-11}$$

则活化能 E_a 的定义式为

$$E_a \stackrel{\text{def}}{=\!=\!=} RT^2\frac{d\ln k}{dT} \tag{2-12}$$

式（2-11）中，若温度变化范围不大，E_a 作为常数，温度 T_1 时的速率常数为 k_1，温度 T_2 时的速率常数为 k_2，则对式（2-11）积分可得阿伦尼乌斯方程式的积分表达式：

$$\ln\frac{k_2}{k_1}=\frac{E_a}{R}\left(\frac{1}{T_1}-\frac{1}{T_2}\right) \tag{2-13}$$

2. 阿伦尼乌斯方程式的应用

利用阿伦尼乌斯方程式可以计算指前因子 A 和活化能 E_a。

【例 2-3】 表 2-3 为反应 $H_2(g) + I_2(g) \rightleftharpoons 2HI(g)$ 在不同温度下 HI 的生成速率。

表 2-3　不同温度下 HI 的生成速率

温度 T/K	速率常数 k/(dm³·mol⁻¹·s⁻¹)	$\ln k$	$1/T$
556	4.45×10^{-5}	−10.02	0.001 8
575	1.37×10^{-4}	−8.89	0.001 74
629	2.52×10^{-3}	−5.98	0.001 59
666	1.41×10^{-2}	−4.26	0.0015
700	6.43×10^{-2}	−2.74	0.001 43
781	1.35	0.3	0.001 28

试计算反应的活化能 E_a 和指前因子 A。

解　根据式（2-10），首先将 $\ln k$ 对 $1/T$ 作图（图 2-2）。

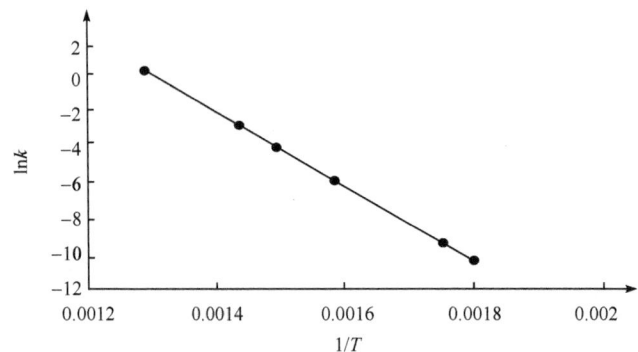

图 2-2　HI 的生成反应的 $\ln k$ 对 $1/T$ 的关系图

由图可以求出斜率 $-\dfrac{E_a}{R} = \dfrac{-10.02-(-2.74)}{0.0018-0.00143} = -19\,675.68(K)$

$E_a = -8.314 J \cdot mol^{-1} \cdot K^{-1} \times (-19\,675.68 K) = 163\,583.58 J \cdot mol^{-1} = 163.58 kJ \cdot mol^{-1}$

然后将 E_a 值及图中任一组 $\ln k$-$1/T$ 数值代入式（2-10）中，如将 $T = 666K$，$k = 1.41 \times 10^{-2} dm^3 \cdot mol^{-1} \cdot s^{-1}$ 及上面求得的 E_a 值代入即可求得 A。

$$\ln A = \ln k + \dfrac{E_a}{RT} = \ln(1.41 \times 10^{-2}) + \dfrac{163.58 \times 10^3 J \cdot mol^{-1}}{8.314 J \cdot mol^{-1} \cdot K^{-1} \times 666K} = 25.28$$

$$A = 9.53 \times 10^{10} mol^{-1} \cdot dm^3 \cdot s^{-1}$$

实际上，当实验数据比较少时，也可以利用式（2-13）计算活化能。

【例 2-4】 对于反应 $2N_2O_5(g) \longrightarrow 2N_2O_4(g) + O_2(g)$，已知 $T_1 = 298.15K$，$k_1 = 0.469 \times 10^{-4} s^{-1}$；$T_2 = 318.15K$，$k_2 = 6.29 \times 10^{-4} s^{-1}$，求 E_a 及 $T_3 = 338.15K$ 时的 k_3。

解　由式（2-13）可得

$$E_a = R \dfrac{T_1 T_2}{T_2 - T_1} \ln \dfrac{k_2}{k_1}$$

$$E_a = 8.314 J \cdot mol^{-1} \cdot K^{-1} \times \left(\dfrac{298.15 \times 318.15}{318.15 - 298.15}\right) K \times \ln \dfrac{6.29 \times 10^{-4}}{0.469 \times 10^{-4}} = 102 kJ \cdot mol^{-1}$$

将 T_1 和 k_1、T_3 和 k_3 分别代入式（2-10），两式相减得

$$\ln k_3 = \frac{E_a}{R}\left(\frac{1}{T_1} - \frac{1}{T_3}\right) + \ln k_1$$

$$= \frac{102 \times 10^3}{8.314}\left(\frac{1}{298.15} - \frac{1}{338.15}\right) + \ln(0.496 \times 10^{-4})$$

$$= -5.04$$

所以 $k_3 = 6.5 \times 10^{-3} \text{s}^{-1}$。

2.2.3 反应速率理论

经过对实验事实的总结，人们得到了浓度和温度对反应速率影响的经验规律，但有两个重要的问题并未得到合理的解决：其一是反应级数与反应方程式中的化学计量数并不相等的原因；其二是活化能的本质和物理意义。为了解决这两个问题，必须从化学反应的微观本质入手进行分析和研究，本节简要介绍反应速率的碰撞理论和过渡态理论。

1. 碰撞理论

1916~1923 年，英国的路易斯（Lewis）等接受阿伦尼乌斯关于"活化状态"和"活化能"的概念，并在比较完善的分子运动理论的基础上建立了碰撞理论。碰撞理论的要点如下：

（1）反应物分子间只有相互发生碰撞才可能引发化学反应，反应速率与分子间的碰撞频率有关。反应物分子浓度越大，分子间碰撞的频率越大，所以反应速率相应越快。

（2）不是所有的碰撞都能引发化学反应，只有活化分子间的碰撞才有可能引发化学反应，此类碰撞称为有效碰撞。氢气和氧气分子常温大量混合，气体分子间的碰撞概率非常大，应该迅速反应，但实际上二者在室温下可以长时间混合，而不发生任何反应，这主要是常温下两种气体分子的碰撞并非有效碰撞。碰撞理论认为只有相对动能足够大，达到或超过某一最低能量值 E_a 的分子相互碰撞，才有可能使旧的化学键断裂、新的化学键形成，从而发生化学反应。这种能量大于等于 E_a 的分子称为活化分子，E_a 称为活化能。活化能是影响反应速率的能量因素，与反应物的本性和所使用的催化剂有关，温度对活化能的影响不大，一般可以忽略。

由气体分子的能量分布可知，活化分子占总分子数的比例很小。图 2-3 中横坐标表示能量 E，纵坐标表示能量在 ΔE 区间的气体分子分数，图中阴影面积代表能量在 E_a 以上的活化分子占总分子数的百分数，用 f 表示，f 与反应温度 T 和活化能 E_a 有如下关系：$f = \mathrm{e}^{-\frac{E_a}{RT}}$（$R$ 为摩尔气体常量）。碰撞理论认为活化分子百分数 f 越大，引发有效碰撞的可能性越大，反应速率越快。

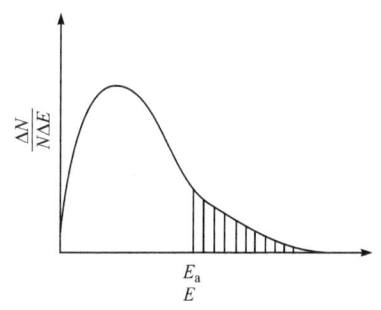

图 2-3　气体分子的能量分布和活化能

（3）活化分子间碰撞时取向适当，才能发生有效碰撞，从而引发化学反应。例如，CO 和 NO_2 的反应如图 2-4 所示。

综上所述，根据碰撞理论，反应物分子必须有足够的最低能量 E_a，并以适宜的方位相互碰撞，才能导致发生有效碰撞。碰撞理论从本质上阐明了浓度、温度和活化能对反应速率的影响：①当温度不变时，降低反应的活化能 E_a，f 增大，

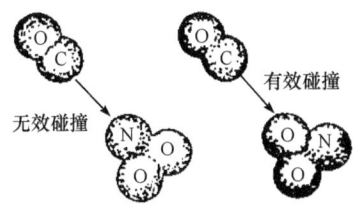

图 2-4　有效碰撞与无效碰撞

即活化分子百分数增大,有效碰撞增加,反应速率增大;②当 E_a 不变时,升高反应温度 T,活化分子百分数 f 增大,有效碰撞增加,反应速率增大;③当 E_a 和 T 都不变时,增加反应物浓度,单位体积内的碰撞频率增加,同时提高了活化分子浓度,有效碰撞次数随之增加,反应速率增大。

2. 过渡态理论

碰撞理论虽然能有效地分析关于化学反应速率的许多问题,但该理论只是简单地将反应物分子看成没有内部结构和内部运动的刚性球体,因此存在一定的缺陷,特别是无法揭示活化能的本质。1932~1935 年,美国的艾林(Eyring)、英国的波拉尼(Polanyi)、埃文斯(Evans)等应用统计力学和量子力学理论建立了过渡态理论,也称活化配合物理论。此理论认为,发生化学反应的过程就是反应物分子化学键重组的过程,在此过程中,反应系统必然经过一个过渡状态,此时反应物分子的旧键尚未完全断裂,新键也未完全生成,这个中间过渡状态的物质称为活化配合物。活化配合物处于高能状态,极不稳定,很快就会分解成产物分子或反应物分子,一般情况下,分解成产物的趋势较大。例如,反应 $A+BC \Longrightarrow AB+C$ 的实际过程为

$$A+BC \xrightarrow{吸收能量} [A\cdots B\cdots C] \xrightarrow{放出能量} AB+C$$
$$\qquad\qquad\qquad\quad 活化配合物$$

整个反应过程中系统的势能变化如图 2-5 所示。

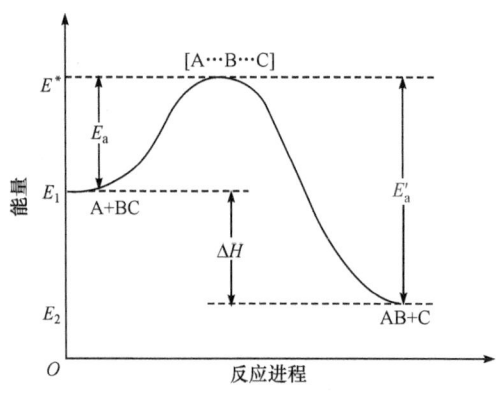

图 2-5 反应进程中的能量变化

E_1 和 E_2 分别表示反应物分子和产物分子所具有的平均能量,E^* 表示活化配合物所具有的平均能量,它是反应物和产物之间一道能量很高的势能垒。反应物的活化能就是翻越势能垒所需要的最低能量,即等于活化配合物平均能量与反应物分子(或生成物分子)的平均能量之差。图中 E_a 为正反应活化能,E'_a 为逆反应活化能,两者之差为反应的焓变 ΔH(反应热),即 $\Delta H = E_a - E'_a$。若 $E_a < E'_a$,则 $\Delta H < 0$,正反应为放热反应;若 $E_a > E'_a$,则 $\Delta H > 0$,正反应为吸热反应。无论反应正向进行,还是逆向进行,都必然经过同一过渡状态。过渡态理论充分考虑了分子的内部结构,从化学键重组的角度揭示了活化能的本质,从而取得了成功。但由于目前许多反应的活化配合物的结构难以确定,加之量子力学对多质点系统的计算还不成熟,因此过渡态理论的实际应用受到了限制。

2.2.4 催化剂对化学反应速率的影响

催化剂是指少量存在就能明显改变反应速率,而本身的组成、质量和化学性质在反应前

后保持不变的物质。凡是加快反应速率的催化剂称为正催化剂，能减慢反应速率的催化剂称为负催化剂。通常没有特殊说明，所说的催化剂都是指正催化剂，即少量加入就能显著加快化学反应速率。

研究表明，催化剂能显著加快反应速率是因为催化剂能降低反应的活化能（图2-6）。

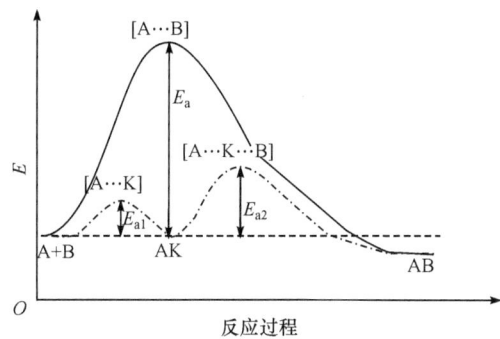

图 2-6　催化剂改变反应过程降低活化能示意图

在没有催化剂存在时，反应物分子必须越过一个较高的能垒 E_a 到达"山顶"——过渡态（[A⋯B]）。使用催化剂后，如图 2-6 中虚线所示，催化剂改变了反应的途径，使一步反应变为两步反应，生成了 AK，且每一步的活化能 E_{a1} 和 E_{a2} 都远小于未加催化剂时的活化能 E_a。因而每一步反应的活化分子数大大增加，使每步反应的速率都加快，导致总反应速率加快。

催化剂的基本特征如下：

（1）催化剂参与了化学反应，只是最后又被释放出来，所以其化学性质和质量不变，但其物理性质尤其是晶形状态发生了变化。

（2）催化剂是通过参与反应、改变反应途径、降低活化能来提高反应速率的。

（3）催化剂只能加快热力学可以进行的反应，而对于热力学意义上不能发生的反应，催化剂不起作用。

（4）催化剂能够同等程度地加快正、逆反应的进行，即正反应的催化剂必然是逆反应的催化剂。例如，合成氨反应的催化剂同时也是氨分解反应的催化剂。因此，催化剂只能缩短反应达到平衡的时间。

（5）催化剂的催化作用具有选择性。某一种催化剂往往只对某一反应有催化作用，同一反应物选用不同的催化剂，可能得到不同的产物，如乙醇的分解反应。

$$C_2H_5OH \begin{cases} \xrightarrow{Cu, 200\sim 250℃} CH_3CHO + H_2 \\ \xrightarrow{Al_2O_3, 350\sim 360℃} C_2H_4 + H_2O \\ \xrightarrow{Al_2O_3, 140℃} C_2H_5OC_2H_5 + H_2O \\ \xrightarrow{ZnO \cdot Cr_2O_3, 400\sim 450℃} CH_2=CHCH=CH_2 + H_2 + H_2O \end{cases}$$

阅 读 材 料

1. 化学动力学的任务与发展史

通过第 1 章的学习，我们知道化学热力学主要研究化学变化的方向、能达到的最大限度及外界条件对平衡的影响，但将化学热力学单独应用于实践中，就会存在局限。这是因为化学热力学只能在给定的条件下预测反应发生的可能性和进行程度，而对如何实现反应和反应进行的速率及反应历程却无法回答。举个例子，在 298K 时，对于以下两个反应：

$$1/2N_2(g) + 3/2H_2(g) =\!=\!= NH_3(g) \qquad \Delta_r G_m^\ominus = -16.63 \text{kJ} \cdot \text{mol}^{-1}$$
$$H_2(g) + 1/2O_2(g) =\!=\!= H_2O(g) \qquad \Delta_r G_m^\ominus = -273.19 \text{kJ} \cdot \text{mol}^{-1}$$

化学热力学只能判断这两个反应都能发生，但如何使它们发生，热力学无法回答。简单说来，化学热力学只是研究化学反应的可能性，而如何实现这个可能性就是化学动力学的任务了。例如，合成氨需要一定的温度、压力和铁触媒作为催化剂，而氢气和氧气反应则需要升温（1073K）、点火或催化剂（如钯等）。

总结起来，化学动力学的任务主要有两点：第一就是要了解反应的速率，了解各种因素（分子结构、温度、压力、浓度、介质、催化剂等）对反应速率的影响，为人们选择反应条件、控制反应进行的主动权提供帮助；第二就是研究反应机理，即反应物究竟按什么途径、经过哪些步骤才转化为最终产物。知道反应机理，就可以找出决定反应速率的关键，使主反应按照希望的方式进行，并使副反应以最小的速率进行，在实际生产上能够获得更大的产量和经济效益。如果说化学热力学是研究化学反应的可能性，化学动力学则是研究化学反应的现实性。

因此，在实际生产中，既要考虑热力学问题，也要考虑动力学问题。如果一个反应在热力学上判断是可能发生的，就需要动力学将可能变成现实，使反应能以一定的速率进行。但如果一个反应在热力学上判断为不可能，在现实中肯定是不能发生的。

从历史上来说，化学动力学的发展比热力学要晚，而且没有热力学那样有比较完整的系统。但近百年来其发展迅速，回顾百年来诺贝尔化学奖的颁奖历程，其中有13次颁发给了22位直接对动力学发展作出重大贡献的科学工作者，充分证明了化学动力学在现代化学发展中占有的重要地位。

化学动力学作为一门独立的学科，它的发展始于质量作用定律的建立。化学动力学的发展大体上可分为如下几个阶段：19世纪后半叶的宏观动力学阶段；20世纪50年代以后的微观动力学阶段。在这两个阶段之间，即20世纪前叶，则是宏观动力学向微观动力学发展的过渡阶段。第一阶段即宏观动力学阶段，是化学动力学发展的初始阶段，其主要特点是改变宏观条件如温度、压力、浓度等来研究对反应速率的影响，主要的成就是质量作用定律和阿伦尼乌斯公式的确立，并由此提出了活化能的概念。19世纪80年代，范特霍夫和阿伦尼乌斯在对质量作用定律所进行的研究中，进一步提出了有效碰撞、活化分子及活化能的概念。范特霍夫对化学反应中反应物浓度与反应速率之间的关系进行了明确的阐述，并提出了化学反应具有可逆性的概念。他还从热力学角度提出了化学反应中大量分子与温度之间的近似规律。由于对化学动力学和溶液渗透压的首创性研究，范特霍夫于1901年荣获了首届诺贝尔化学奖。1889年，阿伦尼乌斯提出关于化学反应速率的阿伦尼乌斯公式，其所揭示的物理意义使化学动力学理论迈过了一道具有决定意义的门槛。他本人也因提出电离学说于1903年获得第3届诺贝尔化学奖。"物理化学之父"奥斯特瓦尔德也为化学动力学的发展作出巨大贡献，他初步建立了研究反应速率全过程的实验方法和理论基础，把阿伦尼乌斯的电离理论应用到酸碱对反应速率的研究上，提出了酸中的氢离子和碱中的氢氧根离子对反应起催化作用的新机理，使实验方法与理论建构更为紧密。因其在催化和化学平衡及反应速率的基本原理的研究成果，奥斯特瓦尔德于1909年荣获诺贝尔化学奖。在宏观反应动力学阶段，范特霍夫、阿伦尼乌斯和奥斯特瓦尔德所提出的学说奠定了化学动力学的理论基础。由于这一时期测试手段的水平相对较低，对反应动力学的研究基本上仍是宏观的。

20世纪初至20世纪50年代前后，是宏观反应动力学向微观反应动力学过渡的重要阶段。在这一阶段中，一个重要的发现是链反应，如核裂变、烯烃聚合等都是链反应。链反应的发现使化学动力学的研究从总反应深入到基元反应，即由宏观反应动力学向微观反应动力学过渡。此外，快速化学反应的研究、同位素示踪法在化学动力学研究上的广泛应用，以及新研究方法和新实验技术的形成促使化学动力学的发展趋于成熟。在此期间有3次诺贝尔化学奖颁给了对化学动力学作出重要贡献的科学家。

第二个阶段即微观反应动力学阶段，是20世纪50年代以后化学动力学发展的又一新阶段，这一阶段最重要的特点是研究方法和技术手段的创新，特别是分子束和激光技术的发展和应用，从而开创了分子反应动力学研究新领域，带来了众多新成果。尤其是20世纪80年代以来，仅1986~2002年，就有7次诺贝尔化学奖颁给了与动力学领域相关的科学家。物理化学家李远哲由于在交叉分子束研究中作出了卓越的贡献，与赫希巴赫（Herschbach）分享了1986年的诺贝尔化学奖。而分子反应动力学也已成为现代化学动力学发展的新前沿，并发展了一系列新的研究领域，如量子分子动力学、立体化学反应动力学、非绝热过程动力学等。用飞秒（10^{-15}s）激光技术来研究超快过程和过渡态是20世纪化学动力学发展的又一重大突破。飞秒化学所采用的超快激光光谱技术为化学家提供了直接观测反应中间体及过渡态的"超快照相机"，从而使人们对过渡态的研究有了可靠的手段。埃及科学家泽维尔（Zewail）也因用飞秒化学研究化学反应的过渡态而获得1999年度的诺贝尔化学奖。飞秒激光技术的发展也使我们看到了一系列新技术如光谱分辨技术、空间分辨技术、分子运动控制与质谱技术、光电检测技术等在分子反应动力学研究上的应用。

2. C_{14}半衰期法

半衰期为反应物消耗一半所需的时间，用$t_{1/2}$表示。放射性同位素的衰变多属于一级反应，其半衰期与反应物的初始浓度无关，而与速率常数成反比。C_{14}是碳的一种具放射性的同位素，其半衰期约为5730年。C_{14}的一个最重要的用途就是鉴定古物的年代。

由于宇宙射线的冲击，大气中极少的氮原子变成C_{14}原子。这一反应都在高空完成，并且是持续不断的。新生的C_{14}原子在大气环境中不能游离存在很久，一般都与氧结合生成$C_{14}O_2$分子，$C_{14}O_2$和原来存在于大气中的CO_2化学性质是相同的，因此必然与原有CO_2混合参加自然界碳的交换循环运动。举个例子，植物通过光合作用将CO_2结合成植物组织，动物依植物为生，这就使生物界都混入了C_{14}；动物通过排泄、死亡，植物通过腐烂、沉积，进入表层土壤而使C_{14}进入土壤；大气与广阔海面接触，大气中的CO_2又与海水中溶解的碳酸盐和CO_2进行交换，因此海水、海洋生物及海底沉积物中都含有C_{14}。简单来说，凡是和大气中的CO_2进行过直接或间接交换的含碳物质都包含C_{14}。当然，人的体内也包含放射性元素C_{14}。但同学们不必谈之色变，因为一般物体中C_{14}原子的数目太少，它放出的射线总能量太小，对人体丝毫无损。科学家通过仪器测定大气中的CO_2发现，平均每6×10^{12}个CO_2分子中才有一个含有C_{14}原子。

这种产生C_{14}的自然现象存在已久，同时C_{14}按5730年半衰期衰变减少，这类碳中C_{14}水平必然会到达平衡值。由于碳在自然界的交换循环相当快，处于与大气互相交换的各种物质在各地的C_{14}水平基本上是一致的。例如，陆生生物、海洋生物在生命过程中由于同大气经常交换，衰变掉的C_{14}经常能得到补充，也就是说，任何活的生物由于不断吸收养料、进行新陈代谢，体内所含的C_{14}原子的数目也是保持在总的碳原子数的$1/(6\times10^{12})$的水平。但一旦停止了交换（如死亡、沉积），其C_{14}就再得不到补充，C_{14}水平因衰变而降低，根据其半衰期每5730年降为原有水平的一半，测量标本现存的C_{14}放射性水平并和它原始放射性水平相比较，就可以算出死亡或停止交换的年代。当然，几千年或几万年前处于交换状态的动植物的放射性水平是无法测知的，但若假定这种产生C_{14}的自然现象几万年来都没有什么变化，就可以用现在世界各地处于交换平衡状态的动植物放射性水平，作为标本的原始放射性水平，即"现代碳"放射性标准。

如果要测定标本的年代，在已知现在C_{14}含量N_1和C_{14}的半衰期$t_{1/2}$后，需要先测量出C_{14}的含量N_2，然后利用公式

$$N_2 = N_1 \cdot (0.5)^{t/t_{1/2}}$$

即可计算出标本年代t，这就是C_{14}半衰期法鉴别古物年代的原理。由于这一方法所依据的是原子核的变化，这种变化不受周围环境的物理、化学条件的影响，因此C_{14}半衰期正适用于对几千年到几万年的标本进行断代。另外，一些含碳的物质，如木、草、骨、贝壳等动植物遗骸在古代遗址中普遍存在，因此，C_{14}半衰期法自1950年建立起，就成为有力的测定年代的手段而广泛应用于考古学。

不过，C_{14}半衰期法所测得的年代有颇大的误差。因此，假若所测的物件年代较近，相对误差也更大。另

一方面，C_{14}测年法也有可能受到火山爆发等自然因素影响。所以，若没有其他年代测定方法来鉴定，单单依赖C_{14}的测年数据是完全不可靠的。

3. 催化剂的发现

催化剂是指少量存在就能明显改变反应速率，而本身的组成、质量和化学性质在反应前后不变的物质。催化现象由来已久，早在古代，人们就利用酵素酿酒制醋，中世纪炼金术士用硝石催化剂以硫磺制作硫酸，13世纪发现硫酸能使乙醇产生乙醚，18世纪利用氧化氮制硫酸。最早记载"催化现象"的资料可以追溯到16世纪末德国的《炼金术》一书，但是当时"催化作用"还没有被作为一个正式的化学概念提出。直到100多年前，瑞典化学家贝采里乌斯（1779—1848）首次提出"催化"和"催化剂"概念，这其中还有个魔术"神杯"的故事。

有一天，瑞典化学家贝采里乌斯在化学实验室忙碌地进行着实验，傍晚，他的妻子玛利亚准备了酒菜宴请亲友，祝贺她的生日。贝采里乌斯沉浸在实验中，把这件事全忘了，直到玛丽亚把他从实验室拉出来，他才恍然大悟，匆忙地赶回家。一进屋，客人们纷纷举杯向他祝贺，他顾不上洗手就接过一杯蜜桃酒一饮而尽。当他自己斟满第二杯酒干杯时，却皱起眉头喊道："玛利亚，你怎么把醋拿给我喝！"玛利亚和客人都愣住了。玛丽亚仔细瞧着那瓶子，还倒出一杯来品尝，一点儿都没错，确实是香醇的蜜桃酒啊！贝采里乌斯随手把自己倒的那杯酒递过去，玛丽亚喝了一口，几乎全吐了出来，说："甜酒怎么一下子变成醋啦？"客人们纷纷凑近来，观察着、猜测着这"神杯"发生的怪事。

贝采里乌斯发现，原来酒杯里有少量黑色粉末。他瞧瞧自己的手，发现手上沾满了在实验室研磨铂金时沾上的铂黑。他兴奋地把那杯酸酒一饮而尽。原来，把酒变成醋的魔力来源于铂金粉末，是它加快了乙醇（酒精）和空气中的氧气发生化学反应，生成了乙酸。后来，人们把这一作用称为触媒作用或催化作用，希腊语的意思是"解去束缚"。

1836年，他还在《物理学与化学年鉴》杂志上发表了一篇论文，首次在化学反应中使用"催化"与"催化剂"概念。他把观察到的零星化学变化归结为是由一种"催化力"（catalytic force）所引起的，并引入了"催化作用"（catalysis）一词。从此，对于催化作用的研究才广泛地开展起来。

4. 酶——奇特的生物催化剂

酶是指具有生物催化功能的高分子物质，是一类由生物体产生的具有高效和专一催化功能的蛋白质。酶有着悠久的历史，自地球有生物时就有了酶。毫不夸张地说，我们的生命无时无刻都不能离开酶，我们体内含有几千种酶，支配着维持生命的新陈代谢、营养和能量转化等许多催化过程。可以说在生物体内，酶参与催化几乎所有的物质转化过程，与生命活动有密切关系；而在体外，酶也可以应用于我们的生产生活。

早在四千年前，人们就开始了利用大麦芽中的酶制造饴糖，利用发酵法酿酒、制醋和制酱。但当时古代人类更多的是凭着经验进行利用。人们真正发现酶则是在100多年以前。1857年，法国的微生物学家巴斯德发现，活酵母与糖在适合的条件下会进行发酵产生乙醇。40年之后，1897年德国的毕希纳将活酵母研磨碎再与糖混合，发现即使酵母细胞不存在，细胞内的物质依然可以使糖发酵形成乙醇。他把这种具有发酵能力的物质称为酶。随着更多的酶被发现，人们开始将其从细胞中分离纯化。1926年桑讷从刀豆种子中首次提取出能够分解尿素的脲酶结晶，并通过化学实验证明它是蛋白质，为此荣获1946年度的诺贝尔奖。20世纪30年代，科学家们相继提取出多种酶的蛋白质结晶，并指出酶是一类具有生物催化作用的蛋白质。此后，酶作为催化剂开始逐渐应用于工业生产中。淀粉酶和葡萄糖淀粉酶首先在工业上用于生产葡萄糖酶。20世纪70年代初，日本的千佃一郎将固定化氨基酸酰化酶用于工业生产L-氨基酸，开创了应用固定化酶的新时代。

酶具有催化活性是由其结构特点决定的。酶是一种蛋白质。蛋白质是由各种氨基酸按一定的排列顺序组成，形成蛋白质的肽链，它如同一条很长的线，弯曲、折叠形成一个比较松散的"团"，每一种酶蛋白质形成的"团"并不是杂乱无章的，它是按照一定的规则形成。因此，每一种酶蛋白质都具有相同的结构和固定的形态。就是这种独特的结构使组成肽链的某些氨基酸的侧链形成固定的空间排布，构成具有催化能力的活性中心。蛋白质肽链之间的相互作用，使"线团"中的"线段"固定了位置和走向，也使活性中心固定下来，这就是酶具有催化活性的原因。酶的这种"线团"结构，只有在正常条件下才是稳定的，一旦周围环境条件发生变化，或受其他因素的影响，这个"线团"就可能被打乱，乱套的酶蛋白质的催化能力也随之丧失，这种现象称为变性。一般来说，高温、强酸、强碱、有机溶剂都会使酶发生变性而失去催化活性。

酶作为生物催化剂，与非生物催化剂相比具有很大的优势。首先，酶具有很高的催化效率，在温和条件下（室温、常压、中性）极为有效，其催化效率为一般非生物催化剂的 $10^9 \sim 10^{12}$ 倍。催化剂之所以能显著加快反应速率，在于其能降低反应的活化能，而酶对反应活化能降低的效果尤其明显。例如，对于 H_2O_2 分解为水和氧气的反应，活化能为 $74 kJ \cdot mol^{-1}$；若用 I^- 催化，活化能为 $59 kJ \cdot mol^{-1}$；若用酶催化，活化能为 $25 kJ \cdot mol^{-1}$。可见生物催化剂催化效果明显。在一定条件下，每个过氧化氢酶在一分钟内能转化 5×10^6 个过氧化氢分子，比其他催化剂效率要高几个数量级。在化学实验室中需几天或几个月才能完成的复杂反应序列，酶能在数秒钟之内催化完成。酶对于生命之所以如此重要，其原因在于酶催化的反应要比化学催化剂快几千倍到上亿倍。例如，食物中的葡萄糖与氧反应，转变成二氧化碳、水和能量，这是维持生物体体温和一切活动的能源。如果没有催化剂，在常温常压条件下，需要几年或更长的时间。若要反应加快，必须在 300℃ 以上才能进行，这在生物体内是绝对不可能的。而在生物体内，在一系列酶的催化作用下，于常温常压下可瞬间完成，其速度之快难以想象。

其次，酶催化剂选择性极高。酶的催化作用具有极强的专一性，即一种酶通常只能催化一种或一类反应，而且只能催化一种或一类反应物的转化。例如，葡萄糖氧化酶，只催化葡萄糖的醛基氧化为葡萄糖酸一种反应，决不会催化葡萄糖的其他基团反应，更不会催化其他物质的氧化反应。为了完成生物体内的成千上万物质的变化和反应，就需要相应的酶，有人估计在生物体内存在 1000 多种酶，是它们保证了生命过程的正常进行，一旦由于某原因造成某一种酶的缺失或催化活性低下，生物的新陈代谢就会不正常，进而发生疾病，甚至死亡。

再次，酶催化反应条件温和、对环境友好。与化学方法相比，它不需要化学反应的高温、高压、强酸、强碱、大量的有机溶剂和贵重的化学催化剂，只需在常温、常压、接近中性的水溶液中进行反应；需要使用的反应容器也不必用耐压、耐腐蚀材料制造；生产过程消耗的能量大大降低，生产的成本也低。由于其极高的专一性，酶催化反应过程中副反应少，生产的效率高，这也是其他非生物催化反应无法比拟的。由于酶催化的反应很少需要使用更多的化学试剂和有机溶剂，反应产生废弃物和副产物少，基本不会对环境造成重大污染。

但是，蛋白质的结构性质也决定了酶催化剂的一些缺点，如易受热、某些化学物质及杂菌的破坏而失活，稳定性较差。反应时的温度和 pH 范围要求较高。我们体内的各种酶约在 37℃（人体的温度）时处于最佳工作状态，温度过高这些酶的活性就会显著下降，从而导致人体的新陈代谢出现异常，所以人在发烧时不想吃东西，也正是这个原因。而其他酶也都有适宜的"工作"条件，只有在最佳条件范围时，酶催化剂才能发挥出最佳性能。

思考题与习题

1. 已知 $A + B = 2C$ 为简单反应，则 k 的单位是_____，该反应为_____级反应。
2. 已知 $2N_2O_5 = 4NO_2 + O_2$，反应机理如下：

$$N_2O_5 = NO_2 + NO_3 \text{（快）}$$

$$NO_2 + NO_3 = NO + O_2 + NO_2 \text{（慢）}$$

$$NO + NO_3 \rightleftharpoons 2NO_2 \text{（快）}$$

该反应速率方程为_____，它是一个_____级反应。

3. 利用阿伦尼乌斯公式将 $\ln k$ 对 $1/T$ 作图，可得一条直线，直线的斜率为_____，在纵坐标上的截距为_____。

4. 二甲醚 $[(CH_3)_2O]$ 分解为甲烷、氢和一氧化碳的反应动力学实验数据如下：

t/s	0	200	400	600	800
$c[(CH_3)_2O]/(\text{mol}\cdot L^{-1})$	0.010 00	0.009 16	0.008 39	0.007 68	0.007 03

（1）求 600s 和 800s 间的平均速率。（2）用浓度对时间作图（动力学曲线），求 800s 的瞬时速率。

5. 在 300K 温度下，氯乙烷分解反应的速率常数为 $2.50\times10^{-3}\text{min}^{-1}$。（1）该反应是几级反应？说明理由。（2）氯乙烷分解一半，需要多长时间？（3）氯乙烷浓度由 $0.40\text{mol}\cdot L^{-1}$ 降为 $0.010\text{mol}\cdot L^{-1}$，需要多长时间？（4）若初始浓度为 $0.40\text{mol}\cdot L^{-1}$，反应进行 8h 后，氯乙烷浓度为多少？

6. 已知某反应在 700K 时，速率常数 $k = 1.2 \text{L}\cdot\text{mol}^{-1}\cdot\text{s}^{-1}$，此反应的活化能为 $150\text{kJ}\cdot\text{mol}^{-1}$，试计算 800K 时的反应速率常数。

7. 某一级反应，在 300K 时反应完成 50% 需 20min，在 350K 时反应完成 50% 需 5min，试计算该反应的活化能。

8. 人体中某种酶的催化反应活化能为 $50.0\text{kJ}\cdot\text{mol}^{-1}$，正常人的体温为 37℃，在发烧至 40℃ 的患者体中，该反应速率增加了百分之几？

第 3 章　水溶液中的离子平衡

教学目的与要求

（1）了解并区分酸碱电离理论、酸碱质子理论及酸碱电子理论。
（2）理解并掌握弱电解质在水溶液中的解离平衡特点，掌握并利用溶度积规则控制沉淀的生成或溶解。
（3）能应用平衡常数解决弱酸弱碱解离平衡、缓冲溶液、沉淀溶解平衡中的计算问题。

本章在化学平衡的基础上，以酸碱质子理论为基础，讨论水溶液中弱酸、弱碱的解离平衡、缓冲溶液的性质及利用溶度积规则，掌握沉淀的生成、溶解及转化等相关内容。

3.1　酸碱理论的发展简介

在化学世界中，大量的化学反应都属于酸碱反应，掌握酸碱反应的实质和规律，研究酸碱理论是研究化学理论的重要内容。

酸碱理论的研究已有两百多年的历史，人们对酸碱理论的认识经历了一个由浅入深、由低级到高级的过程，大致可以分为以下几个阶段。

第一阶段是表象认识阶段。最初，人们是从物质的表观现象出发来区分酸和碱的。有酸味，能使蓝色石蕊变为红色的物质是酸；有涩味、滑腻感，能使红色的石蕊变成蓝色的物质是碱。到1774年氧元素被发现以后，人们又认为氧是组成酸的不可缺少的成分，当时人们遇到的还都是含氧酸。到19世纪，人们相继发现了盐酸、氢氟酸、氢氰酸等，通过对这些酸的分析发现，其组成都含有氢，因此人们又认为凡是酸其组成中都含有氢。这就是人们对酸的表象认识阶段。

第二阶段是酸碱电离理论阶段。酸碱电离理论是在1887年由瑞典科学家阿伦尼乌斯提出的。该理论对酸碱的定义是：凡是在水溶液中能电离出 H^+ 的物质为酸，能在水溶液中电离出 OH^- 的物质为碱。即 H^+ 是酸的特征，而 OH^- 是碱的特征。酸碱反应的实质是

$$H^+ + OH^- \rightleftharpoons H_2O$$

由于 H_2O 可以电离出 H^+ 和 OH^-，且 $[H^+]=[OH^-]$，所以 H_2O 既不是酸也不是碱。

酸碱电离理论从物质的化学组成上揭示了酸碱的本质，并且应用化学平衡原理找到了衡量酸碱强弱的定量标度，这是人们对酸碱的认识由现象到本质的一次飞跃，对化学学科的发展起到了积极的推动作用，目前这一理论在化学界仍广泛应用。

但电离理论具有局限性。酸碱电离理论只限于水溶液中，事实上很多反应发生在非水溶液中，许多不含 H^+ 和 OH^- 的物质也表现出了酸碱的性质。例如，NH_3 不能电离出 OH^-，但它表现出碱的性质；HCl 和 NH_3 在苯中反应生成氯化铵，表现出酸碱中和的性质，但并不解离出 H^+ 和 OH^-。这些是电离理论无法解释的，酸碱电离理论尚不完善，需要进一步进行补充和发展。

第三阶段是酸碱质子理论和酸碱电子理论阶段。1923年，丹麦化学家布朗斯特（Brönsted）

和英国化学家劳里（Lowry）分别同时提出了酸碱质子理论（proton theory of acid and base）。因此，酸碱质子理论也被称为布朗斯特-劳里酸碱理论。

酸碱质子理论认为：凡是能给出质子的物质（分子或离子）都称为酸，凡是能接受质子的物质（分子或离子）都称为碱。例如

$$NH_4^+ \rightleftharpoons H^+ + NH_3$$

NH_4^+ 给出 H^+，为酸；NH_3 可以接受 H^+，为碱。酸碱质子理论拓宽了酸碱的范围，更突破了水溶液的局限性，所以得到了普遍应用。

但是酸碱质子理论只限于质子的给出与接受，所以酸中必须含有氢元素。这就不能解释不含氢的化合物的反应问题。为此，1923年，路易斯（Lewis）提出了酸碱电子理论。

酸碱电子理论认为：凡是可以接受电子对的物质（分子、离子或原子团）称为酸，凡是可以给出电子对的物质（分子、离子或原子团）称为碱。因此，酸又称为电子对接受体，碱又称为电子对给予体。这一理论将酸碱反应的实质看作配位键的形成过程，即形成酸碱配合物。例如

$$H^+ + :OH^- \rightleftharpoons H:OH$$

$$Cu^{2+} + 4[:NH_3] \rightleftharpoons [Cu(NH_3)_4]^{2+}$$

酸碱电子理论摆脱了体系必须具有某一离子或元素的限制，也不受溶剂的限制，而是立足于物质的普遍组成，以电子对的给予和接受来说明酸碱的反应，更能体现物质的本质属性，较前面的酸碱理论更为全面和广泛，因此又称为广义酸碱理论。

但由于该理论对酸碱的定义过于笼统，不易掌握酸碱的特征，无法比较酸碱的强弱，所以没有得到广泛的应用，目前多用于催化剂研究中。

酸碱的定义范畴很广，但并非对酸碱所下的定义越广就越有用。事实上，每种酸碱理论都有其优缺点。因此，往往需要用不同的酸碱理论来处理不同的问题。例如，在处理水溶液体系中的酸碱反应时，可用酸碱电离理论或酸碱质子理论；在处理配位化学中的问题时，则往往借助于电子理论。在基础化学学习阶段，主要学习酸碱质子理论。

3.2 酸碱质子理论

3.2.1 酸碱的定义

根据酸碱质子理论，能给出质子的物质是酸，能接受质子的物质是碱。例如

$$H_2CO_3 \rightleftharpoons H^+ + HCO_3^-$$

$$HCO_3^- \rightleftharpoons H^+ + CO_3^{2-}$$

$$HAc \rightleftharpoons H^+ + Ac^-$$

$$H_2PO_4^- \rightleftharpoons H^+ + HPO_4^{2-}$$

左边给出质子的物质为酸，右边接受质子的物质为碱。酸放出质子后余下的部分就是碱。酸碱质子理论中的酸与碱是相互依存的，这种酸与碱的依存关系称为共轭关系。共轭关系中的一对酸碱称为共轭酸碱对。这种共轭关系可以用以下反应式表示：

$$酸 \rightleftharpoons H^+ + 碱$$

左侧的酸是右侧碱的共轭酸，如 HAc 是 Ac^- 的共轭酸；右侧碱是左侧酸的共轭碱，如 Ac^- 是 HAc 的共轭碱。共轭酸碱对之间只相差一个 H^+，各酸碱对的质子得失反应称为酸碱半反应。

必须指出，酸碱半反应是不能独立存在的。

酸和碱可以是中性分子，也可以是阴离子或阳离子。类似于 HCO_3^-、H_2O 等物质在一种体系中是酸，而在另一体系中则为质子碱的物质称为两性物质。判断一个物质是酸还是碱，要依据该物质在反应中发挥的具体作用，若失去质子，为酸，若得到质子，则为碱。例如

$$H_2CO_3 \rightleftharpoons H^+ + HCO_3^- \quad HCO_3^- 为碱$$

$$HCO_3^- \rightleftharpoons H^+ + CO_3^{2-} \quad HCO_3^- 为酸$$

需要指出的是：

（1）需要对盐的概念重新认识。电离理论把物质分为酸、碱、盐，而质子理论把物质分为酸、碱和非酸非碱物质（如 Na^+）。

（2）由于 H^+ 的离子半径很小（10^{-13}cm），电荷密度较高，它在水溶液中均以氢键的形式与 H_2O 结合形成水合质子，即 H_3O^+。为书写方便，经常将 H_3O^+ 简写为 H^+。

3.2.2 酸碱反应的实质

酸碱质子理论认为，酸碱反应的实质是两对共轭酸碱之间的质子转移，是一种酸和一种碱反应生成新酸和新碱的过程。反应可以在水溶液中进行，也可以在非水溶液中进行。

$$酸1 + 碱2 \xrightleftharpoons{H^+} 酸2 + 碱1$$

例如：

$$HAc + H_2O \rightleftharpoons H_3O^+ + Ac^-$$

$$H_2O + Ac^- \rightleftharpoons HAc + OH^-$$

$$HAc + NH_3 \rightleftharpoons NH_4^+ + Ac^-$$

从酸碱质子理论的观点来看，酸碱反应是较强碱（碱2）与较弱碱（碱1）争夺质子的过程，结果是较强的碱从较强酸中夺得了质子。因此，反应时较强酸与较强碱反应生成了较弱酸与较弱碱。也就是说酸碱反应的方向总是朝着生成更弱的酸和碱的方向进行。那么该如何判断酸碱的强弱呢？

3.2.3 酸碱的相对强弱

1. 酸碱强弱与物质的本性有关

以酸碱质子理论的观点，酸碱的强弱取决于给出或接受质子的能力。给出质子的能力越强，该物质的酸性越强，反之亦然，如 $HClO_4$、HCl、HNO_3、H_2SO_4 等具有强的给出质子的能力，它们都是强酸。接受质子的能力越强，该物质的碱性越强，反之亦然，如 OH^-、PO_4^{3-}、CO_3^{2-} 等离子具有强的接受质子的能力，它们都是强碱。

一对共轭酸碱对中酸与碱的强弱具有依赖关系。一般，如果酸给出质子的能力越强，则表现强酸性，其共轭碱接受质子的能力则越弱，表现出弱碱性；如果酸给出质子的能力较弱，表现弱酸性，则其共轭碱的接受质子的能力就越强，表现出强碱性。

当物质存在于水溶液中时，其酸碱性是通过与水分子之间的质子转移来表现的。酸或碱的强弱取决于它们将质子给予水分子的能力或从水分子中得到质子的能力。

例如，$HCl + H_2O \rightleftharpoons H_3O^+ + Cl^-$，HCl 在水溶液中可以完全将质子转移给水，表现出强酸性；而其共轭碱 Cl^- 在溶液中不易牢固结合质子而表现出弱碱性。又如 $HAc + H_2O \rightleftharpoons H_3O^+ + Ac^-$，

HAc在水溶液中不能完全将质子转移给水，而 Ac^- 在溶液中能够结合质子形成其共轭酸，结果使HAc在水溶液中转移质子的过程是可逆的，从而表现出弱酸性。HCl和HAc两种物质将质子转移给水的能力差别，反映了两种物质之间的酸性强弱。所以不同物质在相同条件下，转移质子能力的差别决定了物质酸碱性的相对强弱。

2. 酸碱强弱与溶剂有关

由于酸碱质子理论认为物质的酸碱性的相对强弱是由转移质子能力所决定的，因此一种物质所显示的酸碱性强弱，除了与其给出或接受质子的能力有关外，还与物质所在的溶剂的性质有关。同一种酸在几种接受质子能力不同的溶剂中，可以表现出不同的强度。例如，液氨接受质子的能力比水接受质子的能力强，所以当液氨作溶剂时可以促进HAc的电离，而使其表现较强的酸性；但当以HF为溶剂时，由于HF给出质子的能力强于HAc，HAc获得质子生成 H_2Ac^+，表现为弱碱性。

$$HAc + H_2O \rightleftharpoons H_3O^+ + Ac^-$$

$$HAc + NH_3 \rightleftharpoons NH_4^+ + Ac^-$$

$$HAc + HF \rightleftharpoons H_2Ac^+ + F^-$$

再如 HNO_3、HCl、H_2SO_4、$HClO_4$ 在水溶液中都是强酸，而在冰醋酸中它们的强度次序是：$HNO_3 < HCl < H_2SO_4 < HClO_4$。综上所述，物质酸碱性的相对强弱与溶剂的酸碱性有关。

3.3 弱电解质的解离平衡

3.3.1 水的解离平衡

1. 水的离子积

水是一种重要的溶剂，以下要讨论的酸碱平衡都是以水为溶剂的。因此首先要了解水的解离平衡。水既可以给出质子又可以接受质子，存在如下平衡：

$$H_2O + H_2O \rightleftharpoons H_3O^+ + OH^-$$

根据化学平衡的原理，当上述反应达到平衡时，有

$$K^\ominus = \frac{[c(H_3O^+)/c^\ominus][c(OH^-)/c^\ominus]}{[c(H_2O)/c^\ominus]^2} \tag{3-1}$$

在 25℃时，测得 $c(H_3O^+) = c(OH^-) = 1.0 \times 10^{-7}$ mol·L^{-1}，由于水的解离度很小，因此水可以视为纯液体。式（3-1）变为

$$K_w^\ominus = K^\ominus = c(H_3O^+)c(OH^-) \tag{3-2}$$

式中：$K_w^\ominus$ 为水的离子积常数，水的离子积常数与其他平衡常数一样，是温度的函数。25℃时，$K_w^\ominus = 1.0 \times 10^{-14}$。当温度改变时，其数值也会发生变化。例如，0℃时，$K_w^\ominus = 1.15 \times 10^{-15}$，而100℃时，$K_w^\ominus = 5.43 \times 10^{-13}$。若没有特别指出，一般是指室温 25℃。水的离子积常数不仅适用于纯水，而且适用于其他稀酸、稀碱溶液，也就是说，在任何物质的水溶液中，不论酸性

或碱性，都同时含有 H^+ 和 OH^-，只要温度为室温不变，到达平衡点时依然有 $K_w^\ominus = 1.0 \times 10^{-14}$，只不过是 H^+ 和 OH^- 的相对浓度不同。

2. 水溶液的 pH

一般情况下，水溶液中的 $[H_3O^+]$ 或 $[OH^-]$ 都较小，所以常用 H_3O^+ 浓度的负对数来表示，称为 pH，即

$$pH = -\lg([H_3O^+]/c^\ominus) \tag{3-3}$$

或者简写为

$$pH = -\lg[H^+] \tag{3-4}$$

在以后的学习中经常会遇到一些很小的数据，如 $K_w^\ominus$、$K_a^\ominus$、$K_b^\ominus$、$[H_3O^+]$、$[OH^-]$ 等，为了书写方便，通常用其负对数来表示，如

$$pOH = -\lg[OH^-] \tag{3-5}$$

$$pK_a^\ominus = -\lg K_a^\ominus \tag{3-6}$$

$$pK_b^\ominus = -\lg K_b^\ominus \tag{3-7}$$

$$pK_w^\ominus = -\lg K_w^\ominus \tag{3-8}$$

pH 是表示水溶液酸碱度的一种标度。$[H_3O^+]$ 越小，溶液的酸度越低，pH 越高。反之，溶液的 pH 越低。溶液的酸碱性与 $[H_3O^+]$、pH 的关系可概括如下：

$c(H_3O^+) = c(OH^-) = 1.0 \times 10^{-7} \text{mol} \cdot \text{L}^{-1}$，pH = 7，溶液呈中性；

$c(H_3O^+) > c(OH^-)$，$c(H_3O^+) > 1.0 \times 10^{-7} \text{mol} \cdot \text{L}^{-1}$，pH < 7，溶液呈酸性；

$c(H_3O^+) < c(OH^-)$，$c(H_3O^+) < 1.0 \times 10^{-7} \text{mol} \cdot \text{L}^{-1}$，pH > 7，溶液呈碱性。

值得注意的是，当 $c(H_3O^+) > 1 \text{mol} \cdot \text{L}^{-1}$ 或 $c(H_3O^+) < 10^{-14} \text{mol} \cdot \text{L}^{-1}$ 时，直接用 H^+ 的浓度表示溶液酸碱性而不用 pH 表示。表 3-1 列出了常见液体的 pH。

表 3-1 常见液体的 pH

物质名称	pH	物质名称	pH
胃液	1.0~3.0	暴露在空气中的水	5.5
柠檬汁	2.4	唾液	6.5~7.5
食醋	3.0	牛奶	6.5
葡萄汁	3.2	纯水	7.0
橙汁	3.5	血液	7.35~7.45
尿	4.8~8.4	眼泪	7.4

3.3.2 一元弱酸、弱碱的解离平衡

在同一条件下，根据电解质导电能力的大小，可以将电解质分为强电解质和弱电解质。强酸、强碱及大多数的盐为强电解质，在水中完全解离为阴、阳离子；弱酸、弱碱为弱电解质，通常大部分是以分子形式存在于水溶液中，与水发生质子转移反应，只有部分解离为阴、阳离子。只能提供出一个质子的弱酸称为一元弱酸，如 HAc 是一元弱酸。只能接受一个质子的弱碱称为一元弱碱，如 Ac^- 是一元弱碱。

弱电解质在水溶液中的电离是可逆的，未电离的分子与解离出来的离子之间始终存在平衡。例如，氨水的电离过程

$$NH_3 \cdot H_2O \rightleftharpoons NH_4^+ + OH^-$$

氨水有一部分分子首先电离为 NH_4^+ 和 OH^-，另一方面 NH_4^+ 和 OH^- 又结合成 $NH_3 \cdot H_2O$ 分子，最后当正反应与逆反应速率相等时，体系达到动态平衡。上述平衡称为弱电解质的解离平衡。酸碱平衡与化学平衡一样，具有平衡的一切特征，符合平衡的共同规律，因此酸碱平衡反应也具有特征的平衡常数。弱酸的解离平衡常数以 $K_a^\ominus$ 表示，称为酸的解离常数，又称酸常数。弱碱的解离平衡常数以 $K_b^\ominus$ 表示，称为碱的解离常数，又称碱常数。

共轭酸碱对的 $K_a^\ominus$、$K_b^\ominus$ 之间有确定的关系，如对于 NH_4^+-NH_3 酸碱对

$$NH_4^+ \rightleftharpoons NH_3 + H^+$$

NH_4^+ 的酸解离常数 $K_a^\ominus$ 为

$$K_a^\ominus = \frac{[c(NH_3)/c^\ominus][c(H^+)/c^\ominus]}{[c(NH_4^+)/c^\ominus]} \tag{3-9}$$

$$NH_3 \cdot H_2O \rightleftharpoons NH_4^+ + OH^-$$

NH_3 的碱解离常数 $K_b^\ominus$ 为

$$K_b^\ominus = \frac{[c(NH_4^+)/c^\ominus][c(OH^-)/c^\ominus]}{[c(NH_3)/c^\ominus]} \tag{3-10}$$

$$K_a^\ominus \times K_b^\ominus = \frac{[c(NH_3)/c^\ominus][c(H^+)/c^\ominus]}{[c(NH_4^+)/c^\ominus]} \times \frac{[c(NH_4^+)/c^\ominus][c(OH^-)/c^\ominus]}{[c(NH_3)/c^\ominus]} = K_w^\ominus \tag{3-11}$$

$$pK_w^\ominus = pK_a^\ominus + pK_b^\ominus = 14.00 \tag{3-12}$$

解离平衡常数表示电离达到平衡时，弱电解质电离成离子趋势的大小。$K^\ominus$ 越大则解离程度越大，弱酸溶液中的 H^+ 浓度（弱碱溶液中的 OH^- 浓度）越大，溶液的酸性（碱性）就越强。因此，对于同类型的弱电解质可以通过解离平衡常数的大小比较弱电解质电离能力的强弱。

使用 $K_a^\ominus$ 和 $K_b^\ominus$ 时要注意以下问题：

（1）解离平衡常数是弱电解质的一个特性常数，其数值的大小与浓度无关，与弱电解质的本性和温度有关。但温度变化对解离平衡常数的影响不大，一般不影响数量级。

（2）$K_a^\ominus$ 和 $K_b^\ominus$ 只适用于弱酸或弱碱。对于像 HCl 或 NaOH 这样的强酸或强碱，由于完全电离，不存在解离平衡，故无 $K^\ominus$ 值。

（3）$K_a^\ominus$ 和 $K_b^\ominus$ 不受水溶液中其他共存物质的影响。解离平衡常数只反映体系中解离平衡关系式的有关组分平衡浓度之间的关系，体系中其他电解质的存在虽然影响弱电解质的解离程度，但在一定条件下达到平衡时，体系中与解离平衡常数有关组分的平衡浓度的比值不变。

（4）弱电解溶液中，如果加入含有相同离子的其他电解质，则平衡常数表达式中有关的离子浓度是指在溶液中重新达到平衡时该离子的平衡浓度。

除了用 $K_a^\ominus$、$K_b^\ominus$ 表示弱酸、弱碱在水中的解离程度外，也常用解离度（α）来表示。当弱酸、弱碱在水中达到解离平衡时，已解离的物质的浓度占初始浓度的百分数称为解离度，即

$$\alpha = \frac{已解离的物质的浓度}{初始浓度} \times 100\%$$

解离度 α 的大小不仅与弱酸、弱碱的本性有关，而且与溶液的浓度有关。解离常数则只与弱酸弱碱的本性及温度有关。两者有区别，也有联系。例如，对任意的酸 HA

$$HA \rightleftharpoons H^+ + A^-$$

起始　　　　c_0　　　0　　　0

平衡时　　$c_0 - c_0\alpha$　　$c_0\alpha$　　$c_0\alpha$

$$K^{\ominus}(HA) = \frac{[c(H^+)/c^{\ominus}][c(A^-)/c^{\ominus}]}{[c(HA)/c^{\ominus}]} = \frac{c_0\alpha \times c_0\alpha}{c_0 - c_0\alpha} = \frac{c_0\alpha^2}{1-\alpha} \tag{3-13}$$

当 $\alpha \leqslant 5\%$ 或 $(c/c^{\ominus})/K_a^{\ominus} \geqslant 500$ 时，$1-\alpha \approx 1$，式（3-13）可以简化成 $K_a^{\ominus} = \alpha^2(c_0/c^{\ominus})$，则

$$\alpha = \sqrt{\frac{K_a^{\ominus}}{c_0/c^{\ominus}}} \tag{3-14}$$

同理，对于一元弱碱

$$\alpha = \sqrt{\frac{K_b^{\ominus}}{c_0/c^{\ominus}}} \tag{3-15}$$

式（3-14）和式（3-15）表明一元弱酸弱碱溶液的浓度、α、$K^{\ominus}$ 之间的关系，称为稀释定律。

【例 3-1】 计算 $0.1 \text{mol} \cdot \text{L}^{-1}$ 乙酸溶液的氢离子浓度。

解 设达到解离平衡时溶液中的氢离子浓度为 x

$$HAc \rightleftharpoons H^+ + Ac^-$$

起始浓度　　0.1　　　0　　　0

平衡浓度　　$0.1-x$　　x　　　x

将各物质的平衡浓度代入平衡常数表达式，有

$$K^{\ominus}(HA) = \frac{[c(H^+)/c^{\ominus}][c(A^-)/c^{\ominus}]}{c(HA)/c^{\ominus}} = \frac{x \times x}{0.1-x} = \frac{x^2}{0.1-x} = 1.8 \times 10^{-5}$$

因 $(c/c^{\ominus})/K_a^{\ominus} \geqslant 500$，则 $0.1 - x \approx 0.1$，上式可以近似计算，求得

$$x = c_{H^+} = \sqrt{K_a^{\ominus} c_0} = 1.34 \times 10^{-3} \text{mol} \cdot \text{L}^{-1}$$

【例 3-2】 计算 $0.1 \text{mol} \cdot \text{L}^{-1}$ 氨水溶液的 OH^- 浓度。

解

$$NH_3(aq) + H_2O(l) \rightleftharpoons NH_4^+(aq) + OH^-(aq)$$

起始浓度　　0.1　　　0　　　0

平衡浓度　　$0.1-x$　　x　　　x

$$K_b^{\ominus} = \frac{c^{eq}(OH^-) \times c^{eq}(NH_4^+)}{c(NH_3)} = \frac{x^2}{0.1-x} = 1.8 \times 10^{-5}$$

因为 $c(NH_3) = 0.1$，$(c/c^{\ominus})/K_a^{\ominus} \geqslant 500$，$0.1 - x \approx 0.1$，所以

$$K_b = \frac{x^2}{0.1} = 1.8 \times 10^{-5}$$

$$c(OH^-) = x \approx \sqrt{1.8 \times 10^{-5} \times 0.1} = 1.34 \times 10^{-3} (\text{mol} \cdot \text{L}^{-1})$$

3.3.3 多元弱酸、弱碱的解离平衡

分子中含 2 个或 2 个以上的 H^+ 或 OH^- 的弱酸、弱碱称为多元弱酸、弱碱。多元酸的解离是分级进行的，每一级都有一个解离常数，如二元弱酸 H_2S 在水中的解离分两步进行

$$H_2S + H_2O \rightleftharpoons H_3O^+ + HS^-$$

$$K_{a1}^{\ominus} = \frac{[c(H_3O^+)/c^{\ominus}][c(HS^-)/c^{\ominus}]}{c(H_2S)/c^{\ominus}} = 1.3 \times 10^{-7}$$

$$HS^- + H_2O \rightleftharpoons H_3O^+ + S^{2-}$$

$$K_{a2}^{\ominus} = \frac{[c(H_3O^+)/c^{\ominus}][c(S^{2-})/c^{\ominus}]}{c(HS^-)/c^{\ominus}} = 1.20 \times 10^{-13}$$

式中：$K_{a1}^{\ominus}$、$K_{a2}^{\ominus}$ 分别为多元弱酸的第一级和第二级解离常数。因为 $K_{a1}^{\ominus} \gg K_{a2}^{\ominus}$，并且第二步电离出的 H^+ 对第二级电离有抑制作用，所以第二级电离产生的 H^+ 浓度与第一级解离所产生的 H^+ 浓度相比是很少的，通常可以忽略不计。所以在多元弱酸溶液的计算过程中，往往不考虑第二级解离，只考虑其第一级解离。

【例 3-3】 计算 $0.1 mol \cdot L^{-1}$ H_2S 溶液的 H^+ 浓度及 pH。

解

$$H_2S + H_2O \rightleftharpoons H_3O^+ + HS^-$$

起始浓度　　　0.1　　　　　0　　　0

平衡浓度　　　0.1−x　　　　x　　　x

$$K_{a1}^{\ominus} = \frac{[c(H_3O^+)/c^{\ominus}][c(HS^-)/c^{\ominus}]}{c(H_2S)/c^{\ominus}} = 1.3 \times 10^{-7} = \frac{x^2}{0.1-x}$$

因为 $(c/c^{\ominus})/K_a^{\ominus} \geq 500$，所以 $0.1-x \approx 0.1$

$$x \approx \sqrt{1.3 \times 10^{-7} \times 0.1} = 1.1 \times 10^{-4} (mol \cdot L^{-1})，pH \approx 4$$

3.4 缓冲溶液

许多化学反应、生物制剂中有效成分的提取，特别是生物体内酶催化反应，常需要在一定的 pH 范围内进行。若 pH 不合适则会影响反应的正常进行，如生物酶的活性会大大降低，甚至可能丧失活性；人体液的 pH 为 7.35～7.45，如偏离正常范围 0.4 单位以上，就能导致疾病，甚至死亡。

那么，怎样才能维持溶液的 pH 范围基本恒定呢？实践表明，在一定浓度的共轭酸碱对混合溶液中，加入少量的强酸、强碱或稍加水进行稀释时，溶液的 pH 基本不发生变化。能抵抗外加少量强酸、强碱或稀释的影响，而本身溶液 pH 不发生显著变化的溶液称为缓冲溶液。

3.4.1 缓冲溶液作用原理

以 HAc-NaAc 体系为例

$$NaAc \longrightarrow Na^+ + Ac^-$$

$$HAc \rightleftharpoons H^+ + Ac^-$$

当在该溶液中加入少量强酸时，H^+ 即与大量 Ac^- 结合成 HAc 分子，迫使平衡向左移动。因此溶液中的 H^+ 不会显著增大，溶液的 pH 基本不变，Ac^- 称为抗酸成分。当在该溶液中加少量强碱时，OH^- 与 H^+ 结合成 H_2O 分子，H^+ 的减少使 HAc 分子发生解离，平衡向右移动。因此溶液中的 H^+ 不会显著减少，pH 仍无显著变化，HAc 分子称为抗碱成分。

若将溶液适量稀释，由于抗酸和抗碱成分浓度同时降低，该溶液的 $c(H^+)$ 不变，pH 也不变化。

由于缓冲溶液中弱酸及其共轭碱浓度较大，且存在弱酸及其共轭碱之间的质子转移平衡，抗酸时消耗共轭碱并转变为原来的弱酸，抗碱时消耗弱酸并转变为它的共轭碱，从而维持溶液的 pH 基本不变。

3.4.2 缓冲溶液的组成、类型

缓冲溶液一般是由具有同离子效应的弱酸及其共轭碱或弱碱及其共轭酸，以及有不同酸度的两性物质组成的。

（1）弱酸及其共轭碱：如 HAc+NaAc、H_2CO_3+$NaHCO_3$、H_3PO_4+NaH_2PO_4。
（2）弱碱及其共轭酸：如 $NH_3 \cdot H_2O$+NH_4Cl。
（3）多元酸的酸式酸根及其共轭碱：如 $NaHCO_3$+Na_2CO_3、NaH_2PO_4+Na_2HPO_4 等。
（4）两性物质：如 $NaHCO_3$、NaH_2PO_4。
（5）高浓度强酸、高浓度强碱也具有缓冲作用。

3.4.3 缓冲溶液 pH 的计算

使用缓冲溶液时，需要计算缓冲溶液的 pH，以便控制酸碱反应。以弱酸与其共轭碱为例推导缓冲溶液 pH 的计算公式。

在 HA-A^- 缓冲溶液中存在下列质子转移平衡：

$$HA + H_2O \rightleftharpoons A^- + H_3O^+$$

同时有

$$NaA \longrightarrow Na^+ + A^-$$

当体系达到平衡时：

$$K^{\ominus}(HA) = \frac{[c(H_3O^+)/c^{\ominus}][c(A^-)/c^{\ominus}]}{c(HA)/c^{\ominus}}$$

若 HA-A^- 缓冲溶液中，HA 和 NaA 的初始浓度分别为 c(酸) 和 c(碱)，忽略水的解离平衡，则平衡浓度为

$$c(HA) = c(酸) - c(H^+) \approx c(酸) \tag{3-16}$$

$$c(A^-) = c(碱) + c(H^+) \approx c(碱) \tag{3-17}$$

代入酸解离常数表达式中，得

$$K^{\ominus}(HA) = \frac{[c(H^+)/c^{\ominus}][c(碱)/c^{\ominus}]}{c(酸)/c^{\ominus}} \tag{3-18}$$

式（3-18）两边同时取负对数，得

$$pH = pK_a^{\ominus} - \lg\frac{c_{酸}}{c_{碱}} \tag{3-19}$$

利用此式可计算常用缓冲溶液的 pH。

【例 3-4】 将 $2.0 mol \cdot L^{-1}$ 的 HAc 溶液和 $2.0 mol \cdot L^{-1}$ 的 NaAc 溶液等体积混合后，计算：(1) 此缓冲溶液的 pH。(2) 在 90mL 该缓冲溶液中加入 10mL $0.1 mol \cdot L^{-1}$ 的 HCl 后，溶液的 pH 为多少？(3) 在 90mL 该缓冲溶液中加入 10mL $0.1 mol \cdot L^{-1}$ 的 NaOH 后，溶液的 pH 为多少？

解 （1）等体积混合后各物质的浓度：c(NaAc)=$1.0 mol \cdot L^{-1}$，c(HAc)=$1.0 mol \cdot L^{-1}$。已知 K_a(HAc)=1.8×10^{-5}

$$pH = pK_a^{\ominus} - \lg\frac{c_{酸}}{c_{碱}}$$

$$= -\lg(1.8 \times 10^{-5}) = 4.75$$

（2）首先考虑混合溶液中各物质的浓度：c(HAc)=$0.9 mol \cdot L^{-1}$，c(NaAc)=$0.9 mol \cdot L^{-1}$，c(HCl)=$0.01 mol \cdot L^{-1}$。其次考虑加入盐酸后，由于反应各物质浓度的变化，H^+ 与 Ac^- 反应生成 HAc 弱电解质，因此

$$c(HAc) = (0.9+0.01) mol \cdot L^{-1} = 0.91 mol \cdot L^{-1}$$

$$c(Ac^-) = (0.9-0.01)\,\text{mol}\cdot\text{L}^{-1} = 0.89\,\text{mol}\cdot\text{L}^{-1}$$

则
$$pH = pK_a^\ominus - \lg\frac{c_{酸}}{c_{碱}}$$

$$= 4.75 - \lg(0.91/0.89) = 4.74$$

（3）同样，在混合溶液中考虑体积变化，在考虑 OH^- 与 HAc 反应后，各物质浓度变化为

$$c(HAc) = (0.9-0.01)\,\text{mol}\cdot\text{L}^{-1} = 0.89\,\text{mol}\cdot\text{L}^{-1}$$

$$c(Ac^-) = (0.9+0.01)\,\text{mol}\cdot\text{L}^{-1} = 0.91\,\text{mol}\cdot\text{L}^{-1}$$

则
$$pH = pK_a^\ominus - \lg\frac{c_{酸}}{c_{碱}}$$

$$= 4.75 - \lg(0.89/0.91) = 4.76$$

由计算说明：在上述的缓冲溶液中，加入盐酸（或氢氧化钠）溶液 pH 仅降低（或上升）0.01 个单位，基本保持不变。但若在纯水 90mL 中加入 $0.1\,\text{mol}\cdot\text{L}^{-1}$ HCl 10mL，水的 pH 由 7 变成 2，改变了 5 个单位。

【例 3-5】 若在 50mL 的 $0.150\,\text{mol}\cdot\text{L}^{-1}$ NH_3 和 $0.200\,\text{mol}\cdot\text{L}^{-1}$ NH_4Cl 缓冲溶液中加入 0.100mL $1.00\,\text{mol}\cdot\text{L}^{-1}$ 的 HCl，求加入 HCl 前后溶液的 pH。

解 未加 HCl 以前：

$$pH = pK_a^\ominus - \lg\frac{c_{酸}}{c_{碱}}$$

$$K_a = \frac{K_w}{K_b} = \frac{1.0\times10^{-14}}{1.8\times10^{-5}} = 5.6\times10^{-10}$$

$$c_{碱} = c(NH_3) = 0.150\,\text{mol}\cdot\text{L}^{-1}$$

$$c_{酸} = c(NH_4^+) = 0.200\,\text{mol}\cdot\text{L}^{-1}$$

$$pH = -\lg 5.6\times10^{-10} - \lg\frac{0.200}{0.150} = 9.13$$

加入 0.100mL $1.00\,\text{mol}\cdot\text{L}^{-1}$ 的 HCl 后：

$$c(HCl) = \frac{1.00\times0.100}{(50+0.100)} = 0.0020\,\text{mol}\cdot\text{L}^{-1}$$

将首先消耗 $0.002\,\text{mol}\cdot\text{L}^{-1}$ 的 OH^-，同时消耗 $0.002\,\text{mol}\cdot\text{L}^{-1}$ 的 NH_3（aq），生成 $0.002\,\text{mol}\cdot\text{L}^{-1}$ 的 NH_4^+。

这时： $NH_3(aq) + H_2O \rightleftharpoons NH_4^+ + OH^-$

原始浓度/（$\text{mol}\cdot\text{L}^{-1}$）　　0.148　　　　0.202　　0

平衡浓度/（$\text{mol}\cdot\text{L}^{-1}$）　　0.148−$x$　　　0.202+x　　x

$$c_{碱} = c(NH_3) = 0.148\,\text{mol}\cdot\text{L}^{-1}$$

$$c_{酸} = c(NH_4^+) = 0.202\,\text{mol}\cdot\text{L}^{-1}$$

$$pH = -\lg 5.6\times10^{-10} - \lg\frac{0.202}{0.148} = 9.12$$

3.4.4 缓冲溶液的性质

1. 缓冲容量

1）缓冲容量的定义

任何缓冲溶液的缓冲能力都是有限的，当加入的酸或碱超过一定量时，抗酸、抗碱成分消耗殆尽时，其 pH 将发生较大的改变，缓冲溶液即失去缓冲作用。另外，适量稀释，抗酸、抗碱成分同等程度减小，pH 基本不变，但稀释过度，当弱酸（或弱碱）的解离度和其共轭碱

（或共轭酸）的水解作用发生明显的改变时，pH 也将发生明显变化。不同的缓冲溶液，其缓冲能力是不同的，衡量缓冲能力大小的尺度是缓冲容量。

1922 年，Van Slyko 提出，缓冲容量（buffer capacity）是衡量缓冲溶液缓冲能力大小的尺度。缓冲容量在数值上等于使单位体积（1L 或 1mL）缓冲溶液的 pH 改变 1 个单位时，所需加入的一元酸或一元碱的物质的量（mol 或 mmol）。可表示如下：

$$\beta = \frac{\Delta n}{V|\Delta pH|} \tag{3-20}$$

式中：β 为缓冲容量，单位为 $mol \cdot L^{-1} \cdot pH^{-1}$；$\Delta n$ 为加入的一元酸或一元碱的物质的量，单位为 mol 或 mmol；$|\Delta pH|$ 为缓冲溶液 pH 改变的绝对值；V 为缓冲溶液的体积，单位为 L 或 mL。

β 值越大，缓冲溶液的缓冲能力越强；反之，β 值越小，缓冲溶液的缓冲能力越弱。

2）影响缓冲容量的因素

影响缓冲能力的因素有缓冲溶液的总浓度（$c_{酸}+c_{碱}$）和缓冲比（$c_{酸}/c_{碱}$）。缓冲溶液的缓冲能力首先取决于 $c_{酸}$ 与 $c_{碱}$，浓度越大，缓冲能力越强。当缓冲溶液的总浓度一定时，缓冲比越接近 1，缓冲容量越大。

【例3-6】 今有甲、乙、丙、丁四种不同浓度的缓冲溶液各 100mL，分别在四种缓冲溶液中加入 0.0010mol NaOH（体积不变），试计算各缓冲溶液的 β 值。

甲液：$0.5\ mol \cdot L^{-1}$ HAc-$0.5\ mol \cdot L^{-1}$ NaAc 溶液

乙液：$0.05\ mol \cdot L^{-1}$ HAc-$0.05\ mol \cdot L^{-1}$ NaAc 溶液

丙液：$0.02\ mol \cdot L^{-1}$ HAc-$0.08\ mol \cdot L^{-1}$ NaAc 溶液

丁液：$0.08\ mol \cdot L^{-1}$ HAc-$0.02\ mol \cdot L^{-1}$ NaAc 溶液

解 甲液 β 值求算：

未加入 NaOH 时缓冲溶液的 pH 为

$$pH = pK_a^\ominus - \lg\frac{c(HAc)}{c(Ac^-)} = -\lg(1.8\times10^{-5}) - \lg\frac{0.5}{0.5} = 4.75$$

加入 NaOH 后，$c_{NaOH}=0.0010/0.10=0.010(mol \cdot L^{-1})$，体系发生了如下作用：

$$OH^- + HAc \longrightarrow Ac^- + H_2O$$

此时

$$c(HAc)=0.50-0.010=0.49(mol \cdot L^{-1})$$
$$c(Ac^-)=0.50+0.010=0.51(mol \cdot L^{-1})$$

则

$$pH = pK_a^\ominus - \lg\frac{c(HAc)}{c(Ac^-)} = -\lg(1.8\times10^{-5}) - \lg\frac{0.49}{0.51} = 4.77$$

$$|\Delta pH|=4.77-4.75=0.02$$

$$\beta = \frac{\Delta n}{V|\Delta pH|} = \frac{0.001}{0.1\times0.02} = 0.5\ mol \cdot L^{-1} \cdot pH^{-1}$$

同理，可计算乙、丙、丁液的 β 值，列于表 3-2。

表 3-2 甲、乙、丙、丁液的 β 值

	甲液	乙液	丙液	丁液
未加入 NaOH 时缓冲溶液的 pH	4.75	4.75	5.35	4.15
加入 NaOH 后缓冲溶液的 pH	4.77	4.93	5.70	4.38
$|\Delta pH|$	0.02	0.18	0.35	0.23
$\beta/(mol \cdot L^{-1} \cdot pH^{-1})$	0.5	0.056	0.029	0.043

由计算结果可见，甲、乙两种缓冲溶液都是 HAc-NaAc 缓冲系，但由于总浓度不同，其缓冲容量也不同，浓度较大的缓冲溶液的缓冲容量 β 值较大，而浓度较小的缓冲溶液的缓冲容量 β 值较小，可见，同一缓冲对组成的缓冲溶液，当缓冲比相同时，总浓度越大，其缓冲容量就越大。反之亦然。

乙、丙、丁三种缓冲溶液均为 HAc-NaAc 缓冲系，且 Ac^- 总浓度相同（均为 $0.10 mol \cdot L^{-1}$），但缓冲比分别为 0.05/0.05=1，0.02/0.08=0.25，0.08/0.02=4，即缓冲比不同，其缓冲容量分别为 0.056、0.029、0.043。因此，同一缓冲对组成的总浓度相同的缓冲溶液，缓冲比越接近于 1，缓冲容量越大；反之，缓冲比越偏离 1，缓冲容量越小。

2. 缓冲范围

当缓冲溶液的总浓度一定时，$c(酸)$ 与 $c(碱)$ 相差越大，缓冲容量就越小，一般当缓冲比大于 10 或小于 0.1 时，即 $c(酸)$ 与 $c(碱)$ 浓度相差 10 倍以上时，可以认为缓冲溶液失去缓冲能力。因此，只有当缓冲比在 0.1～10 范围内缓冲溶液才有缓冲能力，才能发挥缓冲作用，一般缓冲溶液的 $c(酸)/c(碱)$ 总是取 0.1～10，此时缓冲溶液所对应的 pH 分别为 $pK_a^\ominus +1$（$pH = pK_a^\ominus + \lg 10 = pK_a^\ominus +1$）和 $pK_a^\ominus -1$（$pH = pK_a^\ominus - \lg 0.1 = pK_a^\ominus -1$）。因此，具有缓冲能力的缓冲溶液其 pH 范围应为

$$pH = pK_a^\ominus \pm 1 \quad (或 pOH = pK_b^\ominus \pm 1) \tag{3-21}$$

例如，$NH_3 \cdot H_2O$ 的 $pK_b^\ominus$ 为 4.75，则 $NH_3 \cdot H_2O$-NH_4^+ 缓冲系的缓冲范围为 pOH 3.75～5.75（pH 为 8.25～10.25），是指配制的 $NH_3 \cdot H_2O$-NH_4^+ 缓冲溶液 pH 在 8.25～10.25 时才具有缓冲能力，超出此范围就不具备缓冲能力了。再如 H_3PO_4 的 $pK_{a2}^\ominus$=7.20，欲配制 pH 为 7 的缓冲溶液，可选择 NaH_2PO_4-Na_2HPO_4 缓冲对；HAc 的 $K_a^\ominus$=1.8×10^{-5}，则由 HAc 和 NaAc 组成的缓冲溶液的 pH 范围只能是 4.75±1。

3. 缓冲溶液的配制

实际工作中，常常需要配制一定 pH 的缓冲溶液。为使所配缓冲溶液符合要求，应按下述原则和步骤进行。

1）选择合适的缓冲对

选择缓冲对要考虑两个因素：

（1）所配缓冲溶液的 pH 应在所选缓冲对的缓冲范围（$pH = pK_a^\ominus \pm 1$）内，且 $pK_a^\ominus$（或 $pK_b^\ominus$）尽量接近所需控制的 pH（或 pOH），这样配制的缓冲溶液具有较大的缓冲容量。例如，需配制 pH 为 0～2 的缓冲溶液，需要用强酸控制酸度；配制 pH 2～12 缓冲溶液，用一般缓冲溶液控制酸度；配制 pH 12～14 缓冲溶液，用强碱控制酸度。如需要利用同一缓冲体系在较为广泛的 pH 范围内起缓冲作用，可选用多元酸和多元酸盐组成的缓冲体系。

（2）所选缓冲对物质对反应无干扰。所选缓冲对物质不能与溶液中的主要作用物质发生作用。特别是药用缓冲溶液，缓冲对物质不能与药物主要成分发生反应。

2）缓冲溶液要有足够的缓冲容量

缓冲容量主要由总浓度来调节。总浓度太低，缓冲容量就太小；总浓度太高，造成浪费，并且也没有必要。在实际工作中，总浓度一般可为 $0.050～0.5 mol \cdot L^{-1}$。

选定缓冲对并确定了其总浓度后，可根据缓冲溶液有关公式计算出所需酸和共轭碱的量。一般为方便计算和配制，常常使用相同浓度的共轭酸、碱溶液，分别取不同体积混合配制缓

冲溶液。

【例3-7】 欲配制pH=4.50的缓冲溶液100mL，需用0.50mol·L⁻¹ NaAc和0.50mol·L⁻¹ HAc溶液各多少毫升？（不另外加水）

解 设需0.50mol·L⁻¹ HAc体积为V（mL），按题意则需0.50mol·L⁻¹ NaAc体积为（100−V）（mL），当两者混合后浓度分别为

$$c(HAc)=0.5V/100 \qquad c(NaAc)=0.5(100-V)/100$$

则

$$pH = pK_a^\ominus - \lg\frac{c_{酸}}{c_{碱}}$$

$$4.5 = 4.75 - \lg\frac{V}{100-V} \qquad V=64 \text{（mL）}$$

需0.50mol·L⁻¹ NaAc体积为100−64=36（mL）。

【例3-8】 欲配制pH=9.0，$c(NH_3)$=0.20 mol·L⁻¹的缓冲溶液500mL，需用1.0 mol·L⁻¹氨水多少毫升？固体NH₄Cl多少克？如何配制？

解 已知pH=9.0，即$c(OH^-)=1\times10^{-5}$ mol·L⁻¹；NH₃的$K_b^\ominus$值为1.8×10^{-5}，$c(NH_3)$=0.20 mol·L⁻¹

$$pH = pK_a^\ominus - \lg\frac{c_{酸}}{c_{碱}}$$

$$K_a^\ominus = \frac{K_w}{K_b^\ominus} = \frac{1.0\times10^{-14}}{1.8\times10^{-5}} = 5.6\times10^{-10}$$

$$c(碱)=0.20 \text{ mol·L}^{-1}$$

所以

$$9.0 = -\lg 5.6\times10^{-10} - \lg\frac{c(酸)}{0.20}$$

$$c(酸)=0.36 \text{ mol·L}^{-1}$$

需固体NH₄Cl的质量 $m=0.36\times M(NH_4Cl)\times(500/1000)=0.36\times 53.5\times(500/1000)=9.6$（g）

需1.0 mol·L⁻¹氨水的体积 $V=0.20\times500/1.0=100$（mL）

配制方法：将9.6g固体NH₄Cl溶于少量水中，和100mL 1.0mol·L⁻¹氨水混合于500mL容量瓶中，用蒸馏水稀释至刻度，摇匀后即得pH=9.0的缓冲溶液。

4. 血液中的缓冲系及缓冲作用

人体的各种体液都具有一定的较稳定的pH范围，这对于体内的生物化学反应、物质的存在状态都是非常重要的，关于体液的缓冲系、作用原理、功能等内容很丰富，在此仅简单介绍血液中的缓冲系及血液pH的维持。

血液是由多种缓冲系组成的缓冲溶液，存在的缓冲系主要如下。

血浆中：H_2CO_3-HCO_3^-，$H_2PO_4^-$-HPO_4^{2-}，H_nP-$H_{n-1}P^-$（H_nP代表蛋白质）；

红细胞中：H_2b-Hb^{-1}（H_2b代表蛋白质），H_2bO_2-HbO_2^-（H_2bO_2代表氧合血红蛋白），H_2CO_3-HCO_3^-，$H_2PO_4^-$-HPO_4^-。

在这些缓冲系中，H_2CO_3-HCO_3^-缓冲系在血液中浓度最高，缓冲能力最大，在维持血液正常pH中发挥的作用最重要。碳酸在溶液中主要以溶解状态的CO_2（$[CO_2]_{溶解}$）形式存在，在37℃时经校正其pK_a'=6.10，则溶液的pH可表示为

$$pH = pK_a^\ominus + \lg\frac{c(HCO_3^-)}{c(CO_{2溶解})} = 6.10 + \lg\frac{c(HCO_3^-)}{c(CO_{2溶解})}$$

正常人血液中HCO_3^-和CO_2浓度分别为0.024mol·L⁻¹和0.0012mol·L⁻¹，将其代入上式，可

得到血液的正常 pH

$$\text{pH}=6.10+\lg\frac{0.024}{0.0012}=7.40$$

正常人血液中 $c(\text{HCO}_3^-)/c(\text{CO}_{2\text{溶解}})$ 比值为 20/1，远超出了前述的有效缓冲范围，该缓冲系的缓冲能力应该很小。

而事实上，在血液中它们的缓冲能力是很强的。这是因为体内缓冲作用与体外缓冲作用不同。体外缓冲系是一个"封闭系统"，当 HCO_3^--CO_2 发生缓冲作用后，HCO_3^- 或 CO_2 浓度要发生改变。而体内是一个"敞开系统"，当 HCO_3^--CO_2 发生缓冲作用后，HCO_3^- 或 CO_2 浓度的改变可由呼吸作用和肾脏的生理功能获得补充或调节，使得血液中的 $c(\text{HCO}_3^-)$ 和 $c(\text{CO}_{2\text{溶解}})$ 保持相对稳定。

各种因素都能引起血液中酸度的增加，如充血性心力衰竭、支气管炎、糖尿病及食用低碳水化合物或高脂肪食物引起代谢酸增加等，此时将消耗大量的抗酸成分（HCO_3^-），并生成大量的 CO_2。机体首先通过加快呼吸速度来排除多余的 CO_2，其次通过肾脏调节（如延长 HCO_3^- 的停留时间）使 HCO_3^- 浓度回升，从而使两种组分恢复正常，维持血液 pH 基本不变。

再如，发高烧、气喘、严重呕吐及摄入过多碱性物质（如蔬菜、果类）时，都会引起血液的碱量增加。此时。通过降低肺部 CO_2 的排出量、增加肾脏 HCO_3^- 的排泄量来维持 HCO_3^- 和 CO_2 浓度不变，从而保持血液的 pH 正常。

总之，体内缓冲系的作用及配合人体呼吸作用和肾脏调节功能等，使正常人血液的 pH 维持在 7.35~7.45 这样一个狭小的范围内。

此外，缓冲溶液在工业、农业、医学、化学、生物学等方面都有很重要的应用。例如，金属器件进行电镀时的电镀液常用缓冲溶液来控制一定的 pH。在土壤中，含有 H_2CO_3-HCO_3^- 和 Na_2HPO_4-NaH_2PO_4 等组成的复杂的缓冲溶液能使土壤维持一定的 pH，有利于微生物的正常活动和农作物的发育生长。

3.5 沉淀溶解平衡

与酸碱平衡体系不同，沉淀形成与溶解平衡是一种两相化学平衡。例如，在 AgNO_3 溶液中加入足量的 NaCl 溶液，会生成白色的 AgCl 沉淀。这种在溶液中相互作用，析出难溶性固态物质的反应称为沉淀反应。如果在 BaCO_3 的溶液中加入过量的盐酸，则可使沉淀溶解，该反应称为溶解反应。这种沉淀与溶解反应的特征是，在反应过程中伴有新物相的生成或消失，存在着固态难溶电解质与由它解离产生的离子之间的平衡，称为沉淀溶解平衡。

在科研和生产过程中，经常利用沉淀反应制取难溶化合物或抑制生成难溶化合物，以鉴定或分离某些离子。究竟如何利用沉淀反应才能使沉淀生成并沉淀完全，或将沉淀溶解、转化，这些问题要涉及难溶电解质的沉淀和溶解平衡。

3.5.1 溶度积和溶解度

1. 溶度积

严格地说，在水中绝对不溶的物质是没有的。通常将溶解度小于 0.01g·L^{-1} 的物质称为难溶电解质。例如，在一定温度下，将过量 AgCl 固体投入水中，Ag^+ 和 Cl^- 在水分子的作用下会不断离开固体表面而进入溶液，形成水合离子，这是 AgCl 的溶解过程。同时，已溶解的 Ag^+ 和 Cl^- 又会因固体表面的异号电荷离子的吸引而回到固体表面，这就是 AgCl 的沉淀过程。当沉淀与溶解两过程达到平衡时，称为沉淀溶解平衡。

$$AgCl(s) \underset{沉淀}{\overset{溶解}{\rightleftharpoons}} Ag^+ + Cl^-$$

（未溶解固体）（已溶解的水合离子）

根据平衡原理，其平衡常数可表示为 $K_c^\ominus = \dfrac{c(Ag^+)c(Cl^-)}{c(AgCl)}$，但 AgCl 为固体，其浓度为常数，所以上式变为

$$c(Ag^+)c(Cl^-) = K^\ominus = K_{sp}^\ominus$$

式中：$K_{sp}^\ominus$ 为多相离子平衡的平衡常数，称为溶度积常数（简称溶度积）。

对于一般的难溶电解质 A_mB_n 的沉淀溶解平衡

$$A_mB_n(s) \underset{沉淀}{\overset{溶解}{\rightleftharpoons}} mA^{n+} + nB^{m-}$$

$$K_{sp}^\ominus = c^m(A^{n+})c^n(B^{m-}) \tag{3-22}$$

式（3-22）表明在一定温度下，难溶电解质的饱和溶液中，各组分离子浓度幂的乘积为一常数。值得提出的是，在多相离子平衡系统中，必须有未溶解的固相存在，否则就不能保证系统处于平衡状态。

使用 $K_{sp}^\ominus$ 时要注意以下几点：

（1）$K_{sp}^\ominus$ 的大小只与反应温度有关，而与难溶电解质的质量无关。

（2）表达式中的浓度是沉淀溶解达平衡时离子的浓度，此时的溶液是饱和或准饱和溶液。

（3）由 K_{sp} 的大小可以比较同种类型难溶电解质的溶解度大小，不同类型的难溶电解质不能用 $K_{sp}^\ominus$ 比较溶解度大小。

$K_{sp}^\ominus$ 与 S 均可判断溶解度大小，二者有无关系？

2. 溶解度与溶度积的关系

溶解度和溶度积都可以用来表示难溶电解质的溶解性，两者既有联系又有区别。它们之间的联系是可以进行相互换算；它们之间的区别在于溶度积只用来表示难溶电解质的溶解度，与物质的本性和温度有关，而溶解度不仅与温度有关，还与系统的组成、pH 的改变、配合物的生成等因素有关。

在进行溶解度和溶度积的换算时，采用物质的量浓度（$mol·L^{-1}$）作单位。另外，由于难溶电解质的溶解度很小，溶液很稀，难溶电解质饱和溶液的密度可认为近似等于水的密度，即 $1kg·L^{-1}$。

【例3-9】 已知 AgCl 在 298K 时的溶度积为 $1.8×10^{-10}$，求 AgCl 的溶解度。

解 设 AgCl 的溶解度为 $S(mol·L^{-1})$

$$AgCl(s) \rightleftharpoons Ag^+ + Cl^-$$

平衡浓度（$mol·L^{-1}$） $\qquad\qquad\qquad S \quad S$

$$K_{sp}^\ominus(AgCl) = c(Ag^+)c(Cl^-) = S^2$$

所以 $\qquad S = \sqrt{K_{sp}^\ominus(AgCl)} = \sqrt{1.8×10^{-10}} = 13.4×10^{-5}$

计算结果表明，AB 型的难溶电解质，其溶解度在数值上等于溶度积的平方根。

【例3-10】 已知 25℃ 时 Ag_2CrO_4 的溶度积为 $2.0×10^{-12}$，试求 Ag_2CrO_4 在水中的溶解度（$mol·L^{-1}$）。

解 设 $Ag_2CrO_4(s)$ 的溶解度为 $x(mol \cdot L^{-1})$

$$Ag_2CrO_4(s) \rightleftharpoons 2Ag^+(aq) + CrO_4^{2-}(aq)$$

平衡浓度（$mol \cdot L^{-1}$） $\qquad\qquad 2x \qquad x$

$$K_{sp}^{\ominus}(AgCrO_4) = c^2(Ag^+)c(CrO_4^{2-})$$

$$2.0 \times 10^{-12} = 4x^3$$

$$x = 0.79 \times 10^{-4}$$

计算结果表明，A_2B 或 AB_2 型的难溶电解质，其溶度积与溶解度有如下关系：$K_{sp}^{\ominus} = 4S^3$。AgCl 的溶度积（1.8×10^{-10}）比 Ag_2CrO_4 的溶度积（2.0×10^{-12}）大，AgCl 的溶解度却比 Ag_2CrO_4 的溶解度（7.9×10^{-5} mol·L^{-1}）小，这是由于 AgCl 的溶度积表达式与 Ag_2CrO_4 的溶度积表达式不同。因此，只有对同一类型的难溶电解质，才能应用溶度积来直接比较其溶解度的相对大小。而对于不同类型的难溶电解质，则不能简单地进行比较，要通过计算才能比较。

3.5.2 溶度积规则及其应用

1. 溶度积规则

根据溶度积常数，可以判断某一难溶电解质的多相系统中沉淀、溶解过程进行的方向。例如，在一定温度下，将过量的 $BaSO_4$ 固体放入水中，溶液达到饱和后，如果设法增大 $c(Ba^{2+})$ 或 $c(SO_4^{2-})$，如加入 $BaCl_2$ 或 Na_2SO_4，则平衡会发生移动，生成 $BaSO_4$ 沉淀。

$$BaSO_4(s) \rightleftharpoons Ba^{2+} + SO_4^{2-} \quad \text{平衡向左移动}$$

由于沉淀的生成，系统中的 $c(Ba^{2+})$ 或 $c(SO_4^{2-})$ 会逐渐减小，当它们的乘积 $c(Ba^{2+})c(SO_4^{2-}) = K_{sp}^{\ominus}$ 时，系统达到了一个新的平衡状态。

如果设法降低上述平衡系统中的 $c(Ba^{2+})$ 或 $c(SO_4^{2-})$，则平衡也会发生移动，使 $BaSO_4$ 溶解。

$$BaSO_4(s) \rightleftharpoons Ba^{2+} + SO_4^{2-} \quad \text{平衡向右移动}$$

当 $c(Ba^{2+})c(SO_4^{2-}) = K_{sp}^{\ominus}$ 时，$BaSO_4$ 沉淀溶解又达到了平衡。

对于一般难溶电解质的沉淀溶解平衡

$$A_mB_n(s) \rightleftharpoons mA^{n+} + nB^{m-}$$

如果引入离子积（Q_i）以表示任意情况下离子浓度幂之积，则有

$$Q_i = c^m(A^{n+})c^n(B^{m-})$$

将 Q_i 与 $K_{sp}^{\ominus}$ 比较，系统有三种情况：

（1）$Q_i > K_{sp}^{\ominus}$：有沉淀析出，溶液过饱和。

（2）$Q_i = K_{sp}^{\ominus}$：动态平衡，溶液饱和。

（3）$Q_i < K_{sp}^{\ominus}$：无沉淀析出或沉淀溶解，溶液不饱和。

以上三条称为溶度积规则，它是难溶电解质关于沉淀生成和溶解平衡移动规律的总结。控制离子浓度，就可以使系统生成沉淀或使沉淀溶解。

2. 溶度积规则的应用

1）沉淀的生成

在某难溶电解质的溶液中，要使该物质的沉淀生成，根据溶度积规则，必须达到沉淀生

成的必要条件，即 $Q_i > K_{sp}^{\ominus}$。

【例 3-11】 （1）将等体积的 $4×10^{-5}$ mol·L^{-1} AgNO$_3$ 和 $4×10^{-5}$ mol·L^{-1} K$_2$CrO$_4$ 混合时，有无砖红色 Ag$_2$CrO$_4$ 沉淀析出？（2）若 AgNO$_3$ 和 K$_2$CrO$_4$ 的浓度为 $4.0×10^{-3}$ mol·L^{-1}，有无沉淀析出？

（1） $Q_i = c^2(Ag^+)c(CrO_4^{2-}) = 8×10^{-15} < K_{sp}^{\ominus} = 2.0×10^{-12}$

因此无 Ag$_2$CrO$_4$ 沉淀生成。

（2）若 AgNO$_3$ 和 K$_2$CrO$_4$ 的浓度为 $4.0×10^{-3}$ mol·L^{-1}，则

$$Q_i = c^2(Ag^+)c(CrO_4^{2-}) = 8×10^{-9} > K_{sp}^{\ominus} = 2.0×10^{-12}$$

因此有沉淀生成。

【例 3-12】 求 25℃时，PbI$_2$ 在 0.010 mol·L^{-1} KI 溶液中的溶解度。

$$PbI_2(s) \rightleftharpoons Pb^{2+}(aq) + 2I^-(aq)$$

初始 c_B/(mol·L^{-1})	0	0.010
平衡 c_B/(mol·L^{-1})	x	$0.010+2x$

$$(0.010+2x)^2 \cdot x = K_{sp} = 7.1×10^{-9}$$

x 很小时

$$0.010+2x \approx 0.010$$

$$x = 7.1×10^{-5}$$

0.010 mol·L^{-1} I$^-$中 $S = 7.1×10^{-5}$ mol·L^{-1}

纯水中 $S = 1.52×10^{-3}$ mol·L^{-1}

由计算结果可见，PbI$_2$ 在 0.010 mol·L^{-1} KI 溶液中的溶解度约为在纯水中的 1/10。在难溶电解质的饱和溶液中，这种因加入含有相同离子的强电解质，难溶电解质溶解度降低的效应，称为同离子效应。利用同离子效应，可使得某种离子沉淀得更完全。但沉淀剂一般不宜太过量。

2）沉淀的溶解

根据溶度积规则，沉淀溶解的必要条件是 $Q_i < K_{sp}^{\ominus}$。那么用任何一种方法来降低含有固体难溶电解质的饱和溶液中阴离子或阳离子的浓度，都会使沉淀溶解。溶解方法有以下几种。

（1）生成弱电解质使沉淀溶解。

例如，固体 ZnS 可以溶于盐酸中，其反应过程如下

$$ZnS(s) \rightleftharpoons Zn^{2+}+S^{2-} \qquad K_1^{\ominus} = K_{sp}^{\ominus}(ZnS)$$

$$S^{2-}+H^+ \rightleftharpoons HS^- \qquad K_2^{\ominus} = 1/[K_{a2}^{\ominus}(H_2S)]$$

$$HS^-+H^+ \rightleftharpoons H_2S \qquad K_3^{\ominus} = 1/[K_{a1}^{\ominus}(H_2S)]$$

由上述反应可见，因 H$^+$ 与 S^{2-} 结合生成弱电解质，而使 $c(S^{2-})$ 降低，ZnS 沉淀溶解平衡向溶解的方向移动，若加入足够量的盐酸，则 ZnS 会全部溶解。

以上反应可写为 $ZnS(s)+2H^+ \rightleftharpoons Zn^{2+}+H_2S$

根据多重平衡规则，ZnS 溶于盐酸反应的平衡常数为

$$K^{\ominus} = \frac{c(Zn^{2+})c(H_2S)}{c^2(H^+)} = K_1^{\ominus}K_2^{\ominus}K_3^{\ominus} = \frac{K_{sp}^{\ominus}(ZnS)}{K_{a1}^{\ominus}(H_2S)K_{a2}^{\ominus}(H_2S)}$$

可见，这类难溶弱酸盐溶于酸的难易程度与难溶盐的溶度积和酸反应所生成的弱酸的电离常

数有关。$K_{sp}^{\ominus}$ 越大，$K_{a1}^{\ominus}$ 值越小，其反应越容易进行。

【例 3-13】 欲使 $0.10\text{mol}\cdot\text{L}^{-1}$ ZnS 或 $0.10\text{mol}\cdot\text{L}^{-1}$ CuS 溶解于 1L 盐酸中，所需盐酸的最低浓度是多少？（已知饱和 H_2S 溶液的浓度为 $0.1\text{mol}\cdot\text{L}^{-1}$）

解 （1）对 ZnS，根据 $ZnS(s)+2H^+ \rightleftharpoons Zn^{2+}+H_2S$

$$K^{\ominus}=\frac{c(Zn^{2+})c(H_2S)}{c^2(H^+)}=\frac{K_{sp}^{\ominus}(ZnS)}{K_{a1}^{\ominus}(H_2S)K_{a2}^{\ominus}(H_2S)}$$

式中，$K_{a1}^{\ominus}(H_2S)=1.3\times10^{-7}$，$K_{a2}^{\ominus}(H_2S)=1.2\times10^{-13}$，$c(H_2S)=0.10\text{mol}\cdot\text{L}^{-1}$，所以

$$c(H^+)=\sqrt{\frac{K_{a1}^{\ominus}(H_2S)K_{a2}^{\ominus}(H_2S)c(Zn^{2+})c(H_2S)}{K_{sp}^{\ominus}(ZnS)}}$$

$$=\sqrt{\frac{1.3\times10^{-7}\times1.2\times10^{-13}\times0.1\times0.1}{1.6\times10^{-24}}}=10\ (\text{mol}\cdot\text{L}^{-1})$$

（2）对 CuS，同理

$$c(H^+)=\sqrt{\frac{1.3\times10^{-7}\times1.2\times10^{-13}\times0.1\times0.1}{6\times10^{-36}}}$$

$$=\sqrt{\frac{10\times10^{-21}}{6.3\times10^{-36}}}=5\times10^6\ (\text{mol}\cdot\text{L}^{-1})$$

计算表明，溶度积较大的 ZnS 可溶于稀盐酸中，而溶度积较小的 CuS 则不能溶于盐酸（市售浓盐酸的浓度仅为 $12\text{mol}\cdot\text{L}^{-1}$）中。

（2）通过氧化还原反应使沉淀溶解。

许多金属氧化物如 ZnS、FeS 等可以溶解于强酸中并放出 H_2S 气体，但有些金属硫化物（如 Ag_2S、CuS 等）因为溶度积常数特别小，即使使用高浓度的强酸也不能溶解，而使用具有氧化性的硝酸则可以使其溶解

$$3S^{2-}+2NO_3^-+8H^+ \rightleftharpoons 3S+2NO+4H_2O$$

由于硫单质的生成，溶液中的 S^{2-} 浓度大大降低，有利于沉淀溶解。

（3）通过生成配位化合物使沉淀溶解。

在难溶电解质的溶液中加入一种配位剂，使难溶电解质的组分离子形成稳定的配离子，从而降低难溶电解质组分离子的浓度。

例如，AgCl 不溶于强酸，但可溶于氨水，溶液中存在下列平衡：

$$AgCl(s) \rightleftharpoons Ag^+ + Cl^-$$

$$Ag^+ + 2NH_3 \rightleftharpoons [Ag(NH_3)_2]^+$$

由于生成了稳定的 $[Ag(NH_3)_2]^+$ 配离子，降低了 $c(Ag^+)$，使 $Q_i<K_{sp}^{\ominus}$，所以 AgCl 沉淀溶解。

3）分步沉淀及沉淀的转化

（1）分步沉淀。

根据溶度积规则，不仅可以计算出使溶液中某一种离子沉淀的条件，还可以分析当溶液中存在多种可沉淀的离子时，加入沉淀剂后各种离子先后沉淀的次序。按照先后次序沉淀的现象称为分步沉淀。

设某混合液中，$c(Cl^-)=c(CrO_4^{2-})=0.010\text{mol}\cdot\text{L}^{-1}$，逐滴加入 $AgNO_3$ 后，析出沉淀所需要的 Ag^+ 的最低浓度是

$$AgCl:\ c(Ag^+)=\frac{K_{sp}^{\ominus}(AgCl)}{c(Cl^-)}=1.8\times10^{-8}\ \text{mol}\cdot\text{L}^{-1}$$

$$Ag_2CrO_4: \quad c(Ag^+) = \sqrt{\frac{K_{sp}^{\ominus}(Ag_2CrO_4)}{c(CrO_4^{2-})}} = 3 \times 10^{-5} \text{ mol} \cdot \text{L}^{-1}$$

析出 AgCl 沉淀所需的 $c(Ag^+)$ 比析出 Ag_2CrO_4 沉淀所需要的 $c(Ag^+)$ 小得多，所以 AgCl 会先沉淀。继续滴加 Ag^+，当 $c(Ag^+)$ 增加到能使 CrO_4^{2-} 开始析出 Ag_2CrO_4 沉淀时，Ag_2CrO_4 和 AgCl 会同时沉淀出来。因为 Ag_2CrO_4 和 AgCl 处于同一系统中，$c(Ag^+)$ 必须同时满足 Ag_2CrO_4 和 AgCl 的溶度积。

$$c(Ag^+) = \frac{K_{sp}^{\ominus}(AgCl)}{c(Cl^-)} = \frac{K_{sp}^{\ominus}(Ag_2CrO_4)}{c(CrO_4^{2-})}$$

计算表明，当 Ag_2CrO_4 即将析出沉淀时（此时 CrO_4^{2-} 的浓度为 $0.010 \text{ mol} \cdot \text{L}^{-1}$），$c(Cl^-) \ll 10^{-5} \text{ mol} \cdot \text{L}^{-1}$，$Cl^-$ 早已沉淀完全。因此，根据溶度积原理，适当地控制条件就可以达到分离的目的。

【例 3-14】 在粗制的 $CuSO_4$ 溶液中往往含有少量的 Fe^{3+}，在 $0.1 \text{ mol} \cdot \text{L}^{-1}$ 的 $CuSO_4$ 溶液中，应控制溶液的 pH 为多少，才能除去 Fe^{3+}？已知 $K_{sp,Cu(OH)_2}^{\ominus} = 2.2 \times 10^{-20}$，$K_{sp,Fe(OH)_3}^{\ominus} = 2.79 \times 10^{-39}$。

解 理想的 pH 范围应使 Fe^{3+} 沉淀完全而 Cu^{2+} 不沉淀。Cu^{2+} 开始沉淀时，OH^- 的浓度为

$$c(OH^-) = \sqrt{K_{sp,Cu(OH)_2}^{\ominus}/[Cu^{2+}]} = \sqrt{2.2 \times 10^{-20}/0.10} = 4.7 \times 10^{-10} (\text{mol} \cdot \text{L}^{-1})$$

$$pOH = 9.33, \quad pH = 4.67$$

Fe^{3+} 沉淀完全时 OH^- 的浓度为

$$c(OH^-) = \sqrt[3]{K_{sp,Fe(OH)_3}^{\ominus}/[Fe^{3+}]} = \sqrt[3]{(2.79 \times 10^{-39})/(1 \times 10^{-5})} = 6.5 \times 10^{-12} (\text{mol} \cdot \text{L}^{-1})$$

$$pOH = 11.99, \quad pH = 2.01$$

因此，溶液中应控制 $2.81 < \text{pH} < 4.67$，实际提纯 $CuSO_4$ 时，pH 控制在 $3.0 \sim 4.0$，以除去 Fe^{3+}。

（2）沉淀的转化。

借助于某种试剂，将一种难溶电解质转变为另一种难溶电解质的过程，称为沉淀的转化。例如

$$CaSO_4 + CO_3^{2-} \rightleftharpoons CaCO_3 + SO_4^{2-}$$

该反应的平衡常数为

$$K^{\ominus} = \frac{c(SO_4^{2-})}{c(CO_3^{2-})} = \frac{K_{sp,CaSO_4}^{\ominus}}{K_{sp,CaCO_3}^{\ominus}} = \frac{9.1 \times 10^{-6}}{2.9 \times 10^{-9}} = 3.1 \times 10^3$$

该反应的平衡常数值很大，所以，当加入沉淀剂 Na_2CO_3 时，易生成 $CaCO_3$ 沉淀。一般来讲，溶解度较大的难溶电解质容易转化为溶解度较小的难溶电解质，但是欲将溶解度较小的难溶电解质转化为溶解度较大的难溶电解质就比较困难；如果溶解度相差太大，则转化很难实现。

阅 读 材 料

1. 软硬酸碱理论

在酸碱电子理论的基础上，拉尔夫·皮尔逊于 1963 年提出软硬酸碱理论：体积小、正电荷数高、可极化性低的中心原子称为硬酸，体积大、正电荷数低、可极化性高的中心原子称为软酸；电负性高、极化性低、难被氧化的配位原子称为硬碱，反之为软碱；除此之外的酸碱为交界酸碱。硬酸和硬碱以库仑力作为主要的作用力；软酸和软碱以共价键力作为主要的相互作用力。软硬酸碱具体的分类如表 3-3 所示。

表 3-3 软硬酸碱分类

硬酸	H^+、Li^+、Na^+、K^+、Rb^+、Be^{2+}、Mg^{2+}、Ca^{2+}、Sr^{2+}、Mn^{2+}、Al^{3+}、Cr^{3+}、Fe^{3+}、Co^{3+}、Sc^{3+}、La^{3+}、As^{3+}、Ga^{3+}、Si^{4+}、Ti^{4+}、Zr^{4+}、Hf^{4+}、V^{4+}、Sn^{4+}、Ce^{4+}、BF_3、$Al(CH_3)_3$、Al_2Cl_6、SO_3、CO_2
交界酸	Fe^{2+}、Co^{2+}、Ni^{2+}、Cu^{2+}、Zn^{2+}、Pb^{2+}、Sn^{2+}、Sb^{3+}、Bi^{3+}、$B(CH_3)_3$、SO_2、NO^+、$C_6H_5^+$、R_3C^+（R 为烷基，下同）
软酸	Pd^{2+}、Cd^{2+}、Pt^{2+}、Hg^{2+}、Cu^+、Ag^+、Tl^+、Hg_2^{2+}、CH_3Hg^+、Au^+、$GaCl_3$、GaI_3、RO^+、RS^+、PSe^+、金属原子、Br_2、I_2
硬碱	H_2O、OH^-、F^-、CO_3^{2-}、ClO_4^-、NO_3^-、PO_4^{3-}、Cl^-、CH_3COO^-、ROH、RO^-、R_2O、NH_3、RNH_2、N_2H_4
交界碱	$C_6H_5NH_2$、C_5H_5N、N_3^-、Br^-、NO_2^-、SO_3^{2-}
软碱	H^-、R_2S、RSH、RS^-、I^-、SCN^-、R_3P、R_3As、CN^-、RNC、CO、C_2H_4、R^-

皮尔逊据此提出酸碱反应规律为：硬酸优先与硬碱结合，软酸优先与软碱结合。虽然这是一条经验规律，但实验证明以下规律与软硬酸碱理论完全吻合：①取代反应都倾向于形成硬-硬、软-软的化合物，如 $HI(g)+F(g) \longrightarrow HF(g)+I(g)$ (ΔH=−263.6kJ·mol^{-1})，H 是硬酸，优先与硬碱 F 结合，反应放热；②软-软、硬-硬化合物较为稳定，软-硬化合物不够稳定，如 CH_2F_2 易分解：$2CH_2F_2(g) \longrightarrow CH_4(g)+CF_4(g)$；③硬溶剂优先溶解硬溶质，软溶剂优先溶解软溶质，如许多有机化合物不易溶于水，是因为水是硬碱。1983 年，皮尔逊又与罗伯特·帕尔共同提出了计算酸碱软硬度的方法，计算得到的软硬度称为化学硬度。

软硬酸碱理论是一种尝试解释酸碱反应及其性质的现代理论。目前它在化学研究中得到了广泛的应用，其中最重要的莫过于对配合物稳定性的判别和其反应机理的解释。它能够准确预言路易斯酸碱反应方向。但是软硬酸碱理论也有其局限性，其适用范围不能包括整个路易斯酸碱体系，并且仅是一条定性的规律，不能定量计算反应的程度。目前，很多人把软硬酸碱理论看作酸碱电子理论的补充，在金属离子的配合物体系的研究中发挥着重要作用。

2. 土壤的缓冲作用

土壤是指地球陆地表面上能够生长植物的疏松表层，是陆地生态系统的组成部分。土壤能够不断地供应和协调作物生长发育所需的水分、养分、空气、热量和其他生活必需条件。

土壤酸碱性常用 pH 来表示，它是指土壤的酸碱程度。土壤酸碱性是影响土壤养分有效性的重要因素之一，大多数养分在 pH 为 6.5～7.0 时有效性最高或接近最高，如磷元素，在土壤 pH 为 7 时，水溶性磷酸盐易与土壤中游离的钙离子作用，生成磷酸钙盐，使其有效性大大降低。再如铁元素，在石灰性土壤 pH 大于 7.5 的条件下，铁形成了氢氧化铁沉淀，使作物因铁的有效性降低而出现缺铁。因此，要想让作物稳定生长，土壤的 pH 必须保持在一个适当的范围内。

其实，在自然条件下，土壤 pH 不会因土壤酸碱环境条件的改变而发生剧烈的变化，而是保持在一定的范围内，土壤这种特殊的抵抗能力，称为缓冲性。它能使土壤酸度保持在一定的范围内，避免因施肥、根的呼吸、微生物活动、有机质分解和湿度的变化而使 pH 强烈变化，为高等植物和微生物提供一个有利的环境条件。土壤的缓冲性能是土壤的重要性质之一，可以说土壤就是一个精密复杂的"缓冲溶液"。

土壤溶液是土壤中水分及其所含溶质的总称。溶液中的组成物质通常有以下几类：①不纯净的降水及其土壤中接纳的 O_2、CO_2、N_2 等溶解性气体；②有机化合物类，如各种单糖、多糖、蛋白质及其衍生物类；③无机盐类，通常是钙、镁、钠等；④无机胶体类，如各种黏粒矿物和铁、铝三氧化物；⑤络合物类，如铁、铝有机络合物。土壤溶液中的溶解物质呈离子态、分子态和胶体状态，有利于游离离子浓度的调节。土壤溶液是稀薄的，属于植物可以吸收利用的稀薄不饱和溶液。土壤溶液中含有的碳酸、硅酸、磷酸、腐殖酸和其他有机酸等弱酸及其盐类，构成一个良好的缓冲体系，对酸碱具有缓冲作用，如 Ca^{2+}、Mg^{2+}、Na^+ 等可对酸起缓冲作用，H^+、Al^{3+} 可对碱起缓冲作用。土壤缓冲性能主要通过土壤溶液的离子交换作用、强碱弱酸盐的解离等过程来实现。

在一定程度上，土壤的酸碱性也可以像配制缓冲溶液一样实现人工调节，如调节酸性土壤，最常用的方法是施加石灰。我国多施加氧化钙或氢氧化钙，而国外常用碳酸钙粉末。而调节碱性土壤，常使用石膏（$CaSO_4$）或硫酸亚铁或硫磺等，其目的在于通过离子代换作用把土壤中有害的钠离子代换出来，再结合灌水使之淋洗出去。当然，这些物质的添加量需要结合土壤质地、有机质含量、植物种类及气候因子综合考虑，否则会使有机质过度分解，导致土壤板结，影响其性能。

需要指出的是，对某一具体土壤而言，这种缓冲性能是有限的，而且不同的土壤对酸碱的缓冲性能又有很大差异。这取决于土壤溶液的类型与总量及土壤中碳酸盐、重碳酸盐、硅酸盐、磷酸盐和磷酸氢盐的含量等。但是无论何种土壤，如果不注意保护，外界酸碱加入量超过其缓冲容量，土壤就不能恢复到最初的稳定状态，就会造成土壤退化、沙化及水土流失等一系列不可逆的恶果，所以合理利用土壤资源是当务之急，如何科学高效地使用土地，使之为人类文明的发展传承服务，是摆在我们面前的一个永恒的课题。

思考题与习题

一、判断题

1. 在氨水中加入 NaOH，由于同离子效应，$NH_3 \cdot H_2O$ 的解离度减小，溶液的 pH 也减小。（ ）
2. 酸（或碱）与其相应的可溶性盐可以组成缓冲溶液。（ ）
3. 把 pH=2 与 pH=4 的酸性溶液等体积混合后，溶液的 pH=3。（ ）
4. 分别中和 pH 相等的 HAc 和 HCl 溶液，消耗的 NaOH 的量相等。（ ）
5. pH=5 的溶液稀释 1000 倍后 pH=8。（ ）
6. 纯水的解离，实际上是质子从一个水分子转移给另一个水分子形成 H_3O^+ 和 OH^- 的过程。（ ）
7. 稀释缓冲溶液时，$c(碱)/c(酸)$ 的比值不变，因此稀释对缓冲溶液的 pH 无影响。（ ）
8. 在缓冲比固定的情况下，缓冲溶液的总浓度越大，其缓冲容量也越大。（ ）
9. 强酸强碱也是缓冲溶液，它们是高酸度（pH<2）和高碱度（pH>12）时的缓冲溶液。（ ）
10. 已知 $K_a^\ominus$(HAc) > $K_a^\ominus$(HCN)，故相同浓度的 NaAc 溶液 pH 比 NaCN 溶液大。（ ）

二、填空题

1. 缓冲溶液的总浓度一定，缓冲比为_____时，缓冲容量最大。缓冲容量的计算公式为_____。
2. 缓冲溶液的缓冲容量与_____和_____有关。
3. 在 10mL 0.2mol·L^{-1} HAc（$K_a^\ominus$=4.74）溶液中加入 10mL 的 0.2mol·L^{-1} NaAc 溶液，混合后的溶液是_____，HAc 的解离度 α=_____，溶液的 pH=_____。
4. pH=7 的溶液稀释 1000 倍后，pH=_____。
5. 25℃时，0.10mol·L^{-1} 的某一元弱酸 HA 的 pH 为 4.0，此温度下该弱酸的解离度为_____。
6. 将浓度为 1mol·L^{-1} 的 NaH_2PO_4 与 0.5mol·L^{-1} 的 NaOH 溶液等体积混合后，其抗酸成分是_____，抗碱成分是_____，该缓冲溶液的有效缓冲范围为_____（H_3PO_4 的 p$K_{a1}^\ominus$=2.16，p$K_{a2}^\ominus$=7.20，p$K_{a3}^\ominus$=12.31）。
7. 在 0.1mol·L^{-1} H_3PO_4 水溶液中，存在的分子和离子有_____。
8. 人体血液的 pH 正常范围为_____，人体血液中缓冲能力最强的缓冲对为_____。
9. 已知 H_3PO_4 的各级解离常数为 $K_{a1}^\ominus$=7.52×10^{-3}，$K_{a2}^\ominus$=6.23×10^{-8}，$K_{a3}^\ominus$=4.8×10^{-13}，则 0.1mol·L^{-1} Na_2HPO_4 溶液的[H^+]=_____。

10. 将 pH 均为 3.0 的等体积的 HCl 和 HAc 溶液分盛两个容器中，各加等体积的水稀释，pH 变化较小的是_____，这是因为_____。

三、问答题

1. 将 $CrCl_3$ 与 K_2S 溶液相混时，生成 $Cr(OH)_3$ 沉淀，请对沉淀的生成加以解释。

2. 饱和 NH_4Ac 溶液的 pH 约为多少？为何其溶液可闻到氨和乙酸的味道？向其中加入少量酸或碱，溶液的 pH 无明显变化，为什么？

3. 弱酸（碱）与其可溶性盐可以组成缓冲对，强酸（碱）与其可溶性盐却不能组成缓冲对，为什么？

四、计算题

1. 欲配制 pH 为 4 的缓冲溶液，现有 HCOOH-HCOONa、HAc-NaAc、NaH_2PO_4-Na_2HPO_4、NH_3-NH_4Cl 四个共轭酸碱对，它们的 $pK_a^\ominus$ 分别为 3.74、4.74、7.20、9.26。应选择哪一对共轭酸碱对？并计算弱酸与其共轭酸碱的浓度比。

2. 在 $0.1mol·L^{-1}$ HAc 溶液中加入晶体 NaAc，使 Ac^- 浓度为 $0.1mol·L^{-1}$，计算溶液的 pH 和 HAc 的解离度（已知 $K_a^\ominus = 1.8×10^{-5}$）。

3. 50mL 浓度为 $0.20mol·L^{-1}$ 的氨水与 50mL 浓度为 $0.20mol·L^{-1}$ 的 $MgCl_2$ 混合。（1）混合液中是否有 $Mg(OH)_2$ 沉淀生成？（2）若在上述混合溶液中同时加入 1.3g NH_4Cl 固体（忽略溶液体积的变化），是否有 $Mg(OH)_2$ 沉淀生成？

4. 一种混合离子溶液中含有 $0.020mol·L^{-1}$ Pb^{2+} 和 $0.010mol·L^{-1}$ Fe^{3+}，若向溶液中逐滴加入 NaOH 溶液（忽略加入 NaOH 后溶液体积的变化），问：（1）哪种离子先沉淀？（2）欲使两种离子完全分离，应将溶液的 pH 控制在什么范围？

5. 如果 $BaCO_3$ 沉淀中尚有 0.010mol $BaSO_4$，试计算 1.0L 此沉淀的饱和溶液中应加入多少物质的量的 Na_2CO_3 才能使 $BaSO_4$ 完全转化为 $BaCO_3$？

第4章 氧化还原反应与电化学

教学目的与要求

（1）了解氧化数的概念，找出氧化数与化合价的区别和联系，并能配平氧化还原反应。
（2）掌握原电池的组成，了解电极的种类。
（3）了解电极电势概念，能运用能斯特方程计算电极电势和原电池电动势。
（4）能运用电极电势判断氧化剂、还原剂的相对强弱，判断氧化还原反应的方向和进行的程度。
（5）了解化学电源、电解的原理及电解、电镀在工业生产中的应用。
（6）了解金属腐蚀的原理及基本的防护方法。

4.1 氧化还原反应

4.1.1 基本概念

1. 氧化数

20世纪70年代初，IUPAC在《无机化学命名法》中进一步严格定义了氧化数的概念。氧化数是指在单质或化合物中，假设把每个化学键中的电子指定给所连接的两原子中电负性较大的一个原子，这样所得的某元素一个原子的电荷数就是该元素的氧化数。确定氧化数的规则如下：

（1）单质中元素的氧化数为零，如 H_2、Zn、S_8 等物质中，H、Zn、S 的氧化数都为零。
（2）氢在一般化合物中的氧化数为+1，如 H_2S、HBr 等物质中氢的氧化数为+1。在与活泼金属生成的离子型氢化物（如 NaH）中，氢的氧化数为-1。
（3）在化合物中氧的氧化数一般为-2，如 H_2O、CaO 等物质中氧的氧化数为-2。在过氧化物（如 H_2O_2）中氧的氧化数为-1，超氧化物（如 KO_2）中氧的氧化数为-1/2，含氟氧化物（如 OF_2）中，氧的氧化数为+2。
（4）在卤化物中，卤素的氧化数为-1，如 HCl、HBr、HI 等物质中，Cl、I 的氧化数都为-1。
（5）碱金属、碱土金属在化合物中的氧化数分别为+1、+2，如 NaCl、$MgCl_2$ 等物质中，Na 的氧化数为+1、Mg 的氧化数为+2。
（6）在多原子分子中各元素氧化数的代数和为零；在多原子的离子中，所有元素的氧化数代数和等于离子所带的电荷数。

可见，氧化数是一个有一定人为性、经验性的概念，它是按一定规则指定了的数字，用来表征元素在化合状态时的形式电荷数（或表观电荷数）。这种形式电荷正像它的名称所指出的那样，只有形式上的意义。

2. 氧化与还原

从元素原子电子得失的角度，一般把化学反应分为两大类：一类是在反应过程中，反应物之间没有电子的转移,如酸碱反应、沉淀反应等;另一类是在反应过程中,反应物之间发生了电子转移,这一类反应就是氧化还原反应。人类对氧化还原反应的认识经历了漫长的过程。在18世纪末,人们把与氧结合的过程称为氧化反应,而把从氧化物中夺取氧的过程称为还原反应。到了19世纪中期,建立了化合价的概念,人们把反应过程中元素化合价升高的过程称为氧化反应,化合价降低的过程称为还原反应。20世纪初,人们认识到氧化还原反应的实质是电子发生转移或偏移,会引起氧化数的变化,把氧化数升高的过程称为氧化反应,氧化数降低的过程称为还原反应。

3. 氧化还原电对

$$Zn(s) + Cu^{2+}(aq) \rightleftharpoons Zn^{2+}(aq) + Cu(s)$$

在该反应,Cu^{2+}得到电子,是氧化剂,被还原得到还原产物Cu;Zn失去电子,是还原剂,被氧化得到氧化产物Zn^{2+}。这两个过程可分别表示为

$$Cu^{2+}(aq) + 2e^- \rightleftharpoons Cu(s)$$
$$Zn^{2+}(aq) + 2e^- \rightleftharpoons Zn(s)$$

任何氧化还原反应都是由两个"半反应"组成的。每个半反应都包括同一元素的氧化态物质和还原态物质。氧化态物质和还原态物质构成了氧化还原电对,如Cu^{2+}/Cu、Zn^{2+}/Zn。电对的书写规则是:氧化态/还原态。电对的半反应一般按如下方式书写:

$$氧化态 + ne^- \rightleftharpoons 还原态$$

4.1.2 氧化还原反应方程式的配平

配平氧化还原方程式的方法有氧化数法和离子-电子半反应法(简称"离子-电子法"),本章重点介绍离子-电子法。任何一个氧化还原反应都可以看作由两个半反应组成,先将两个半反应配平,再合并为总反应的方法称为离子-电子法。配平时首先要知道反应物和产物,并遵循以下原则:

(1)得失电子守恒:氧化剂和还原剂得失电子总数相等。
(2)质量守恒:反应前后原子的种类和数量不变。
(3)电荷守恒:离子反应前后,所带电荷总数相等。

具体的配平步骤如下:

(1)用离子形式写出主要的反应物及其氧化还原产物。
(2)分别写出氧化剂被还原和还原剂被氧化的半反应。
(3)分别配平两个半反应方程式,使每个半反应方程式等号两边的各种元素的原子总数和电荷数各自相等。
(4)确定两个半反应方程式得失电子数目的最小公倍数。将每个半反应分别乘以相应的系数,使反应中得失的电子数相等。
(5)两个半反应相加即得总反应。

【例4-1】 配平反应方程式:

$$K_2Cr_2O_7 + HCl \longrightarrow KCl + CrCl_3 + H_2O + Cl_2$$

解 第一步,写出主要的反应物和产物的离子式:

$$Cr_2O_7^{2-} + Cl^- \longrightarrow Cr^{3+} + H_2O + Cl_2$$

第二步，写出两个半反应中的电对：

$$Cr_2O_7^{2-} \longrightarrow Cr^{3+}$$

$$Cl^- \longrightarrow Cl_2$$

第三步，配平两个半反应式：

$$Cr_2O_7^{2-} + 14H^+ + 6e^- = 2Cr^{3+} + 7H_2O$$

$$2Cl^- - 2e^- \longrightarrow Cl_2$$

第四步，两个半反应的得失电子的最小公倍数是6，两式乘以相应的系数，相加消去相同的电子和离子。

第五步，在配平了的离子反应式中添上不参与反应的反应物和产物的离子，并写出相应的分子式，得到配平的分子方程式。

$$K_2Cr_2O_7 + 14HCl = 2KCl + 2CrCl_3 + 7H_2O + 3Cl_2$$

4.2 原 电 池

4.2.1 原电池的组成

如图4-1所示，将锌片插入含有硫酸锌溶液的烧杯中，铜片插入含有硫酸铜溶液的烧杯中。用盐桥（充满琼脂和饱和氯化钾或硝酸钾的U形玻璃管）将两个烧杯中的溶液连接起来，将铜片、锌片用导线相连，就可以得到从锌片流向铜片的定向流动的电子流。这种直接将氧化还原反应产生的化学能转化成为电能的装置称为原电池。如果在电路中串联入一个灵敏电流计，可以观察到指针偏转。习惯上把输出电子的一端称为负极，发生氧化反应；输入电子的一端称为正极，发生还原反应。在图4-1所示的铜锌原电池中，锌片为负极，不断溶解，发生氧化反应；铜片为正极，发生还原反应，表面沉积上一层铜。

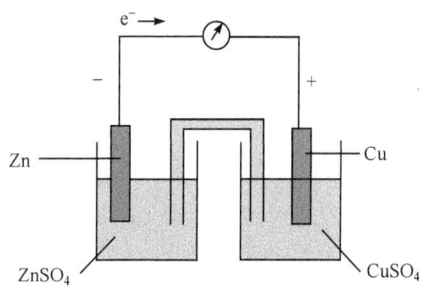

图4-1 铜-锌原电池

为了书面表达的方便，可以用电池符号表示原电池。例如，铜锌原电池可以表示为

$$(-)Zn(s)|Zn^{2+}(c_1)\|Cu^{2+}(c_2)|Cu(s)(+)$$

在原电池符号表示中规定：

（1）将发生氧化反应的负极写在左边，发生还原反应的正极写在右边，并按实际顺序从左往右依次列出各个相的组成及相态，溶液注明浓度，气体注明分压。

（2）用单实竖线表示相与相的界面，用双实竖线或双虚竖线表示盐桥。

（3）若溶液中含有两种离子参加的电极反应，可用逗号隔开，并加上惰性电极。

4.2.2 电极反应

每个原电池是由两个"半电池"组成，每个"半电池"又都是由同一种元素不同价态的两种物质所构成：一种是处于低价态的可作为还原剂的物质（称为还原态物质），如锌半电池中的Zn、铜半电池中的Cu；另一种是处于高价态的可作为氧化剂的物质（称为氧化态物质），如锌半电池中的Zn^{2+}、铜半电池中的Cu^{2+}。氧化态物质和还原态物质在一定条件下可以通过交换电子相互转化。这种表示氧化态物质和还原态物质之间相互转换的关系的反应，称为半电池反应或电极反应。例如，铜锌原电池的电极反应：

正极反应: $Cu^{2+}(aq) + 2e^- \rightleftharpoons Cu(s)$

负极反应: $Zn^{2+}(aq) + 2e^- \rightleftharpoons Zn(s)$

总反应: $Zn(s) + Cu^{2+}(aq) \rightleftharpoons Zn^{2+}(aq) + Cu(s)$

电极反应包括参加反应的所有物质，如电对 MnO_4^-/Mn^{2+}，对应的电极反应为

$$MnO_4^-(aq) + 8H^+(aq) + 5e^- \rightleftharpoons Mn^{2+}(aq) + 4H_2O(l)$$

4.3 电极电势

4.3.1 电极电势的产生

当金属放入它的盐溶液中时，一方面，金属晶体中处于热运动的金属离子在极性溶剂（如水分子）的作用下，离开金属表面进入溶液，金属性质越活泼或者溶液中金属离子浓度越低，这种趋势越大；另一方面，溶液中的金属离子，由于受到金属表面的电子的吸引而重新沉积在金属表面，金属越不活泼或者溶液中金属离子溶度越高，这种趋势越大。这两个过程可用下面的式子来表示：

$$M(s) \underset{沉积}{\overset{溶解}{\rightleftharpoons}} M^{n+}(aq) + ne^-$$

如果溶解的趋势大于沉积的趋势，当两种过程达到平衡后，在金属与溶液的界面上形成金属表面带负电荷、溶液带正电荷的双电层结构；反之就会形成金属表面带正电荷、溶液带负电荷的双电层结构。双电层的厚度虽然很小（约为 10^{-8} cm），但在金属和溶液之间产生了电势差。通常人们就把产生在金属和盐溶液之间的双电层间的电势差称为金属的电极电势，用符号 φ 表示，单位为 V（伏）。电极电势的大小主要取决于电极的本性，并受温度、介质和离子浓度等因素的影响。它的大小可以用来描述电极得失电子能力的相对强弱。在铜锌原电池中能产生电流，说明两极之间存在电势差，这个电势差称为原电池的电动势，用符号 E 表示，单位为 V（伏），则有

$$E = \varphi_+ - \varphi_- \tag{4-1}$$

4.3.2 标准电极电势

单个电极的电极电势的绝对值至今仍无法得到。为了获得各种电极的电极电势数值，1953年 IUPAC 建议，采用标准氢电极作为标准电极，并人为地规定标准氢电极的电极电势为零，$\varphi^\ominus(H^+/H_2) = 0V$。将未知电极与标准氢电极组成原电池测其电动势，就可以求得未知电极的电极电势。

如果参加电极反应的物质均处于标准状态，即组成电极的离子浓度为 $1mol \cdot L^{-1}$，气体的分压为 100kPa，液体或固体都是纯净物质。这时电极的电极电势称为标准电极电势，用 $\varphi^\ominus$ 表示，单位为 V（伏），通常测定的温度为 298K。如果组成原电池的两个电极均处于标准状态，这时的电池称为标准电池，对应的电动势为标准电动势，用 $E^\ominus$ 表示：

$$E^\ominus = \varphi_+^\ominus - \varphi_-^\ominus \tag{4-2}$$

标准氢电极是将镀有一层疏松铂黑的铂片插入氢离子浓度为 $1mol \cdot L^{-1}$ 的稀硫酸溶液中，在 298K 时不断地通入压力为 100kPa 的纯氢气流，铂黑很容易吸附氢气达到饱和，H_2 很快与

溶液中的 H^+ 达成平衡。这样组成的电极称为标准氢电极，如图 4-2 所示。

电极反应：
$$2H^+(1mol \cdot L^{-1}) + 2e^- \rightleftharpoons H_2(100kPa)$$

将未知电极与标准氢电极组成原电池，用检流计确定原电池的正、负极，用电势（位）计测定电池的电动势即可求得未知电极的标准电极电势。

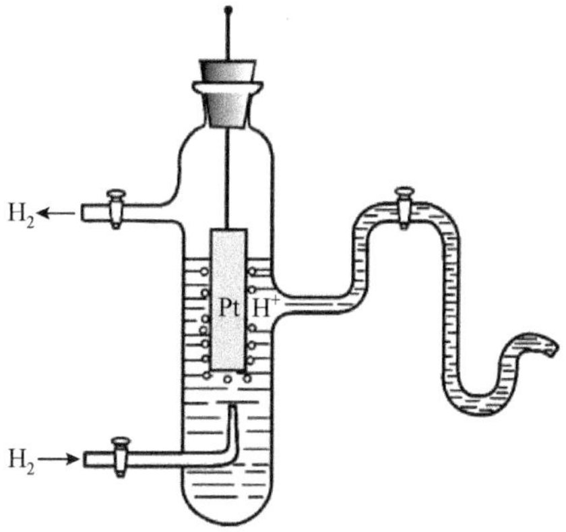

【**例 4-2**】 欲测定锌电极的标准电极电势，则应组成如下原电池：

$$(-)Zn(s)|Zn^{2+}(1mol \cdot L^{-1})\|H^+(1mol \cdot L^{-1})|H_2(100kPa),Pt(+)$$

通过检流计偏转方向，确定锌电极为负极，测得此时电池的标准电动势 $E^{\ominus} = +0.76V$，则

$$\varphi^{\ominus}(H^+/H_2) - \varphi^{\ominus}(Zn^{2+}/Zn) = 0.76V$$

因为 $\varphi^{\ominus}(H^+/H_2) = 0V$

所以 $\varphi^{\ominus}(Zn^{2+}/Zn) = -0.76V$

图 4-2 标准氢电极

用类似的方法可以测得一系列电对的标准电极电势。在实际应用过程中，常用电极的标准电极电势可以通过查表得到。

4.4 能斯特方程

4.4.1 电极电势的计算

标准电极电势是在标准状态下测得的，而实际电极不一定总处于标准状态。德国科学家能斯特从理论上推导出电极电势与反应温度、反应物的浓度（或分压）的定量关系式——能斯特方程式。

电极反应 $a(氧化态) + ne^- \rightleftharpoons b(还原态)$

能斯特方程式为
$$\varphi = \varphi^{\ominus} + \frac{2.303RT}{nF}\lg\frac{\left[c(氧化态)/c^{\ominus}\right]^a}{\left[c(还原态)/c^{\ominus}\right]^b} \tag{4-3}$$

式中：R 为摩尔气体常量，取值 $8.314 J \cdot mol^{-1} \cdot K^{-1}$；$F$ 为法拉第常量，取值 $96\,485 J \cdot V^{-1} \cdot mol^{-1}$；$n$ 为电极反应转移的电荷数；T 为反应的热力学温度。

氧化还原反应一般在常温下进行，如反应不特别指明温度，通常指反应在 298K 下进行。在 298K 时，式（4-3）可简写成

$$\varphi = \varphi^{\ominus} + \frac{0.059}{n}\lg\frac{\left[c(氧化态)/c^{\ominus}\right]^a}{\left[c(还原态)/c^{\ominus}\right]^b} \tag{4-4}$$

使用能斯特方程式时，需注意以下几点：

（1）气体参加的反应，应以相应气体的相对分压代入浓度项。例如

$$2H^+(aq) + 2e^- \rightleftharpoons H_2(g)$$

$$\varphi = \varphi^{\ominus} + \frac{0.059}{2}\lg\frac{\left[c(H^+)/c^{\ominus}\right]^2}{\left[p(H_2)/p^{\ominus}\right]}$$

(2) 纯液体、纯固体的相对浓度等于 1。例如

$$Zn^{2+}(aq) + 2e^- \rightleftharpoons Zn(s)$$

$$\varphi = \varphi^\ominus + \frac{0.059}{2}\lg\frac{\left[c(Zn^+)/c^\ominus\right]}{1}$$

方程式中氧化态、还原态是广义的氧化型物质和还原型物质，它包括没有发生氧化数变化的参加电极反应的所有物质。例如

$$14H^+(aq) + Cr_2O_7^{2-}(aq) + 6e^- \rightleftharpoons 2Cr^{3+}(aq) + 7H_2O(l)$$

$$\varphi = \varphi^\ominus + \frac{0.059}{6}\lg\frac{\left[c(H^+)/c^\ominus\right]^{14} \cdot \left[c(Cr_2O_7^{2-})/c^\ominus\right]}{\left[c(Cr^{3+})/c^\ominus\right]^2}$$

4.4.2 原电池电动势的计算

电极电势可以通过能斯特方程式求得，根据式（4-1），可以计算出原电池的电动势。

【例 4-3】 将铂丝插入 pH = 0.000、$c(MnO_4^-) = 1.00\,mol \cdot L^{-1}$、$c(Mn^{2+}) = 0.100\,mol \cdot L^{-1}$ 的溶液中组成电极 A，以它为正极，与一氢电极 $[p(H_2) = 100\,kPa]$，以及弱一元酸 HA 与 A^- 组成的缓冲溶液组成原电池，测得电动势 $E = 1.76\,V$，计算氢电极中缓冲溶液的 pH；若该缓冲溶液中 $c(HA) = c(A^-) = 0.300\,mol \cdot L^{-1}$，求 HA 的 $K_a^\ominus$。

解 查表得 $\varphi^\ominus(MnO_4^-/Mn^{2+}) = 1.51\,V$，电极反应为

(+) $MnO_4^-(aq) + 8H^+(aq) + 5e^- \rightleftharpoons Mn^{2+}(aq) + 4H_2O$

(−) $2H^+(aq) + 2e^- \rightleftharpoons H_2(g)$

$$\varphi_+ = \varphi^\ominus(MnO_4^-/Mn^{2+}) + \frac{0.059}{5}\lg\frac{\left[c(H^+)/c^\ominus\right]^8 \cdot \left[c(MnO_4^-)/c^\ominus\right]}{\left[c(Mn^{2+})/c^\ominus\right]}$$

$$= 1.51 + \frac{0.059}{5}\lg\frac{1}{0.1} = 1.52(V)$$

$$\varphi_- = \varphi^\ominus(H^+/H_2) + \frac{0.059}{2}\lg\frac{\left[c(H^+)/c^\ominus\right]^2}{\left[p(H_2)/p^\ominus\right]} = 0.059\lg\frac{c(H^+)}{c^\ominus}$$

$$E = \varphi_+ - \varphi_-$$

$$1.76 = 1.52 - 0.059\lg\frac{c(H^+)}{c^\ominus} = 1.52 + 0.059\,pH$$

缓冲溶液 pH 的计算公式

$$pH = pK_a^\ominus - \lg\frac{c(HA)}{c(A^-)}$$

已知 pH = 4.07，$c(HA) = c(A^-) = 0.300\,mol \cdot L^{-1}$，代入，所以 $pK_a^\ominus = 4.07$，$K_a^\ominus = 8.51 \times 10^{-5}$。

4.5 电极电势的应用

电极电势是反映物质在水溶液中氧化还原能力大小的物理量。水溶液中进行的氧化还原反应的许多问题都可以通过电极电势来解决。

4.5.1 判断氧化剂、还原剂的相对强弱

电极电势的大小反映物质在水溶液中氧化还原能力的强弱。电极电势越大，电对的氧化型得电子能力越强，还原型失电子能力越弱。或者说，电对的电极电势越大，其氧化型的氧

化能力越强,还原型的还原能力越弱,反之,电对的电极电势越小,其还原型的还原能力越强,氧化型的氧化能力越弱。

【例 4-4】 根据标准电极电势数值判断下列电对中氧化型物质的氧化能力和还原型物质的还原能力强弱次序。

电对	电极反应	标准电极电势 $\varphi^{\ominus}$ /V
Fe^{3+}/Fe^{2+}	$Fe^{3+}(aq)+e^- \rightleftharpoons Fe^{2+}(aq)$	0.771
Br_2/Br^-	$Br_2(l)+2e^- \rightleftharpoons 2Br^-(aq)$	1.066
$Cr_2O_7^{2-}/Cr^{3+}$	$14H^+(aq)+Cr_2O_7^{2-}(aq)+6e^- \rightleftharpoons 2Cr^{3+}(aq)+7H_2O(l)$	1.232

解 由标准电极电势可知:

氧化型物质氧化能力强弱次序为 $Cr_2O_7^{2-} > Br_2 > Fe^{3+}$;

还原型物质还原能力强弱次序为 $Fe^{2+} > Br^- > Cr^{3+}$。

4.5.2 判断氧化还原反应进行的方向

在等温等压下,反应系统吉布斯自由能降低的方向为反应自发进行的方向。反应系统吉布斯自由能降低等于系统可能做的最大非体积功。在原电池中进行的氧化还原反应,等温等压下所能做的最大非体积功就是电功,即

$$\Delta_r G_m = W'_{max}$$

$$W'_{max} = -EQ = -nFE$$

将上面两式合并,则

$$\Delta_r G_m = -nFE \tag{4-5}$$

如果反应在标准状态下进行,则

$$\Delta_r G_m^{\ominus} = -nFE^{\ominus} \tag{4-6}$$

式中:n 为电池反应中转移的电荷数;F 为法拉第常量;$\Delta_r G_m^{\ominus}$($\Delta_r G_m$)为反应的摩尔吉布斯自由能;$E^{\ominus}$(E)为电池的电动势。

当 $\Delta_r G_m < 0$ 时,$E = \varphi_+ - \varphi_- > 0$,即 $\varphi_+ > \varphi_-$,反应正向自发进行;

当 $\Delta_r G_m > 0$ 时,$E = \varphi_+ - \varphi_- < 0$,即 $\varphi_+ < \varphi_-$,反应正向不自发,逆向自发进行;

当 $\Delta_r G_m = 0$ 时,$E = \varphi_+ - \varphi_- = 0$,即 $\varphi_+ = \varphi_-$,反应处于平衡状态。

若反应是在标准状态下进行,则用标准电动势和标准电极电势即可。由此得出,自发进行的氧化还原反应总是强氧化剂和强还原剂反应生成弱的氧化剂和弱的还原剂。

【例 4-5】 制印刷电路底板,常通过三氯化铁溶液刻蚀铜箔,查表判断此反应是否自发进行。

$$2FeCl_3 + Cu \rightleftharpoons CuCl_2 + 2FeCl_2$$

解 查表得 $\varphi^{\ominus}(Fe^{3+}/Fe^{2+}) = 0.771V$,$\varphi^{\ominus}(Cu^{2+}/Cu) = 0.3419V$,所以

$$E^{\ominus} = \varphi_+^{\ominus} - \varphi_-^{\ominus} = \varphi^{\ominus}(Fe^{3+}/Fe^{2+}) - \varphi^{\ominus}(Cu^{2+}/Cu) = 0.771 - 0.3419 = 0.4291(V) > 0$$

因此该反应能自发由左向右进行。

4.5.3 计算氧化还原反应进行的程度

若反应在 298K，标准状态下进行，则
$$\Delta_r G_m^{\ominus} = -RT \ln K^{\ominus}$$
$$\Delta_r G_m^{\ominus} = -nFE^{\ominus}$$
因此
$$RT \ln K^{\ominus} = nFE^{\ominus}$$
$$\ln K^{\ominus} = \frac{nF}{RT} E^{\ominus}$$
$$\lg K^{\ominus} = \frac{nE^{\ominus}}{0.059} \tag{4-7}$$

式（4-7）反映了平衡常数和标准电动势的关系，可以此关系计算氧化还原反应的平衡常数。平衡常数的大小可以衡量一个反应进行的程度。$E^{\ominus}$ 越大，反应进行得越完全。对于一般的化学反应来说，若反应的 $K^{\ominus}$ 值大于 10^6，就可以认为反应进行得很完全。

反应在 298K 时，$K^{\ominus} = 10^6$，根据式（4-7）
$$n = 1 \text{时}, \quad E^{\ominus} = 0.354\text{V}$$
$$n = 2 \text{时}, \quad E^{\ominus} = 0.177\text{V}$$
$$n = 3 \text{时}, \quad E^{\ominus} = 0.118\text{V}$$

所以，用 $E^{\ominus}$ 值是否大于 0.2V 来判断氧化还原反应自发进行的程度很具有实用意义。

【例 4-6】 计算反应：$Zn(s) + Cu^{2+}(aq) \rightleftharpoons Zn^{2+}(aq) + Cu(s)$ 在 298K 时的平衡常数，并判断反应进行的程度。

解
$$Zn(s) + Cu^{2+}(aq) \rightleftharpoons Zn^{2+}(aq) + Cu(s)$$
查表得 $\varphi^{\ominus}(Cu^{2+}/Cu) = 0.3419\text{V}$； $\varphi^{\ominus}(Zn^{2+}/Zn) = -0.7618\text{V}$
$$E^{\ominus} = \varphi_+^{\ominus} - \varphi_-^{\ominus} = \varphi^{\ominus}(Cu^{2+}/Cu) - \varphi^{\ominus}(Zn^{2+}/Zn) = 0.3419 - (-0.7618) = 1.1037(\text{V})$$
$n = 2$ 时
$$\lg K^{\ominus} = \frac{nE^{\ominus}}{0.059} = \frac{2 \times 1.1037}{0.059} = 37.4136$$
$$K^{\ominus} = 2.59 \times 10^{37}$$

$K^{\ominus}$ 值远远大于 10^6，说明反应进行得很完全。

4.5.4 元素电势图及应用

当某种元素可以形成三种或三种以上氧化数的物质时，这些物质可以组成多种不同的电对，各电对的标准电极电势可用图的形式表示出来，这种图称为元素电势图。

画元素电势图时，将某元素各种不同氧化数物质按氧化数降低的顺序从左到右排列，每两种物质之间用直线相连，在直线上标明两种物质组成电对的标准电极电势，就得到了该元素的标准电极电势图。例如

$$Sn^{4+} \xrightarrow{0.151\text{V}} Sn^{2+} \xrightarrow{-0.1375\text{V}} Sn$$

人们可以从元素电势图中比较清楚地看出同一元素各种氧化数物质在水溶液中的氧化还原性的变化情况。

1. 判断元素的中间氧化数物质在水溶液中能否发生歧化反应

歧化反应是同一氧化数的同一元素，一部分原子（离子）被氧化，另一部分原子（离子）被还原的反应，又称自身的氧化还原反应。

【例 4-7】 已知在酸性条件下铜元素的元素电势图为

$$Cu^{2+} \xrightarrow{0.16V} Cu^+ \xrightarrow{0.521V} Cu$$

推测在酸性溶液中 Cu^+ 能否发生歧化反应。

解 由题可知

$$Cu^{2+}(aq) + e^- \rightleftharpoons Cu^+(aq) \qquad \varphi^\ominus(Cu^{2+}/Cu^+) = 0.16V \quad (1)$$

$$Cu^+(aq) + e^- \rightleftharpoons Cu(s) \qquad \varphi^\ominus(Cu^+/Cu) = 0.521V \quad (2)$$

(2) - (1)，得 $2Cu^+(aq) \rightleftharpoons Cu^{2+}(aq) + Cu(s)$

$$E^\ominus = \varphi_+^\ominus - \varphi_-^\ominus = \varphi^\ominus(Cu^+/Cu) - \varphi^\ominus(Cu^{2+}/Cu^+) = 0.521 - 0.16 = 0.361V > 0$$

因为 $E^\ominus > 0$，所以反应能自发进行，即在酸性溶液中 Cu^+ 可以发生歧化反应。据此，可以得出用元素电势图判断歧化反应能否发生的一般原则。若已知某元素电势图

$$A \xrightarrow{\varphi^\ominus(A/B)} B \xrightarrow{\varphi^\ominus(B/C)} C$$

若 $\varphi^\ominus(B/C) > \varphi^\ominus(A/B)$（即 $\varphi_右^\ominus > \varphi_左^\ominus$），则 B 能发生歧化反应生成 A 和 C；

若 $\varphi^\ominus(B/C) < \varphi^\ominus(A/B)$（即 $\varphi_右^\ominus < \varphi_左^\ominus$），则 B 不能发生歧化反应生成 A 和 C。

2. 计算未知电对的标准电极电势

用元素标准电极电势图，还可以从相关电对的标准电极电势求另一未知电对的标准电极电势值。如从电势图

$$Cu^{2+} \underline{\quad 0.16V \quad} Cu^+ \underline{\quad 0.521V \quad} Cu$$

求 $\varphi^\ominus(Cu^{2+}/Cu)$。

有关电对的电极反应和标准电极电势值为

① $Cu^{2+}(aq) + e^- \rightleftharpoons Cu^+(aq) \qquad \varphi^\ominus(Cu^{2+}/Cu^+) = 0.16V$

② $Cu^+(aq) + e^- \rightleftharpoons Cu(s) \qquad \varphi^\ominus(Cu^+/Cu) = 0.521V$

③ $Cu^{2+}(aq) + 2e^- \rightleftharpoons Cu(s) \qquad \varphi^\ominus(Cu^{2+}/Cu) = ?$

由于电极电势具有强度性质，不具有加和性。先将其转化为具有加和性的吉布斯自由能进行计算。将上面三个电极分别与标准氢电极组成电池，相应的电池反应及相应的电池电动势为

① $Cu^{2+}(aq) + 1/2 H_2(g) \rightleftharpoons Cu^+(aq) + H^+(aq)$

$$E_1^\ominus = \varphi^\ominus(Cu^{2+}/Cu^+) - \varphi^\ominus(H^+/H_2) = \varphi^\ominus(Cu^{2+}/Cu^+)$$

同理：

② $Cu^+(aq) + 1/2 H_2(g) \rightleftharpoons Cu(s) + H^+(aq) \quad E_2^\ominus = \varphi^\ominus(Cu^+/Cu)$

③ $Cu^{2+}(aq) + H_2(g) \rightleftharpoons Cu(s) + 2H^+(aq) \quad E_3^\ominus = \varphi^\ominus(Cu^{2+}/Cu)$

三个反应对应的标准摩尔吉布斯自由能分别为：$\Delta_r G_{m,1}^\ominus$，$\Delta_r G_{m,2}^\ominus$，$\Delta_r G_{m,3}^\ominus$。又因为

$$\Delta_r G_m^\ominus = -nFE^\ominus$$

反应①+反应②=反应③

则

$$n_1 F E_1^\ominus + n_2 F E_2^\ominus = n_3 F E_3^\ominus$$

即

$$n_1 F \varphi^\ominus(Cu^{2+}/Cu^+) + n_2 F \varphi^\ominus(Cu^+/Cu) = n_3 F \varphi^\ominus(Cu^{2+}/Cu)$$

$$\varphi^{\ominus}(Cu^{2+}/Cu) = \frac{n_1\varphi^{\ominus}(Cu^{2+}/Cu^+) + n_2\varphi^{\ominus}(Cu^+/Cu)}{n_3}$$

$$= \frac{1 \times 0.16 + 1 \times 0.521}{2}$$
$$= 0.34(V)$$

以上推导具有普遍意义,若有 i 个相邻的电对及对应的标准电极电势值,则

$$\varphi^{\ominus}_{1/i} = \frac{n_1\varphi^{\ominus}_1 + n_2\varphi^{\ominus}_2 + \cdots + n_i\varphi^{\ominus}_i}{n_1 + n_2 + \cdots + n_i} \tag{4-8}$$

【例 4-8】 已知 298K 时氯元素在碱性溶液中的电势图,试计算出 $\varphi^{\ominus}(ClO_4^-/Cl^-)$ 和 $\varphi^{\ominus}(ClO^-/Cl^-)$ 的值。

$$ClO_4^- \xrightarrow[n=2]{0.3979V} ClO_3^- \xrightarrow[n=2]{0.2706V} ClO_2^- \xrightarrow[n=2]{0.6807V} ClO^- \xrightarrow[n=1]{0.420V} Cl_2 \xrightarrow[n=1]{1.360V} Cl^-$$

其中 ClO^- 到 Cl^- 的 $n=2$,ClO_4^- 到 Cl^- 的 $n=8$。

解 $\varphi^{\ominus}(ClO^-/Cl^-) = \dfrac{\varphi^{\ominus}(ClO^-/Cl_2) + \varphi^{\ominus}(Cl_2/Cl^-)}{2} = \dfrac{0.420 + 1.360}{2} = 0.890(V)$

$$\varphi^{\ominus}(ClO_4^-/Cl^-) = \frac{2\varphi^{\ominus}(ClO_4^-/ClO_3^-) + 2\varphi^{\ominus}(ClO_3^-/ClO_2^-) + 2\varphi^{\ominus}(ClO_2^-/ClO^-) + 2\varphi^{\ominus}(ClO^-/Cl^-)}{8}$$

$$= \frac{2 \times 0.3979 + 2 \times 0.2706 + 2 \times 0.6807 + 2 \times 0.890}{8}$$
$$= 0.5598(V)$$

4.6 化 学 电 源

化学电源又称电池,是一种能直接将化学能转变成电能的装置,它通过化学反应,消耗某种化学物质,输出电能。化学电源具有便于携带、使用简便、能量转换效率高、性能可靠、对环境适应性强、工作范围广等独特的优点,因而被广泛应用。国民经济、科学技术、军事和日常生活领域使用着各种各样的化学电源。化学电源按照其使用性质可分为三类:干电池、蓄电池、燃料电池。按电池中电解质性质分为:锂电池、碱性电池、酸性电池、中性电池。按电极上活性物质保存方式来分,不能再生的称为一次电池(如普通干电池),能再生的称为二次电池(如铅蓄电池)。

随着科技的不断进步,电子产品的日新月异,高能化学电源成为电子产品的原动力,新型电池不断产生并商业化,同时电动车的发展促进各种电池技术的突破性进展,新电池系列越来越多,因而化学电源是一门古老而年轻的科学。

4.6.1 干电池

干电池属于化学电源中的原电池,因为其电解质是一种不能流动的糊状物,所以称为干电池。干电池不仅在日常生活中应用广泛,如手电筒、收音机、照相机、玩具等,而且在国防、科研、航空航天、医学等各个领域也发挥着重要作用。

1. 锌锰干电池

锌锰干电池又称锌碳干电池,是一次性电池中使用历史最长、产量最大、价格最低的品种,使用最为普遍。它的金属锌外壳是负极,由插在电池中心的石墨和二氧化锰作正极,电解质是氯化铵和氯化锌的糊状混合物,如图4-3所示。

电池符号可表示为

$$(-)Zn(s)|ZnCl_2、NH_4Cl(糊状)\|MnO_2(s)|C(石墨)(+)$$

图 4-3 锌锰干电池

电极反应:

负极(-) $Zn^{2+}(aq) + 2e^- \rightleftharpoons Zn(s)$

正极(+) $2MnO_2(s) + 2NH_4^+(aq) + 2e^- \rightleftharpoons Mn_2O_3(s) + H_2O(l) + 2NH_3(aq)$

总反应:

$$Zn(s) + 2MnO_2(s) + 2NH_4^+(aq) \rightleftharpoons Zn^{2+}(aq) + Mn_2O_3(s) + H_2O(l) + 2NH_3(aq)$$

锌锰干电池在使用过程中,电解质浓度逐渐变化,电动势不断下降。氯化铵和氯化锌是酸性介质。在碱性锌锰干电池中用高导电的糊状氢氧化钾代替氯化铵,这种电池具有更好的稳定性。

电极反应:

负极(-) $Zn(OH)_2(s) + 2e^- \rightleftharpoons Zn(s) + 2OH^-(aq)$

正极(+) $2MnO_2(s) + H_2O(l) + 2e^- \rightleftharpoons Mn_2O_3(s) + 2OH^-(aq)$

总反应: $Zn(s) + 2MnO_2(s) + H_2O(l) \rightleftharpoons Zn(OH)_2(s) + Mn_2O_3(s)$

2. 银锌电池

银锌电池的负极是锌,正极是氧化银,电解质有氢氧化钠和氢氧化钾两种。因为电池的正极是氧化银,所以这种电池又称氧化银电池。

氧化银电池都为扣式电池,常用于电子表、电子计算器、照相机和微型遥控器中。扣式电池更换时,镊子只能接触周边,若接触上下两面即造成短路。

若将正极材料改为过氧化银就为过氧化银电池。过氧化银电池品质更好,除适用于氧化银电池的范围外,还可用于亮光和声响功能的电子表。

3. 锌汞电池

用氧化汞代替氧化银可得到锌汞电池。锌汞电池主要用于自动曝光照相机、助听器、医疗仪器及军事设备中提供电源。1958年鲁内·埃尔姆奎斯特将锌汞电池埋在皮下,制作了一个可以放在体内的起搏器。1960年,瑞典医生奥克·森宁为一位患者植入了这种起搏器。电池一直使用了2~3年才更换。

4.6.2 蓄电池

蓄电池是将化学能直接转化成电能的一种装置,它通过可逆的化学反应实现再充电,属于二次电池。蓄电池通常是指铅酸蓄电池,如图4-4所示。充电时把电能储存为化学能,

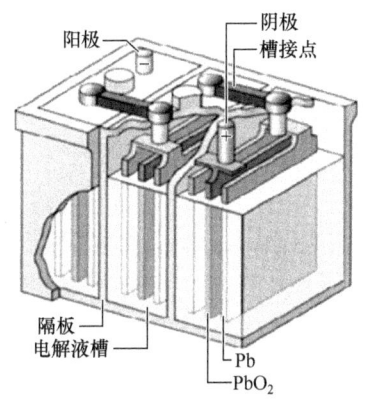

图 4-4 铅酸蓄电池

需要放电时把化学能转换为电能输出，如生活中常用的手机电池、汽车的启动电源等。

蓄电池充放电过程中的电池反应：

负（阴）极： $PbSO_4(s) + 2e^- \rightleftharpoons Pb(s) + SO_4^{2-}(aq)$

正（阳）极： $PbO_2(s) + SO_4^{2-}(aq) + 4H^+(aq) + 2e^- \rightleftharpoons PbSO_4(s) + 2H_2O(l)$

总反应： $Pb(s) + PbO_2(s) + 2H_2SO_4(aq) \rightleftharpoons 2PbSO_4(s) + 2H_2O(l)$

蓄电池是世界上广泛使用的一种化学电源，是各类电池中产量最大、用途最广的一种电池。它具有电压平稳、安全可靠、价格便宜、适用范围广、原材料丰富等优点；当使用后电压较低时，还可在不改变物料、装置的条件下进行充电，并可反复使用。

4.6.3 新型燃料电池

1839 年，W.Grove 成功地研制出第一个氢氧燃料电池，至今已有 170 多年的历史。燃料电池的问世早于发电机，它是一种存在于燃料与氧化剂中的化学能直接转化为电能的发电装置。燃料电池与一般的电池不同，电池工作时，燃料和氧化剂由外部供给，进行反应。原则上，只要反应原料不断输入，燃料电池就可以连续发电。

燃料电池工作原理：

$$燃料 + O_2 \longrightarrow CO_2 + H_2O + 电 + 热$$

$$H_2 + O_2 \longrightarrow H_2O + 电 + 热$$

从工作原理上能够看出，燃料电池对环境污染非常小，甚至是零排放（如氢氧燃料电池的产物是水）。另外，燃料电池还具有高效率、燃料使用多样（氢气、天然气、甲醇、煤气化产物、石油分离物等都可以作为燃料）、结构简单等优点。不过缺点同样存在，其技术成本和科技含量较高。这些也是制约燃料电池发展的瓶颈。

随着科技的不断进步，新型燃料电池自开发以来，已经应用到各个领域。例如，航天飞机常采用新型燃料电池作为电能来源，我国发射的"神舟五号"载人飞船采用先进的甲烷电池作为电能来源。

4.6.4 海洋电池

海洋电池是 1991 年我国首创的以铝、空气、海水为能源的新型电池。该电池以铝板为负极，铂网为正极，取之不尽的海水为电解质溶液，空气中的氧气与铝反应产生电流。电池的总反应为

$$4Al + 3O_2 + 6H_2O \rightleftharpoons 4Al(OH)_3$$

海洋电池本身不含电解质溶液和正极活性物质，不放入海水时，铝极就不会被氧化，可以长期保存，用时把电池放入海水中，便可供电。它是一种无污染、长效、稳定可靠的电源。海洋电池大规模用于灯塔等海边或岛屿上的小规模用电，因为电线难以跨过海为灯塔供电，所以海洋电池的发明解决了这一难题。

海洋电池还用于生产救生衣灯。

4.6.5 高能电池

高能电池是具有较高比能量的电池，比较耐用，供电量高。

已投入使用的高能电池有：以镁作负极活性物质的镁干电池、金属-空气电池、锂-非水电解质溶液电池、钠-硫电池、锂高温电池。

正在研制的高能电池主要有锌-卤素电池、钠-水电池和锂-水电池等。

高能电池的主要应用领域有：遥感勘测、航天航空、地质调研、海洋勘探等。

4.6.6 锂离子电池

锂系电池分为锂电池和锂离子电池。手机和笔记本电脑使用的都是锂离子电池，俗称锂电池，而真正的锂电池由于危险性大，很少应用于日常电子产品。锂离子电池是一种充放电电池，它主要依靠锂离子在正极和负极之间移动来工作，是现代高性能电池的代表。

如图 4-5 所示，锂离子电池充电时，锂离子从正极脱出，穿过电解液和隔膜嵌入负极；放电时，锂离子从负极脱出，穿过电解液和隔膜嵌入正极。在整个充放电过程中没有电子得失（氧化数的变化），这一点与一般的化学电源不同。

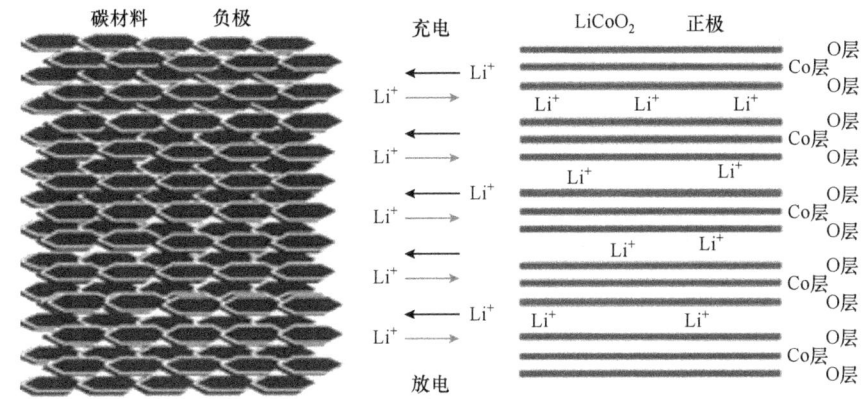

图 4-5　锂离子电池基本反应原理

4.7　电解及其应用

4.7.1　电解

电解是将电流通过电解质溶液或熔融态电解质（又称电解液），在阴极和阳极上引起化学变化的过程。化学变化是物质失去或获得电子（氧化或还原）的过程。电解过程是在电解池中进行的。电解池是由分别浸没在电解质溶液中的阴、阳两个电极构成。与电源的正极相连的极称为阳极，发生氧化反应；与电源的负极相连的极称为阴极，发生还原反应。

下面以电解 $CuCl_2$ 为例分析电解原理。$CuCl_2$ 是强电解质且易溶于水，在水溶液中电离生成 Cu^{2+} 和 Cl^-。通电前，阴阳离子在水里自由地移动；通电后，在电场作用下，溶液中带正电的 Cu^{2+} 向阴极移动，带负电的 Cl^- 向阳极移动。在阴极，Cu^{2+} 获得电子而还原成 Cu 覆盖在阴极上；在阳极，Cl^- 失去电子而被氧化生成 Cl_2，从阳极放出。

阴极：$\quad\quad\quad\quad\quad\quad Cu^{2+}(aq) + 2e^- \rightleftharpoons Cu(s)$

阳极：$\quad\quad\quad\quad\quad\quad Cl_2(g) + 2e^- \rightleftharpoons 2Cl^-(aq)$

总反应：$\quad\quad\quad\quad\quad Cu^{2+}(aq) + 2Cl^-(aq) \rightleftharpoons Cu(s) + Cl_2(g)$

在电解过程中，阳离子得到电子或阴离子失去电子而使离子所带电荷数目降低的过程又称放电。

在上述电解质溶液中存在的阴、阳离子除了生成 Cu^{2+} 和 Cl^-，还应该有 H^+ 和 OH^-，那为什么这两种离子没有参与反应？这是因为 Cu^{2+} 比 H^+ 更容易得电子，所以 Cu^{2+} 在阴极得电子析出 Cu，同理，Cl^- 比 OH^- 更易失去电子，所以 Cl^- 在阳极失电子放出 Cl_2。

在一般的电解条件下，水溶液中含有多种阳离子时，它们在阴极上放电的先后顺序是：$Ag^+ > Hg^{2+} > Fe^{3+} > Cu^{2+} > (H^+) > Fe^{2+} > Zn^{2+}$；水溶液中含有多种阴离子时，它们在惰性阳极上放电的先后顺序是：$S^{2-} > I^- > Br^- > Cl^- > OH^-$（$F^-$、$NO_3^-$、$SO_4^{2-}$ 等）。

电解所用的电极一般分为两种：一是用石墨（C）、金（Au）、铂（Pt）等还原性很弱的材料制做的电极，称为惰性电极，它们在一般的通电条件下不发生化学反应；另一种是用铁（Fe）、锌（Zn）、铜（Cu）、银（Ag）等还原性较强的材料制作的电极，称为活性电极，它们作电解池的阳极时，先于其他物质发生氧化反应。

4.7.2 电解的应用

电解广泛应用于冶金工业中，如从矿石或化合物提取金属（电解冶金）或提纯金属（电解提纯），以及从溶液中沉积出金属（电镀）。金属钠和氯气是由电解熔融氯化钠生成的，电解氯化钠的水溶液则产生氢氧化钠和氯气。水的电解就是在外电场作用下将水分解为 H_2 和 O_2。

$$2NaCl(熔融) \xrightarrow{电解} 2Na(s) + Cl_2(g)$$

$$2NaCl(aq) + 2H_2O(l) \xrightarrow{电解} 2NaOH(aq) + Cl_2(g) + H_2(g)$$

$$2H_2O(l) \xrightarrow{电解} 2H_2(g) + O_2(g)$$

电解是一种强有力的促进氧化还原反应的手段，许多很难进行的氧化还原反应，都可以通过电解来实现。例如，可将熔融的氟化物在阳极上氧化成单质氟，熔融的锂盐在阴极上还原成金属锂。

电解工业在国民经济中具有重要作用，许多有色金属 [如钠（Na）、钾（K）、镁（Mg）、铝（Al）等] 和稀有金属 [如锆（Zr）、铪（Hf）等]，金属 [如铜（Cu）、锌（Zn）、铅（Pb）等] 的精炼，基本化工产品 [如氢（H_2）、氧（O_2）、烧碱（NaOH）、氯酸钾（$KClO_3$）、过氧化氢（H_2O_2）等] 的制备，还有电镀、电抛光、阳极氧化等，都是通过电解实现的。

电镀、电解抛光、阳极氧化的内容将在 4.8.2 节金属的防护部分详细介绍。

4.8 金属的腐蚀与防护

4.8.1 腐蚀的发生

金属或合金与周围接触到的气体或液体进行化学反应而腐蚀损耗的过程（金属失去电子被氧化）称为金属腐蚀。从热力学的观点来看，除少数的贵金属（如 Au、Pt）需要像"王水"那样的特殊介质外，各种金属都有与周围介质发生化学作用的倾向，也就是说金属腐蚀是自然趋势（自发的），因此腐蚀现象是普遍存在的。例如，铁制品生锈（$Fe_2O_3 \cdot xH_2O$）、铝制品表面出现白斑（Al_2O_3）、铜制品表面产生铜绿[$Cu_2(OH)_2CO_3$]、银器表面变黑（Ag_2S、Ag_2O）等都属于金属腐蚀，其中用量最大的金属——铁制品的腐蚀最为常见。

中国航天科工集团三十一研究所曾经公布过一组数据：全球每年钢铁腐蚀的经济损失约 10 000 亿美元，占各国国民生产总值（GNP）的 2%~4%，每年钢铁因腐蚀造成的报废就占全年钢铁生产总量的 10%，大约 1/3 的化学设备因局部腐蚀而停工。我国每年钢铁腐蚀经济损失高达 2800 亿元人民币，约占 GNP 的 4%，每年约有 30% 的钢铁因腐蚀而报废。腐蚀给人类造成的损失是惊人的，相当于原中国宝钢集团有限公司一年的钢铁产量。金属腐蚀甚至还会引起停工停产、环境污染、中毒、爆炸等严重事故，但金属腐蚀有时也会给人类带来加工方便等可利用之处。

金属腐蚀的过程一般有两种途径：化学腐蚀和电化学腐蚀。生物腐蚀也是金属腐蚀的一种途径，这里主要介绍化学腐蚀和电化学腐蚀。

1. 化学腐蚀和电化学腐蚀

1）化学腐蚀

单纯由化学作用引起的腐蚀称为化学腐蚀。化学腐蚀是金属材料与周围介质直接发生化学作用而引起的腐蚀现象。它发生在非电解质溶液中或干燥的气体中，在腐蚀过程中不产生电流。这类腐蚀不普遍，只在特殊条件下发生。化学腐蚀通常分为钢铁的高温氧化、钢的脱碳与氢脆等。

$$Fe(s)+H_2O(g) \rightleftharpoons FeO(s)+H_2(g)$$

$$2Fe(s)+3H_2O(g) \rightleftharpoons Fe_2O_3(s)+3H_2(g)$$

$$3Fe(s)+4H_2O(g) \rightleftharpoons Fe_3O_4(s)+4H_2(g)$$

钢铁与高温的水蒸气在反应中生成一层由 FeO、Fe_2O_3、Fe_3O_4 组成的氧化皮，同时还产生氢气。因为钢铁里渗碳体的存在，钢铁与高温水蒸气反应还会发生脱碳现象。

$$Fe_3C(s)+H_2O(g) \rightleftharpoons 3Fe(s)+CO(g)+H_2(g)$$

在渗碳体与水蒸气的反应中，渗碳体从邻近的、尚未反应的金属内部区域逐渐迁移到钢铁表面，于是金属中的渗碳体不断减少，形成脱碳层。这时反应产生的氢气因扩散渗入钢铁内部，使钢铁产生脆性，这就是氢脆。钢铁的脱碳和氢脆会造成钢的表面硬度和内部强度降低，这在钢铁的实际应用过程中是十分有害的。

2）电化学腐蚀

钢铁在干燥的空气里长时间不易腐蚀，但在潮湿的空气中很快就会腐蚀。因为在潮湿的空气里，钢铁的表面吸附了一层薄薄的水膜，这层水膜里含有少量的 H^+ 与 OH^-，还溶解了 O_2 等气体，所以在钢铁表面形成了一层电解质溶液，它跟钢铁里的铁和少量的碳恰好形成无数微小的原电池。

由形成原电池发生电化学作用而引起的腐蚀称为电化学腐蚀。金属的电化学腐蚀与原电池作用在原理上没有本质区别。但通常把腐蚀中的原电池称为腐蚀电池，而且习惯上把腐蚀电池中发生氧化（失电子）反应的电极称为阳极，一般电极电势越小的电对的还原态物质还原能力越强，越容易失电子而被氧化；把发生还原（得电子）反应的电极称为阴极，一般电极电势越大的电对的氧化态物质氧化能力越强，越容易得电子而被还原。

实际观察腐蚀电池的电动势，当有电流通过时要比按理论计算的值低。原因是当电流通过时，阴极的电极电势要降低，阳极的电极电势要升高。没有电流通过时，电极处于平衡状态，这时的电极电势称为平衡电极电势。有电流通过电极而使电极电势偏离原来的平衡电极电势值的现象，称为电极的极化，这时的电极电势称为极化电极电势。

根据极化产生的不同原因，通常把极化大致分为两类：浓差极化和电化学极化。

（1）浓差极化。浓差极化是由电极附近的某离子扩散速率比离子在电极上的放电速率慢所引起的。电流产生后，电极附近的离子浓度与溶液中其他部分不同。在阴极是氧化态物质（正离子）得电子，当离子浓度减小时，由能斯特方程式（4-3）可知，其电极电势代数值将减小；在阳极是还原态物质（金属）失电子，当离子浓度增加时，其电极电势代数值增大。

（2）电化学极化。电化学极化是由电化学反应的速率比电流速率慢所引起的。电流通过电极时，若电极反应进行得较慢，就会改变电极上的带电程度，使电极电势偏离平衡电极电势。在阴极，当氧化态物质得电子反应不够快时，则在阴极上的电子过剩，即比平衡时的电极带更多的负电荷，从而使阴极电势比其平衡电极电势低；同样，在阳极，当还原态物质的氧化反应（失电子）进行得较慢时，则电极的正电荷过剩，从而使阳极电势比其平衡电极电势高。

总之，无论哪种极化原因，极化的结果都是使阳极的电极电势增大，阴极的电极电势减小，最终使腐蚀电池的电动势减小。极化作用的结果是使腐蚀速率变慢，甚至有时会使腐蚀过程完全停止。

2. 析氢腐蚀和吸氧腐蚀

电化学腐蚀从机理上看可以分为析氢腐蚀和吸氧腐蚀。

1）析氢腐蚀

在酸洗或用酸侵蚀某种较活泼的金属的工艺过程中，放出氢气，这种腐蚀称为析氢腐蚀。在钢铁制品中一般都含有碳。当钢铁制件暴露在潮湿空气中，由于表面的吸附作用钢铁表面会吸附水汽而形成一层薄薄的水膜。水膜中溶有 CO_2 后就变成一种电解质溶液，使水里的 H^+ 增多。此时铁（相对活泼的金属）作为腐蚀电池的阳极发生失电子的氧化反应；氧化皮、碳或其他比铁不活泼的杂质作阴极。H^+ 在这里接受电子，发生得电子的还原反应：

阳极（Fe） $\qquad\qquad Fe^{2+}(aq)+2e^- \rightleftharpoons Fe(s)$

阴极（杂质） $\qquad\qquad 2H^+(aq)+2e^- \rightleftharpoons H_2(g)$

总反应 $\qquad\qquad Fe(s)+2H^+(aq) \rightleftharpoons H_2(g)+Fe^{2+}(aq)$

发生析氢腐蚀的必要条件是 $\varphi_{阴极}(H^+/H_2) > \varphi_{阳极}(M^{x+}/M)$。

对于 $\qquad\qquad 2H^+(aq)+2e^- \rightleftharpoons H_2(g)$

298K、100kPa 下，根据能斯特方程式（4-4），得

$$\varphi_{阴极}(H^+/H_2) = -0.059\text{pH}$$

一般金属在给定的腐蚀介质中能否发生析氢腐蚀，可以通过计算来判断。

对于 pH = 7 的中性溶液

$$\varphi_{阴极}(H^+/H_2) = -0.059\text{pH} = -0.059 \times 7 = -0.413(\text{V})$$

溶液 pH 越小时，阴极电极电势越正；金属越活泼，阳极电极电势越负，发生析氢腐蚀的可能性越大。

例如，钢铁的析氢腐蚀，在 pH = 7 的中性溶液中，$c(Fe^{2+})=10^{-6}\,\text{mol}\cdot\text{L}^{-1}$。

$$\varphi_{阴极}(H^+/H_2) = -0.413\text{V} > \varphi_{阳极}(Fe^{2+}/Fe) = -0.624\text{V}$$

在阴极上有氢气析出并使阳极（铁）腐蚀，但由于电化学极化作用，氢气析出时的实际电极电势要小于理论析出电势值，两者之差即

$$\varphi_{实}(H^+/H_2) = \varphi_{理}(H^+/H_2) - \varphi_{过}(H^+/H_2)$$

我们称 $\varphi_{过}(H^+/H_2)$ 为氢的过电势。过电势总是正值，它使 H^+ 在阴极析出时的实际电势比理论电势小。过电势的大小与电流密度、溶液中 H^+ 的浓度、阴极的材料等因素有关。

2）吸氧腐蚀

由于氢过电势的影响，在中性介质甚至 pH=4 的溶液中，铁已不可能发生析氢腐蚀。但实际生产生活中铁的腐蚀还是严重存在的，这是什么原因呢？这是因为阴极的吸氧作用造成了吸氧腐蚀。当金属发生吸氧腐蚀时，阳极仍是金属（如 Fe）失电子，被氧化成金属离子（如 Fe^{2+}），但阴极主要是溶于水膜中的氧得电子，反应式如下：

阳极（Fe）　　　　　$Fe^{2+}(aq) + 2e^- \rightleftharpoons Fe(s)$

阴极（杂质）　　　$O_2(g) + 2H_2O(l) + 4e^- \rightleftharpoons 4OH^-(aq)$

总反应　　　　　　$2Fe(s) + O_2(g) + 2H_2O(l) \rightleftharpoons 2Fe(OH)_2(s)$

这种在中性或弱酸性介质中"吸收"氧气的电化学腐蚀称为吸氧腐蚀。发生吸氧腐蚀的必要条件是 $\varphi_{阴极}(O_2/OH^-)$ 比阳极电势即 $\varphi_{阳极}(M^{x+}/M)$ 高。因为 $\varphi_{阴极}(O_2/OH^-)$ 远大于 $\varphi_{阴极}(H^+/H_2)$，所以大多数金属都可能产生吸氧腐蚀，析出 OH^-。甚至在酸性较强的溶液中，金属发生析氢腐蚀的同时，也有吸氧腐蚀产生，其速率取决于温度、水膜的厚度等因素。

锅炉、铁制水管等都与大气相通，而且不是经常有水，无水时管道被空气充满，因此锅炉管道系统常含有大量的氧气，常有严重的吸氧腐蚀。

差异充气腐蚀是由氧浓度不同而造成的腐蚀，是金属吸氧腐蚀的一种形式，是由金属表面氧气分布不均匀引起的。例如，钢管与铁管埋在地下，地下的土有砂土、黏土之分，以及压实、不压实的区别，砂土部分或没有压结实黏土的含气比较充足，即氧气的分压或浓度大一些，从以下氧的电极反应式：

$$O_2(g) + 2H_2O(l) + 4e^- \rightleftharpoons 4OH^-(aq)$$

$$\varphi(O_2/OH^-) = \varphi^{\ominus}(O_2/OH^-) + \frac{0.059}{4} \lg \frac{p(O_2)/p^{\ominus}}{[c(OH^-)/c^{\ominus}]^4}$$

可以看出，在氧气分压 $p(O_2)$ 大的地方，$\varphi(O_2/OH^-)$ 值也大，反之，$p(O_2)$ 小的地方，$\varphi(O_2/OH^-)$ 值也小。根据电池组成原则，φ 值大的为阴极（得电子），φ 值小的为阳极（失电子），于是组成了一个氧的浓差电池。结果使 $p(O_2)$ 小或 $c(O_2)$ 小的地方即压实或黏土部分的金属成为阳极，发生失电子反应，先被腐蚀。差异充气腐蚀对工程材料的影响必须予以足够重视，工件上的一条裂缝、一个微小的孔隙，往往因差异充气腐蚀而毁坏整个工件，造成事故。

3. 金属的腐蚀速率

在相同的环境条件下，对不同金属而言，金属越活泼，电极电势越小，还原能力越强，越容易被腐蚀；反之，金属越不活泼，电极电势越大，还原能力越弱，越不容易被腐蚀。在不同的环境下，同种金属的腐蚀速率主要受环境介质（湿度、温度、空气中的污染物质）的影响，另外溶液状况及其他人为因素等也会影响金属的腐蚀速率。

1）大气相对湿度的影响

常温下，金属在大气中的腐蚀主要是吸氧腐蚀。吸氧腐蚀的速率主要取决于构成电解质溶液的水分。在某一相对湿度（称临界相对湿度）以下，金属即使长期暴露在大气中，也几乎不生锈。但如果超过某一相对湿度，金属表面很快就会吸附水蒸气形成水膜而被腐蚀。临界相对湿度随金属的种类及表面状态不同而不同。一般地说，钢铁生锈的临界相对湿度大约为 75%。

如果将一块干净的玻璃和一堆粗盐在同一湿度的空气中放置一段时间,会发现玻璃表面没有什么变化,而那堆粗盐却渐渐变成了一摊盐水。这是因为不同物质对于大气中水分的吸附能力是不同的。粗盐中所含的 $MgCl_2$ 晶体对空气中水分子的吸附能力很强,即使空气相对湿度很低,它也能把水分子从空气中吸收进来;而玻璃对空气中水分子的吸附力较差,空气湿度达不到它的过饱和状态就看不到玻璃表面有水膜。总之,物体本身的特性及表面状态决定了物体表面在多大湿度下才能形成水膜。

金属表面上的水膜厚度对金属腐蚀速率的影响很大。金属在水膜极薄($<10\mu m$)的情况下几乎不能发生腐蚀,即使发生反应速率也极小,因为这种情况下不能形成足够的电解质溶液供金属溶解和离子迁移运动;而水膜在 $10\sim10^6\mu m$ 时的腐蚀速率最大,因为这种情况相当于空气相对湿度较大时形成的水膜,此时,O_2 很容易地透过水膜到达金属表面,氧的阴极电势增大,易得电子,被还原;阳极(金属)失电子也快,很容易被腐蚀。因此腐蚀速率很快;如果水膜过厚($>10^6\mu m$),O_2 通过水膜到达金属表面的时间变得较长,这使阴极得电子速度变得迟缓,腐蚀速率也会随之降低。

如果金属表面有吸湿性物质(如灰尘、水溶性盐类等)污染,或其表面形状粗糙而多孔,则临界相对湿度值就会大幅度下降。腐蚀也就变得非常容易。

2)环境温度的影响

环境的温度会影响空气的相对湿度、金属表面水汽的凝聚、凝聚水膜中腐蚀性气体和盐类的溶解及水膜的电阻和腐蚀电池中阴、阳极反应过程的快慢,因此它也是影响金属腐蚀的重要因素。

温度的影响一般要和湿度条件综合起来考虑。当湿度低于金属的相对湿度时,温度对腐蚀的影响很小,此时无论气温多高,金属也几乎不腐蚀。而当湿度在相对湿度以上时,温度的影响会相应增大。此时温度每升高 10℃,锈蚀速率提高约 2 倍,所以在雨季或湿热带地带,湿度比较大,温度越高,生锈越严重。

温度的变化还表现在霜露现象上。例如,在大陆性气候地区,白天炎热、空气相对湿度虽低,但并不是没有水分,一到晚上温度就剧烈下降,空气的相对湿度大大升高,这时空气中的水分就会在金属表面形成露水,形成了生锈的条件,从而导致腐蚀加速。在潮湿的环境中用汽油洗涤金属零件,洗后由于汽油迅速挥发,会带走一部分热量,零件表面变冷并马上凝结一层水膜,也会引起金属生锈。所以,在金属制品的生产、放置和使用过程中,应尽量避免温度的剧烈变化。在温度较低和昼夜温差变化较大的地区,应设法控制室内温度。

3)空气中污染物质的影响

在工业化城市的大气中存在着大量 SO_2、CO_2、NO_x 和灰尘等污染物质。SO_2、CO_2、NO_x 都是酸性气体,它们溶于水膜,不仅增加了作为电解质溶液的水膜的导电性,而且使析氢腐蚀和吸氧腐蚀同时发生,从而加快了腐蚀速率。

$$Fe(s)+2H^+(aq) \rightleftharpoons H_2(g)+Fe^{2+}(aq)$$

$$2Fe(s)+O_2(g)+4H^+(aq) \rightleftharpoons 2Fe^{2+}(aq)+2H_2O$$

Fe^{2+} 可以进一步氧化成 Fe^{3+}。在碱性条件下 Fe^{3+} 就可以完全沉淀生成 $Fe(OH)_3$。

$$4Fe^{2+}(aq)+O_2(g)+2H_2O(aq)+8OH^-(aq) \rightleftharpoons 4Fe(OH)_3(s)$$

Zn 在大气中的腐蚀主要是吸氧腐蚀,它在大气中的吸氧腐蚀产物主要是 $Zn(OH)_2$,$Zn(OH)_2$

与空气中的 CO_2 反应生成 $Zn_5(OH)_6(CO_3)_2$：

$$5Zn(OH)_2(s)+2CO_2(g) \rightleftharpoons Zn_5(OH)_6(CO_3)_2(s)+2H_2O(l)$$

碱式碳酸锌可形成一种致密的覆盖层，使金属表面与 O_2、H_2O 隔离。这样腐蚀速率大大变慢，一般每年腐蚀深度只有几微米。这种情况下，腐蚀速率只取决于覆盖层按照下述反应所发生的溶解情况：

$$Zn_5(OH)_6(CO_3)_2(s) \rightleftharpoons 5Zn^{2+}(aq)+6OH^-(aq)+2CO_3^{2-}(aq)$$

工业区大气被酸性氧化物气体严重污染，这些酸性氧化物气体可以通过多种途径与 O_2 和 H_2O 反应生成酸，而 H^+ 则使碱式碳酸锌的解离平衡强烈地向右移动，结果促进了覆盖层的溶解，加速了锌的腐蚀。

此外，在某些化工厂区大气中含有许多腐蚀性气体，如 H_2S、NH_3、HCl 等，这些气体都能不同程度地加速金属的腐蚀。

4）其他因素的影响

金属制品在其生产过程中，可能带来很多腐蚀性因素，如机械加工冷却液，不同的金属对它的 pH 和氧化还原要求差别很大。Zn 或 Al 因为具有两性，所以这两种金属及其氧化物在一般的酸、碱溶液中均能溶解。Fe 和 Mg 由于生成的氢氧化物在碱中不溶解，而在金属表面生成保护膜，这两种金属在碱溶液中的腐蚀速率比在中性和酸性溶液中小。因此，加工钢铁零件的冷却液要根据金属制品的性质来选择。

盐类的影响比较复杂，一般着重考虑它们与金属反应所生成的腐蚀产物的溶解度。此外，还有很多不可避免的操作因素。例如，手工操作者的手与工件接触时，人汗成分中含有较多的 Cl^-、乳酸及尿素等，这也易促进金属生锈。除上述因素外，还有一些因时因地的各种因素也要考虑。

总之，腐蚀速率是讨论腐蚀现象中的一个十分重要的问题。

4.8.2 金属的防护

腐蚀处处存在，要想使金属材料及其设备完全不被腐蚀是不可能的。金属腐蚀现象是普遍存在的。金属腐蚀直接或间接地造成巨大的经济损失，甚至会引起严重事故。但是由于金属有很多优良的性能而应用广泛，因此要求部门主管、设计、采购、制作、运行、维修等各个环节的人员都应在了解金属腐蚀机理的基础上懂得如何防止金属腐蚀和了解如何进行金属材料的化学保护。控制金属腐蚀可以从金属本性和环境介质两个方面考虑。

1. 合理选用材料

工程的设计关系到生产，材料的选用将影响设备在服役期间的腐蚀情况。纯金属的耐蚀性能一般比含有杂质或少量其他元素的金属更好。例如，纯金属镍特别能耐碱的腐蚀，不论在高温或熔融的碱中都比较稳定，所以主要用于制碱工业。在常温下，镍在海水和盐类溶液及有机介质（如脂肪酸、酚、醇等）中极为稳定，但是不耐无机酸的腐蚀，在乙酸和蚁酸中也不稳定。又如，铝在相当纯的状态下（＞99.5%）价格并不高，因此电气工业中使用较多。不过纯金属通常价格较高，而且比较软，强度低，所以一般只用在极少的特殊场合，大多数情况下都是使用合金材料。

选用材料时还应考虑材料使用时所处的介质种类和条件，如空气的湿度、环境的温度和溶液的性质等。例如，对接触还原性或非氧化性的酸和水溶液的材料，通常用镍、铜及其合金。对于氧化性极强的条件，采用钛和钛合金。除了氢氟酸和浓碱溶液外，金属钽和非金属的玻璃几乎对所有介质都能耐蚀。许多年来钽已被用作"完全"耐蚀材料。

"不锈钢"一词不仅仅指一种不锈钢，而是表示一百多种工业不锈钢，所开发的每种不锈钢都在其特定的应用领域具有良好的性能。成功的关键首先是要弄清用途，然后确定正确的钢种。不锈钢并不是在所有情况下都不生锈，也并非是最耐腐蚀的材料。有大量的腐蚀事故可以直接归结为对不锈钢选材的不慎或把它当作最好的万能材料，实际上不锈钢仅仅是耐蚀性较高而价格相对较低的一大类材料，使用时必须慎重。

考虑到金属的腐蚀性，在某些领域可以根据实际需要选择用一些其他的非金属材料（如天然橡胶和合成橡胶、塑料、陶瓷、碳素材料、木材等）代替金属。

最后，设计金属构件时，应注意避免两种电势差很大的金属相接触。例如，铝合金、镁合金不应和铜、镍、铁等电极电势代数值较大的金属直接连接。当必须把这些不同的金属装配在一起时，应该设法采用隔离层（如喷漆、衬塑料或橡胶垫，或通过适当的金属镀层过渡）把它们隔开。

2. 防止介质对材料的腐蚀

1）隔绝介质与材料的接触

采用覆盖层的办法，可将金属或合金与周围介质隔离开来，从而达到防腐蚀的目的。覆盖层是采用化学处理的方法，使金属表面形成一层钝化膜保护层。钝化膜最常见的有氧化膜和磷化膜两种。

钢铁发蓝，也称发黑，是钢铁表面氧化处理的一种方法。将金属零件放在很浓的碱（NaOH）和氧化剂（$NaNO_2$、$NaNO_3$）的溶液中，在140~150℃温度下加热、氧化，使金属表面生成一层均匀致密且与金属牢固结合的四氧化三铁薄膜。这种氧化膜对干燥的气体抵抗力强，但在水中和湿气中抵抗力较差。这种氧化膜还有较大的弹性及润滑性，广泛用于机器零件、精密仪器、光学仪器、钟表零件和军械制造中。

钢铁磷化是把工件浸入磷化液（某些酸式磷酸盐为主的溶液），在其表面沉积一层灰黑色不溶于水的结晶型磷酸盐。磷化的目的主要是：给基体金属提供保护，在一定程度上防止金属被腐蚀；用于涂漆前打底，提高漆膜层的附着力与防腐蚀能力；在金属冷加工工艺中起减摩润滑作用。磷化膜加工工艺简便，成本低廉。常用的磷酸盐是磷酸二氢锰铁盐，俗名马日夫盐。

覆盖层也可以是金属保护层。金属保护层指在金属表面镀上一种金属或合金，作为保护层，以减慢腐蚀速率。用作保护层的金属通常有锌、锡、锡、镍、铬、铜、镉、铅、金、银、钯、铑等及合金。制备金属保护层可用电镀、电刷镀、喷镀、渗镀、化学镀等方法。

电镀就是利用电解原理在某些金属表面上镀上一薄层其他金属或合金的过程，是利用电解作用使金属或其他材料制件的表面附着一层金属膜的工艺，从而起到防止金属氧化（如锈蚀），提高耐磨性、导电性、反光性、抗腐蚀性（硫酸铜等）及增进美观等作用。不少硬币的外层为电镀层。电镀时，镀层金属或其他不溶性材料作阳极，待镀的工件作阴极，镀层金属的阳离子在待镀工件表面被还原形成镀层。为排除其他阳离子的干扰，且使镀层均匀、牢固，需用含镀层金属阳离子的溶液作电镀液，以保持镀层金属阳离子的浓度不变。

覆盖层还可以是非金属保护层。在金属表面上浸涂或喷涂一层有机物质，如油漆、沥青、塑料等。我国具有悠久历史的生漆（大漆）就是耐蚀性能很好的涂料，用其作保护层，能耐盐酸、硫酸的侵蚀。

2）控制和改善环境气体介质

易腐蚀的仪表、器件应尽量放在干燥、不接触腐蚀性气体或电解质溶液的地方。常采用的方法有加干燥剂、干燥空气封存技术、充氮封存、去氧封存等。

3）控制和改善环境液体介质

发电厂热力系统中给水系统的锅炉、管道等的吸氧腐蚀、析氢腐蚀与给水中所溶解的氧、二氧化碳等气体的含量有关。一般采用热力法煮沸给水，这不仅能去除水中的溶解氧，而且还会使一部分水中的碳酸氢根分解。有时还借助于化学法，用联氨（N_2H_4）除氧。联氨具有还原性，特别是在碱性水溶液中是一种很强的还原剂。

控制和改善环境还可用缓蚀剂法。缓蚀剂是指添加到腐蚀性介质中能阻止金属腐蚀或降低腐蚀速率的物质。缓蚀剂的种类繁多，有用于酸性、碱性或中性液体介质中的缓蚀剂，有气相缓蚀剂等。习惯上常根据缓蚀剂的化学组成，把缓蚀剂分为无机缓蚀剂（如有氧化性的 K_2CrO_4、$K_2Cr_2O_7$、$NaNO_3$、$NaNO_2$ 和非氧化性的 $NaOH$、Na_2CO_3、Na_2SiO_3、Na_3PO_4 等）和有机缓蚀剂（如琼脂、糊精、动物胶、胺类及含氮和硫的有机物质等）两类。

3. 电化学保护法

电化学保护法是根据电化学原理在金属设备上采取措施，使之成为腐蚀电池中的阴极，从而防止或减轻金属腐蚀的方法。它一般分为牺牲阳极保护法和外加电流保护法。

牺牲阳极保护法是根据原电池的原理选择电极电势比被保护金属更低的金属或合金作阳极，固定在被保护金属上，形成腐蚀电池，这时较活泼的金属作为腐蚀电池的阳极而被腐蚀，被保护金属作为阴极而得到保护。一般常用的材料有 Al、Zn 及其合金。此法常用于保护海轮外壳，海水中的各种金属设备、构件和防止巨型设备（如储油罐）及石油管路的腐蚀。

外加电流保护法是根据电解池的原理将被保护金属与另一附加电极作为电解池的两个极，使被保护的金属作为阴极，在外加直流电的作用下使阴极得到保护。此法主要用于防止土壤、海水及河水中金属设备腐蚀。

4. 电化学腐蚀的利用

腐蚀破坏了金属材料，但利用电化学腐蚀还可进行金属保护和金属材料加工等。

1）阳极氧化

阳极氧化是将金属或合金的制件作为阳极，采用电化学的方法使其表面形成氧化物薄膜。金属氧化物薄膜改变了材料的表面状态和性能，提高耐腐蚀性、增强耐磨性及硬度，保护金属表面等。有色金属或其合金（如铝、镁及其合金等）都可进行阳极氧化处理，这种方法广泛用于机械零件，飞机、汽车部件，精密仪器及无线电器材，日用品和建筑装饰等方面。

2）电解抛光

电解抛光的原理是以被抛光的工件为阳极，不溶性金属为阴极，两极同时浸入电解槽中，通以直流电，利用金属表面上凸出部分的溶解速率大于金属表面凹入部分的溶解速率这一特点，除去细微毛刺，使金属表面达到平滑光亮的目的。平滑光亮的金属表面，既不易腐蚀又美观大方。抛光液中，磷酸是应用最广的一种。由于磷酸本身是中强酸，对大多数金属不起强烈的腐蚀作用,又无臭、无毒,因而大多数情况下采用磷酸作抛光电解液。

电解抛光具有机械抛光所没有的优点,但是也有缺点,如往往在工件表面产生点状腐蚀和非金属薄膜,这多为电解液配制不当所致。实际工作中,往往电解抛光与机械抛光互相结合,以发挥各自优点,弥补各自的不足。

3)化学铣削

化学铣削是基于不同金属在酸、碱、盐溶液中的腐蚀性来进行金属加工的一种方法,因此又称腐蚀加工。把工件表面不需要加工的部分用耐腐蚀涂层保护起来,然后将工件浸入适当成分的化学溶液中,露出的工件加工表面与化学溶液产生反应,材料不断地被溶解去除。

要实现化学铣削加工,必须具备两个条件:①具有合适的化学腐蚀液;②制作保护层。在腐蚀反应中,一般都放出热量,这有利于化学铣削速率的提高。

化学铣削已成为一种有很高应用价值的加工方法。它能承担机械切削难以完成的加工,目前已铣削出凹槽厚度偏差不超过 $\pm 0.025 \mu m$ 的材料,并已用在阿波罗号等航天飞船上。

阅 读 材 料

1. 铂黑电极

标准氢电极是将镀有一层疏松铂黑的铂片插入氢离子浓度为 $1.0000 mol \cdot L^{-1}$ 的硫酸溶液中,在 298.15K 时不断通入压力为 100.00kPa 的纯氢气流而制得。那么铂黑是什么物质?铂黑在其中的作用是什么呢?

铂黑就是铂,只不过是铂的极细粉末,能够达到纳米级。金属颗粒一旦达到纳米级就很容易变成只吸收光的黑色,故称为铂黑。铂电极上镀层铂黑,其目的在于减少电极的极化效应。电极的极化是指电流通过电极而使电极电势偏离原来的平衡电极电势值的现象。某一电流密度下的电极电势与其平衡电极电势之差的绝对值称为超电势。金属在电极上析出时超电势很小,通常可忽略不计。气体特别是氢气和氧气超电势值较大。图 4-6 为不同电流密度下时氢气在不同电极材料上的超电势。

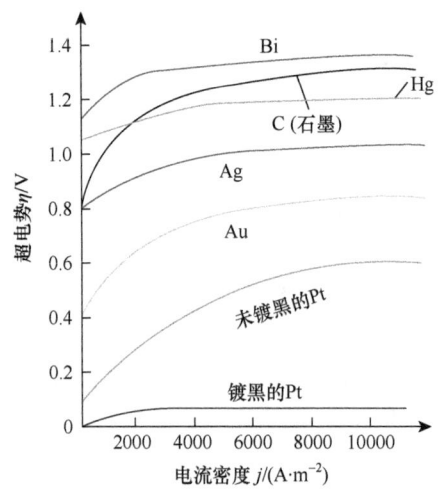

图 4-6 氢气在不同电极材料上的超电势

从图 4-6 中可以看出,氢气在金属电极上的超电势都很大,有的甚至超过 1V。即使在未镀铂黑的铂电极上,氢气的超电势也会随着电流密度显著增大,若直接将之应用于标准氢电极,在电流密度较大时,其电极电势势必显著增大,从而产生很大的测量误差。而对于镀有铂黑的铂电极,由于多孔的铂黑增加了电极的表面积,电流密度显著减小,极化效应降至最低,从而使其电极电势在整个电流密度变化范围内都能保持恒定,因此可被用作标准氢电极。

但铂黑电极是比较娇贵的。铂黑电极存放期间要泡在蒸馏水中,不宜干放。如果发现铂黑电极污染或失效,可浸入 10%硝酸或盐酸溶液中 2min,然后用蒸馏水冲洗干净后再测量。需注意的是,铂黑电极表面绝对不能擦拭,只能在水中晃动清洗。铂黑电极也可以重新电镀,但镀铂黑需要一定的要求和经验,镀黑层镀得好与坏对电极性能有很大影响。

2. 离子选择性电极

离子选择性电极是一类利用膜电势测定溶液中特定离子的活度的电极。当它和含待测离子的溶液接触时,在它的敏感膜和溶液的相界面上产生与该离子活度直接有关的膜电势。离子选择性电极也称膜电极。这类电极有一层特殊的电极膜,电极膜对特定的离子具有选择性响应,电极膜的电势与待测离子含量之间的关系符合能斯特方程。常用 pH 计测量溶液的 pH,其中 pH 计的探头——pH 玻璃电极就是一种典型的对 H^+ 具有选择性的电极。

离子选择性电极的基本结构如图 4-7 所示,整个电极由内参比电极(通常为 AgCl|Ag 电极)、带有敏感膜的电极管和管内的内充溶液组成,内充溶液的作用在于保持膜的内表面和内参比电极电势的稳定。离子选择性电极不能单独使用,通常和适当的外参比电极组成完整的电化学电池,测量其电动势。由于内外参比电极的电极电势已知,故可得到膜电极电势,进而获得相关离子活度的信息。

离子选择性电极一般可分为三类:玻璃电极、无机盐固体膜电极和基于离子交换的选择性电极,另外还有更复杂的气敏电极、酶电极等。

离子选择性电极能够测定溶液中无机、有机、生物等特定离子的活度,且不要求复杂的仪器,可以分辨不同离子的存在形式,能测量少到几微升的样品,使用简便迅速,在测试时不受试液颜色、浊度等的影响,特别适于水质连续自动监测和现场分析。与其他分析方法相比,它在阴离子分析方面特别具有竞争能力。正因为如此,离子选择性电极不但可用作络合物化学和动力学的研究工具,而且通过电极的微型化已被用于直接观察体液甚至细胞内某些重要离子的活度变化。离子选择性电极的分析对象十分广泛,它已成功地应用于环境监测、水质和土壤分析、临床化验、海洋考察、工业流程控制及地质、冶金、农业、食品和药物分析等领域。

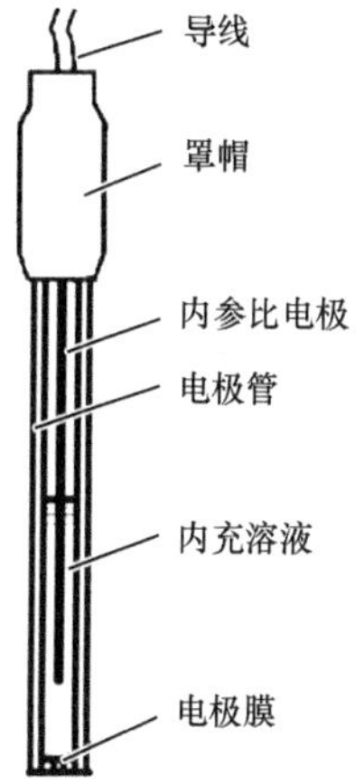

图 4-7 离子选择性电极结构示意图

3. 盐桥——原电池中的"桥"

当组成或活度不同的两种电解质接触时,在溶液接界处正负离子扩散通过界面的离子迁移速度不同造成正负电荷分离而形成双电层,这样产生的电势差称为液体接界扩散电势,简称液接电势。图 4-8 为液接电势产生的示意图。如图所示,两种不同浓度的 HCl 溶液接触时,由于浓度存在差异,必然发生扩散。由于 H^+ 的迁移速度大于 Cl^-,就会造成在接触面右边存在着过量正电荷及接触面左边存在过量负电荷,从而在接触

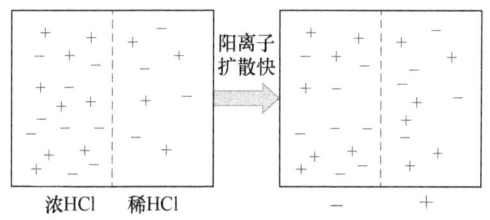

图 4-8 液接电势产生示意图

面形成双电层,产生电势差。电势差的存在降低了 H^+ 的迁移速度,同时提高了 Cl^- 的迁移速度,使阴阳离子扩散速度趋于相等。液接电势一般可达几十毫伏,影响电极电势的精确测量。

为了消除液接电势,就需要在两种溶液之间连接一个高浓度的电解质溶液作"盐桥",如图 4-1 所示。用作盐桥的溶液需要满足以下条件:阴阳离子的迁移速度相近;盐桥溶液的浓度要大;盐桥溶液不与溶液发生反应或不干扰测定。盐桥通常是装有饱和 KCl 琼脂溶胶的 U 形管,溶液不致流出来,但离子可以在其中自由移动。盐桥的存在避免了原来的两种溶液的直接接触,减免和稳定液接电势,使液接电势减至最小以致接近消除。

在原电池中,盐桥起到了使整个装置构成通路、保持电中性,又不使两边溶液混合的作用。盐桥是如何发挥作用的呢?铜-锌电池盐桥的工作原理如图 4-9 所示。Zn 棒失去电子成为 Zn^{2+} 进入溶液中,使 $ZnSO_4$ 溶液中 Zn^{2+} 增多,即正电荷增多,溶液带正电荷;Cu^{2+} 获得电子沉积为 Cu,溶液中 Cu^{2+} 减少,SO_4^{2-} 过量,即负电荷增多,溶液带负电荷。当溶液不能保持电中性,将阻止放电作用的继续进行。但由于盐桥的存在,其中 Cl^- 向 $ZnSO_4$ 溶液迁移,K^+ 向 $CuSO_4$ 溶液迁移,分别中和过剩的电荷,使溶液保持电中性,反应可以继续进行。盐桥中离子的定向迁移构成了电流通路,盐桥既可沟通两方溶液,又能阻止反应物直接接触。可使由它连接的两溶液保持电中性,否则 $ZnSO_4$ 溶液会由于锌溶解成为 Zn^{2+} 而带上正电,$CuSO_4$ 溶液会由于铜的析出减少了 Cu^{2+} 而带上了负电。盐桥保障了电子通过外电路从锌到铜不断转移,使锌的溶解和铜的析出过程得以继续进行。导线的作用是传递电子,沟通外电路。盐桥的作用则是沟通内电路,保持电中性,这就是化学原电池的盐桥起到电荷"桥梁"的作用,保持两边的电荷平衡以防止两边因为电荷不平衡(一边失去电子,一边得到电子造成的)而阻碍氧化还原反应的进行。

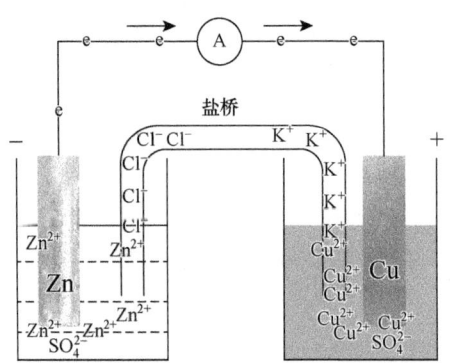

图 4-9 盐桥工作原理示意图

既然任何两种溶液直接接触都会有液接电势,那盐桥和溶液接触为何就能消除液接电势呢?这是因为盐桥中电解质的浓度很高,如饱和 KCl 溶液的浓度高达 $4.2 mol \cdot L^{-1}$。当盐桥插入浓度不大的两电解质溶液之间的界面时,产生了两个接界面,盐桥中 K^+ 和 Cl^- 向外扩散就成为这两个接界面上离子扩散的主流,故两个新界面上产生的液接电势稳定。又由于盐桥中 K^+ 和 Cl^- 的迁移速度差不多,故两个新界面上产生的液接电势方向相反、数值几乎相等,从而使液接电势减至最小以至接近消除。

盐桥是借助其中的阴离子和阳离子通过定向移动进入阴极池和阳极池而发挥作用,用一段时间后就会因其中阴阳离子的扩散损失而失效,因此短时间不用时盐桥要重新浸到 KCl 溶液里。若长时间不使用,再使用时需重新制备。以琼脂-饱和 KCl 盐桥为例,其制备方法是在烧杯中加入 3g 琼脂和 97mL 蒸馏水,使用水浴加热法将琼脂加热至完全溶解。然后加入 30g KCl 充分搅拌,KCl 完全溶解后趁热用滴管或虹吸法将此溶液加入已事先弯好的玻璃管中,静置,待琼脂凝结后便可使用。若无琼脂,也可以用棉花将内装有氯化钾饱和溶液的 U 形管两端塞住来代替盐桥。

4. 手机需要充满 12h 吗？

相信很多朋友在购买手机时都会遇到一种情况，那就是店员们一般会叮嘱你，新买的手机必须充满 12h 以上并重复几次完全充电放电才可以放心使用，这个过程称为激活。同时在后续使用时，尽量将电池电量完全用尽后再进行充电，这样做的好处就是可以使手机的电池达到最大容量，也能够延长电池寿命。相信很多朋友现在也依然会这样做，但是这样的做法是否正确呢？

这取决于我们使用的手机电池的类型。较早时候手机使用的是镍镉电池，因其易造成污染，后来又发展为更环保的镍氢电池。镍氢电池是 20 世纪 80 年代随着储氢合金研究而发展起来的一种新型二次电池，即可充电电池。例如 MH_x-Ni 电池，其中 MH_x 为储氢合金，如 $LaNi_5H_6$ 等，氢以原子状态镶嵌于其中。它的工作原理是在充放电时氢在正、负极之间传递，电解液不发生变化。镍氢电池因其容量大、体积小、无污染、使用寿命长、可快速充电等优点，一经问世就广受关注，发展迅速。

不过镍氢电池和镍镉电池都是一种有记忆的充电电池，使用时都需要将电池的电全部用完后再进行充电。因此，充满 12h 激活电池的传统其实是从较早时候手机使用镍镉电池和镍氢电池的时代流传下来的，对于这些电池来说，的确需要进行类似"激活"的工作。这是因为镍镉和镍氢电池会产生一种记忆效应，在不完全放电的状态下充电，容易让电池处于过度充电的状态，久而久之，电池的电极板上会有晶体增生，使电解液与电极板的接触受阻，从而导致电池电压下降。电压下降就会导致电量流失增加，给使用者一种电池不扛用了的感觉，只有定期对电池完全放电后再充满才能够缓解电压下降的情况。所以在那个时代，充放电对镍镉和镍氢电池来说还是比较重要的。

不过目前除了极少数的山寨机，大多数手机已经不再使用镍镉电池，而是采用锂离子电池。锂离子电池以可嵌入锂化合物的各种碳素材料为负极，如天然/合成石墨、碳纤维等；以嵌有锂的过渡金属氧化物作正极，如 $LiCoO_2$、$LiNiO_2$ 等；电解质一般采用 $LiPF_6$ 的碳酸烷基酯混合的非水溶剂体系；隔膜多采用聚乙烯、聚丙烯等聚合微多孔膜或它们的复合膜。电池内没有金属锂存在，只有锂离子，这就是锂离子电池。锂离子电池的充放电过程就是锂离子的嵌入和脱嵌过程。在锂离子的嵌入和脱嵌过程中，同时伴随着与锂离子等当量电子的嵌入和脱嵌。在充放电过程中，锂离子在正、负极之间往返嵌入/脱嵌，因此锂离子电池被人们形象地称为"摇椅式电池"。

当对电池进行充电时，电池的正极上有锂离子生成，生成的锂离子经过电解液运动到负极。而作为负极的碳呈层状结构，它有很多微孔，达到负极的锂离子就嵌入到碳层的微孔中，嵌入的锂离子越多，充电容量越高。同样，当对电池进行放电时（使用电池的过程），嵌在负极碳层中的锂离子脱出，又运动回正极。回正极的锂离子越多，放电容量越高。

与同样大小的镍镉电池、镍氢电池相比，锂离子电池电量储备最大、质量最轻、寿命最长、充电时间最短，且自放电率低，好的电池每月自放电率在 2% 以下（可恢复），更重要的是锂离子电池没有记忆效应。由于厂商在电池出厂前就已经为电池做好初始化，因此，在使用时锂离子电池不需要通过完全充放电进行激活，甚至每次都只是充一点电，或者充满就将充电器拔下来，在这样的浅度充放电条件下，锂离子电池的寿命反倒会非常长。

因此，手机电池的使用概括起来就八个字——少量多充，别充太足。

思考题与习题

一、选择题

1. 由氧化还原反应 $2FeCl_3(aq)+Cu(s) \rightleftharpoons 2FeCl_2(aq)+CuCl_2(aq)$ 组成原电池，若用 φ_1 和 φ_2 分别表示 Cu^{2+}/Cu 和 Fe^{3+}/Fe^{2+} 的电极电势，则原电池的电动势为 (   )

A. $\varphi_2-\varphi_1$ B. $\varphi_1-2\varphi_2$ C. $\varphi_1-\varphi_2$ D. $2\varphi_2-\varphi_1$

2. $\Delta_r G_m^\ominus$ 是某氧化还原反应的标准自由能变，$K^\ominus$ 和 $E^\ominus$ 分别为相应的平衡常数和标准电动势，则下列所示关系中正确的是 （   ）

  A. $\Delta_r G_m^\ominus<0, E^\ominus>0, K^\ominus<1$ 　　　　　　B. $\Delta_r G_m^\ominus>0, E^\ominus>0, K^\ominus<1$

  C. $\Delta_r G_m^\ominus<0, E^\ominus<0, K^\ominus>1$ 　　　　　　D. $\Delta_r G_m^\ominus>0, E^\ominus<0, K^\ominus<1$

3. 298K，$p(O_2)=100$ kPa 条件下，$O_2(g)+4H^+(aq)+4e^- \rightleftharpoons 2H_2O(l)$ 的电极电势为 （   ）

  A. $\varphi=\varphi^\ominus+0.059\text{pH}$ 　　　　　　　B. $\varphi=\varphi^\ominus-0.059\text{pH}$

  C. $\varphi=\varphi^\ominus+0.0148\text{pH}$ 　　　　　　D. $\varphi=\varphi^\ominus-0.0148\text{pH}$

4. 现有 Cl^-、Br^-、I^- 三种离子的混合液。欲使 I^- 氧化为 I_2，而 Cl^-、Br^- 不被氧化，则用下列哪种氧化剂能符合上述要求？ （   ）

  A. $Fe_2(SO_4)_3$ 　　　B. $KMnO_4$ 　　　C. $SnCl_4$ 　　　D. 前面三种都不符合

  已知 $\varphi^\ominus(I_2/I^-)=0.535$V；$\varphi^\ominus(Br_2/Br^-)=1.066$V；$\varphi^\ominus(Cl_2/Cl^-)=1.36$V；$\varphi^\ominus(Fe^{3+}/Fe^{2+})=0.771$V；$\varphi^\ominus(MnO_4^-/Mn^{2+})=1.507$V；$\varphi^\ominus(Sn^{4+}/Sn^{2+})=0.151$V。

5. 同一氧化反应，有两种表达式：（1）$\frac{1}{2}A+2B \rightleftharpoons C$ 和（2）$A+4B \rightleftharpoons 2C$。则式（1）与式（2）所代表的原电池的标准电动势 $E^\ominus$ 及两反应的平衡常数 K 应该是 （   ）

  A. 均相同 　　　　　　　　　　　　B. $E^\ominus$ 相同而 K 不同

  C. $E^\ominus$ 不同而 K 相同 　　　　　　D. 均不相同

二、填空题

1. 标出带"*"元素的氧化数：$K_2\overset{*}{Cr}O_4$ _____，$Na_2\overset{*}{S}_4O_6$ _____，$\overset{*}{O}_2$ _____。

2. 原电池中，发生还原反应的电极为_____极，发生氧化反应的电极为_____极，原电池将_____能转化成_____能。

3. 氧化还原反应的方向是电极电势_____的还原态物质与电极电势_____的氧化态物质反应生成各自相应的氧化态和还原态物质。

4. $KMnO_4$ 的还原产物，在强酸性溶液中一般是_____；在中性溶液中一般是_____；在碱性溶液中一般是_____。

5. 用原电池符号表示反应 $Sn(s)+Pb^{2+}(aq) \rightleftharpoons Sn^{2+}(aq)+Pb(s)$：_____。

三、判断题

1. 因为电对 $Ag^+(aq)+e^- \rightleftharpoons Ag(s)$ 的 $\varphi^\ominus=0.7994$V，故 $2Ag^+(aq)+2e^- \rightleftharpoons 2Ag(s)$ 的 $\varphi^\ominus=1.5988$V。 （   ）

2. 同一种物质在某一电对中是还原态，而在另一电对中可能是氧化态。 （   ）

3. 在一定温度下，参与反应的各物质浓度都一定时，电极电势越低者，其电对的还原态的还原能力越强。 （   ）

4. 标准电极电势规定了温度条件等于 298K。 （   ）

5. 在原电池 $(-)Fe|Fe^{3+}(aq)\|Ag^+(aq)|Ag(s)(+)$ 中，若向正极中通入 H_2S，则会使电动势增高。 （   ）

四、计算题

1.（1）试判断在标准状态下，298K 时，反应：$MnO_2(s)+4HCl(aq) \rightleftharpoons MnCl_2(aq)+Cl_2(g)+2H_2O(l)$ 能否自发进行。

（2）实验室中为什么用二氧化锰与浓盐酸 $[c(HCl)=12$ mol·$L^{-1}]$ 反应制取氯气？（设其他物质均处于标准状态）

2. 计算 298K 时，反应：$Cr_2O_7^{2-}(aq) + 6Fe^{2+}(aq) + 14H^+(aq) \rightleftharpoons 2Cr^{3+}(aq) + 6Fe^{3+}(aq) + 7H_2O(l)$ 的标准平衡常数，并判断反应进行的程度。

3. 由标准钴电极与标准氯电极组成原电池，测得其电动势为 1.64 V，此时钴电极为负极。计算：（1）标准钴电极的电极电势是多少？（2）当 Co^{2+} 的浓度降低到 $0.01 mol \cdot L^{-1}$ 时，原电池的电动势是多少？

4. 已知 298K 时，下列原电池的电动势为 0.177V，计算负极溶液中 H^+ 的浓度。

$$(-)Pt|H_2(100kPa)|H^+(x mol \cdot L^{-1})\|H^+(1 mol \cdot L^{-1})|H_2(100kPa)|Pt(+)$$

第 5 章　物质结构基础

教学目的与要求

（1）了解原子轨道、概率密度和电子云等核外电子运动的近代概念；熟悉四个量子数对核外电子运动状态的描述；掌握原子核外电子分布的一般规律及与元素周期表的关系。

（2）了解化学键的本质和键参数概念，熟悉价键理论和杂化轨道理论，了解分子轨道理论和价层电子对互斥理论。

（3）了解分子间力和氢键对物质性质的影响，理解氢键的本质。

（4）了解晶体的特征和类型。

不同的物质之所以表现不同的宏观性质，其根本原因在于各种物质微观结构的差异。前面章节已经从宏观角度应用化学热力学和化学动力学的理论讨论了物质进行化学反应的可能性和现实性。本章将从微观的角度讨论化学反应的实质。所以，本章首先学习原子结构，在此基础上讨论化学键与分子结构、分子间作用力和晶体结构。

5.1　原子结构

5.1.1　原子结构的近代理论

1. 原子学说

人们对原子结构理论的探索经历了一个漫长的、不断进化的过程。1808 年，英国科学家道尔顿（Dalton）提出了物质的原子学说。其基本要点如下：每种化学元素的最小单元是原子；同种元素的原子质量相同，不同种元素由不同种原子组成，原子质量也不相同；原子是不可再分的；在化学反应中，相关种类的原子以整数比结合形成新物质；提出相对原子质量的概念，并用实验测定了一些元素的相对原子质量。这就为化学科学进入定量阶段奠定了基础。

2. 电子的发现——"西瓜式"原子结构模型

1897 年，英国物理学家汤姆孙（Thomson）在一系列高真空管中进行气体的放电试验。结果发现阴极射线是一群带负电荷的粒子流，这些粒子就是电子。电子的发现打开了人类通往原子科学的大门，标志着人类对物质结构的认识进入了一个新的阶段。

1904 年，汤姆孙提出了"西瓜式"原子结构模型。其基本要点如下：电子是带负电、有一定质量的微粒，普遍存在于各种原子之中；原子是一个平均分布着正电荷的粒子，其中镶嵌着许多电子，中和了电荷，从而形成了中性原子；原子是一个球体，正电荷均匀分布在整个球体内，电子像西瓜籽镶嵌其中。

1909 年，美国物理学家密立根（Millikan）通过实验测出了电子的电量 $e=1.062\times10^{-19}$C，借助此模型得到了电子的质量 $m_e=9.11\times10^{-31}$kg。

3. 卢瑟福核式原子结构模型

1911年,英国物理学家卢瑟福(Rutherford)建立了核式模型(又称太阳-行星模型)。此模型以实验为基础:以带正电荷的α粒子轰击金箔,发现大多数α粒子呈直线穿过,只有极少数粒子折回来。这说明原子里存在带正电荷而且质量很大的粒子,其被确定为原子核。此模型的基本要点为:原子由原子核和电子组成;原子核的体积很小,带正电荷,它的质量代表整个原子的质量;电子绕着核做圆周运动,并有不同的运动轨道,就像行星绕太阳一样。

此模型的缺点:根据物理学概念,带电微粒在力场中运动时总要产生电磁辐射,逐渐失去能量,电子的运动轨道会越来越小,最终将与原子核相撞并导致原子毁灭,但原子毁灭的事实从未发生。

4. 玻尔理论

光谱学的研究在原子结构理论的发展过程中起到了至关重要的作用,而氢原子光谱是打开原子运动奥秘的敲门砖。以氢原子为例,说明氢原子光谱的产生。

图 5-1 为氢原子光谱实验装置及在可见光区的谱线。由氢放电管发出的光依次通过狭缝和棱镜,在屏幕上呈现出可见光区(400~700nm)红、青、蓝和紫四条谱线,它们对应于不同的频率和波长。此谱线是一条条离散的、不连续的谱线,即线状光谱。氢原子光谱和日光、电磁波辐射不同,具有两个特征:①氢原子光谱为不连续光谱,即线状光谱;②其频率具有一定的规律性。

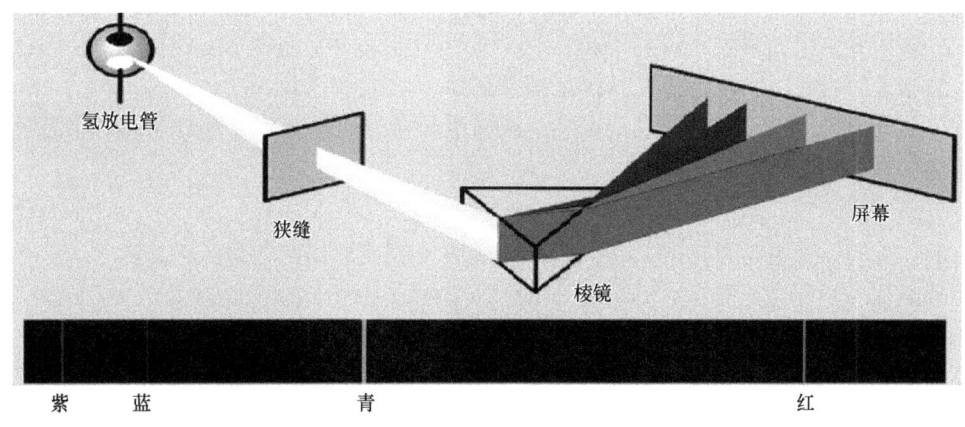

图 5-1 氢原子光谱实验装置及在可见光区的谱线

人们对氢原子光谱曾进行过解释。例如,用卢瑟福的核式模型解释,发现结果和实验事实不符合。根据经典的电磁理论,电子绕着原子核高速运动,会不断地辐射能量,产生的光谱应为连续的光谱,但事实上氢原子光谱是线状光谱。另外,电子不断地辐射能量以后,会逐渐失去能量,电子的运动轨道会越来越小,最终将与原子核相撞,因此原子应该是不稳定的,但事实是原子是稳定的。

1913年,丹麦物理学家玻尔(Bohr)对氢原子光谱进行了深入的研究,以普朗克(Planck)的量子论和爱因斯坦(Einstein)光子论的光子学说为基础建立了玻尔理论(电子分层排布模型),成功解释了氢原子光谱和原子的稳定性。玻尔理论的要点如下。

1)定态轨道

核外电子不能沿任意轨道运动,而只能在有确定半径和能量的轨道上运动,电子在这些轨道上不辐射能量。这些轨道的能量状态不随时间而改变,因而被称为定态轨道。定态轨道是量子化的,其量子化的条件如下:角动量 mvr 必须是 $h/2\pi$ 的整数倍,即

$$mvr = n\left(\frac{h}{2\pi}\right) \tag{5-1}$$

式中:m 为电子的质量;v 为电子的运动速度;r 为轨道半径;h 为普朗克常量;n 为量子数,$n=1, 2, 3, \cdots$。

电子在定态轨道上运动时,既不吸收也不释放能量。

2)轨道能级

不同的定态轨道能量是不同的。离核越近的轨道,能量越低,电子被原子核束缚得越牢;离核越远的轨道,能量越高。轨道的这些不同的能量状态称为能级。玻尔推算出氢原子的允许能量 E 只能取式(5-2)给定的数值

$$E = -\frac{B}{n^2} \tag{5-2}$$

式中:$B=2.18\times10^{-18}$J;n 为量子数,依然取 1、2、3 等正整数。

3)跃迁规则

正常情况下,原子中的电子尽可能处在离核较近和能量较低的轨道上,即 $n=1$,这时原子所处的状态称为基态;在高温火焰、电火花或电弧作用下,基态原子中的电子因获得能量,能跃迁到离核较远、能量较高的空轨道上去运动,这时原子所处的状态称为激发态。$n=2, 3, 4, \cdots$,依次称为氢原子的第一、第二、第三……激发态。$n\to\infty$ 时,电子所处的轨道能量为零,意味着电子被激发到这样的能级时,由于获得足够大的能量,可以完全摆脱核势场的束缚而电离。因此,离核越近的轨道,能级越低,势能值越负。

激发态电子不稳定,瞬时恢复到基态(或能量较低的轨道)称为跃迁,同时辐射出光子。光的频率取决于轨道间的能量差。

$$E_2 - E_1 = \Delta E = h\upsilon \tag{5-3}$$

由于轨道的能量是量子化的,因此电子跃迁时吸收或放出的能量 ΔE 必然也是量子化的,光子的频率也一定是量子化的。这样,不同元素的原子因为核电荷数和核外电子数不同,电子运动轨道的能量就有差别,所以不同元素的原子发光时各有特征的光谱。

玻尔理论成功解释了氢原子和类氢离子(如 He^+、Li^+、Be^{2+})的光谱现象,并用量子化的特性解释经典物理学无法解释的原子发光现象和原子的稳定性。但此理论存在局限性,建立在氢原子(只有 1e)模型上,不能很好地解释多电子原子的光谱,不能解释原子光谱在磁场中的分裂,甚至不能说明氢原子光谱的精细结构。

5.1.2 微观粒子运动的特征

1. 微观粒子的波粒二象性

人们对光的本质的认识经历了一个较漫长而曲折的过程,直到 20 世纪初,人们认识到光有波粒二象性。光是由静止的质量为 0 的光子组成,每一种频率的光都具有一定能量的光量子。动量为 p 的光子,其波长为 λ,二者通过普朗克常量 h(6.626×10^{-34}J·s)联系起来,即爱因斯坦关系式:

$$p = \frac{h}{\lambda} \tag{5-4}$$

在光与实物作用，如发生光的吸收、发射和光电效应时，粒性显著；而光在传播时，又主要表现出波性，可发生光的干涉和衍射等观象。

1923 年，法国物理学家德布罗意（de Broglie）在普朗克的量子论、爱因斯坦的光子论、玻尔的原子理论及光的波粒二象性的启发下，提出微观粒子如电子、原子、中子和质子等都具有波粒二象性的假设。他预言，实物粒子也可能具有波动-粒子二重性；适合于光子的能量公式也适合于实物粒子；推导了波长 λ 与动量 p 的关系：

$$\lambda = \frac{h}{p} = \frac{h}{mv} \tag{5-5}$$

式中：h 为普朗克常量；m 为微粒的质量；v 为微粒的运动速度。与微观粒子相联系的波称为德布罗意波或物质波。式（5-5）是著名的德布罗意关系式，其把微观粒子的粒子性（p）和波动性（λ）统一起来。

1927 年戴维逊（Davisson）和盖革（Germer）应用 Ni 晶体进行电子衍射实验，验证了德布罗意的大胆假设，证实了电子具有波动性。图 5-2 为电子衍射实验示意图。当电子束射到镍单晶上时，得到了明暗相间的衍射条纹。这是由于金属晶体中原子间的核间距相当于电子的波长，正好通过光栅，类似于单色光通过小圆孔那样的衍射。这些衍射环纹是电子无数次行为的统计结果，明的光环说明电子在此区域出现的机会多，暗的条纹说明电子在此区域出现的机会少。这是电子波动性的直接证据。后来，戴维逊和汤姆逊获得了 1937 年的诺贝尔物理学奖。1929 年，德布罗意也通过实验证实了他的假设，也获得了诺贝尔物理学奖。

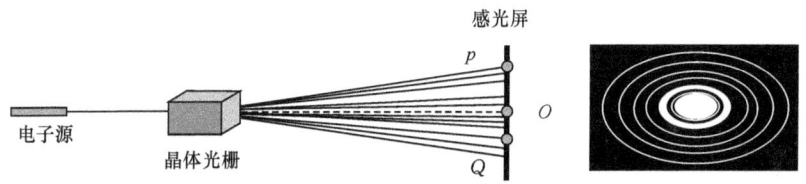

图 5-2 电子衍射实验示意图

根据德布罗意关系式可计算微观粒子如电子和宏观物体如枪弹的波长和速度。

电子：$m = 9.10 \times 10^{-31} \text{kg}, v = 10^6 \sim 10^7 \text{m} \cdot \text{s}^{-1}$

由 $\lambda = \dfrac{h}{mv} \begin{cases} v = 10^6 \text{m} \cdot \text{s}^{-1}, \lambda = 7.36 \times 10^{-10} \text{m} \\ v = 10^7 \text{m} \cdot \text{s}^{-1}, \lambda = 7.36 \times 10^{-9} \text{m} \end{cases}$

枪弹：$m = 1.0 \times 10^{-2} \text{kg}, v = 10^3 \text{m} \cdot \text{s}^{-1}$

则 $\lambda = \dfrac{h}{mv} = 6.6 \times 10^{-36} \text{m}$

由结果可知，由于宏观物体的波长极短以致无法测量，因此宏观物体的波长难以察觉，主要表现为粒子性，服从经典力学的运动规律。只有像电子、原子等质量极小的微粒才具有与 X 射线数量级相近的波长，才符合德布罗意公式。

2. 海森堡不确定原理

在经典力学中，因为宏观物体的质量很大，运动速度相对于光速很小，人们能准确地同时测定一个宏观物体的位置和它的动量。例如，对于太空中的卫星，在任何时刻都能检测到它的运行轨迹、位置和运行速度。而对于运动着的微观粒子来说,不能像在经典力学中那样来描述它们的运动状态,即不能同时准确地测定它们的速度和空间位置。1927年,德国物理学家海森堡(Heisenberg)提出了不确定原理,又称测不准原理,其关系式为

$$\Delta x \cdot \Delta p \geqslant \frac{h}{4\pi} \tag{5-6}$$

式中:h为普朗克常量;Δx为微观粒子位置的不确定量;Δp为微观粒子的动量不确定量。该式的含义:如果用位置和动量两个物理量来描述微观粒子的运动状态,不能同时精确测量粒子所处的位置和动量,只能达到一定的近似程度,即微观粒子在某一个方向上位置的不确定量和该方向上动量的不确定量的乘积必须大于或等于普朗克常量h的数量级。也就是说,粒子位置的测定准确度越大(Δx越小),则其相应动量的准确度就越小(Δp越大),反之亦然。例如,当电子的运动速度$v=10^6 \text{m} \cdot \text{s}^{-1}$时,若要使位置的精度为$10^{-10}\text{m}$,则利用不确定原理计算的运动速度的误差可达$10^7 \text{m} \cdot \text{s}^{-1}$,此值比电子的运动速度还大。这就给我们重要的暗示——不可能存在卢瑟福和玻尔模型中行星绕太阳那样的电子轨道(确定的电子轨道和动量),核外电子运动没有确定的轨道。

3. 统计性规律

1926年,玻尔从统计力学的观点出发,认为微观粒子的运动规律并不服从宏观世界的牛顿定律,只能采用统计的方法作出概率性的判断,即统计性规律。

可以通过电子衍射实验加以诠释,当电子束射到晶体上时,得到了明暗相间的衍射条纹。出现明纹的地方,到达的电子多,电子在这些地方出现概率大;暗纹的地方,到达的电子少,电子在这些地方出现概率小,衍射条纹的明暗分布与到达该处的电子数目成正比。所以,电子波就是一种概率波(图 5-3),波的强度与电子出现的概率密度(单位体积的概率)成正比(各种物质波都适用)。

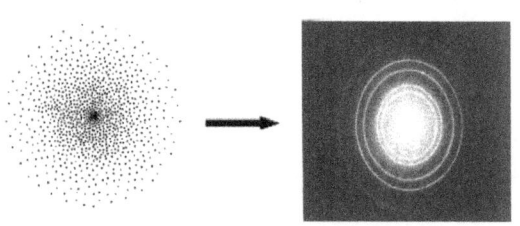

图 5-3 电子运动的统计性规律

正是由于电子具有上述与宏观物体运动不同的性质,不能用经典物理学来描述电子的运动状态,只能用量子力学来描述。量子力学如何描述电子的运动状态呢?需要寻找一种数学表达式——函数来描述,这就是波函数。

5.1.3 单电子原子的量子力学描述

1. 薛定谔方程

1926年,奥地利物理学家薛定谔(Schrödinger)以微观粒子的运动特征为基础,根据德布罗意关系式,引用电磁波的波动方程,提出了描述微观粒子运动的波动方程——薛定谔方程,建立了近代量子力学理论。此方程是二阶偏微分方程。

$$\frac{\partial^2 \psi}{\partial x^2}+\frac{\partial^2 \psi}{\partial y^2}+\frac{\partial^2 \psi}{\partial z^2}+\frac{8\pi^2 m}{h^2}(E-V)\psi=0 \tag{5-7}$$

式中：h 为普朗克常量；m 为微观粒子的质量；E 为系统的总能量（动能与势能之和）；V 为系统的势能；x、y 和 z 为粒子的空间坐标；ψ 为波函数。

波函数 ψ 是量子力学中描述电子在空间运动状态的数学表达式，它是薛定谔方程的合理解，每一个合理解代表电子的一种运动状态，每个波函数 ψ 均有一个能量 E_n 与之对应，此能量就是电子在这种运动状态时的能量。对 H 原子或类氢离子（Li^+、Be^{3+} 和 Li^{2+}）来说，$E_n = -13.6Z^2/n^2$（eV）。

每个波函数可借用宏观的轨道来表示。波函数又称原子轨道，两者为同义词。所以，原子轨道是原子中电子的波函数的形象表示。此原子轨道和宏观物体的运动轨道截然不同。

从薛定谔方程解出的 $\psi(x,y,z)$ 是包含三个特定常数 n、l 和 m 和三维坐标 x、y 和 z 的函数，所以可将波函数写成 $\psi_{n,l,m}(x,y,z)$ 的形式。求解过程比较复杂，我们所关注的是它的求解结果以及求解的应用。

2. 量子数

从薛定谔方程求的解 ψ 具有很多结果，并非每个解都是合理的，都能描述电子运动的稳定状态。因此为了得到一个合理的解，需要求出这些特定的常数，n、l 和 m 不是任意的常数，而是需符合一定条件的值。

在薛定谔方程的求解过程中自然引入的 3 个特定的常数 n、l 和 m，称为量子数。

1）主量子数 n

由于轨道能量的量子化，可推理出核外电子是按能级的高低分层分布的，这种不同能级的层次称为电子层。电子层是按电子出现概率较大的区域离核的远近来划分的，因此主量子数是描述电子层能量的高低次序和离核远近的参数，是决定轨道能级的主要参数。在单电子原子中，主量子数 n 相同的轨道为简并轨道。n 值越大，轨道能量越高，电子出现概率最大的区域离核越远，所以常用来代表电子层数，n=1、2、3、4、5、6、7 等轨道依次用符号 K、L、M、N、O、P、Q 等表示。在氢原子中电子的能量完全由 n 决定

$$E = -\frac{13.6Z^2}{n^2}(\text{eV}) \tag{5-8}$$

式中：E 为轨道能量；Z 为核电荷；n 为主量子数。

2）角量子数 l

角量子数表征电子角动量的大小，即决定电子在空间的角度分布，因而可以确定原子轨道的形状。在多电子原子中，l 值的大小还影响原子轨道的总能量。l 为 0, 1, 2, $\cdots$, $n-1$，共可取 n 个数值。习惯上用小写光谱符号表示不同形状的原子轨道，对应的符号为 s, p, d, f, g, $\cdots$。同层中（n 相同），不同的轨道（l）称为亚层，也称电子轨道分层。所以 l 的取值决定了亚层的多少。n 层有 n 个 l 值，有 n 种原子轨道。l 受 n 的限制，例如

n=1，l=0，只有 1 个值，即 1s 亚层；

n=2，l=0、1，取 2 个值，即 2s、2p 亚层；

n=3，l=0、1 和 2，取 3 个值，即 3s、3p 和 3d 亚层；

n=4，l=0、1、2 和 3，取 4 个值，即 4s、4p、4d 和 4f 亚层。

l 还表示原子轨道（电子云）的形状，表示同一电子层中具有不同状态的分层。无论 n 为

何，l 相同，原子轨道形状相同；l 不同，原子轨道形状不同，如表 5-1 所示。

表 5-1 l 与原子轨道及形状

l	原子轨道	轨道形状
0	s	球形
1	p	哑铃形
2	d	四花瓣形
3	f	形状复杂
⋮	⋮	⋮

对单电子原子，各种状态的电子能量只与主量子数 n 有关，如 $E_{ns}=E_{np}=E_{nd}=E_{nf}$；对多电子原子，主量子数 n 相同，角量子数 l 越大，能量越高，如 $E_{ns}<E_{np}<E_{nd}<E_{nf}$。

3）磁量子数 m

磁量子数 m 决定着原子轨道在磁场中的分裂，激发态原子在外磁场作用下，原来的一条谱线能够分裂成几条谱线，就说明在同一亚层中包含着几个空间伸展方向不同的原子轨道。所以，m 用来描述原子轨道在空间的伸展方向，其意义为电子运动有效空间的形状的伸展方向。$m=0$、± 1、± 2、$\cdots$、$\pm l$，共可取 $2l+1$ 个数值。m 受 l 值的限制：

$l=0$，$m=0$，s 轨道为球形，只有一个取向；

$l=1$，$m=0$、± 1，代表 p_z，p_x 和 p_y 3 个轨道；

$l=2$，$m=0$、± 1、± 2，代表 d 亚层有 5 个取向的轨道：d_{z^2}，d_{xz}，d_{yz}，d_{xy}，$d_{x^2-y^2}$。

n 和 l 相同，但 m 不同的各原子轨道的能量相同，称为简并轨道或等价轨道。

l 相同时，虽然原子轨道可能有几个不同的伸展方向，但并不影响电子的能量，即磁量子数 m 与能量无关。在外界强磁场的作用下，由于有几个不同的伸展方向，角动量在外磁场方向上的分量大小不同，它们会有微小的差别。这就是线状光谱在磁场中发生分裂的根本原因。

综合上述，利用 n、l 和 m 3 个量子数，可以决定一个特定原子轨道的能级大小、形状和伸展方向，可将一个原子轨道描述出来。

4）自旋磁量子数 m_s

若用分辨率较强的光谱仪观察氢原子光谱，会发现每一条光谱线又可能分为两条或几条，即氢原子光谱的精细结构，但 2p 和 1s 都只有一个能级，这种跃迁只能产生一条谱线，这是不能用 3 个量子数进行解释的。

乌伦贝克和哥德希密等提出了电子自旋的假设。由于引入电子自旋的假设，氢原子光谱的精细结构可以获得解释。这是由于电子自旋运动产生的磁矩和电子绕核做轨道运动而产生的磁矩的相互作用，引起原子轨道分裂，从而使电子跃迁产生光谱分裂。

后来光谱实验证明了原子中的电子除了绕核运动外，还存在自旋运动。自旋量子数 m_s 不是因解薛定谔方程而引进的（薛定谔方程不包括自旋），由相对论量子力学（狄拉克方程）可以导出。m_s 只能有 2 个取值：+1/2 或 –1/2。在轨道表示式中，一般用"↑"和"↓"表示电子这两种不同的自旋状态。因此每个轨道中最多可有 2 个电子。同一轨道中自旋不同的电子，能量相差极小，一般可忽略不计。m_s 是不依赖于上述三个量子数 n、l、m 而存在的独立量。

综合上述，波函数 ψ 中包括 3 个量子数。表 5-2 列出了 4 个量子数及原子轨道的关系。每给定一组 n、l、m 时，就可以确定一个 ψ（原子轨道），而 n、l、m 和 m_s 都确定时，就可以

表 5-2 量子数及原子轨道

主量子数 n	电子层	角量子数 l	电子亚层（能级）	磁量子数 m_s	原子轨道	轨道数
1	K	0	1s	0	1s	1
2	L	0	2s	0	2s	4
		1	2p	0, ±1	$2p_z, 2p_x, 2p_y$	
3	M	0	3s	0	3s	9
		1	3p	0, ±1	$3p_z, 3p_x, 3p_y$	
		2	3d	0, ±1, ±2	$3d_{z^2}, 3d_{xz}, 3d_{yz}, 3d_{xy}, 3d_{x^2-y^2}$	
4	N	0	4s	0	4s	16
		1	4p	0, ±1	$4p_z, 4p_x, 4p_y$	
		2	4d	0, ±1, ±2	$4d_{z^2}, 4d_{xz}, 4d_{yz}, 4d_{xy}, 4d_{x^2-y^2}$	
		3	4f	0, ±1, ±2, ±3	…	

3. 原子轨道和电子云

波函数绝对值的平方$|\psi|^2$称为概率密度，它在量子力学中有着特定的物理意义：表示在单位体积内电子出现的概率（概率是电子在某一区域出现的次数）。概率密度的空间图形就是电子云。

电子云是电子出现概率密度的形象化描述。图 5-4 为电子云的效果图。假想将核外一个电子每个瞬间的运动状态进行摄影，并将这样数百万张照片重叠，得到如下的统计效果图，形象地称为电子云图。

在求解过程中，为了便于数学运算，将直角坐标(x,y,z)转换成了球极坐标(r,θ,φ)，转换后，使得薛定谔方程的解——波函数成为$\psi_{n,l,m}(r,\theta,\varphi)$的形式。

在氢原子的薛定谔方程的求解过程中，将其波函数$\psi_{n,l,m}(r,\theta,\varphi)$分成了径向和角度两个部分，即

$$\psi_{n,l,m}(r,\theta,\varphi) = R_{n,l}(r) \cdot Y_{l,m}(\theta,\varphi) \quad (5-9)$$

式中：$R(r)$为波函数的径向部分，是变量，即电子离核远近的函数；$Y(\theta,\varphi)$为波函数的角度部分。通过分别求解和绘出上述两个函数，即可得到波函数并绘出其空间图像。

1）原子轨道和电子云的角度分布图

将波函数的径向部分视为常量，将波函数的角度部分$Y(\theta,\varphi)$随θ、φ的变化作图，所得图像称为原子轨道的角度分布图。它只与l、m有关，与n无关，说明轨道函数的极大值出现在空间哪个方位。

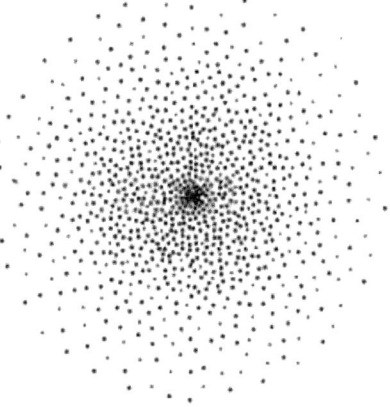

图 5-4 电子云效果图

将波函数的平方$|\psi|^2$的角度部分$Y^2(\theta,\varphi)$随角度θ、φ的变化作图，就得到电子云的角度分布图，反映出电子在核外空间不同角度的概率密度的大小。

以$2p_z$为例，讨论原子轨道和电子云的角度分布图的作法。

求解薛定谔方程,可得 $2p_z$ 原子轨道的角度波函数:

$$Y(\theta,\varphi)=\sqrt{\frac{3}{4\pi}}\cos\theta=A\cos\theta \quad (5-10)$$

由上式可知,$Y(\theta,\varphi)$ 是一个只与 θ 有关、与 φ 无关的数,原子轨道角度分布图是一个绕 z 轴旋转而成的曲面。

计算得到 θ 不同时的 $Y(\theta,\varphi)$ 值和 $Y^2(\theta,\varphi)$ 值,如表 5-3 所示。由此画出 $Y(\theta,\varphi)$ 在 xz 平面的角度分布图形如图 5-5 所示,$Y^2(\theta,\varphi)$ 在 xz 平面的电子云角度分布图如图 5-6 所示。

表 5-3　计算得到 θ 不同时,$2p_z$ 的 $Y(\theta,\varphi)$ 值和 $Y^2(\theta,\varphi)$ 值

θ	0°	30°	60°	90°	120°	180°	…
$\cos\theta$	1	0.866	0.5	0	−0.5	−1	…
$Y(\theta,\varphi)$	A	$0.866A$	$0.5A$	0	$-0.5A$	$-A$	…
$Y^2(\theta,\varphi)$	A^2	$0.76A^2$	$0.25A^2$	0	$0.25A^2$	A^2	…

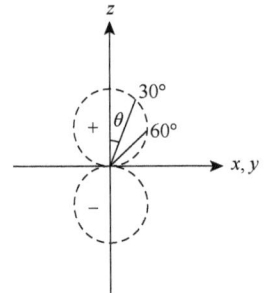

图 5-5　$2p_z$ 原子轨道的角度分布图

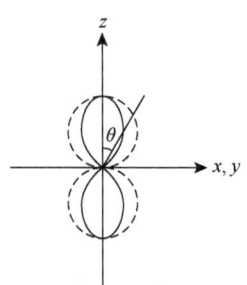

图 5-6　$2p_z$ 电子云的角度分布图

由图 5-5 可知,$2p_z$ 原子轨道的角度分布图分布在 xy 平面的上下两侧,在 xy 平面上 $Y(\theta,\varphi)$ 值为零,所以,xy 平面是 $2p_z$ 的节面。图形是 8 字形双球面,习惯上称为哑铃形,z 轴是对称轴,在 z 轴上出现极值。图中的正负号为角度波函数 $Y(\theta,\varphi)$ 的符号,它们表示角度波函数的对称性,并不代表电荷。

由图 5-6 可知,$2p_z$ 电子云的角度分布图和原子轨道的角度分布图相似,但有两点不同。首先,原子轨道的角度分布图有正负号之分,而电子云的角度分布图均为正值;此外,电子云的角度分布图比原子轨道的角度分布图稍瘦些,这是因为 Y 小于 1,Y^2 就更小。

类似地可以画出各种原子轨道的角度分布图和电子云的角度分布图,如图 5-7 所示。由图

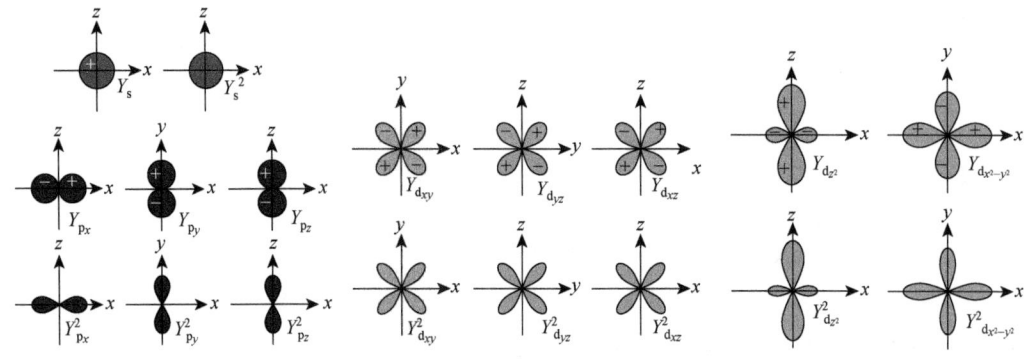

图 5-7　原子轨道和电子云角度分布图

可知，s 轨道呈球形，p 轨道呈哑铃形，d 轨道呈花瓣形。原子轨道和电子云的角度分布图在讨论化学键的形成及分子的空间构型方面具有重要的意义。

2）原子轨道和电子云的径向分布图

通常用电子云的径向分布图来反映电子在核外空间出现的概率和离核远近的关系。此图由波函数的径向分布函数得到。径向分布函数是指电子在原子核外距离为 r 的一薄层球壳中出现的概率随 r 变化时的分布。以原子核为中心的球体可分割成许多极薄的球壳，半径为 r 处的厚度为 dr 的球壳体积为 $4\pi r^2 dr$。核外电子在该球壳中出现的概率为 $|\psi|^2 4\pi r^2 dr$。若将轨道函数的角度部分视为常数，可定义径向分布函数 $D=R^2 \cdot 4\pi r^2 dr$，并作出 $D(r)$-r

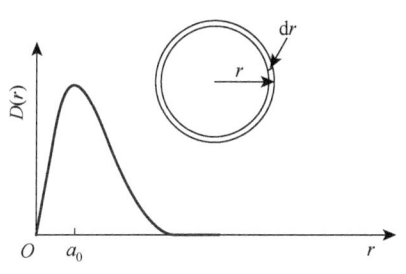

图 5-8　1s 电子云的径向分布图

的图像，即电子云的径向分布图。图 5-8 为 1s 电子云的径向分布图。图 5-9 为氢原子几种状态的径向分布图。

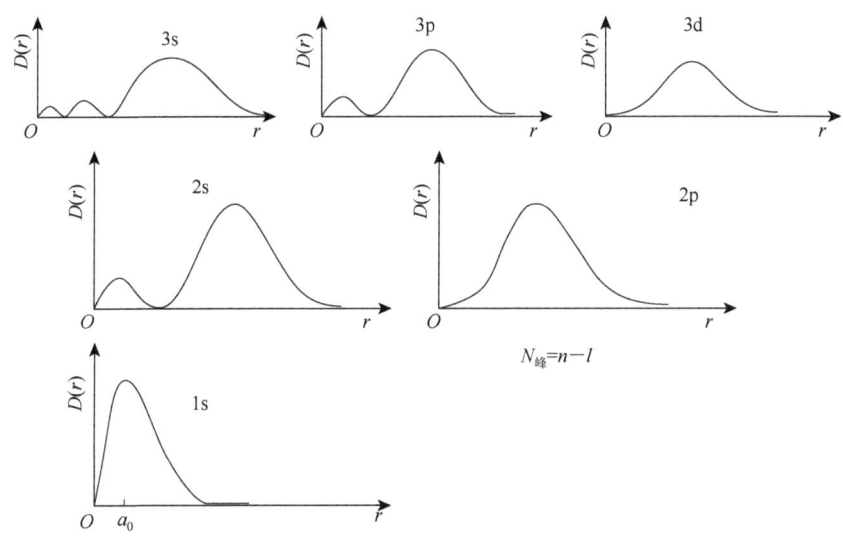

图 5-9　氢原子几种状态的径向分布图

由图 5-9 可知：

（1）1s 轨道在距核 52.9pm 处有极大值，说明基态氢原子的电子在 $r=52.9$pm 的薄球壳内出现的概率最大；2s 有两个峰，2p 只有一个峰，但是它们都是一个半径相似的概率最大的主峰；3s 三个峰，3p 两个峰，3d 一个峰，这些主峰离核的距离以 1s 最近，2s、2p 次之，3s、3p、3d 较远。由此说明核外电子是分层分布的。

（2）峰的数目为 $n-l$，当 n 相同时，l 越小，峰就越多。当 l 相同时，n 越大，主峰离核越远；当 n 相同时，电子离核的距离相近。

（3）ns 比 np，np 比 nd 多一个离核较近的峰。这些峰伸入到（$n-l$）各峰的内部，而且伸入的程度各不相同，这种现象称为"钻穿"，此现象对多电子原子能级分裂的认识十分重要。

须指出，电子云的角度分布图表示了电子在空间不同角度出现的概率的大小，是从角度的侧面反映了电子的概率密度分布的方向性；电子云的径向分布图表示电子在空间出现的概率随 r 的变化，反映了电子概率密度分布的层次及穿透性。所以，每一个分布图都不能反映电子云的全貌。

3）电子云的实际形状

把电子云的角度分布图和径向分布图相乘得到电子云的真实图像。图 5-10 为几种电子云的真实图像。

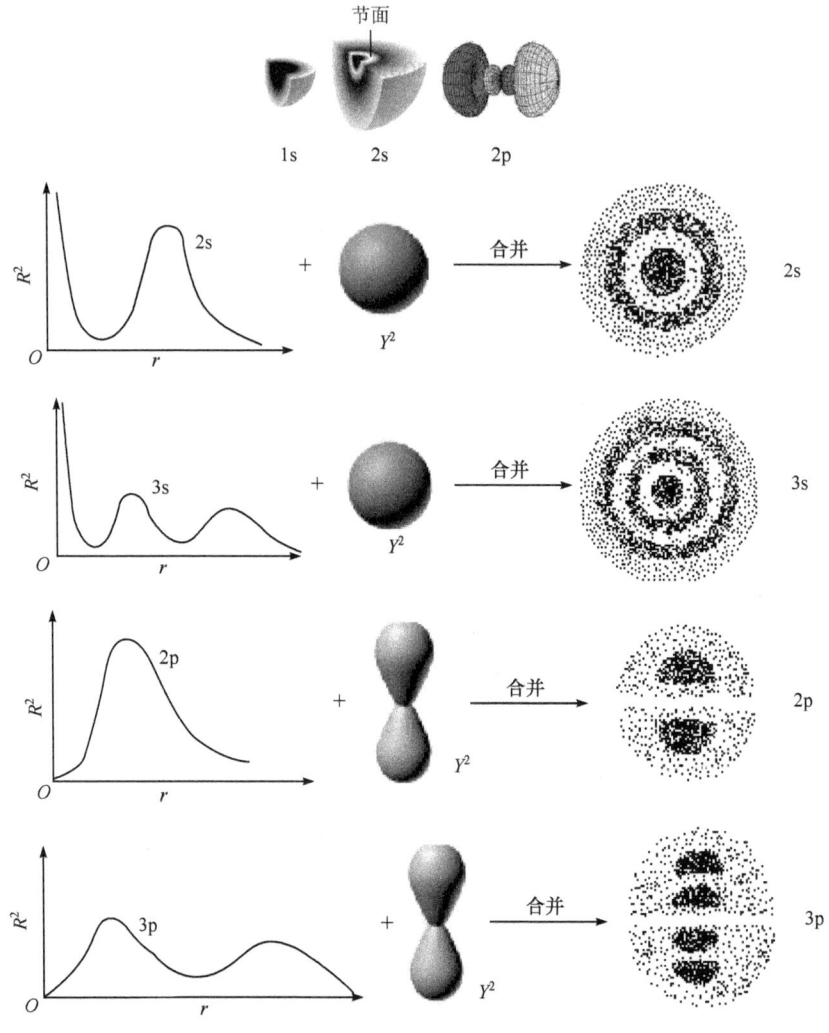

图 5-10　几种电子云的总体分布图

由图可知，凡是 s 状态的电子，它在核外空间半径相同的各个方向上出现的概率相同，所以 s 电子云的形状都是球形对称的。p 电子云的分布状况与 s 电子云不同，沿着某一个轴的方向上电子出现的概率密度最大，即电子云在此方向上也最大，在另外两个轴的方向上电子出现的概率密度为零，且在核附近电子出现的概率也几乎为零，所以 p 电子云的形状是无柄的哑铃形。

5.1.4　多电子原子结构和元素周期律

对于单电子原子（H，He^+，Li^{2+}，Be^{3+}，……）可以通过薛定谔方程解出精确解，其原子轨道的能量（电子能量）E 只由 n 决定，而对于多电子原子来说，其结构相对复杂，故多电子原子的薛定谔方程无法精确求解。如何探讨多电子原子的核外电子运动状态呢？人们根据大量的光谱实验加上理论分析，获得原子轨道能级及核外电子的排布。

1. 多电子原子轨道能级

1) 鲍林近似能级图

对多电子原子来说，原子轨道的能级和主量子数、角量子数及原子序数有关。1939年，美国科学家鲍林（Pauling）通过光谱实验结合理论计算提出了多电子原子中外层能级高低的一般次序，并用图表示出来，称为鲍林近似能级图（图5-11）。

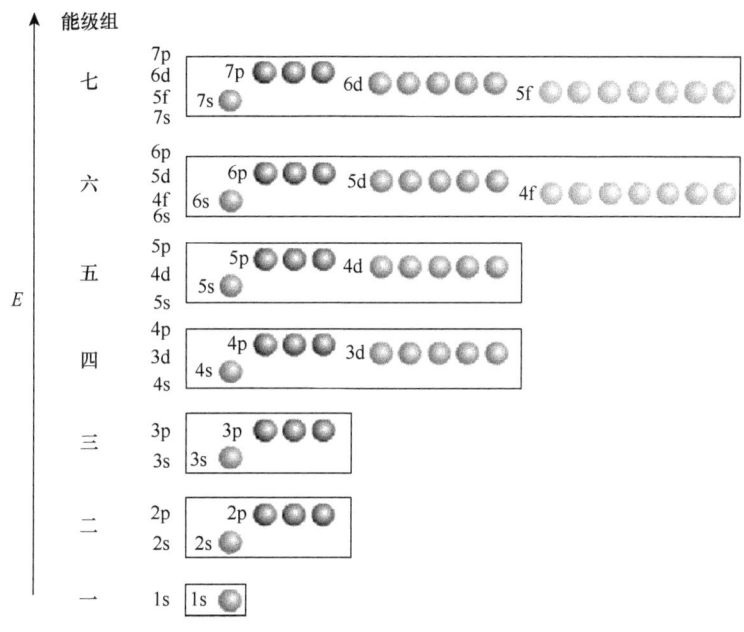

图 5-11　鲍林近似能级图

此图按原子轨道的能量高低排布，而不是按原子轨道离核远近的顺序排布。图中小圆点代表原子轨道，每个方框中的几个原子轨道能量相近，划为一组，称为能级组。按照一、二、三等的顺序依次递增，这样的能级组共有七个，对应于周期表的7个周期。各能级组均始于s原子轨道，止于p原子轨道。每一能级组的s亚层只有一个小圆点，表示只有一条原子轨道；p亚层有三个圆点，表示有三条等价的原子轨道。以此类推，d亚层有五条等价轨道，f亚层有七条等价轨道。

各原子轨道的能级由主量子数n和角量子数l共同决定。对n、l相同的轨道，其能量相同。当角量子数l相同，主量子数n不同时，n越大，能量越高，如$E_{1s}<E_{2s}<E_{3s}<E_{4s}$；当$n$相同，$l$不同时，$l$越大，能量越高（氢除外），如$E_{ns}<E_{np}<E_{nd}<E_{nf}$，这种现象称为"能级分裂"。若主量子数$n$和角量子数$l$同时变动，能量次序就比较复杂，这种情况常发生在第三层以上的电子层中，如$E_{4s}<E_{3d}<E_{4p}$等，这种现象称为"能级交错"。

此能级图并不是原子轨道的真实能级，是电子填充时的一般规律。电子填充时的能级顺序为[1s][2s2p][3s3p][4s3d4p][5s4d5p][6s4f5d6p]…，而电子填充以后轨道能级发生重排，此顺序用于电子得失，[1s][2s2p][3s3p3d][4s4p4d4f][5s5p5d5f][6s6p…]。

例如，Ca（20）电子填充时 $1s^22s^22p^63s^23p^64s^2$，Ca^{2+} 失电子时 $1s^22s^22p^63s^23p^64s^0$；
Sc（21）电子填充时 $1s^22s^22p^63s^23p^64s^23d^1$，$Sc^{2+}$ 失电子时 $1s^22s^22p^63s^23p^63d^14s^0$。

需指出，鲍林近似能级图基本上反映了多电子原子的核外电子填充顺序，由于不同元素原子的特性，并不是所有元素的原子都能满足此能级图。后来的光谱实验和量子力学的理论证明，随着元素原子序数的增加，核对电子的引力增加，轨道的能量都有所下降，由于下降的程度不同，能级的相对位置就随之而变。所以，此能级图不能反映不同元素原子轨道能级的相对高低。

2）徐光宪的近似规则

我国著名化学家徐光宪提出能级高低的近似规则。他认为轨道能量的高低顺序可由 ($n+0.7l$) 值判断，数值大小顺序对应于轨道能量的高低顺序。他还将首位数相同的能级归为一个能级组，并推出随原子序数增加，电子在轨道中填充的顺序为

1s，2s，2p，3s，3p，4s，3d，4p，5s，4d，5p，6s，4f，5d，6p，7s，5f，…

例如，K 原子的最后一个电子是填充在 3d 还是 4s 轨道可使原子能量较低呢？因为（3+0.7×2）>（4+0.7×0），所以电子应填充在 4s 轨道上。该近似规律得出与鲍林相同的能级顺序和分组结果。

3）屏蔽效应

单电子原子可以用前面的公式计算 E，而在多电子原子中，对一个指定的电子而言，它会受到来自内层电子和同层其他电子负电荷的排斥力，这种球壳状负电荷像一个屏蔽罩，部分阻隔了原子核对该电子的吸引力，因而电子只受到"有效核电荷"的作用。这种作用称为屏蔽作用或屏蔽效应。其轨道能级的计算公式为

$$E = -\frac{13.6(Z^*)^2}{n^2}(\text{eV}) \tag{5-11}$$

式中：Z^* 为有效核电荷数。

由于屏蔽作用，有效核电荷要小于核电荷：$Z^*=Z-\sigma$，σ 代表由于电子之间排斥作用而原有核电荷降低的部分，称为屏蔽常数。σ 值越大，表明指定电子受其他电子的屏蔽作用越大，轨道能量越高。

屏蔽常数可通过斯莱特（Slater）规则计算，粗略地说，内层电子对外层电子的屏蔽作用大，同层电子间的屏蔽作用较小，外层电子对内层电子的作用不必考虑。受屏蔽效应的影响，n 值相同，l 值不同的轨道，随着 l 数值的增大，能级依次增高，即 $E_{ns}<E_{np}<E_{nd}<E_{nf}$。

4）钻穿效应

从量子力学来说，电子可以出现在原子内任何位置上，最外层电子也可能出现在离核较近处。即电子高速运动时，外层电子钻入原子内部空间，减小了其他电子对它的屏蔽，受到核的较强的吸引作用，此作用称为钻穿作用或钻穿效应，结果使电子的能量降低。

n 相同时，l 越小的电子，钻穿效应越明显，即 $ns>np>nd>nf$，$E_{ns}<E_{np}<E_{nd}<E_{nf}$。

钻穿效应可以解释原子轨道的能级交错现象，也反映了外层电子对内层电子也有一定的屏蔽作用。因为电子活动不局限于主峰上，有一部分钻到离核很近的内层。图 5-12 为 3d 和 4s 对 1s2s2p 原子芯的钻穿，图 5-13 为 3d 和 4s 对 1s2s2p3s3p 原子芯的钻穿。两图中，阴影部分为原子芯或原子实。由径向分布函数的特点可知，4s 有 4 个峰，3d 有 1 个峰，对于原子序数 8≤Z≤20 的原子，4s 的 2 个小峰已经进入原子芯内，3d 的主峰在原子芯外，4s 对 K 和 L 内层原子芯钻穿大（图 5-12），所以，$E_{4s}<E_{3d}$；对于原子序数 Z≥21 的原子来说，原子芯变

大，4s 的主峰在原子芯外面，3d 的主峰已经进入原子芯内，4s 对原子芯钻穿效应相对变小，所以，$E_{4s} > E_{3d}$（图 5-13）。

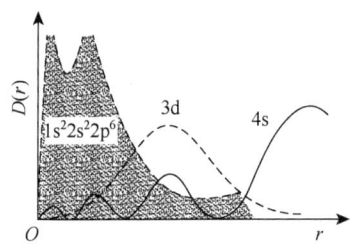

图 5-12　3d 和 4s 对 1s2s2p 原子芯的钻穿

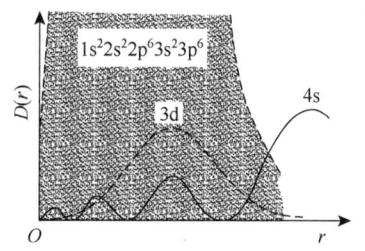

图 5-13　3d 和 4s 对 1s2s2p3s3p 原子芯的钻穿

2. 原子核外电子排布

多电子原子的核外电子排布需要通过电子所处的电子层、电子亚层和原子轨道来实现，根据光谱实验数据分析，其排布应遵从以下三条原则。

1）泡利不相容原理

在同一原子中不可能有四个量子数完全相同的 2 个电子同时存在，这称为泡利（Pauli）不相容原理。换言之，每一个轨道中最多只能容纳两个电子，且自旋方向相反，由于每个电子层中原子轨道的总数是 n^2 个，因此各电子层中电子的最大容量是 $2n^2$ 个。

2）能量最低原理

在不违背泡利不相容原理的前提下，电子在轨道上的排布方式应使整个原子能量处于最低状态，即多电子原子在基态时核外电子总是尽可能地先占据能量最低的轨道，这称为能量最低原理。

3）洪德规则

电子在能量相同的轨道（等价轨道）上排布时，总是尽可能以自旋相同的方向分占不同的轨道，因为这样的排布方式总能量最低，这称为洪德（Hund）规则。

洪德规则特例：对于同一电子亚层，当电子分布为半充满（p^3、d^5、f^7）、全充满（p^6、d^{10}、f^{14}）和全空（p^0、d^0、f^0）时，原子的能量降低，原子结构较稳定。

当电子按照上述三原则并根据鲍林能级图排布时，该原子处于最低能量状态，称为基态原子。110 种元素中可以准确写出 91 种原子的基态核外电子分布式，只有 19 种元素原子外层电子的分布情况稍有例外。电子排布式只表示电子排布的先后顺序，不可认为它是所有元素原子核外电子层的能量顺序，因为原子的电子层能级是随着原子序数的递增发生变化。基态原子外层电子填充顺序为

$$n\text{s} \longrightarrow (n-2)\text{f} \longrightarrow (n-1)\text{d} \longrightarrow n\text{p}$$

由于决定元素化学性质的主要是原子的外层电子，因此主族元素只写出 ns np 轨道的电子分布式，副族元素只写出 $(n-1)$d ns 轨道的电子分布式。为进一步避免电子分布式书写过繁，可用该元素前一周期稀有气体元素符号外加方括号表示。例如，$_{15}$P 电子分布式为 $1s^22s^22p^63s^23p^3$，用原子式表示为[Ne]$3s^23p^3$。又如 $_{24}$Cr[Ar]$4s^13d^5$，由于 $3d^5$ 是半满，状态稳定，4s 的一个电子排在 3d 轨道上，表示式[Ar]$4s^13d^5$ 是电子填充顺序，反映了能级交错的规律，而电子分布式按 n 的大小顺序写，即为[Ar]$3d^54s^1$。再如 $_{82}$Pb 的电子填充顺序为[Xe]$6s^25d^{10}4f^{14}6p^2$，

而其电子分布式为 $_{82}Pb[Xe]4f^{14}5d^{10}6s^26p^2$。

原子失去电子后便成为离子，离子的电子排布取决于电子从何轨道中失去。电子失去顺序按照徐光宪提出的 ($n+0.7l$) 规则，值大的先失去。失电子顺序为

$$np \longrightarrow ns \longrightarrow (n-1)d \longrightarrow (n-2)f$$

例如，Fe 原子的电子填充顺序为 $_{26}Fe[Ar]4s^23d^6$，而铁离子的形式分别为 $_{26}Fe^{2+}[Ar]3d^64s^0$、$_{26}Fe^{3+}[Ar]3d^54s^0$。

3. 核外电子排布与元素周期表的关系

1）元素周期表简介

1869 年，俄国化学家门捷列夫提出了具有里程碑意义的元素周期表，他把当时发现的 63 种元素按照相对原子质量的递增排列周期和族，反映了随着相对原子质量的变化元素性质的周期性变化。随着对原子结构认识的不断深入，人们认识到周期、族和原子的核外电子排布密切相关，了解了元素周期表的本质，提出了多种元素周期表。最常用的也是大家公认的是维尔纳（Werner）的长式周期表，有 118 种元素，其中公认的有 109 种。

元素的性质是原子序数的周期性函数——随着原子序数的递增，原子结构（外电子层构型、原子半径、外层电子的有效核电荷）呈现周期性变化，导致元素性质的周期性变化，即元素周期律。依照此规律把众多元素组织在一起形成的体系为元素周期系，其表现形式为元素周期表。

周期和能级组的划分都是由元素的原子结构随原子序数的增大而出现周期性变化所决定的。从各元素原子的电子层结构可知，当主量子数 n 依次增加时，n 每增加 1 个数值就增加一个能级组，也就增加一个新的电子层，而每一个能级组就相当于周期表中的一个周期。从第一能级组开始，每个能级组所含的轨道数是按 1、4、4、9、9、16 由小到大的顺序排列的，而每个轨道最多能容纳 2 个电子，相应地第一周期是特短周期，第二、第三周期是短周期，第四、第五周期是长周期，第六周期是特长周期，一至六周期的元素数分别是 2、8、8、18、18 和 32。除第一能级组，每个能级组中 s 轨道能级最低，p 轨道能级最高。每个周期的第一个元素的外层电子排布必定是 ns^1，其后各元素按照电子排布规则依次填充电子，直至具有 ns^2np^6 的元素出现，该能级组所有轨道已填满，完成了一个电子排布的循环。在第四周期中，从 21 号元素 Sc 到 30 号元素 Zn，它们新增的电子都是填充到 3d 轨道上，这 10 种元素称为第四周期的过渡元素。从 39 号元素 Y 到 48 号元素 Cd，新增的电子都是填充到 4d 轨道上，这 10 种元素称为第五周期的过渡元素。在第六周期中，从 57 号元素 La 到 71 号元素 Lu，新增的电子都是依次填充在 4f 轨道上，这 14 种元素习惯上称为镧系元素。从 72 号元素 Hf 到 80 号元素 Hg，新增加的电子则依次填充到 5d 轨道上，这也是过渡元素。在第七周期中，从 87 号元素 Fr 到 112 号元素 Cn，共 25 种元素是不完全周期，可以预计这一周期也应有 32 种元素，其中从 89 号元素 Ac 到 103 号元素 Lu 称为锕系元素。

2）元素周期表的族、区与价电子构型

对于一般化学反应来说，只涉及外层原子轨道上的电子，此类电子称为价电子，即原子在参与化学反应时能够用于成键的电子。价电子排布式称为价电子构型或外层电子构型。例如，$Z=50$，$Sn[Kr]5s^25p^2$，价电子排布式为 $5s^25p^2$。

在长式周期表中，价电子数相同、电子层结构相同或相近，仅主量子数不同的元素构成一列，除了零族含有三列之外，其余每列称为一个族。凡最后 1 个电子填入 ns 或 np 亚层上

的，都是主族元素，价电子的总数等于其族数。周期表中共有7个主族，ⅠA～ⅦA。凡最后1个电子填入（$n-1$）d或（$n-2$）f亚层上的都属于副族，也称过渡元素（镧系和锕系称为内过渡元素）；周期中共有ⅠB～ⅦB 7个副族；ⅢB～ⅦB族元素的价电子总数等于其族数，ⅠB、ⅡB族由于其（$n-1$）d亚层已经填满，最外层上电子数等于其族数。稀有气体是零族元素，最外层电子数为2或8，均已填满，呈稳定结构。零族处在周期表的中间，共有三个纵行，最后1个电子填在（$n-1$）d亚层上，称为过渡元素。

元素的化学性质主要取决于价电子，包括原子的电子构型、价层电子的有效核电荷和原子半径三个因素。周期表中"区"的划分主要是基于价电子构型的不同。根据元素最后1个电子填充的能级不同，将周期表中的元素分为5个区，即s区、p区、d区、ds区和f区，如表5-4所示。

表5-4 元素的价电子构型与元素周期表的周期、族和区

	ⅠA				0
1	ⅡA			ⅢA→ⅦA	
2		ⅢB→Ⅷ	ⅠB→ⅡB		
3	s区	d区	ds区	p区	
4	ns^1~ns^2		($n-1$)$d^{10}ns^1$	ns^2np^1~ns^2np^6	
5		($n-1$)$d^{1~10}ns^{0~2}$	($n-1$)$d^{10}ns^2$		
6					

镧系元素	f区
锕系元素	($n-2$)$f^{0~14}$($n-1$)$d^{0~2}ns^2$（有例外）

s区元素包括ⅠA和ⅡA族元素，其最后一个电子填充在s轨道上，外层电子构型为ns^1和ns^2。它们有强烈的失去最外层电子的趋势，形成+1或+2价离子，所以，除氢外均是活泼金属。

p区元素包括ⅢA～ⅦA和零族元素，其最后一个电子填充在p轨道上，它们的内层轨道或全满、或全空，均为稳定结构，外层电子构型为$ns^2np^{1~6}$（He为$1s^2$）。除零族元素，外层电子都不是稳定结构，从左至右，有从失电子过渡为得电子倾向，化学性质从金属性逐渐过渡到非金属性。

d区元素包括ⅢB～ⅦB以及Ⅷ族元素，最后一个电子基本填充在次外层（个别除外），外层电子构型一般为（$n-1$）$d^{1~10}ns^{0~2}$。由于次外层d轨道含1～9个电子，未完全充满，因此次外层电子也会参加化学反应，使得d区元素化合价复杂，易生成稳定的配位化合物。

ds区元素包括ⅠB和ⅡB族元素，它们的外层电子构型为（$n-1$）$d^{10}ns^{1~2}$，因其d轨道全满，区别于s区元素和d区元素，化学性质与d区元素相似。

f区元素包括镧系和锕系元素，最后一个电子基本填充在f轨道上，外层电子构型为（$n-2$）$f^{0~14}$（$n-1$）$d^{0~2}ns^2$，它们均为活泼金属。由于它们的最后一个电子填入外数第三层，而外面两层电子组态相近，因此所表现出的性质非常相似，分别与镧和锕一起占据周期表中同一个位置上，镧系与锕系都属于ⅢB族。

5.1.5 元素性质的周期性

元素的基本性质如原子半径、电离能、电子亲和能和电负性等统称为原子参数，它们与原子的结构密切相关，元素有效核电荷的周期性变化决定了元素性质的周期性变化，从而影响了元素的物理性质和化学性质。

1. 原子半径（r）

按照量子力学的观点，电子在核外运动没有固定轨道，只是概率分布不同。因此，对原子来说并不存在固定的半径。原子半径是什么呢？假设原子是球体，用其电子云 90%的界面（球面）来描述。所以，通常所说的原子半径是指相邻原子的平均核间距。根据原子与原子间作用力的不同，原子半径一般可分为金属半径、共价半径和范德华半径（图 5-14）。

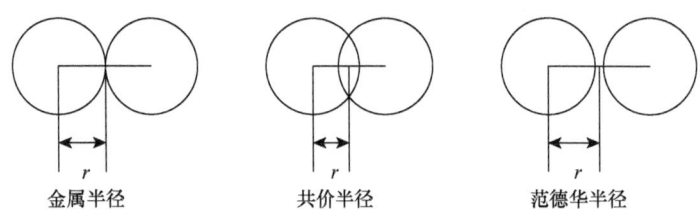

图 5-14　金属半径、共价半径和范德华半径的示意图

金属半径：金属晶体中相邻两个金属原子的核间距的一半称为金属半径。

共价半径：同种元素的两个原子以共价键连接时，它们核间距离的一半称为该原子的共价半径。同一元素的两个原子以共价单键、双键或叁键连接时，共价半径也不同。

范德华（van der Waals）半径：在分子晶体中，当两个原子只靠范德华力（分子间作用力）互相吸引时，它们核间距的一半称为范德华半径。

讨论原子半径的变化规律时，经常采用共价半径。各元素的原子半径数据见表 5-5，其中金属为金属半径（配位数为 12），稀有气体为范德华半径，其余为共价半径。

表 5-5　元素原子半径（nm）

H 0.037																	He
	ⅡA											ⅢA	ⅣA	ⅤA	ⅥA	ⅦA	
Li 0.152	Be 0.111											B 0.080	C 0.077	N 0.074	O 0.074	F 0.071	Ne
Na 0.186	Mg 0.160	ⅢB	ⅣB	ⅤB	ⅥB	ⅦB		Ⅷ		ⅠB	ⅡB	Al 0.143	Si 0.118	P 0.118	S 0.118	Cl 0.099	Ar
K 0.227	Ca 0.197	Sc 0.161	Ti 0.145	V 0.131	Cr 0.125	Mn 0.137	Fe 0.124	Co 0.125	Ni 0.125	Cu 0.128	Zn 0.133	Ga 0.122	Ge 0.123	As 0.125	Se 0.116	Br 0.114	Kr
Rb 0.248	Sr 0.215	Y 0.181	Zr 0.159	Nb 0.143	Mo 0.136	Tc 0.135	Ru 0.133	Rh 0.135	Pd 0.138	Ag 0.144	Cd 0.149	In 0.163	Sn 0.141	Sb 0.145	Te 0.143	I 0.133	Xe
Cs 0.267	Ba 0.217	La 0.187	Hf 0.156	Ta 0.143	W 0.137	Re 0.137	Os 0.134	Ir 0.136	Pt 0.139	Au 0.144	Hg 0.150	Tl 0.170	Pb 0.175	Bi 0.155	Po 0.118	At	Rn

对于同一周期主族元素，随着原子序数的递增，原子半径逐渐减小。这是由于原子半径的变化受两因素的制约：随着核电荷数增加，原子核对外层电子的引力增强，引起原子半径变小；但是随着核外电子数增加，电子之间的斥力增大，会引起原子半径变大，两者共同作

用，增加的电子不足以完全屏蔽核电荷对外层电子的吸引，而使有效核电荷增大，所以原子半径减小。对于稀有气体，原子半径突然增大，是因为稀有气体原子半径是范德华半径。对于短周期的主族元素来说，电子填加到最外层轨道，对核的正电荷中和少，有效核电荷 Z^* 增加得多，所以 r 减小的幅度大。

对于长周期过渡元素，电子填加到次外层轨道，对核的正电荷中和多，Z^* 增加得少，所以 r 减小的幅度小。对于ⅠB和ⅡB来说，由于是 d^{10} 构型，屏蔽显著，原子半径略有增大。对于镧系、锕系，电子填到内层 $(n-2)$f 轨道，屏蔽系数更大，Z^* 增加的幅度更小，所以 r 减小的幅度很小。

镧系收缩：镧系元素从镧（La）到镥（Lu）原子半径依次更缓慢减小（从 La 到 Lu 的原子半径共减小 11pm）。镧系收缩不仅造成镧系元素彼此的原子半径比较接近，性质相似，还对镧系后的同族过渡元素的原子半径造成影响，如铌和钽、钼和钨、锝和铼等。这种反常现象主要是镧系收缩影响所致。镧系收缩造成了 Lu 后的 Hf（铪）、Ta（钽）和 W（钨）等过渡元素的原子半径与相应的第五周期的过渡元素等的原子半径非常相近，进一步造成了 Hf（铪）和 Zr（锆）、Ta（钽）和 Nb（铌）、W（钨）和 Mo（钼）等的性质相似，分离困难。

同一主族元素从上至下电子层数依次增多，外层电子构型相同，外层电子随着主量子数的增大，运动空间向外扩展。虽然核电荷明显增加，但由于多了一层电子的屏蔽作用，作用于最外层电子的有效核电荷的增加并不显著，电子层增加的因素占主导，故原子半径依次增大，金属性依次增强。

在同一族的过渡元素中，第四周期到第五周期，原子半径逐渐增大，这与主族的变化趋势一致。第五周期到第六周期，原子半径接近，这是镧系收缩的结果。

2. 电离能

一个基态的气态原子失去 1 个电子成为+1 价气态正离子所需要的能量，称为该元素的第一电离能，用 I_1 表示，SI 单位为 J·mol^{-1}，常用 kJ·mol^{-1}。由+1 价气态正离子再失去一个电子变成+2 价气态正离子所需的能量称为元素的第二电离能，用 I_2 表示。依此类推，还可以有 I_3、I_4 等。电离能总是正值。例如

$$Al(g)-e^- \longrightarrow Al^+(g) \qquad \Delta H = I_1 = 578 \text{kJ·mol}^{-1}$$
$$Al^+(g)-e^- \longrightarrow Al^{2+}(g) \qquad \Delta H = I_2 = 1817 \text{kJ·mol}^{-1}$$
$$Al^{2+}(g)-e^- \longrightarrow Al^{3+}(g) \qquad \Delta H = I_3 = 2745 \text{kJ·mol}^{-1}$$
$$\vdots$$

一般来说，元素的第一电离能越小，原子越易失去电子，即该元素金属性越强。通常用第一电离能衡量元素的原子失去电子的难易程度。各级电离能的大小按 $I_1 < I_2 < I_3 < \cdots$ 次序递增，因为随着离子电荷的递增，离子半径递减，失去电子需要的能量也递增。周期表中各元素的第一电离能见表 5-6。

表 5-6 元素的第一电离能（kJ·mol^{-1}）

ⅠA	ⅡA	ⅢB	ⅣB	ⅤB	ⅥB	ⅦB	Ⅷ	ⅠB	ⅡB	ⅢA	ⅣA	ⅤA	ⅥA	ⅦA	0
H 1312															He 2372
Li 520	Be 900									B 801	C 1087	N 1402	O 1314	F 1681	Ne 2080

续表

IA	IIA	IIIB	IVB	VB	VIB	VIIB	VIII			IB	IIB	IIIA	IVA	VA	VIA	VIIA	0
Na 496	Mg 738											Al 578	Si 787	P 1012	S 1000	Cl 1251	Ar 1521
K 419	Ca 590	Sc 633	Ti 659	V 651	Cr 653	Mn 717	Fe 763	Co 760	Ni 737	Cu 746	Zn 906	Ga 579	Ge 762	As 944	Se 941	Br 1140	Kr 1351
Rb 403	Sr 550	Y 600	Zr 640	Nb 652	Mo 684	Tc 702	Ru 710	Rh 720	Pd 804	Ag 731	Cd 868	In 558	Sn 709	Sb 831	Te 869	I 1008	Xe 1170
Cs 376	Ba 503	La 538	Hf 654	Ta 761	W 770	Re 760	Os 840	Ir 880	Pt 870	Au 890	Hg 1007	Tl 589	Pb 716	Bi 703	Po 812	At	Rn 1037
Fr 392	Ra 509																

由表 5-6 可知第一电离能的周期性。在同一主族及零族中,从上到下原子的价电子构型相同,虽然有效核电荷增大,但由于原子半径的增大对第一电离能的影响更显著,所以电离能递减。元素的金属性由上而下增强。

电离能的大小主要取决于原子的电子层结构、有效核电荷以及原子半径。同一周期的主族元素,从左向右,核电荷 Z 增大,原子半径 r 减小。核对电子的吸引增强,越来越不易失去电子,所以第一电离能 I_1 增大。元素从强金属性变化为强非金属性,到稀有气体元素达到最大的电离能。但也有几处"反常",即ⅢA 族元素的第一电离能都分别小于ⅡA 族元素第一电离能;ⅥA 族元素的第一电离能部分小于ⅤA 族元素的第一电离能。

以 Be 和 B 为例,Be 的价电子构型为 $2s^22p^0$,电离时失去的是一个 2s 电子,B 的价电子构型为 $2s^22p^1$,失去的是 p 电子,由于多电子原子中间层的 p 电子比 s 电子钻穿能力差(能级较高),加上 B 失去 p 电子后,使 p 亚层变成全空的稳定结构,所以 B 的第一电离能比 Be 的低。Mg 和 Al、Ca 和 Ga 也是同样道理。至于ⅥA 族 O、S 和 Se 的第一电离能都分别小于ⅤA 族的 N、P 和 As,是由于 N、P 和 As 具有 $2s^22p^3$ 的价电子结构,p 亚层为半充满,失去 1 个电子——由稳定状态变为不稳定状态,需要的能量就要多一些;而 O、S、Se 都具有 s^2p^4 的价电子结构,倾向于失去一个 p 电子,使其变为ⅤA 族元素原子所具有的 p 亚层为半充满的稳定结构,需要的能量就少一些。

系列过渡元素从左至右,有效核电荷的增大及原子半径的减小均不如主族元素显著,故第一电离能不规则地升高,且升高幅度不及主族明显。加之过渡元素最外层只含 1~2 个电子,所以均显金属性。

同族中自上而下有互相矛盾的两种因素影响电离能变化:①随着核电荷数 Z 增大,核对电子吸引力增大,I 增大;②随着电子层增加,原子半径增大,电子离核远,核对电子吸引力减小,I 减小。这对矛盾中,以第二种因素为主导。因此,同族中自上而下,多数元素的电离能减小。

3. 电子亲和能

元素的气态原子在基态时获得一个电子形成一价气态负离子时所放出的能量称为该元素的第一电子亲和能。当负一价离子再获得电子时要克服负电荷之间的排斥力,因此要吸收能量。所以,元素的第一电子亲和能一般为正值,表示放出能量;第二电子亲和能一般为负值,表示吸收能量。例如,氧原子的电子亲和反应:

$$O(g)+e^- \longrightarrow O^-(g) \quad A_1=-141 \text{kJ}\cdot\text{mol}^{-1}$$
$$O^-(g)+e^- \longrightarrow O^{2-}(g) \quad A_2=+780 \text{kJ}\cdot\text{mol}^{-1}$$

电子亲和能反映了原子得电子的能力，电子亲和能越大，表示原子得到电子的倾向越大，非金属性也越强。若不加注明，电子亲和能指第一电子亲和能。图 5-15 表示主族元素第一电子亲和能的周期性。

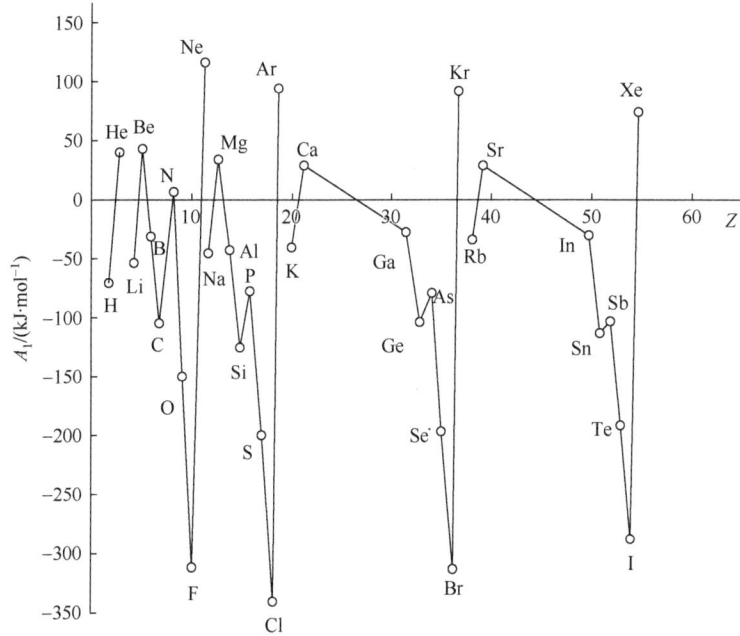

图 5-15　主族元素第一电子亲和能的变化趋势

目前已知的元素的电子亲和能数据较少，测定的准确性也差。一般来说，同一周期，从左到右，A 的负值逐渐增加，卤素的 A 呈现最大负值。这是因为从左向右，原子的核电荷 Z 增大，原子半径 r 小，核对电子引力大，结合电子后释放的能量多，于是电子亲和能负值增大。

同一族，从上到下，大多数 A 的负值变小。需要指出，A（ⅡA）为正值，A（稀有气体）为最大正值；N 的第一电子亲和能为正值。因为 N 的电子结构为 $[He]2s^22p^3$，2p 轨道半充满，比较稳定，故 N 原子不易得电子，如果得到电子，非但不释放能量，反而要吸收能量，所以 A 为正值。ⅥA 和ⅦA 电子亲和能最大的不是每族的第一种元素，而是第二种元素。这一反常现象可以解释为第二周期的氧和氟元素的第一电子亲和能一般为正值，表示放出能量；第二电子亲和能一般为负值，表示吸收能量。第一电子亲和能的最大负值不出现在 F 原子，而在 Cl。因为 F 的原子半径非常小，电子云密度大，排斥外来电子，不易与之结合，所以 A 负值比较小。

4. 电负性

电离能表示元素的原子失去电子形成正离子的能力大小，电子亲和能表示元素的原子得到电子形成负离子的能力大小。在许多反应中，并非单纯的电子得失，单纯的形成离子，而是电荷的部分转移，或者说是电子的偏移。因而应该有一个量，综合考虑电离能和电子亲和能，可以表示分子中原子拉电子的能力的大小。用它来判断元素在化学反应中的行为。1932年，鲍林提出了电负性的概念。

电负性（X）表示分子中、原子间吸引成键电子的能力。规定氟的电负性为 4.0，其他元素与氟相比，得出相应数据。根据较新的数据修正后，F 的电负性为 3.98。元素的电负性较全面地反映了元素金属和非金属性的强弱。目前主要采用鲍林的电负性数据。值得注意的是，同一元素处于不同氧化态时，其电负性数值也不同。表 5-7 中所列的电负性值是指该元素最稳定的氧化态的电负性值。

表 5-7 元素电负性（鲍林值）

H 2.18																	He —
Li 0.98	Be 1.57											B 2.04	C 2.55	N 3.04	O 3.44	F 3.98	Ne —
Na 0.93	Mg 1.31											Al 1.61	Si 1.90	P 2.19	S 2.58	Cl 3.16	Ar —
K 0.82	Ca 1.00	Sc 1.36	Ti 1.54	V 1.63	Cr 1.66	Mn 1.55	Fe 1.8	Co 1.88	Ni 1.91	Cu 1.90	Zn 1.65	Ga 1.81	Ge 2.01	As 2.18	Se 2.55	Br 2.96	Kr —
Rb 0.82	Sr 0.95	Y 1.22	Zr 1.33	Nb 1.60	Mo 2.16	Tc 1.9	Ru 2.28	Rh 2.2	Pd 2.20	Ag 1.93	Cd 1.69	In 1.73	Sn 1.96	Sb 2.05	Te 2.1	I 2.66	Xe —
Cs 0.79	Ba 0.89	La 1.10	Hf 1.3	Ta 1.5	W 2.36	Re 1.9	Os 2.2	Ir 2.2	Pt 2.28	Au 2.54	Hg 2.00	Tl 2.04	Pb 2.33	Bi 2.02	Po 2.0	At 2.2	Rn —

鲍林标度的电负性是由热力学数据、键能和 X 关系计算得到，但满足不了稀有气体电负性的要求。1934 年密立根（Millikan）提出了绝对电负性的概念，认为用电离能与电子亲和能之和的一半可计算出绝对的电负性数值。但由于 A 的数据不足，此式在应用中有局限性。1957年，阿莱-罗周（Allred-Rochow）以电子受到核的引力为基础，提出了电负性的计算公式

$$X = \frac{0.359Z^*}{r^2} + 0.744 \tag{5-12}$$

根据该公式计算的结果与鲍林的数据相吻合。

虽然电负性的标度有多种，但是在元素周期表中的变化规律是一致的，即元素的电负性也呈现周期性的变化：对主族元素来说，同一周期中，从左到右电负性递增，元素的非金属性增强；同一族中，从上到下电负性递减，元素的金属性增强。对副族元素来说，同一周期，从左到右，X 增大缓慢。同一族，从上到下，X 变小缓慢。

元素电负性的大小可用以衡量元素的金属性和非金属性的强弱。一般地，金属元素的电负性在 2.0 以下，非金属的电负性在 2.0 以上，但这不是一个严格的界限。金属性最强的元素在周期表的左下角，即 Cs（Fr 具有放射性，不考虑），非金属性最强的元素在右上角，即 F。对角线附近的元素不是典型的金属元素或典型的非金属元素。

5.2 化学键与分子结构

自然界中，除了稀有气体是由单原子组成外，绝大多数单质和化合物是以分子或晶体的形式存在。分子是体现物质基本化学性质的最小微粒，是参与化学反应的基本单元之一。分子的性质取决于分子内部的结构。分子结构包括分子的形成和分子形成时的化学键以及和分子间的作用力等。本节将在原子结构的基础上，讨论分子的形成过程和化学键的有关理论，

并对分子间作用力及对物质性质的影响加以介绍。

5.2.1 化学键

分子或晶体中相邻原子（或离子）之间强烈的吸引作用称为化学键。原子在形成分子的过程中，只是核外电子尤其是成键电子在原子间的重新分布。不同元素有不同的原子结构，原子间的重新分布方式也各不相同，从而形成了不同的成键类型。化学键主要有金属键、离子键、共价键和配位键等。

1. 金属键

金属键是存在于金属晶体内部的化学键，详见 5.4.2。

2. 离子键

1916 年，德国化学家科塞尔（Kossel）根据稀有气体原子结构的稳定性提出了离子键理论。其基本要点如下：

当活泼金属原子与活泼非金属原子在一定条件下相互接近时，它们都有失去（活泼金属）或得到（活泼非金属）电子成为类似稀有气体稳定结构的趋势，由此形成相应的正、负离子；正、负离子之间由于静电引力而相互吸引，当它们充分接近时，正、负离子的外电子层又产生排斥力，当吸引力和排斥力平衡时，体系的能量最低，正、负离子便形成稳定的化合物。

这种由正、负离子的静电引力形成的化学键称为离子键。具有离子键的化合物称为离子化合物。离子键既无方向性也无饱和性，通常存在于离子晶体中。

离子化合物是由正、负离子构成，所以离子的性质在很大程度上影响离子化合物的性质。一般离子具有的性质有离子电荷、离子半径和离子的电子构型。

1）离子电荷

离子电荷是形成离子键时原子得失的电子数。对主族元素来说，原子得失电子数的多少通常以能够形成类似稀有气体稳定结构为标准。对于副族元素，情况较复杂，但也大多数是失去最外层电子而形成稳定结构。离子化合物中，一般地，正离子电荷为+1、+2、+3、+4，更高正电荷的离子基本不存在；负离子电荷有−1、−2，较高的−3、−4 大多数为含氧酸或配离子。

2）离子半径

离子半径是指在离子晶体中正、负离子的接触半径。假设晶体中正、负离子是相互接触的两个球，两个原子核间的平均距离称为核间距 d。d 就可以看作正、负离子的半径之和（图 5-16）。即 $d=r^++r^-$，r^+和 r^-分别为正、负离子的离子半径。

离子电荷和离子半径是决定离子化合物中正、负离子间吸引力强弱的重要因素，影响了离子化合物的性质。离子电荷（绝对值）越大，其静电作用越强。当所带电荷相同时，离子半径越小，其静电作用越强。对于同种类型的离子化合物，离子电荷越大，离子半径越小，正、负离子间的引力越强，形成的离子键越牢固，则相应的离子化合物的熔点和沸点就越高。

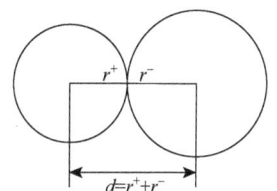

图 5-16 正、负离子半径与核间距的关系示意图

3）离子的电子构型

离子的电子构型即离子的价电子构型，是指离子最外层（主层）的电子构型。简单负离子（如 F⁻、O^{2-}、S^{2-}等）的最外电子层都是 8 个电子的稀有气体结构。简单正离子的电子构型比较复杂，其电子构型有 2 电子构型（最外层有 2 个电子的离子，如 Li^+、Be^{2+}等）、8 电子

构型（最外层有 8 个电子的离子，如 Na^+、Ca^{2+} 等）、18 电子构型（最外层有 18 个电子的离子，如 Zn^{2+}、Ag^+ 等）、18+2 电子构型（次外层有 18 个电子，最外层有 2 个电子，如 Sn^{2+}、Pb^{2+} 等）和 9~17 电子构型（又称不饱和电子构型，最外层有 9~17 个电子，如 Fe^{2+}、Cr^{3+} 等）。

离子的电子构型对于离子化合物的性质影响较大。例如，NaCl 和 CuCl 均为由 Cl^- 和 +1 价离子形成的离子化合物，Na^+ 和 Cu^+ 的电荷相同，离子半径几乎相等，但两者电子构型不同，Na^+ 属于 8 电子构型，Cu^+ 属于 18 电子构型，则性质也不同，NaCl 易溶于水，而 CuCl 难溶于水。

3. 共价键

为了说明同种原子组成的非金属单质分子（如 H_2 分子）和电负性相差较小的不同非金属分子（如 H_2O、HCl）或晶体的形成，科学家们提出了多种共价键理论。1916 年，美国化学家路易斯提出了共价键的电子配对理论，他认为，像 H_2 和 HCl 等分子中，两原子间通过共用电子对吸引两原子核，原子共用电子对后，每个原子具有稀有气体电子层稳定结构。这种分子通过共用电子对形成的化学键称为共价键。由共价键形成的化合物为共价化合物。此理论仅从静止的电子对观念出发，但是对电荷相互排斥的两个电子为什么会以电子配对的形式将两个原子结合在一起的本质无法说明。

1927 年，德国物理学家海特勒（Heitler）和伦敦（London）应用量子力学求解氢分子的薛定谔方程以后，共价键的本质才得到理论解释。1930 年，美国化学家鲍林和斯莱特（Slater）将氢分子的结果进一步推广到其他分子体系，逐渐发展成为共价键的价键理论，简称 VB 法或电子配对法。1931 年，为了解释多原子分子的空间分布，鲍林和斯莱特在价键理论的基础上提出了杂化轨道理论，进一步发展和完善了共价键理论。20 世纪 20 年代末，莫里根（Mulliken）等提出了分子轨道理论，简称 MO 法。20 世纪 50 年代前后又提出了价层电子对互斥理论，用于判断共价分子的空间构型。

1）价键理论

以 H_2 分子为例说明共价键的形成。应用量子力学处理 2 个 H 原子形成 H_2 分子的过程，得到 H_2 分子的能量与核间距的关系曲线（图 5-17）。当单电子自旋方向相同的 2 个 H 原子相互接近时，两原子的 1s 轨道异号叠加，即波函数相减，互相抵消，核间电子的概率密度几乎为零，从而增大了两核间的排斥力，处于不稳定态，2 个 H 原子不能成键，这种不稳定的状态称为 H_2 分子的排斥态 [图 5-18（a）]。

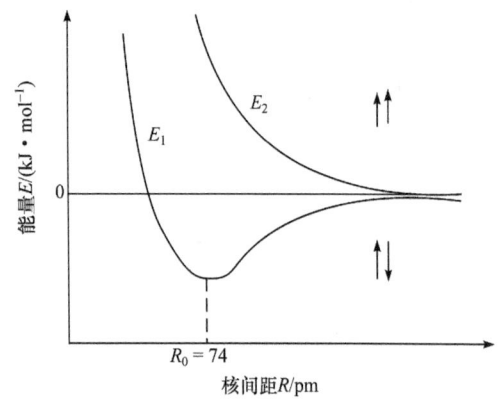

图 5-17 H_2 分子形成过程能量随核间距变化曲线

E_1：基态的能量曲线；E_2：排斥态的能量曲线

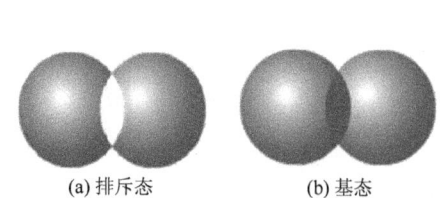

图 5-18 氢分子的两种状态

只有当2个H原子的单电子自旋方向相反时，2个H原子互相靠近，随着核间距 R 的减小，2个1s轨道才会有效重叠，即波函数相加，核间电子云密度增大，体系的能量随之降低，形成共价键。当核间距 R 达到74pm时，系统能量达到最低，2个原子轨道重叠最大，2个H原子间形成了稳定的共价键，这种状态称为 H_2 分子的基态 [图5-18（b）]。如果两个H原子核再靠近，原子核间斥力增大，使系统能量迅速升高，排斥作用又会将H原子推回到平衡位置。当两个H原子的核间距 R_0=74pm时，其能量达到最低点，E=−436kJ·mol^{-1}，此时，两个氢原子间形成了稳定的共价键，从而形成了氢分子。

将上述结果推广到其他分子，就发展成为价键理论，其基本要点如下：

（1）电子配对原理：在形成共价键时，成键原子双方各提供一个自旋方式相反的未成对电子配对成键。这是共价键形成的必要条件，决定能否形成共价键。一个原子有几个未成对电子，便可以和几个自旋方向相反的未成对电子配对成键。若原子的未成对电子自旋相同或已成对时，都不能形成共价键。所以共价键数目受到未成对电子的限制，具有饱和性。例如，H原子的1s轨道上的1个未成对电子和另外一个H原子的1s轨道上的一个电子配对形成 H_2 分子后，便不能再和其他原子的单电子配对成键。

（2）原子轨道最大重叠原理：在形成共价键时，成键电子的原子轨道必须在对称性一致的前提下，尽可能最大程度地重叠。这是共价键形成的充分条件，决定共价键的稳定性。也就是说，原子轨道重叠时，必须考虑原子轨道的正、负号，只有同号的原子轨道才能有效重叠，并且重叠时尽可能沿着重叠最多的方向进行，重叠程度越大，形成的共价键越稳定。除了s轨道以外，p、d和f轨道在空间都有一定的伸展方向。因此，除了s轨道和s轨道成键时没有方向限制外，其他轨道成键时只有沿着一定方向达到最大程度的重叠，才能形成共价键，这就是共价键的方向性。例如，H原子和F原子形成H—F键时，要求氢原子沿着F原子具有未成对电子的 $2p_x$ 轨道的方向重叠，形成稳定的共价键，如图5-19（a）所示。其他方向的重叠，皆因不能重叠或重叠较少而不能成键。

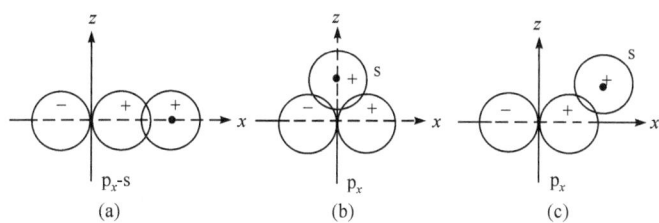

图5-19 s和 p_x 轨道的重叠示意图

由于原子轨道形状不同，它们重叠的方式也不尽相同。根据原子轨道重叠方式不同，共价键可以分为σ键和π键。

原子轨道沿核间连线方向进行同号重叠而形成的共价键称为σ键 [图5-20（a）]，该种重叠方式俗称"头碰头"重叠，具有以核间连线（键轴）为对称轴的σ对称性，如 H_2 分子的s-s轨道成键，HF分子的s-p_x 轨道成键，F_2 分子的 p_x-p_x 轨道成键等。

原子轨道沿着垂直于核间连线方向并相互平行而进行同号重叠所形成的共价键称为π键 [图5-20（b）]。原子轨道的重叠部分对于键轴所在某个平面具有反对称性，该种重叠俗称"肩并肩"重叠。

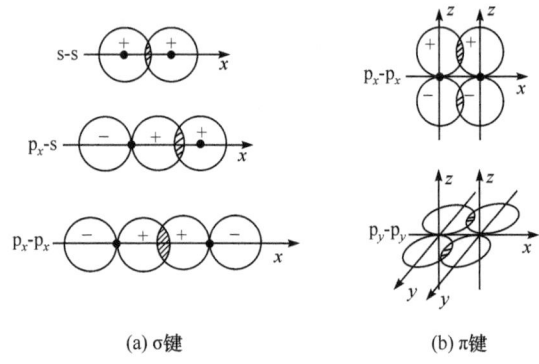

(a) σ 键　　　　　(b) π 键

图 5-20　σ 键和 π 键

在具有双键或叁键的分子中，通常既有 σ 键，又有 π 键。如图 5-21 所示，N_2 分子中三对共用电子对通过 1 个 σ 键和 2 个 π 键将两个 N 原子结合在一起。N 原子的外层电子构型为 $2s^2 2p^3$：成键时所用的是 2p 轨道上 3 个未成对电子，当两个 N 原子沿着 x 轴靠近时，p_x-p_x 轨道沿着 x 轴进行"头碰头"重叠形成 σ 键，而垂直于 p_x 轨道（x 轴）的 p_y-p_y 轨道和 p_z-p_z 轨道则只能以"肩并肩"的方式重叠而形成两个互相垂直的 π 键。

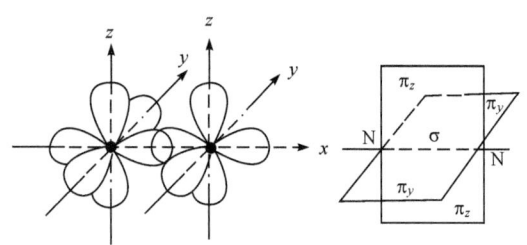

图 5-21　N_2 分子中化学键示意图

由于 σ 键的轨道重叠程度比 π 键的轨道重叠程度大，因此 σ 键比 π 键牢固。π 键较易断开，化学活泼性强，它一般与 σ 键共存于具有双键或叁键的分子中。共价单键一般是 σ 键，双键中有 1 个 σ 键和 1 个 π 键，叁键中有 1 个 σ 键和 2 个 π 键。

另外还有一种比较特殊的共价键，它不是由成键的两个原子提供单电子而配对成键，而是由其中一个原子提供一个孤对电子并由两个原子共用，这种共价键称为配位键。配位键用"→"表示，箭头方向由提供电子对的原子指向接受电子对的原子。例如在 CO 分子中，O 原子除了以两个未成对的 2p 电子和 C 原子的两个未成对的 2p 电子形成 1 个 σ 键和 1 个 π 键，还提供 1 对孤对电子给 C 原子的一个 2p 空轨道共用，形成一个配位键结构。所以形成配位键必须具备两个条件：①成键原子的外层电子中有孤对电子；②接受共用电子对的原子具有空轨道。只要具备这两个条件，分子内、分子间以及离子间都可以形成配位键。很多无机化合物的分子或离子中就具有配位键，如 NH_4^+ 和 BF_4^- 等。

2）分子轨道理论

分子轨道理论是目前发展较快的一种共价键理论，它引入分子轨道的概念，认为分子中的电子是在整个分子空间范围内运动，能较好地说明多原子分子的结构。其基本要点如下：

（1）分子中的电子不局限在某一个原子的原子轨道上运动，而是在分子轨道中运动。分子中每个电子的运动状态都用波函数 Ψ 来表示，Ψ 称为分子轨道。分子轨道和原子轨道的主要区别：原子轨道中的电子只受一个原子核的作用，是个单核系统，而分子轨道中的电子受所有原子核势能场的作用，是个多核系统；另外原子轨道的名称用 s、p 和 d 等来表示，而分子轨道的名称用 σ、π 和 δ 等来表示。

（2）分子轨道由原子轨道线性组合而成，组合而成的分子轨道和组合前的原子轨道的数目相等，但轨道能量不同。其中一半分子轨道是成键轨道，分别由正负号相同的原子轨道重叠而成，能量低于原来的原子轨道的能量，如 σ 轨道、π 轨道等；另一半分子轨道是反键分子轨道，是由正负号相反的原子轨道叠加而成，能量比原来的原子轨道能量高，如 σ^* 轨道和 π^* 轨道等。

（3）各原子轨道在组成分子轨道时，需满足能量相近、对称性匹配和轨道最大重叠等原则。能量相近原则是指只有能量相近的原子轨道才能有效地组成分子轨道。对称性匹配原则是指只有对称性相同的原子轨道才能组成分子轨道。符合对称性匹配原则的几种简单的原子轨道组合：s-s，s-p_x，p_x-p_x 组成 σ 分子轨道，p_y-p_y，p_z-p_z 组成 π 分子轨道。对称性匹配的两原子轨道在组成分子轨道时有两种组合方式：符号相同的两原子轨道组成成键分子轨道，符号相反的原子轨道组成反键分子轨道。另外，轨道最大重叠原则是指在满足能量相近原则、对称性匹配原则的前提下，两原子轨道重叠程度越大，形成的共价键越稳定。

在上述三条原则中，对称性匹配原则是首要的，它决定了原子轨道有无组合成分子轨道的可能性，而能量相近原则和轨道最大重叠原则是在对称性匹配原则的前提下，决定分子轨道的组合效率。

（4）电子在分子轨道中填充的原则同样要遵循能量最低原理、泡利不相容原理和洪德规则。

例如氢分子中，两个氢原子的 1s 轨道组合成两个分子轨道 σ_{1s} 和 σ_{1s}^*。两个氢原子自旋相反的 2 个 1s 电子进入能量最低的分子轨道 σ_{1s}，组合后的系统的能量比组合前系统（两个单独氢原子）的能量低，如图 5-22 所示。

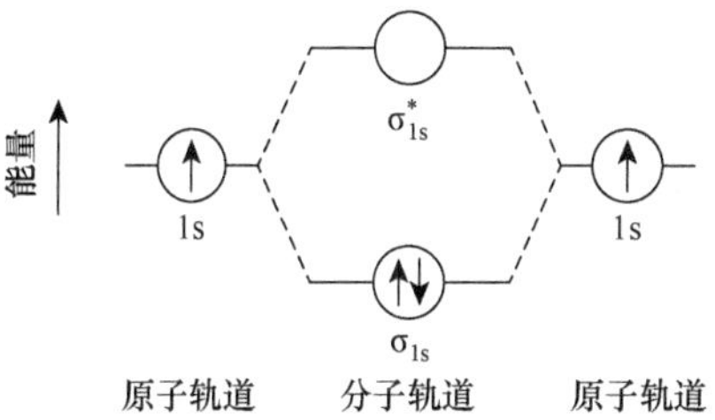

4. 键参数

表征共价键性质的物理量，如键长、键角、键能和键级等，称为共价键参数。它们在理论上可以由量子力学计算而得，也可以由实验测得。键参数可用来粗略而方便地定性、半定量确定分子的形状，解释分子的某些性质。

图 5-22 氢分子基态电子排布示意图

1) 键级（又称键序）

键级是描述分子中相邻原子之间成键强度的物理量，表示键的相对强度。键级高，键强；反之，键弱。键级的计算公式

$$键级 = 1/2(成键电子数 - 反键电子数)$$

例如，H_2 的键级为 1，O_2 为 2，N_2 为 3。

2) 键长

分子中成键的两原子核间的平衡距离称为键长（l）或键距（d），单位为 pm。键长的数据可通过分子光谱、X 射线衍射、电子衍射等实验方法测得，也可用量子力学的近似方法计算而得（表 5-8）。

表 5-8　部分共价键的键长和键能

共价键	键长/pm	键能/(kJ·mol^{-1})	共价键	键长/pm	键能/(kJ·mol^{-1})
H—H	74.2	436.00	F—F	141.8	154.8
H—F	91.8	565±4	Cl—Cl	198.8	239.7
H—Cl	127.4	431.20	Br—Br	228.4	190.16
H—Br	140.8	362.3	I—I	266.6	198.95
H—I	160.8	294.6	C—C	154	345.6
O—H	96	458.8	C=C	134	602±21
S—H	134	363±5	C≡C	120	835.1
N—H	101	386±8	O=O	120.7	493.59
C—H	109	411±7	N≡N	109.8	941.69

两个确定的原子之间形成的共价键键长越短，键就越强。H—F、H—Cl、H—Br、H—I键长依次增大，键的强度依次减弱，热稳定性递减。相同的成键原子所组成的单键和多重键的键长并不相等，如碳原子之间可形成单键、双键和叁键，键长依次缩短，键的强度渐增。

3）键能

原子之间形成化学键的强弱可以用键断裂时所需能量的大小来衡量（表 5-8）。一般键能越大，该键越牢固，由该键组成的分子越稳定，如 H—F、H—Cl、H—Br、H—I 键长渐增，键能渐小，故推论 H—I 分子不如 H—F 稳定。

4）键角

多原子分子中两相邻化学键之间的夹角称为键角。一般地，知道了一个分子中的键长和键角数据，就可以确定该分子的几何构型。例如，$HgCl_2$ 分子的键角∠ClHgCl=180°，可推知 $HgCl_2$ 分子是直线形非极性分子。H_2O 分子的键角∠HOH=104°45′，故 H_2O 分子呈 V 形，为极性分子。

5）键的极性

键的极性是由成键原子的电负性不同而引起的。当成键原子的电负性相同时，核间的电子云密集区域在两核的中间位置，两个原子核正电荷所形成的正电荷重心和成键电子对的负电荷重心恰好重合，这样的共价键称为非极性共价键，如 H_2、O_2 分子中的共价键就是非极性共价键。当成键原子的电负性不同时，核间的电子云密集区域偏向电负性较大的原子一端，使之带部分负电荷，而电负性较小的原子一端则带部分正电荷，键的正电荷重心与负电荷重心不重合，这样的共价键称为极性共价键，如 HCl 分子中的 H—Cl 键就是极性共价键。

在上述描述共价键性质的键参数中，键级和键能可用来描述共价键的强度和稳定性，键长和键角可用来描述分子的空间构型，而键的极性可用来定性描述分子的极性，这些都是共价键的基本参数。

5.2.2　分子的空间构型

价键理论虽然成功地说明了共价键的形成和本质，解释了共价键的饱和性和方向性，但用它来解释一些多原子分子的构型却遇到了困难，如它不能解释 CH_4 的正四面体构型，也不能解释 H_2O 分子中两个 H—O 键的夹角为什么不是 90°，而是 104°45′。分子轨道理论对分子几何构型的描述不如价键理论直观，所以需要发展新的结构理论。在此简单介绍解释多原子分子空间构型的杂化轨道理论和预测多原子分子空间构型的价层电子对互斥理论。

1. 杂化轨道理论

在研究多原子分子的结构时，不仅要考虑原子之间的成键情况，还要考虑分子的空间构型，即分子中各原子在空间的分布情况。1931 年，美国化学家鲍林等提出了杂化轨道理论。其实杂化轨道理论实质上还是现代的价键理论。

杂化轨道理论的基本要点：多原子在形成分子时，由于原子间的相互影响，同一原子中能量相近的不同类型原子轨道（波函数）进行线性组合，重新对能量和空间伸展方向进行分配，形成能量相同、数目相等的新原子轨道，这种轨道重新组合的过程称为杂化（hybridization），这些新的原子轨道称为杂化轨道。杂化轨道的成键能力比原来的轨道更强，所形成的化学键键能更大，生成的分子更稳定。另外，形成杂化轨道的空间取向上要尽可能远离，排斥力要最小（排斥力越小，体系越稳定），杂化轨道之间的夹角要达到最大。再者，分子间的构型主要取决于 σ 键所形成的空间骨架，由于杂化轨道形成的化学键是 σ 键，因此杂化轨道的形状决定了分子的空间构型。

根据参加杂化的原子轨道的种类和数目的不同，可以把杂化轨道分成以下几种类型。

1）sp^3 杂化

以 CH_4 分子为例，如图 5-23 所示。C 原子的外层电子构型是 $2s^22p^2$，即只有 2 个未成对的 p 电子，但为什么能形成 4 个 C—H 键呢？杂化轨道理论认为，在形成 CH_4 分子时，C 原子中存在一个激发过程，有一个电子从 2s 轨道激发到 2p 的一个空轨道上，这样就有了 4 个未成对电子，然后 1 个 s 轨道和 3 个 p 轨道经过杂化，形成 4 个能量相同的 sp^3 杂化轨道，便可与 4 个 H 原子形成 4 个共价键。每个 sp^3 杂化轨道包含 1/4 的 s 轨道成分和 3/4 的 p 轨道成分。为了使轨道间的空间斥力最小，4 个分别指向四面体顶点的 sp^3 杂化轨道的夹角都是 $109°28'$，所形成的 CH_4 分子的构型是正四面体。

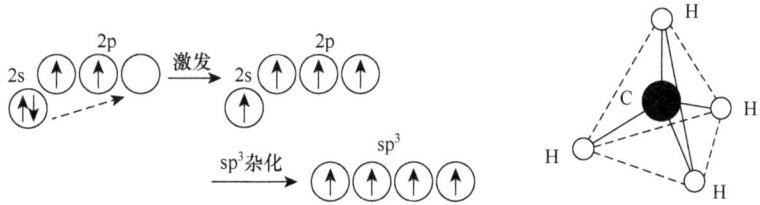

图 5-23 sp^3 杂化和 CH_4 空间结构示意图

2）sp^2 杂化

以 BF_3 分子为例，如图 5-24 所示。实验测得，BF_3 的四个原子在同一平面上，键角∠FBF 等于 $120°$。B 原子的外层电子构型是 $2s^22p^1$，成键时 1 个 2s 电子被激发到一个空的 2p 轨道上，与此同时，能量相近的 1 个 s 轨道和 2 个 p 轨道经过杂化，形成 3 个能量相同的 sp^2 杂化轨道，

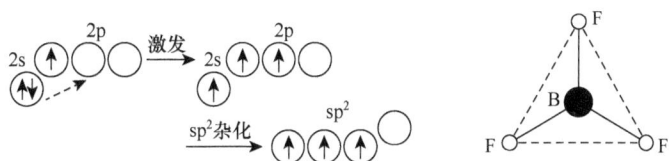

图 5-24 sp^2 杂化和 BF_3 空间结构示意图

分别与 3 个 F 原子成键。每个 sp² 杂化轨道包含 1/3 的 s 轨道成分和 2/3 的 p 轨道成分。为了使轨道间的空间斥力最小,根据理论计算,这三个杂化轨道在同一平面内,互为 120°夹角。因此,通过 sp² 杂化所形成的 BF₃ 分子构型是平面正三角形。

应用 sp² 杂化轨道概念也可以说明 C₂H₄ 等分子的空间构型。在 C₂H₄ 分子中,2 个 C 原子和 4 个 H 原子处于同一平面上,每个 C 原子用 3 个 sp² 杂化轨道分别与 2 个 H 原子和另一个 C 原子成键,而两个 C 原子各有一个未杂化的 2p 轨道相互重叠形成一个 π 键,因此,C₂H₄ 分子的 C═C 中一个是 σ 键,一个是 π 键,∠HCH 为 120°。

3)sp 杂化

以气态 BeCl₂ 分子为例,实验测得该分子构型是直线形,Be 原子在两个 Cl 原子中间,键角∠ClBeCl 为 180°:Cl—Be—Cl,如图 5-25 所示。

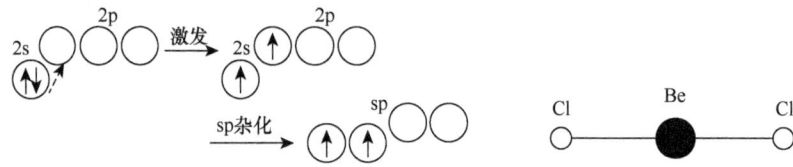

图 5-25 sp 杂化和 BeCl₂ 的空间结构示意图

Be 原子的外层电子构型是 2s²,成键时 1 个 2s 电子被激发到 1 个空的 2p 轨道上,与此同时,1 个 s 轨道和 1 个 p 轨道经过杂化形成能量相等的 2 个 sp 杂化轨道,分别与 2 个 Cl 原子成键。每个 sp 杂化轨道均含有 1/2 的 s 轨道成分和 1/2 的 p 轨道成分,为了使相互间的排斥能最小,轨道间的夹角为 180°。2 个 sp 杂化轨道与其他原子轨道重叠成键后就形成直线形构型的分子。

应用 sp 杂化的概念可以说明 CO₂ 和 C₂H₂ 分子的空间构型。为了说明 CO₂ 分子直线形的空间构型,一般认为 C 原子的外层电子 2s²2p² 在成键时首先将 1 个 2s 电子激发到 1 个空的 2p 轨道上,并发生 sp 杂化,形成 2 个 sp 杂化轨道,另外 2 个未参与杂化的 2p 轨道保持原状,并与 sp 轨道垂直。C 原子的 2 个 sp 杂化轨道上的电子分别与 O 原子的 1 个 2p 电子形成 σ 键,C 原子 2p 轨道上的 2 个单电子则分别与 2 个 O 原子上的另外一个未成对的 2p 电子形成 π 键。在 C₂H₂ 分子中,每个 C 原子用 2 个 sp 杂化轨道分别与 1 个 H 原子和相邻的 C 原子成键,而未参与杂化的 2 个 2p 轨道则与另一个 C 原子相对应的 2 个 2p 轨道相互重叠形成 π 键,所以 C₂H₂ 分子中的 C≡C 是由一个 σ 键、两个 π 键组成。

实际上,不仅 s、p 原子轨道可以杂化,d 原子轨道也可以参与杂化,形成 s-p-d 型杂化轨道,该类杂化比较复杂,本章不予介绍。

4)不等性杂化

中心原子杂化后形成的杂化轨道中所含原来的轨道成分比例相等,几个杂化轨道的性质和能量完全相同,这种杂化称为等性杂化,这样的杂化轨道属于等性杂化轨道,如上述的 CH₄、BF₃ 和 BeCl₂ 等分子都是等性杂化。而在有些分子中,中心原子杂化后所形成的杂化轨道所含原来的轨道成分比例不相等,性质和能量不完全相同,该类杂化轨道称为不等性杂化轨道,该类杂化称为不等性杂化。NH₃ 分子和 H₂O 分子采取的就是典型的 sp³ 不等性杂化。

N 原子的价电子构型为 2s²2p³,成键时杂化为 4 个 sp³ 杂化轨道,其中 3 个轨道各有一个未成对电子,另外一个轨道则有 1 对已成对电子。成对电子占据的那个轨道能量较低,含有较多的 s 成分，而未成对电子占据的 3 个轨道则具有较多的 p 成分，故 N 原子的杂化是不等性杂化。有单电子的 3 个轨道分别与 H 原子的 1s 轨道重叠形成 3 个 N—H 共价键，而另外一个轨道保持原来的 1 对电子，这对电子称为孤对电子。孤对电子的电子云在 N 原子周围比较密集，对成键电子产生排斥作用，从而使 N—H 键的夹角被压缩到 107°18′，NH_3 分子的空间构型为三角锥形，如图 5-26 所示。

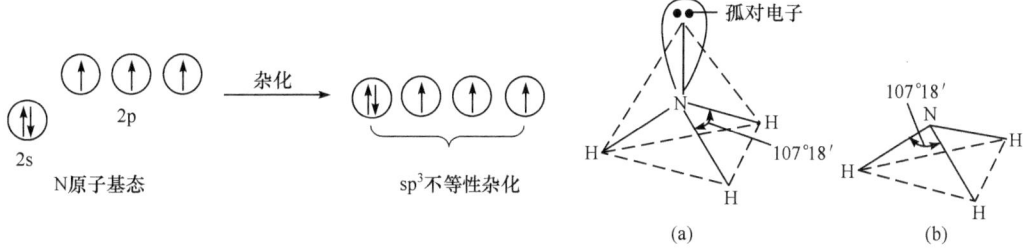

图 5-26 NH_3 中 N 的不等性杂化和 NH_3 的空间结构示意图

O 原子的价电子构型为 $2s^22p^4$，成键时杂化为 4 个 sp^3 杂化轨道，其中 2 个轨道各有一个未成对电子，另外两个轨道则各有 1 对已成对电子。成对电子占据的那两个轨道具有较多的 s 成分，而未成对电子占据的两个轨道则具有较多的 p 成分，故 O 原子的杂化是不等性杂化。有单电子的 2 个轨道分别与 H 原子的 1s 轨道重叠形成 2 个 O—H 共价键，而另外两个轨道保持原来的孤对电子，孤对电子的电子云在 O 原子周围更为密集，对成键电子产生的排斥作用比 NH_3 分子中更大，从而使 O—H 键的夹角被压缩到 104.5°，故 H_2O 分子的空间构型为 V 形，如图 5-27 所示。

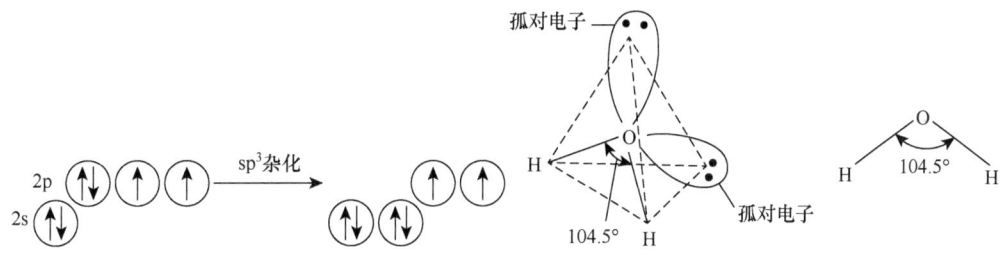

图 5-27 H_2O 中 H 的不等性杂化和 H_2O 的空间结构示意图

通过以上讨论，杂化轨道的基本类型和分子的空间构型可归纳总结为表 5-9。

表 5-9 杂化轨道的类型与分子的空间构型

杂化轨道	sp^3	sp^2	sp	不等性 sp^3	
参与杂化的轨道	s+（3）p	s+（2）p	s+p	s+（3）p	
杂化轨道数	4	3	2	4	
成键轨道夹角	109°28′	120°	180°	90°<θ<109°28′	
分子空间构型	四面体形	三角形	直线形	三角锥形	V形

续表

杂化轨道	sp³	sp²	sp	不等性 sp³	
实例	CH₄，SiCl₄	BF₃，BCl₃	BeCl₂，HgCl₂	NH₃ PH₃	H₂O H₂S
中心原子	C，Si (ⅣA)	B（ⅢA）	Be（ⅡA），Hg（ⅡB）	N，P (VIA)	O，S (VA)

2. 价层电子对互斥理论

杂化轨道理论在解释多原子分子的构型方面取得了较大的成功，它通过对原子轨道的杂化和杂化后原子轨道的形状来预测分子构型，不一定能取得满意结果。虽然有时候可根据杂化类型来确定某些分子的构型，但是有些分子的中心原子究竟采取何种类型的杂化方式，我们难以判断。为了更准确地预测分子的空间构型，20 世纪 50 年代前后又发展了一种新的理论——价层电子对互斥理论。

价层电子对互斥理论的要点：多原子分子的空间构型取决于中心原子周围的价层电子对数（包括成键电子对和孤对电子），价层电子对之间要尽可能互相远离，以使分子内部斥力最小，从而使整个分子更趋于稳定。另外，孤对电子比成键电子对更接近中心原子，电子云密度更大，故对相邻电子对的斥力也更大。电子对之间的斥力大小顺序为：孤对-孤对＞孤对-成键＞成键-成键；对于成键电子对来说，由于多重键具有较多的电子，故斥力较大，其斥力大小顺序为：叁键＞双键＞单键。

应用价层电子对互斥理论，可以判断共价分子（或离子）的空间构型。具体步骤如下：
1）确定中心原子的价层电子对数目
中心原子的价层电子对数可依下式计算：
价层电子对数=1/2（中心原子的价电子数+配位原子提供的价电子数±离子电荷数）
在计算价电子数时，有如下规定：
（1）H 原子和卤素原子作为配位原子时提供 1 个电子，氧族元素不提供电子；而当卤素原子作为中心原子时，应按提供 7 个电子计算，氧族元素的原子按提供 6 个电子计算。
（2）对于复杂离子，在计算价层电子对数时，要考虑所带电荷数，阴离子要加上其所带电荷数，阳离子要减去所带电荷数。
（3）在计算电子对数时，若剩余一个电子，则要按一对电子处理；双键、叁键等多重键也要按一对电子对处理。

根据斥力最小原则，价层电子对数目与电子对空间构型的关系如表 5-10 所示。

表 5-10 AX$_m$L$_n$ 型分子的价层电子对构型和分子构型（X 为配位原子，L 为孤对电子）

价层电子对数	m	n	AX$_m$L$_n$	价层电子对排布方式	分子几何构型	实例
2	2	0	AX₂		直线形	BeCl₂
3	3	0	AX₃		三角形	BF₃

续表

价层电子对数	m	n	AX_mL_n	价层电子对排布方式	分子几何构型	实例
3	2	1	AX_2L		V形（弯曲型）	$SnCl_2$
4	4	0	AX_4		四面体	CH_4
4	3	1	AX_3L		三角锥形	NH_3
4	2	2	AX_2L_2		V形	H_2O
5	5	0	AX_5		三角双锥	PCl_5
5	4	1	AX_4L		变形四面体（跷跷板形）	SF_4
5	3	2	AX_3L_2		T形	ClF_3
5	2	3	AX_2L_3		直线形	XeF_2
6	6	0	AX_6		八面体	SF_6

价层电子对数	m	n	AX_mL_n	价层电子对排布方式	分子几何构型	实例
6	5	1	AX_5L		四方锥	ClF_5
	4	2	AX_4L_2		平面正方形	XeF_4

2）判断分子的空间构型

先确定中心原子的孤对电子数，进而确定分子的空间构型。若中心原子的价层电子对全是成键电子对，则电子对的空间构型就是分子的空间构型，如 $BeCl_2$、BF_3、CH_4、PCl_5 和 SF_6 的空间构型分别为直线形、平面三角形、正四面体、三角双锥和正八面体。若中心原子价层电子对中有孤对电子，分子构型将不同于电子对的空间构型。表 5-10 给出了不同价层电子对数目的价层电子对模型和分子构型。

3）考虑 π 键及中心原子和配位原子的电负性等因素，进一步确定分子的空间构型

对分子构型起主要作用的是 σ 键，而不是 π 键。配位原子的数目等于 σ 键的数目。在有多重键存在时，多重键同孤对电子相似，对成键电子对有较大的斥力，使键角改变，从而改变分子的空间构型。

另外，中心原子和配位原子的电负性也影响分子的空间构型，如 NF_3 分子中，∠FNF=102°，而 NH_3 分子中的∠HNH=108°18′。其原因在于虽然中心原子都是 N 原子，但配位原子 F 的电负性比 H 原子大，吸引共用电子对的能力强，从而使配位电子对远离中心原子，因此成键电子对之间的斥力减小，键角随之减小。当配位原子相同而中心原子不同时，随着中心原子电负性的增大，键角也逐渐增大。

总之，用价层电子对互斥理论来说明分子构型有很多优点，该理论简明、直观、应用广泛，但也只能作定性的描述，得不到定量的结果，另外，对过渡元素的分子构型的判断，该理论还需进一步完善。

5.3 分子间力与氢键

分子间相互作用力一般比分子内化学键弱得多，化学键的键能数量级达 $10^2 kJ \cdot mol^{-1}$，甚至 $10^3 kJ/mol$，而分子间力的能量只达 $n \sim 10n \ kJ \cdot mol^{-1}$ 的数量级。它一般分为色散力、取向力、诱导力、氢键和疏水作用等。前三个一般统称为范德华力。分子间作用力是决定物质的熔点、沸点、溶解度等物理性质的重要影响因素。

5.3.1 分子的极性和变形性

1. 分子的极性

分子结构可近似地看成由电子云和分子骨架（原子核及内层电子）构成，分子本身呈电

中性，但由于空间构型的不同，正、负电荷中心可重合也可不重合，前者称为非极性分子，后者称为极性分子。分子极性大小常用偶极矩来度量，其定义为

$$\vec{\mu} = qd \tag{5-13}$$

式中：q 为正、负电荷中心所带的电荷；d 为正、负电荷中心间距离；$\vec{\mu}$ 为向量，其方向规定为从正到负。如果 $\mu=0$，表示该分子为非极性分子；如果 $\mu \neq 0$，该分子则为极性分子，且 μ 越大，分子的极性越强。

表 5-11 列出了各种类型的分子极性与化学键及空间构型的关系。在共价键中，若成键两原子的电负性差值为零，这种键称为非极性共价键；若成键两原子的电负性差值不等于零，这种键称为极性共价键。对双原子分子来说，分子的极性与键的极性直接相关。例如，H_2、O_2 和 N_2 等分子都是由非极性键结合，正、负电重心重合，因此都是非极性分子；HCl 和 HBr 等分子都是由极性键结合，正、负电重心不重合，因此都是极性分子。电负性的差值越大，键的极性也就越大。离子键和共价键有本质差别，而根据键的极性概念，两者又没有严格的界限。离子键是一个极端，电负性差值大，而非极性共价键是另一个极端，电负性差值为零，在两者之间存在着一系列不同极性的极性共价键。

表 5-11 分子极性与化学键及空间构型的关系

分子种类		（实例）分子	空间构型	化学键与分子极性的关系
双原子分子		H_2，O_2，N_2，Br_2	直线形	键无极性　分子无极性
		HCl，HBr，CO，NO	直线形	键有极性　分子有极性
多原子分子	单质	S_8 P_4	八元环状 正四面形	键无极性　分子无极性
	化合物	CO_2，CS_2，$HgCl_2$	直线形	键有极性 分子无极性
		BCl_3，BF_3	平面三角形	
		CH_4，CCl_4 $SiCl_4$，SiF_4	正四面体形	
		PH_3，PCl_3，NH_3，NCl_3	三角锥形	化学键有极性 分子也有极性
		H_2O，H_2S，SO_2	V 形	
		$CHCl_3$，CH_2Cl_2，CH_3Cl	一般四面体形	

对多原子分子来说，分子有无极性不能单从键的极性判断，要视分子的组成和分子的几何构型而定。例如，在 H_2O 分子中，O—H 键为极性键，而且由于 H_2O 分子不是直线形分子，两个 O—H 键的夹角为 104°45′，H_2O 分子正负电荷的中心不重合，因此 H_2O 分子是极性分子。但是在 CO_2（O=C=O）分子中，虽然 O=C 键为极性键，由于 CO_2 分子是直线形分子，两个 O=C 键的夹角为 180°，整个 CO_2 分子正负电荷的中心重合，因此 CO_2 分子是非极性分子。

2. 分子的变形性

极性分子的偶极称作固有偶极，而非极性分子中正、负电重心是重合的。设想把一个非极性分子放在电场中，正电荷重心将偏向负极，负电荷重心将偏向正极，结果造成正、负电荷重心不再重合，分子发生了变形，即分子由非极性转化为极性。分子在外电场的影响下极性发生变化（或变形）的现象称为分子极化，所产生的偶极称为诱导偶极。分子的这种性质称为分子的变形性，描述分子变形能力大小的物理量称为极化率。极性分子也会发生类似现象，极性分子也会产生诱导偶极。电场消失，诱导偶极随即消失，分子复原（图 5-28）。

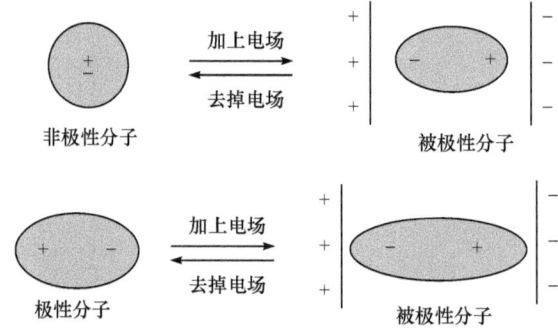

图 5-28 外电场对非极性分子和极性分子的作用

在某一瞬间,非极性分子中的正、负电荷重心不重合,这时产生的偶极称为瞬间偶极。瞬间偶极的大小与分子的变形性有关,分子越大,越易变形,瞬间偶极就越大。当然,极性分子也会产生瞬间偶极。

5.3.2 分子间力

1. 分子间力的产生

共价分子相互靠近时可以产生性质不同的作用力。当非极性分子相互接近时,由于每个分子的电子不断运动和原子核不断振动,经常发生电子云和原子核之间的瞬时相对位移,也即正、负电荷重心发生了瞬时的不重合,从而产生瞬时偶极。这种瞬时偶极又会诱导邻近分子也产生和它相吸引的瞬时偶极。这种由于瞬间偶极之间的异极相吸而产生的分子间力称为色散力(图 5-29)。

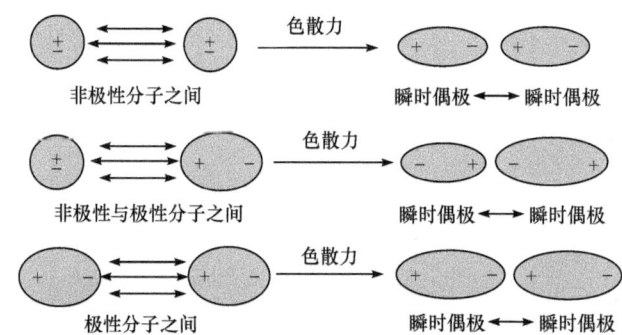

图 5-29 非极性与非极性、非极性与极性以及极性与极性分子之间的色散力

当两个极性分子相互接近时,由于极性分子的电性分布不均匀,一端带正电,一端带负电,形成偶极。由于它们偶极的同极相斥、异极相吸,两个分子必将发生相对转动。这种偶极子的互相转动使偶极子相反的极相对,称为"取向"。这种由于极性分子的取向而产生的分子间作用力称为取向力(图 5-30)。

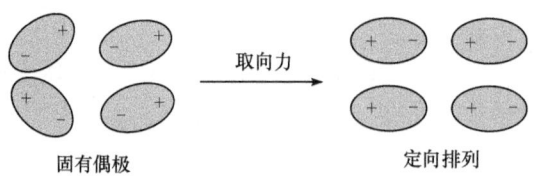

图 5-30 极性分子与极性分子之间的取向力

在极性分子和非极性分子之间，由于极性分子偶极所产生的电场对非极性分子的影响，非极性分子产生了诱导偶极。诱导偶极和固有偶极之间产生的作用力称为诱导力。同样，在极性分子和极性分子之间，除了取向力外，由于极性分子的相互影响，每个分子也会产生诱导偶极。其结果使分子的偶极矩增大，既具有取向力又具有诱导力。在阳离子和阴离子之间也会出现诱导力（图 5-31）。

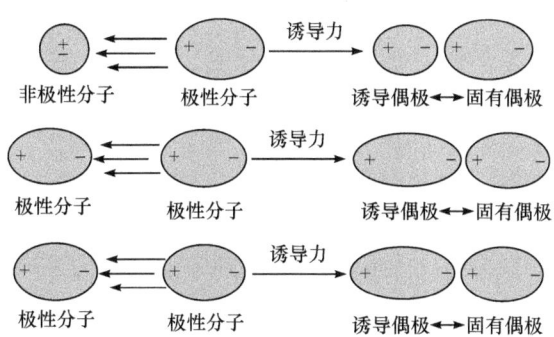

图 5-31　极性与极性和极性与非极性分子之间的诱导力

2. 分子间力的特点

分子间力与化学键不同，分子间力既无方向性又无饱和性。分子间作用力（能）一般只有每摩尔几千焦至几十千焦，比化学键键能小 1~2 个数量级；分子间力是短程力，3 种分子间力都与分子间距离的 6 次方成反比，随着分子间距离的增大，分子间力迅速减弱。因此，在液态或固态时，分子间力比较显著，而在气态时分子间力很小，往往可以忽略。

另外，在不同的分子之间，分子间力的大小和种类不同。在非极性分子与非极性分子之间只存在色散力；极性分子与极性分子之间存在取向力、诱导力和色散力；极性分子与非极性分子间只有诱导力和色散力。其中色散力是普遍存在且也是最主要的，只有当分子的极性很大时才以取向力为主，诱导力一般较小。

5.3.3　氢键

除上述三种分子间力外，在某些化合物的分子之间或分子内还存在另一作用力——氢键。氢键是指氢原子与电负性较大的 X 原子（如 F、O 和 N）形成极性共价键时，还能与另一电负性较大而半径较小的 Y 原子结合，X 和 Y 原子可相同也可不同。氢键的一般形式是 X—H⋯Y。能形成氢键的物质较多，如 HF、H_2O、NH_3、无机或有机含氧酸等。

氢键具有饱和性和方向性。多数情况下，一个连接在 X 原子上的 H 原子只能与一电负性大的 Y 原子形成氢键，键角多数接近 180°。氢键的键能（10~200 kJ·mol^{-1}）介于共价键（100~700 kJ·mol^{-1}）和范德华作用能（<50 kJ·mol^{-1}）之间。分子间存在氢键，加强了分子间的相互作用力，使物质的性质发生改变。

5.3.4　分子间力和氢键对物质性质的影响

分子间力和氢键对物质的物理性质，如熔点、沸点和溶解性等产生较大影响，举例说明如下。

1. 物质的熔点和沸点

对同类型的单质或化合物，如稀有气体、卤素、直链烷烃和直链烯烃等，分子间力大小主要取决于色散力，所以随摩尔质量增大，分子变形性增强，熔、沸点升高，聚集状态由气态到固态，如常温下氟、氯为气体，溴为液体，而 I_2 为固体，说明分子间力随分子的相对分子质量的增大而由 F_2 向 I_2 逐渐增强。同样，HCl、HBr、HI 的熔、沸点也依次升高。

对于摩尔质量相近而极性不同的分子，极性分子的熔点和沸点往往比非极性分子高。这是因为极性分子间除了色散力之外，还存在取向力和诱导力，如 CO 与 N_2，摩尔质量相近，但 CO 的熔点和沸点高。

含氢键的物质熔、沸点一般较高，如对于卤化氢 HF、HCl、HBr 和 HI 来说，其沸点依次为+19.9℃、−85.0℃、−66.7℃和−35.4℃。HF 的沸点反常高，其原因正是其中存在强的氢键。氢键的键能强于范德华力，所以从 HF 到 HI，熔、沸点出现了跳跃。

氢键不仅出现在分子间，也可出现在分子内。如图 5-32 所示，邻硝基苯酚中羟基上的氢原子可与硝基上的氧原子形成分子内氢键；间硝基苯酚和对硝基苯酚则没有这种分子内氢键，只有分子间氢键。这解释了邻硝基苯酚的熔点比间硝基苯酚和对硝基苯酚的熔点低的现象。

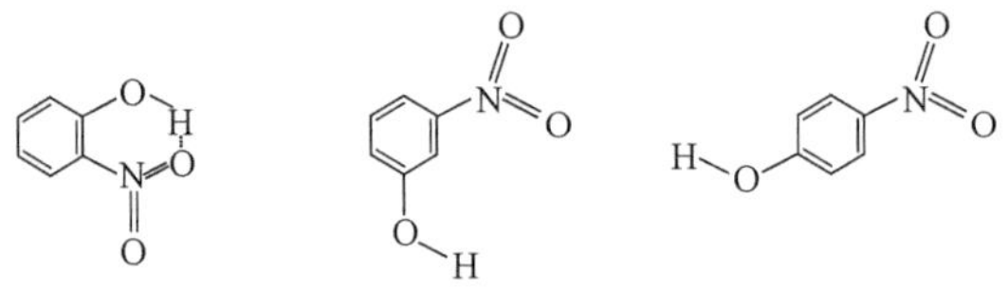

图 5-32 三种硝基苯酚的结构和熔点比较

2. 物质的溶解性

分子极性相似的物质易于互溶（相似相溶），如碘易溶于 CCl_4 和苯等非极性溶剂，难溶于水。这是由于碘、CCl_4 和苯为非极性分子，分子间存在相似的作用力（色散力），而水为极性分子，分子间力除色散力外，还有取向力、诱导力和氢键。

彼此能形成氢键的物质能互溶，如乙醇和乙酸等有机物都易溶于水，这是因为它们与水分子之间能形成氢键，使分子间互相缔合而溶解。

5.4 晶体结构基础

5.4.1 晶体的特征

物质通常以气态、液态和固态三种状态存在。固态物质可分为晶体和非晶体。非晶体又称无定形体，是指组成物质的质点（原子、分子或离子）在空间的排列是无序的，无一定的几何外形，其物理性质具有各向同性的特征，并且不稳定，一定条件下可结晶化。非晶体一般无固定熔点，有一定熔程，如玻璃、石蜡、沥青等。

若把晶体内部的微粒抽象成几何学上的点，它们在空间按一定规律周期性排列所形成的点群称为晶格或点阵，晶格上排的物质微粒的点为晶格结点。晶体不仅具有一定的几何形状，还具有固定的熔点，如氯化钠、石英、磁铁矿等均为晶体。把晶体加热，温度达到其熔点时便开始熔化。继续加热时，在晶体没有完全熔化以前，温度保持恒定，待晶体完全熔化后，温度才开始上升。

晶体还具有各向异性的特征。晶体中各个方向排列的质点间的距离和取向不同，因此晶体是各向异性的，即在不同方向上有不同的性质。例如，石墨容易沿层状结构的方向断裂，石墨在与层平行方向上的导电率比与层垂直方向上的导电率要高 1 万倍以上。

晶体又有单晶体和多晶体之分，单晶体是由一个晶核在各个方向上均衡生长起来的晶体。这类晶体较少见，可人工培养。多晶体是由很多取向不同的单晶颗粒拼凑而成的晶体。由于单晶的取向不同，晶体的各向异性抵消。日常所见的多数固体物质都是多晶体。

5.4.2 晶体的类型

根据晶体中微粒间作用力的不同，晶体可分为：离子晶体、原子晶体、分子晶体、金属晶体和过渡型晶体。

1. 离子晶体

晶格上的结点是正、负离子的晶体称为离子晶体。正、负离子之间通过离子键相结合。由于离子键没有方向性和饱和性，各个离子与尽可能多的异号离子接触，从而使体系的能量尽可能降低，形成稳定结构。因此，离子晶体的配位数较高。例如，金属元素与电负性较大的非金属元素生成的化合物的晶体，如 NaCl 晶体，每个离子的配位数为 6（图 5-33）。由于在晶体中不存在 NaCl 单体，因此 NaCl 是化学式，而不是分子式。

由于离子晶体在离子间以较强的离子键相结合，因此离子晶体具有较高的熔点和沸点、有较大的硬度、大多数离子晶体易溶于极性溶剂中，离子晶体比较脆，延展性较差。离子晶体在熔融状态或溶解在水中都具有良好的导电性。在离子晶体中，离子的电荷对离子间的作用力影响很大。离子电荷越高，晶格能越大，离子键越强，熔点和沸点越高。离子的电荷还影响化合物的颜色和溶解度，而且影响化合物的化学性质。

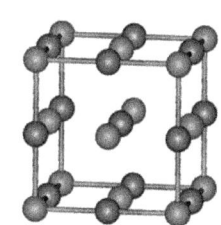

图 5-33 NaCl 的晶体结构示意图

2. 原子晶体

原子间通过共价键相连组成的晶体称为原子晶体。由于共价键有方向性和饱和性，因此原子的配位数由键的数目决定，一般配位数较低，键的方向性决定了晶体结构的空间构型。金刚石是一种典型的原子晶体（图 5-34）。在金刚石的晶体结构中，以一个 C 原子为中心，通过共价键连接 4 个 C 原子，形成正四面体的空间结构，每个碳环由 6 个 C 原子组成，所有的 C—C 键键长为 1.55×10^{-10}m，键角为 $109°28'$，键能都相等，熔点高达 3550℃，是硬度最大的单质。Si 和 Ge 等均具有金刚石结构。

原子晶体中不存在独立的原子或分子，用化学式表示物质的组成，单质的化学式直接用元素符号表示，两种以上元素组成的原子晶体，按各原子数目的最简比写化学式。常见的原子晶体是周期系ⅣA族元素的一些单质和某些化合物，如金刚石、硅晶体、SiO_2（图 5-35）、SiC 等。由于共价键的键能较强，所以原子晶体的熔、沸点高和硬度大。原子晶体不溶于一般的溶剂，多数原子晶体为绝缘体，有些如硅、锗等是优良的半导体材料。对不同的原子晶体，组成晶体的原子半径越小，共价键的键长越短，晶体的熔、沸点越高，如金刚石、碳化硅、硅晶体的熔、沸点依次降低。

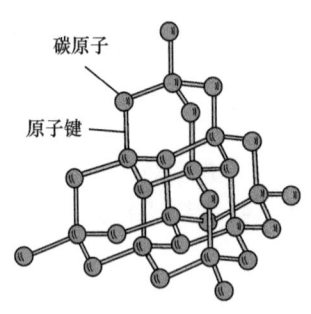

图 5-34 金刚石的晶体结构

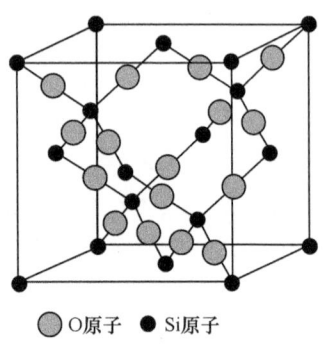

图 5-35 SiO_2 的晶体结构

3. 分子晶体

分子晶体指分子之间以较弱的分子间作用力（范德华力和氢键）相作用，而分子内的原子以强的共价键结合起来的固体物质。在晶格结点上排列的是中性分子，包括极性和非极性分子。由于分子间力没有方向性和饱和性，其配位数可高达 12。在分子晶体中存在独立的分子，因此化学式就是它的分子式。低温下二氧化碳晶体（图 5-36）是典型的分子晶体，它呈面心结构，CO_2 分子分别占据立方体的 8 个顶点和 6 个面的中心位置，分子内部以 C=O 共价键结合，在 CO_2 分子间只存在色散力。

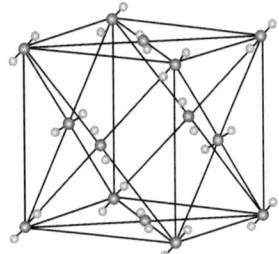

图 5-36 CO_2（干冰）的晶体结构

多数非金属单质（如卤素和 H_2 等）、非金属化合物（如 CO_2 和 H_2S 等）以及绝大部分的有机化合物的晶体都是分子晶体。在稀有气体的晶体中，虽然在晶格结点上是原子，但这些原子间并不存在化学键，所以称为单原子分子晶体。

由于分子间力很弱，只要供给较少的能量，晶体就会被破坏，因此分子晶体具有较低的熔、沸点，硬度小，易挥发，许多物质在常温下呈气态或液态，如 O_2、CO_2 是气体，乙醇、冰乙酸是液体。分子晶体在固态和熔融态下不导电，但有些强极性共价键分子，如冰醋酸，溶于水后产生水合离子，因此其水溶液导电。

4. 金属晶体

在一百多种化学元素中，金属元素约占 80%。大多数金属元素的单质及一些金属合金都属于金属晶体，在金属晶体中对称、周期地排列的物质微粒是金属原子或金属正离子，它们之间依靠金属键相互结合。下面以"自由电子"理论（也称改性共价键理论）来说明金属键的形成。

此理论认为，在固体金属中，由于金属元素的电负性较小，电离能也较小，外层价电子可脱落下来，金属原子释放出价电子而成为正离子，脱落下来的价电子称为自由电子，自由电子在整个晶格中自由运动，把许多金属原子和正离子联系起来，它不专属于某个金属离子而为整个金属晶体所共有。这种自由电子与金属原子或正离子之间强烈的相互作用称为金属键。金属键属于离域键。通过金属键作用形成的晶体称为金属晶体。金属晶体中没有独立存在的分子，所以金属单质的化学式通常用元素符号表示，如 Fe 和 Zn 等，这并不表示金属是单原子分子。

构成金属键的自由电子和金属离子间的结合力没有方向性和饱和性，所以金属键既无方向性也无饱和性。在金属晶体中，由于自由电子的存在和晶体的紧密堆积结构，金属单质或合金有许多共同的性能，如有导电性、导热性、延展性、金属光泽等。

5. 过渡型晶体

有些晶体内部同时存在多种不同的作用力，这类晶体称为过渡型（或混合型）晶体，主要有层状晶体和链状晶体。

1）层状晶体

石墨是典型的层状结构晶体（图 5-37）。同层中，每个碳原子采用 sp^2 杂化轨道与相邻的 3 个 C 原子以 3 个 σ 键相连接，键角为 120°，构成一个正六角形平面网络结构。未参加杂化的 2p 轨道垂直于 3 个 sp^2 杂化轨道所在的平面，且彼此平行，共同形成大 π 键。由于大 π 键是离域的，电子沿着层面的活动能力很强，使得石墨具有良好的导电性、导热性，并具有光泽。石墨层内相邻碳原子之间 C—C 键长为 142pm，层与层间的距离为 340pm，靠分子间力结合起来。所以石墨各层易滑动，裂成鳞状薄片，常用作润滑剂。因此，石墨晶体既有共价键，又有分子间力，是混合键型的晶体。云母、黑磷、氮化硼（BN，又称白色石墨）都具有类似层状结构。

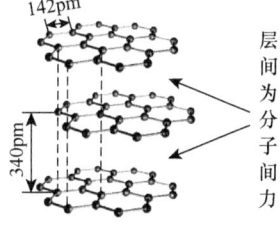

图 5-37 石墨的层状结构示意图

2）链状晶体

天然硅酸盐的基本结构单元是 SiO_4 四面体，该四面体通过共用顶角氧原子可以连接成链状（图 5-38）、网状和层状等多种不同结构的硅酸盐。在链状结构中，链与链之间填充着金属正离子。由于带负电荷的长链与金属正离子之间的静电作用要小于链内共价键，因此，晶体容易沿着平行于链的方向裂开呈柱状或纤维状。石棉具有类似结构。

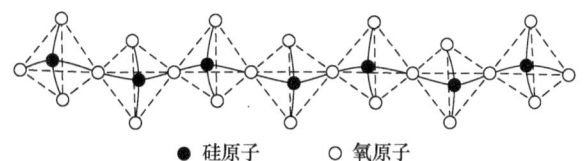

● 硅原子　　○ 氧原子

图 5-38 硅酸盐负离子单链结构示意图

5.4.3 晶体缺陷

以上介绍的晶体结构都是理想结构，即组成晶体的全部粒子都定位在晶体结构中的正确晶格位置上，在实际晶体中，大多存在着结构缺陷，即实际晶体中的一些粒子都难免占错位置或缺位。按照缺陷的形成和结构可分为本征缺陷和杂质缺陷等。晶体缺陷对固体的导电性、机械强度及化学反应性都有较大影响。

阅 读 材 料

1. 巧记原子轨道能级顺序

核外电子的能级次序直接关系到核外电子的排布次序，因此引起许多学者的关注。我国著名化学家徐光宪先生提出关于轨道能量的 $(n+0.7l)$ 近似定律，并推出了随原子序数增加，电子在轨道中填充的顺序为

　　　　1s, 2s, 2p, 3s, 3p, 4s, 3d, 4p, 5s, 4d, 5p, 6s, 4f, 5d, 6p, 7s, 5f, …

在这里，有没有更直观的方法记忆原子轨道能级顺序呢？有的。

先按照图 5-39 所示绘制原子轨道近似能级图。首先绘制等间距虚线网格，并将原子轨道能级按照图 5-39

(a) 的顺序排列在每一个交叉点上。先从最低层开始横向排列 1s，2s，…，7s，之后纵向排列对应的 p 轨道、d 轨道和 f 轨道，如 4s→4p→4d→4f。然后，按 1s 开始作斜向下 45°箭头线，如图 5-39（b）所示。最后，就可以按照箭头线的指示，从左到右，从上到下表示出电子在轨道中的填充顺序：

1s；

2s；

2p，3s；

3p，4s；

3d，4p，5s；

4d，5p，6s；

4f，5d，6p，7s；

5f，6d，7p，…

这种方法是不是更直观，更有助于大家记住它呢？

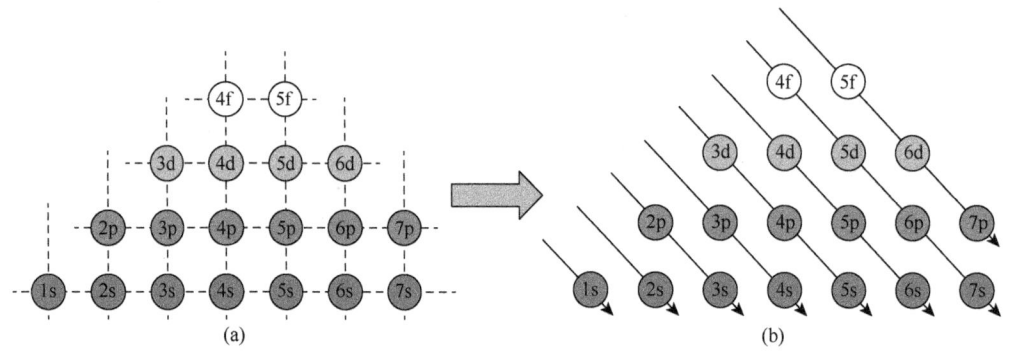

图 5-39　原子轨道近似能级图绘制示意图

2. 量子力学简史

量子力学是现代物理学基础之一，在现代科学技术中的表面物理、半导体物理、凝聚态物理、粒子物理、低温超导物理、量子化学以及分子生物学等学科的发展中，都有重要的理论意义。量子力学的产生和发展标志着人类对自然的认识，实现了从宏观世界向微观世界的重大飞跃。

量子力学的建立则要追溯到 19 世纪末期。那时，由伽利略和牛顿等于 17 世纪创立的经典物理学，经过 18 世纪在各个基础部门的拓展，到 19 世纪得到了全面、系统和迅速发展，达到了辉煌的顶峰。到 19 世纪末，已建成了一个包括力、热、声、光、电诸学科在内的宏伟完整的理论体系。尤其是它的三大支柱——经典力学、经典电动力学、经典热力学和统计力学——已日臻成熟和完善。它们紧紧地结合在一起，构筑起了一座华丽而雄伟的殿堂。物理学家们开始相信，这个世界所有的基本原理都已经被发现了，物理学已经尽善尽美，它走到了自己的极限和尽头，再也不可能有任何突破性的进展了。著名的科学家基尔霍夫说："物理学的未来，将只有在小数点第六位后面去寻找。"普朗克的导师甚至劝他不要再浪费时间去研究这个已经高度成熟的体系。

19 世纪的最后一天，欧洲著名的科学家欢聚一堂。会上，英国著名物理学家汤姆逊发表了新年祝词。他在回顾物理学所取得的伟大成就时说，物理大厦已经落成，所剩只是一些修饰工作。同时，他在展望 20 世纪物理学前景时，却若有所思地讲道："物理学的美丽而晴朗的天空却被两朵乌云笼罩了。"这令人不安的乌云，一朵是以太漂移实验的否定结果，另一朵是黑体辐射的紫外灾难。从第一朵乌云中降生了相对论，紧接着从第二朵乌云中降生了量子论，量子论的建立使人类对物质的认识由宏观世界进入微观世界。经典物理学的大厦被彻底动摇。

为解决黑体辐射问题，1900 年 12 月 14 日，普朗克冲破经典物理机械论的束缚，提出了量子论，标志着人类对量子认识的开始。这一天也就成为了量子力学的诞辰日。紧接着，1905 年，爱因斯坦受普朗克量子化的思想启发，引进光量子（光子）的概念，成功地解释了光电效应，并于 3 月 18 日发表了关于光电效应的文章，成为了量子论的奠基石之一，他也因此获得了诺贝尔奖。

1913 年，玻尔建立起原子的量子理论，并于 1922 年获得诺贝尔奖。玻尔是个看上去沉默驽钝的人，可是重剑无锋，大巧不工，在他一生中几乎没有输过哪一场认真的辩论。他的小儿子于 1975 年在量子力学领域获得诺贝尔奖，他的学生海森堡、泡利、狄拉克、朗道获得诺贝尔奖。

在人们认识到光具有波动和微粒的二象性之后，为了解释一些经典理论无法解释的现象，法国物理学家德布罗意于 1923 年提出了物质波这一概念，认为一切微观粒子均伴随着一个波，这就是德布罗意波。薛定谔受到德布罗意波启发，将电子的运动看作波动的结果，从而提出了薛定谔方程，并在其好朋友数学家赫尔曼·外尔鼎力相助下将方程应用于氢原子，计算出束缚电子的波函数，并于 1926 年将研究结果发表。这篇论文迅速在量子学术界引起震撼。普朗克表示，"他已阅读完整篇论文，就像被一个谜语困惑多时，渴慕知道答案的孩童，现在终于听到了解答"。爱因斯坦也称赞道，"这著作的灵感如同泉水般源自一位真正的天才"。

第一个提出完整的量子力学理论的是德国物理学家海森堡。海森堡从粒子的角度出发，在玻恩和约尔当的帮助下，提出海森堡矩阵力学的相关理论。虽然海森堡的矩阵力学和薛定谔的波动力学出发点不同，从不同的思想发展而来，但它们解决的是同一问题，得到的结果确是一样的，两种体系是等价性的。由于海森堡和薛定谔在量子力学方面建立了开创性的工作，他们分别获得了 1932 年、1933 年的诺贝尔物理学奖。1928 年狄拉克提出相对量子力学，使量子力学和相对论结合起来。

量子力学的发展并不是一帆风顺的。在量子力学诞生之初，著名的物理学家玻耳兹曼就因为不能突破经典物理学的局限性，在 1906 年选择了自杀。1934 年，荷兰物理学家埃伦菲斯特因感觉在量子力学里力不从心而结束了自己的生命。量子力学的创始人爱因斯坦、德布罗意、薛定谔因不能接受量子力学太多的概率成分和不确定因素，而站到了量子力学的对立面。于是形成了以爱因斯坦为首的反对派和以玻尔为首的拥护派两大阵营。他们开始了长久的论证。量子力学就是在不断的质疑和争吵中向前发展的。

思考题与习题

一、判断题

1. 电子在原子核外运动的能量越高，它与原子核的距离就越远。1s 电子任何时候都比 2s 电子更靠近原子核，因为 $E_{2s}>E_{1s}$。（　　）
2. 原子中某电子的各种波函数代表了该电子可能存在的各种运动状态，每一种状态可视为一个轨道。（　　）
3. 氢原子中，2s 与 2p 轨道是简并轨道，其简并度为 4；在钪原子中，2s 与 2p 轨道不是简并轨道，$2p_x$,$2p_y$, $2p_z$ 为简并轨道，简并度为 3。（　　）
4. 从原子轨道能级图上可知，任何原子在相同主量子数的轨道上，能量高低的顺序总是 f>d>p>s，在不同主量子数的轨道上，总是 (n−1)p＞(n−2)f＞(n−1)d＞ns。（　　）
5. 在元素周期表中，每一周期的元素个数正好等于该周期元素最外电子层轨道可以容纳的电子数。（　　）
6. 所有非金属元素（H、He 除外）都在 p 区，但 p 区所有元素并非都是非金属元素。（　　）
7. 就热效应而言，电离能一定是吸热的，电子亲和能一定是放热的。（　　）

8. 铬原子的电子排布为 Cr[Ar]4s¹3d⁵，由此可知洪德规则在与能量最低原理出现矛盾时，首先应服从洪德规则。(   )

9. s 区元素原子失最外层的 s 电子得到相应的离子，d 区元素的原子失处于最高能级的 d 电子而得到相应的离子。(   )

10. 只有第一、第二周期的非金属元素之间才可形成 π 键。(   )

11. 键的极性越大，键就越强。(   )

12. 范德华力与分子大小有关系，结构相似的情况下，分子越大范德华力也越大。(   )

13. HF 液体的氢键键能比水大，而且有一定的方向性。(   )

14. 两原子之间形成共价键时，首先形成的一定是 σ 型共价键。(   )

15. BCl_3 分子中 B 原子采取 sp^2 等性杂化，NCl_3 分子中 N 原子采取的是 sp^3 不等性杂化。(   )

二、选择题

1. 波函数和原子轨道是同义词，因此可以将波函数理解为 (   )
   A. 电子运动的轨迹   B. 电子运动的概率密度
   C. 电子运动的状态   D. 电子运动的概率

2. 下列各组量子数，可能出现的是 (   )
   A. $n=3$，$l=2$，$m=1$ B. $n=3$，$l=1$，$m=2$
   C. $n=3$，$l=0$，$m=1$ D. $n=3$，$l=3$，$m=1$

3. 角量子数受 (   )
   A. 主量子数的制约   B. 磁量子数的制约
   C. 主量子数和磁量子数共同制约   D. 不受主量子数和磁量子数共同制约

4. 原子核外的 M 电子层比 L 电子层最多可容纳的电子数 (   )
   A. 大   B. 小   C. 相等   D. 不能肯定

5. 如果元素周期表中存在第八周期，则排布在该周期元素的总数是 (   )
   A. 8   B. 18   C. 38   D. 50

6. 下列化合物中没有共价键的是 (   )
   A. PBr_3 B. IB   C. HBr   D. NaBr

7. 下列各组卤化物中，离子键成分大小顺序正确的是 (   )
   A. CsF>RbCl>KBr>NaI   B. CsF>RbBr>KCl>NaF
   C. RbBr>CsI>NaF>KCl   D. KCl>NaF>CsI>RbBr

8. 下列叙述中，不能表示 σ 键特点的是 (   )
   A. 原子轨道沿键轴方向重叠，重叠部分沿键轴方向呈圆柱形对称
   B. 两原子核之间的电子云密度最大
   C. 键的强度通常比 π 键大
   D. 键的长度通常比 π 键长

9. 下列化合物中既有离子键又有共价键和配位键的是 (   )
   A. KF   B. H_2SO_4 C. $CuCl_2$ D. NH_4NO_3

10. NCl_3 分子的几何构型是三角锥形，这是由于 N 原子采用的轨道杂化方式是 (   )
    A. sp   B. 不等性 sp^3 C. sp^2 D. dsp^2

11. 下列分子中，含有极性键的非极性分子是 (   )
    A. P_4 B. BF_3 C. ICl   D. PCl_3

12. 下列化学键中极性最强的是 （　　）
   A. H—O   B. N—H   C. H—F   D. C—H
13. 下列分子中，中心原子成键时采用等性 sp^3 杂化的是 （　　）
   A. H_2O B. NH_3 C. SO_3 D. CH_4
14. SF_4 的空间构型是 （　　）
   A. 正四面体   B. 四方锥   C. 变形四面体   D. 平面四方形
15. 下列叙述中错误的是 （　　）
   A. 双原子分子的键能等于键解离能
   B. 气态多原子分子的原子化能等于各键能之和
   C. 键能或键解离能越大，共价键越牢固
   D. 相同原子间双键能等于单键能的两倍
16. 乙炔分子（C_2H_2）中，碳原子采取的是 （　　）
   A. sp^2 杂化   B. 等性 sp^3 杂化   C. sp 杂化   D. 不等性 sp^3 杂化
17. 下列哪类物质中不可能有金属键 （　　）
   A. 化合物   B. 液体   C. 晶体   D. 气体

三、填空题

1. 波函数 $\psi(r,\theta,\varphi)$ 可分解为 $R(r)$ 和 $Y(\theta,\varphi)$ 两部分，其中_____称为_____部分；_____称为_____部分。
2. $n=4$，$l=2$ 的电子的原子轨道是_____轨道，该轨道最多可容纳_____个电子。
3. $n=2$，$l=1$，$m=1$，$m_s=-\frac{1}{2}$ 的电子，其能量与 $n=2$，$l=1$，$m=0$，$m_s=+\frac{1}{2}$ 的电子的能量比较起来，前者_____于后者。
4. P 原子与 S 原子相比，前者的原子半径较_____，电离能较_____。
5. $n=3$ 电子层上有 13 个电子，根据洪德规则，共有成单电子____个，配对电子____对。
6. 原子中 4p 半充满的元素是_____，3d 半充满的元素是_____。
7. 电负性相差最大的两元素是_____和_____。
8. 在 BBr_3 中 B 原子采取的杂化方式是_____，BBr_3 分子的几何构型为_____。
9. 金刚石熔点很高，是因为它是_____晶体；CO_2 晶体熔点很低，是因为它是_____晶体。
10. σ 键是原子轨道以_____方式重叠；而 π 键是原子轨道以_____方式重叠。
11. 离子键的本质是_____，其特征是_____和_____。
12. F_2、Cl_2、Br_2 和 I_2 中，沸点最高的是_____。
13. 共价键化合物中，分子的极性大小由_____来衡量。
14. 根据分子轨道理论，分子轨道是由_____线性组合而成，分子中的电子是在_____中运动，而不属于某个原子。
15. CO_3^{2-} 和 NF_3 的空间构型为_____、_____；中心原子成键所采用的杂化轨道方式依次为____、____。
16. 晶体 NaCl、N_2、NH_3、Si 熔点由低到高的顺序为_____。
17. 除少数强极性分子的分子间力以_____为主外，大多数物质的分子以_____为主。
18. H_2O 的熔点比 H_2S 的熔点_____，这是因为_____。
19. 在 N_2 分子中，形成 π 键的电子数为____个。
20. 按照 σ、π 键分类，在 C_2H_4 分子中，C 与 H 间形成____键，C 与 C 之间形成____键。

四、简答题

1. 写出下列各题中缺少的量子数。

(1) $n=?$,$l=2$,$m=0$,$m_s=+1/2$ (2) $n=2$,$l=?$,$m=-1$,$m_s=-1/2$

(3) $n=4$,$l=3$,$m=0$,$m_s=?$ (4) $n=3$,$l=1$,$m=?$,$m_s=+1/2$

2. 为什么碳（^{6}C）的外围电子构型是 $2s^22p^2$，而不是 $2s^12p^3$，而铜（^{29}Cu）的外围电子构型是 $3d^{10}4s^1$，而不是 $3d^94s^2$？

3. 已知某元素在氪前，当此元素的原子失去 3 个电子后，它的角量子数为 2 的轨道内电子恰巧为半充满，试推断该元素的名称。

4. 试讨论 Se、Sb 和 Te 三种元素在下列性质方面的递变规律。

(1) 金属性   (2) 电负性   (3) 原子半径   (4) 第一电离能

5. 写出下列原子的电子排布式，并指出它们各属于第几周期第几族。

(1) ^{24}Cr   (2) ^{47}Ag   (3) ^{82}Pb

6. NH_3、H_2O 的键角为什么比 CH_4 小？乙烯为何取 120° 的键角？

7. 设有元素 A、B、C、D、E、G、L 和 M，试按下列所给予的条件，推断出它们的符号及在周期表中的位置（周期、族），并写出它们的外层电子构型。

(1) A、B、C 为同一周期的金属元素，已知 C 有三个电子层，它们的原子半径在所属周期中为最大，且 A＞B＞C。

(2) D、E 为非金属元素，与氢化合生成 HD 和 HE，在室温时 D 的单质为液态，E 的单质为固态。

(3) G 是所有元素中电负性最大的元素。

(4) L 单质在常温下是气态，性质很稳定，是除氢以外最轻的气体。

(5) M 为金属元素，它有四个电子层，它的最高化合价与氯的最高化合价相同。

8. 比较下列各组离子的半径大小，并解释之。

(1) Mg^{2+} 和 Al^{3+} (2) Br^- 和 I^- (3) Cl^- 和 K^+ (4) Cu^+ 和 Cu^{2+}

9. 比较 SiC、SiF_4、$SiCl_4$、$SiBr_4$ 的熔点高低。

10. 根据结构解释下列事实。

(1) 石墨比金刚石软得多

(2) 与 SO_2 相比，SiO_2 的熔、沸点高得多

第6章 分析化学中常见的分离、分析方法

教学目的与要求

（1）了解分析化学中分析方法的分类。
（2）掌握色谱法的基本原理和分类方法。
（3）了解沉淀分离法、超临界分离法的特点。
（4）了解测定和分析结果的计算与评价。

6.1 分析化学简介

6.1.1 分析化学的任务和作用

分析化学在英文中为 analytical chemistry，analytical 一词本意为分析的、解析的、分解的，意味着分析化学与（样品的）分解（成分、结构）分析有关。

分析化学是研究物质化学组成的分析方法及有关理论的一门学科。或者说分析化学是研究获得物质化学组成、结构信息、分析方法及相关理论的科学，它所要解决的问题是确定物质中含有哪些组分，这些组分在物质中是如何存在的，各个组分的相对含量是多少，以及如何表征物质的化学结构等。可以说分析化学是化学中的信息科学。

分析化学包括成分分析和结构分析。成分分析又可分为定性分析和定量分析两部分。定性分析的任务是鉴定物质由哪些元素或离子组成，对于有机物质还需要确定其官能团及分子结构；定量分析的任务是测定物质各组成部分的含量；而结构分析是鉴定物质的化学结构。

分析化学是最早发展起来的化学分支学科，在化学学科本身的发展过程中曾起过而且继续起着重要的作用。一些化学基本定律，如质量守恒定律、定比定律、倍比定律的发现，原子论、分子论的创立，相对原子质量的测定，元素周期律的建立，以及确立近代化学学科体系等方面，都与分析化学的卓越贡献分不开。不仅在化学学科领域的发展上，分析化学起着重大作用，与化学有关的各类科学领域的发展，如矿物学、材料科学、生命科学、医药学、环境科学、天文学、考古学及农业科学等的发展，无不与分析化学紧密相关。几乎任何科学研究，只要涉及化学现象，都需要分析化学提供各种信息，以解决科学研究中的问题。反过来，各有关科学技术的发展，又给分析化学提出了新的要求，从而促进了分析化学的发展。

在国民经济建设中，分析化学的实用意义就更为明显。许多工业部门如冶金、化工、建材等部门中原料、材料、中间产品和出厂成品的质量检测，生产过程中的控制和管理，都应用到分析化学，所以人们常把分析化学誉为工业生产的"眼睛"。同样，在农业生产方面，对于土壤的性质、化肥、农药以及作物生长过程中的研究也都离不开分析化学。近年来，环境保护问题越来越引起人们的重视，对大气和水质的连续监测，也是分析化学的任务之一。至于废水、废气和废渣的治理和综合利用，也都需要分析化学发挥作用。在国防建设、刑事侦探方面，以及针对各种恐怖袭击和重大疾病的斗争中，也常需要分析化学的紧密配合。总之分析化学在许多领域中起着重要作用，因而分析化学的发展水平被认为是衡量一个国家科学技术水平的重要标志之一。

6.1.2 分析方法的分类

根据分析任务、分析对象、测定原理、操作方法和具体要求的不同,分析方法可分为许多种类。

1. 定性分析、定量分析和结构分析

定性分析的任务是鉴定物质是由哪些元素、原子团、官能团或化合物组成;定量分析的任务是测定物质中有关组分的含量;结构分析的任务是了解化合物的分子结构或晶体结构。

2. 无机分析和有机分析

无机分析的对象是无机物,通常要求鉴定物质的组成和测定各成分的含量;有机分析的对象是有机物,重点是官能团分析和结构分析。

3. 化学分析和仪器分析

1) 化学分析

以物质的化学反应为基础的分析方法称为化学分析法。

化学分析法主要有重量分析法和滴定分析(容量分析)法。重量分析法是通过化学反应及一系列操作,使试样中的待测组分转化为另一种纯粹的、固定化学组成的化合物,再称量该化合物的重量(或质量),从而计算出待测组分的含量。滴定分析法是将已知浓度的试剂溶液滴加到待测物质溶液中,使其与待测组分恰好完全反应,根据加入试剂的量(浓度与体积),计算出待测组分含量。根据滴定反应的类型不同又分为酸碱滴定法(以酸碱反应为基础的滴定分析方法)、沉淀滴定法(以沉淀反应为基础的滴定分析方法)、氧化还原滴定法(以氧化还原反应为基础的滴定分析方法)和络合滴定法(以络合反应为基础的滴定分析方法)。例如,用 $AgNO_3$ 溶液滴定 Cl^-,若根据 $AgNO_3$ 的量求 Cl^- 的量则为滴定分析,若根据 $AgCl$ 的质量计算 Cl^- 的量则为重量分析。

重量分析适用于含量在 1%以上的常量组分的测定,准确度高,误差在 0.1%~0.2%,但操作麻烦、费时。目前,常量的硅、硫、镍等元素的精确测定仍多采用重量法。滴定分析适于常量组分的测定,简便、快速,准确度高,应用广泛。

在滴定分析中,通常将已知准确浓度的试剂溶液称为"滴定剂",把滴定剂通过滴管滴入待测溶液中的操作过程称为"滴定",滴定剂与待测溶液按化学计量关系反应完全时,反应即到达了"化学计量点",一般依据指示剂的变色来确定化学计量点,在滴定中指示剂发生颜色改变的那一点称为"滴定终点"。滴定终点与化学计量点不一定恰好吻合,由此造成的分析误差称为"滴定误差"。不同的滴定方法所用指示剂是不同的,如酸碱滴定用酸碱指示剂;络合滴定用金属指示剂;沉淀滴定中不同的方法选用不同的指示剂,如吸附指示剂等;氧化还原指示剂有自身指示剂、特征指示剂、氧化还原指示剂等。

2) 仪器分析

以物质的物理和物理化学性质为基础的分析方法称为仪器分析法。

由于这类方法通常需要使用较特殊的仪器,故得名"仪器分析"。按照所利用的物理和物理化学性质的不同,仪器分析中又可分为光学分析、电化学分析、热分析和色谱分析等。

(1) 光学分析法。光学分析法是根据物质的光学性质所建立的分析方法,主要包括:原子发射光谱法、发射光谱法（X 射线、紫外、可见光等）、火焰光度法、荧光光谱法（X 射线、紫外、可见光）、磷光光谱法、放射化学法、分光光度法（X 射线、紫外、可见光、红外）、原子吸收法、核磁共振波谱法、电子自旋共振波谱法、浊度法、拉曼光谱法、折射法、干涉法、X 射线衍射法、电子衍射法、偏振法、旋光色散法、圆二色谱法。

（2）电化学分析法。电化学分析法是根据物质的电化学性质所建立的分析方法，主要包括：电位分析法、电位滴定法、电导法、极谱分析法、库仑法（恒电位、恒电流）。

（3）热分析法。热分析法是根据测量体系的温度与某些性质（如质量、反应热或体积）间的动力学关系所建立的分析方法，主要包括：热重量法、差示热分析法和测温滴定法。

（4）色谱分析法。色谱分析法是目前应用最广泛的分离分析方法，主要包括：气相色谱法、高效液相色谱法、离子色谱法及毛细管电泳法。

仪器分析可分析试样组分（成分分析），主要用于微量分析（0.1～10mg 或 0.01～1mL）和痕量分析（<0.1mg 或<0.01mL）。另外，电子计算机技术在仪器分析中的广泛应用，实现了仪器操作和数据处理的自动化，大大提高了仪器分析方法的效率、灵敏度和准确度，因此仪器分析具有简便、快速、灵敏、易于实现自动化等特点。对于结构分析（研究物质的分子结构或晶体结构），仪器分析法（如红外吸收光谱法、核磁共振波谱法、质谱法、X 射线衍射法、电子能谱法等）也是极为重要和必不可少的工具。

4. 常量分析、半微量分析、微量分析和超微量分析

根据所用试样量的多少以及操作规模的不同，分析化学可分为常量、半微量、微量和超微量分析，具体分类情况如表 6-1 所示。

表 6-1　各种分析方法的试样用量

分析方法	试样质量	试液体积
常量分析	>0.1g	>10mL
半微量分析	0.01～0.1g	1～10mL
微量分析	0.1～10mg	0.01～1mL
超微量分析	<0.1mg	<0.01mL

根据待测成分含量高低的不同，又可粗分为：常量成分（质量分数>1%）、微量成分（质量分数 0.01%～1%）和痕量成分（质量分数<0.01%）。

5. 例行分析和仲裁分析

一般实验室日常生产中的分析，称为例行分析。不同单位对分析结果有争论时，请权威的单位进行裁判的分析工作，称为仲裁分析。

6.1.3　分析方法的选择

分析方法的种类很多，如何选择合适的方法，应根据测定的具体要求、被测组分的性质、被测组分的含量和共存组分的影响等因素来考虑。

1. 测定的具体要求

当遇到分析任务时，首先要明确分析目的和要求，确定测定组分、准确度以及要求完成的时间。如标样分析和成品分析，准确度是主要的。高纯物质的有机微量组分的分析，灵敏度是主要的。而生产过程中的控制分析，速度就成了主要的问题。所以应根据分析的目的要求选择适宜的分析方法。例如，测定标准钢样中硫的含量时，一般采用准确度较高的重量法。而炼钢炉前控制硫含量的分析，采用 1~2min 即可完成的燃烧容量法。

2. 待测组分的性质

一般来说，分析方法都是基于被测组分的某种性质，如 Mn^{2+} 在 pH>6 时可与 EDTA 定量络合，可用络合滴定法测定其含量；MnO_4^- 具有氧化性，可用氧化还原法测定；MnO_4^- 呈现紫红色，也可用比色法测定。对被测组分性质的了解，有助于选择合适的分析方法。

3. 待测组分的含量

测定常量组分时，多采用滴定分析法和重量分析法。滴定分析法简单迅速，在重量分析法和滴定分析法均可采用的情况下，一般选用滴定分析法。测定微量组分多采用灵敏度比较高的仪器分析法。例如，测定碘矿粉中磷的含量时，采用重量分析法或滴定分析法；测定钢铁中磷的含量时则采用比色法。

4. 共存组分的影响

在选择分析方法时，必须考虑其他组分对测定的影响，尽量选择特效性较好的分析方法。如果没有适宜的方法，则应改变测定条件，加入掩蔽剂以消除干扰，或通过分离除去干扰组分之后，再进行测定。此外还应根据本单位的设备条件、试剂纯度等选择切实可行的分析方法。

综上所述，分析方法很多，各种方法均有其特点和不足之处，一个完整无缺、适宜于任何试样、任何组分的方法是不存在的。因此，必须根据试样的组成、组分的性质和含量、测定的要求、存在的干扰组分和本单位实际情况出发，选用合适的测定方法。

6.1.4 分析化学的发展

分析化学有悠久的历史，从我国的情况看，可追溯到战国时代的冶炼、制药（炼丹）、陶瓷等技术。当时的分析手段主要依靠感官和双手。分析化学对化学的发展曾作出重要的贡献，但直到 19 世纪末之前，分析化学还没有独立的体系，分析手段停留在滴定分析、重量分析上。进入 20 世纪，由于现代科学的发展，相邻学科间的渗透，分析化学经历了巨大的变革，发展成为一门学科。其发展经历了三次巨大的变革。

第一次在 20 世纪初，由于物理化学中溶液理论的发展，建立了溶液中的四大反应（酸碱、络合、氧化还原、沉淀）平衡。分析化学引入了物理化学的概念，形成了自己的理论基础。分析化学从一门操作技术变成一门科学。

第二次在第二次世界大战前后，物理学和电子学技术被引入到分析化学中，出现了由经典的化学分析发展为仪器分析的新时期。原子能技术的发展，半导体技术的兴起，要求分析化学能提供各种灵敏、准确而快速的分析方法，在新形势推动下，分析化学得到了迅速发展。最显著的特点是各种仪器分析方法和分离技术广泛应用。

自 20 世纪 70 年代末至今,以计算机应用为主要标志的信息时代来临,分析化学进入了第三次变革的时代。计算机的应用可使操作和数据处理更快速、准确和简便以及便于与其他仪器联用等。同时计算机又促进了数理统计理论渗入分析化学,出现了化学计量学。由于生命科学、环境科学、新材料科学发展的需要,基础理论及测试手段的完善,现代分析化学已从组成、含量、结构分析扩展到形态分析、微区分析、薄层分析、无损分析、瞬时追踪、在线监测及过程控制等。分析化学广泛吸取了当代科学技术的最新成就,成为当代最富活力的学科之一。

6.2 分析过程概述

试样的分析过程一般包括下列步骤:①试样的采集与制备、②试样的预处理(包括试样的分解与干扰的消除)、③测定和分析结果的计算与评价等。

6.2.1 试样的采集与制备

在分析实践中,常需测定大量物料中某些组分的平均含量。但在实际分析时,只能称取几克或更少的试样进行分析。取这样少的试样所得的分析结果,要求能反映整批物料的真实情况,则分析试样的组成必须能代表全部物料的平均组成,即试样应具有高度的代表性。否则分析结果再准确也是毫无意义的。

因此,在进行分析之前,必须了解试样来源,明确分析目的,做好试样的采取和制备工作。试样的采集与制备指先从大批物料中采取最初试样(原始试样),然后制备成供分析用的最终试样(分析试样)。当然,对于一些比较均匀的物料,如气体、液体等,可直接取少量分析试样,不需再进行制备。

通常遇到的分析对象从其形态来分有气体、液体和固体三类,对于不同的形态和不同的物料,应采取不同的取样方法。下面以矿石为例,简要介绍试样的采集与制备方法。

为了使所采取的试样具有代表性,在取样时要根据堆放情况,从不同的部位和深度选取多个取样点。一般而言应取试样的量与矿石的均匀程度、颗粒大小等因素有关。通常试样的采集可按下面的经验公式(又称采样公式)计算

$$m_Q \geqslant kd^2$$

式中:m_Q 为采取试样的最小质量,单位为 kg;d 为试样中最大颗粒的直径,单位为 mm;k 为经验常数,可由实验求得,称为缩分常数,单位为 $kg \cdot mm^{-2}$,通常 k 值在 $0.05 \sim 1 kg \cdot mm^{-2}$。

将采集到的试样经过破碎、过筛、混匀、缩分后才能得到符合分析要求的试样。

破碎分为粗碎、中碎和细碎甚至研磨,以便试样的粒度小到能通过要求的筛孔,标准筛的筛号与孔径大小的关系列于表 6-2。为了保证试样的代表性,每次破碎后过筛时,应将未通过筛孔的粗粒进一步破碎,直至全部通过筛孔,决不可将粗粒弃去,因为它的化学成分可能与细颗粒不同。

表 6-2 标准筛的筛号、孔径大小的关系

筛号/网目	3	6	10	20	40	60	80	100	120	200
筛孔大小/mm	6.72	3.36	2.00	0.83	0.42	0.25	0.177	0.149	0.125	0.074

大块矿样先用压碎机(如颚氏碎样机、球磨机等)破碎成小的颗粒,再进行缩分。缩分的目的是使破碎后的试样量逐步减少。常用的缩分方法为"四分法",即将试样粉碎之后混合均匀,堆成锥形,然后略微压平,通过中心分为四等份,把任何相对的两份弃去,其余相对的两份收集在一起混匀,这样试样便缩减了一半,称为缩分一次。保留的两份是否需要继续缩分,根据粒度与取样量的关系进行计算。

【例 6-1】 现有某矿样 10kg,经破碎后全部通过 10 号筛孔(d=2mm),已知 k=0.3kg·mm^{-2},问缩分后保留的试样应为多少?可连续缩分几次?

解 $m_Q \geqslant kd^2 = 0.3 \times 2^2 = 1.2$(kg)

设可缩分 n 次,缩分 n 次后的试样质量

$m = 10 \times (1/2)^n \geqslant 1.2$ kg

当 n=3 时,m=1.25kg,故可缩分 3 次。

6.2.2 试样的预处理

在定量分析中,通常先要将试样分解,试样的分解工作是分析工作的重要步骤之一。在分解试样时必须注意以下几点:

(1)试样分解必须完全,处理后的溶液中不得残留原试样的细屑或粉末。

(2)试样分解过程中待测组分不应挥发。

(3)不应引入被测组分和干扰物质。

由于试样的性质不同,分解的方法也有所不同。无机试样的测定采用湿法分析,即将试样分解后制成溶液,然后进行测定。常用的分解方法有溶解法和熔融法两种。有机试样的分解,通常采用干式灰化法和湿式消化法。

1. 溶解法

采用适当的溶剂将试样溶解制成溶液,这种方法比较简单、快速。常用的溶剂有水、酸和碱等。溶于水的试样一般称为可溶性盐类,如硝酸盐、乙酸盐、铵盐、绝大部分的碱金属化合物和大部分的氯化物、硫酸盐等。对于不溶于水的试样,则采用酸或碱作溶剂的酸溶法或碱溶法进行溶解,以制备分析试液。

(1)水溶法:可溶性的无机盐直接用水制成试液。

(2)酸溶法:酸溶法是利用酸的酸性、氧化还原性和形成配合物的作用使试样溶解。钢铁、合金、部分氧化物、硫化物、碳酸盐矿物和磷酸盐矿物等常采用此法溶解。常用的酸溶剂有盐酸、硝酸、硫酸、磷酸、高氯酸、氢氟酸和混合酸。例如,盐酸是无机强酸,它可以溶解金属活动性顺序中位于氢以前的金属及很多难溶于水的金属氧化物、氢氧化物、碳酸盐、磷酸盐和多种硫化物。此外 Cl^- 还有弱的还原性及络合能力,也有利于软锰矿(MnO_2)和赤铁矿(Fe_2O_3)的溶解。硝酸具有氧化性,除某些贵金属及表面易钝化的金属外,绝大多数金属能被硝酸分解。热浓硫酸具有很强的氧化性和脱水性,可破坏试样中的有机物。硫酸的沸点较高,常用来驱赶低沸点的酸。磷酸在高温时形成焦磷酸,有很强的配位能力,常用于分解难溶矿石。浓的高氯酸在加热至近沸点时,具有很强的氧化性和脱水性,常用来分解铬的合金及矿石。试样中含有机物时,一定要先用硝酸氧化有机物,再用高氯酸分解,以免引起爆炸。氢氟酸与硅生成易挥发的 SiF_4,常与硫酸或硝酸混合使用分解含硅试样,但分解试样时要在铂金或聚四氟乙烯器皿中进行。

酸分解中还常使用混合酸以提高分解效率。例如，三份浓硝酸和一份盐酸混合配成的王水具有极强的氧化性和络合性，可溶解铂、金等贵金属和辰砂（HgS）等难溶的试样。

（3）碱溶法：碱溶法的溶剂主要为 NaOH 和 KOH，碱溶法常用来溶解两性金属铝、锌及其合金，以及它们的氧化物、氢氧化物等。

例如，在测定铝合金中的硅时，用碱溶解使硅以 SiO_3^{2-} 形式转到溶液中。如果用酸溶解则硅可能以 SiH_4 的形式挥发损失，影响测定结果。

2. 熔融法

熔融法是将试样与固体熔剂混合后置于特定材料制成的坩埚中，在高温下熔融分解试样，再用水或酸浸取熔块。根据所用熔剂的不同，可分为酸熔法和碱熔法。

（1）酸熔法：常用的酸性熔剂有 $K_2S_2O_7$（熔点 419℃）和 $KHSO_4$（熔点 219℃），后者经灼烧后生成 $K_2S_2O_7$，所以两者的作用是一样的。这类熔剂在 300℃ 以上可与碱或中性氧化物作用，生成可溶性的硫酸盐。例如，分解金红石的反应是 $TiO_2+2K_2S_2O_7 \Longrightarrow Ti(SO_4)_2+2K_2SO_4$，这种方法常用于分解 Al_2O_3、Cr_2O_3、Fe_3O_4、ZrO_2、钛铁矿、铬矿、中性耐火材料（如铝砂、高铝砖）及磁性耐火材料（如镁砂、镁砖）等。碱性试样宜采用酸性熔剂。

（2）碱熔法：常用的碱性熔剂有 Na_2CO_3（熔点 853℃）、K_2CO_3（熔点 891℃）、NaOH（熔点 318℃）、Na_2O_2（熔点 460℃）和它们的混合熔剂等。这些溶剂除具碱性外，在高温下均可起氧化作用（本身的氧化性或空气氧化），可以把一些元素氧化成高价[Cr^{3+}、Mn^{2+} 可以氧化成 Cr（Ⅵ）、Mn（Ⅶ）]，从而增强了试样的分解作用。有时为了增强氧化作用还加入 KNO_3 或 $KClO_3$，使氧化作用更完全。酸性试样宜采用碱熔法，如酸性矿渣、酸性炉渣和酸不溶试样均可采用碱熔法，使它们转化为易溶于酸的氧化物或碳酸盐。

3. 干式灰化法

将试样置于马弗炉中加热（400～1200℃），以大气中的氧作为氧化剂使之分解，然后加入少量浓盐酸或浓硝酸浸取燃烧后的无机残余物。氧瓶燃烧法是干式灰化法常用的方法，它是将试样包在定量滤纸内，用铂丝固定，放入充满氧气的密封烧瓶内燃烧，试样中的卤素、硫、磷及金属元素分别形成卤素离子、硫酸根、磷酸根离子及金属氧化物而被溶解在吸收液中，可分别进行测定。该法具有试样分解完全、操作简便快速、适用于少量试样的分析等优点。

4. 湿式消化法

该法是用硝酸和硫酸的混合物与试样一起置于烧瓶内，在一定温度下进行煮解，其中硝酸能破坏大部分有机物。在煮解的过程中，硝酸逐渐挥发，最后剩余硫酸。继续加热使产生浓厚的 SO_3 白烟，并在烧瓶内回流，直到溶液变得透明为止。对于容易形成挥发性化合物的被测物质，一般采用蒸馏法分解。

6.2.3 测定和分析结果的计算与评价

根据被测组分的性质、含量和对分析结果准确度的要求，选择合适的分析方法进行测定。各种分析方法的准确度和灵敏度是不同的，如仪器分析法具有较高的灵敏度，用于微量或痕量组分含量的测定；滴定分析法准确度较高，适于测定常量组分的含量。

在定量分析中，由于受分析方法、测量仪器、所用试剂和分析工作者主观条件等方面的限制，测得的结果不可能和真实含量完全一致，即使是技术很熟练的分析工作者，用最完善的分析方法和最精密的仪器，对同一样品进行多次测定，其结果也不会完全一样。这说明客观上存在着难以避免的误差。根据性质和产生的原因，误差一般分系统误差和偶然误差。

1. 系统误差

系统误差是由某种固定原因造成的结果误差。其特点是对分析结果的影响比较恒定，可以测定和校正；在同一条件下，重复测定，重复出现；可以设法消除。例如，采用标准方法做对照试验可以消除方法误差；通过空白试验可以消除由试剂、蒸馏水等带进杂质所造成的系统误差。

2. 偶然误差

偶然误差（随机误差、不定误差）是由随机的偶然因素造成的结果误差。其特点是不恒定，无法校正；数据的分布符合统计学规律（正态分布）；大小相近的正误差和负误差出现的概率相等。对同一样品，可以通过增加平行测定的次数（一般为 2～4 次），取其平均值来减少随机误差。

为了保证分析结果的准确度，还要尽量减少测量误差。例如，一般分析天平的称量误差为 $\pm 0.0002g$，如欲使测量时的相对误差不大于 0.1%，那么应称量的最小质量不小于 0.2g。

又如，在滴定分析中，滴定管的读数误差一般为 $\pm 0.02mL$。为使读数的相对误差不大于 0.1%，那么滴定剂的体积就应不小于 20mL。

称量的准确度还与分析方法的准确度一致。例如，光度法的误差为 2%，若称取 0.5g 试样，就不必要像滴定分析法和重量法那样强调将试样称准到 $\pm 0.0001g$。称准至 $\pm 0.001g$ 比较适宜。

根据试样质量、测量所得数据及分析过程中有关反应的化学计量关系，即可计算试样中有关组分的含量。该含量可以用被测组分的质量浓度（单位体积中某种物质的质量）、质量分数（待测组分的质量除以试样或试液的质量）、物质的量浓度（待测组分的物质的量除以试液的体积）等来表示。

为了正确表示分析结果，不仅要表明其数值的大小，还应该反映出测定的准确度、精密度以及为此进行的测定次数。因此最基本的参数为样本的平均值、样本的标准偏差和测定次数。也可以采用置信区间表示分析结果。正确表示分析结果的有效数字，其位数要与测定方法和仪器的准确度一致。

对分析结果的评价，就是对分析结果是否"可取"作出判断，检验分析过程是否有明显的系统误差，检验分析方法是否正确，及时发现分析过程中的问题，确保分析结果的可靠性。对分析结果的评价通常采用统计学的方法来进行。

6.3 常见分离方法

复杂样品中常含有多种组分，在进行分析测定时彼此会发生干扰，这样会影响分析结果的准确度，严重时甚至无法进行测定。当试样共存组分对待测组分的测定有干扰时，应设法消除。当控制分析条件或采用适当的掩蔽剂也不能消除干扰时，就必须把被测元素与干扰组分分离以后才能进行测定。常用的分离方法有沉淀分离法、溶剂萃取分离法、离子交换法、色谱分离法等。

6.3.1 沉淀分离法

沉淀分离法是一种经典的分离方法，它是利用沉淀反应有选择性地沉淀某些离子，而其他离子则留于溶液中，从而达到分离的目的。沉淀分离法的主要依据是溶度积原理。对沉淀反应的要求是所生成的沉淀溶解度小、纯度高、稳定。

1. 氢氧化物沉淀分离法

氢氧化物沉淀分离法使离子形成氢氧化物沉淀[如 $Fe(OH)_3$ 等]或含水氧化物（如 $SiO_2 \cdot H_2O$ 等）。常用的沉淀剂有 NaOH、氨水、ZnO 等。

1）NaOH 溶液

通常用它控制 pH≥12，常用于两性金属离子和非两性金属离子的分离。

2）氨和氯化铵缓冲溶液

它可将 pH 控制在 9 左右，常用来沉淀不与 NH_3 形成络离子的许多金属离子，也可使许多两性金属离子沉淀成氢氧化物沉淀。

3）利用难溶化合物的悬浮液来控制 pH

例如，ZnO 悬浮液就是较常用的一种，ZnO 在水中具有下列平衡：

$$ZnO + H_2O \rightleftharpoons Zn(OH)_2 \rightleftharpoons Zn^{2+} + 2OH^-$$

$$[Zn^{2+}][OH^-]^2 = K_{sp} \qquad [OH^-] = \sqrt{\frac{K_{sp}}{[Zn^{2+}]}}$$

当加 ZnO 悬浮液于酸性溶液中，ZnO 溶解而使 $[OH^-]$ 达一定值时，溶液 pH 就为一定的数值。例如，$[Zn^{2+}]=0.1 mol \cdot L^{-1}$ 时，$[OH^-]=\sqrt{\frac{1.2\times 10^{-17}}{0.1}}=1.1\times 10^{-6}$（$mol \cdot L^{-1}$）。

当 $[Zn^{2+}]$ 改变时，pH 的改变极其缓慢。一般利用 ZnO 悬浮液，可把溶液的 pH 控制在 5.5～6.5。其他如 $CaCO_3$、MgO 等的悬浮液都可用以控制一定的 pH。

氢氧化物沉淀分离法的选择性较差。形成的沉淀多为非晶形沉淀，共沉淀现象较严重。为了改善沉淀性能，减少共沉淀现象，沉淀作用应在较浓的热溶液中进行，使生成的氢氧化物沉淀含水分较少，结构较紧密，体积较小，吸附杂质的机会减小。沉淀完毕后加入适量热水稀释，使吸附的杂质离开沉淀表面转入溶液，从而获得较纯的沉淀。如果让沉淀作用在尽量浓的溶液中进行，同时加入大量无干扰作用的盐类，即进行"小体积沉淀法"，可使吸附其他组分的机会进一步减小，沉淀较为纯净。

2. 硫化物沉淀分离法

能形成硫化物沉淀的金属离子约有 40 种，由于它们的溶解度相差悬殊，因而可以通过控制溶液中 $[S^{2-}]$ 的办法使硫化物沉淀分离。

和氢氧化物沉淀法相似，硫化物沉淀法的选择性较差，硫化物是非晶形沉淀，吸附现象严重。如果改用硫代乙酰胺为沉淀剂，利用硫代乙酰胺在酸性或碱性溶液中水解产生 H^+ 在或 S^{2-} 进行均相沉淀，可使沉淀性能和分离效果有所改善。

3. 有机沉淀剂沉淀分离法

近年来有机沉淀剂的应用已较普遍。它的选择性和灵敏度较高，生成的沉淀性能好，显示了有机沉淀剂的优越性，因而得到迅速发展。有机沉淀剂与金属离子形成的沉淀主要有以下几种。

1）形成螯合物（内络盐）沉淀

这类内络盐不带电荷，含有较多的憎水性基因，因而难溶于水。这类有机沉淀剂所形成的螯合物的溶解度大小及其选择性，都与沉淀剂本身的结构有关。

2）形成缔合物沉淀

所用的有机沉淀剂在水溶液中解离成带正电荷或带负电荷的大体积离子。沉淀剂的离子与带不同电荷的金属离子或金属络离子缔合，成为不带电荷的难溶于水的中性分子而沉淀，如氯化四苯砷、四苯硼钠等。

3）形成三元络合物沉淀

被沉淀的组分与两种不同的配位体形成三元混配络合物和三元离子缔合物。形成三元络合物的沉淀反应不仅选择性好、灵敏度高，而且生成的沉淀组成稳定、摩尔质量大，作为重量分析的称量形式也较合适，因而近年来三元络合物的应用发展较快。三元络合物不仅应用于沉淀分离中，也应用于分析化学的其他方面，如分光光度法等。

4. 共沉淀分离法

共沉淀现象是由沉淀的表面吸附作用、混晶或固溶体的形成、吸留或包藏等原因引起的。在重量分析中，由于共沉淀现象的发生，所得沉淀混有杂质，因而要设法消除共沉淀现象。但是，在分离方法中，可以利用共沉淀现象分离和富集痕量组分。

1）利用吸附作用进行共沉淀分离

例如，微量的稀土离子，用草酸难以使它沉淀完全。若预先加入 Ca^{2+}，再用草酸作沉淀剂，则利用生成的 CaC_2O_4 作载体，可将稀土离子的草酸盐吸附而共同沉淀下来。又如铜中的微量铝，氨水不能使铝沉淀分离。若加入适量的 Fe^{3+}，则在加入氨水后，利用生成的 $Fe(OH)_3$ 作载体，可使微量的 $Al(OH)_3$ 共沉淀而分离。

2）利用生成混晶进行共沉淀分离

两种金属离子生成沉淀时，如果它们的晶格相同，就可能生成混晶而共同析出。例如，痕量 $RaSO_4$ 可用 $BaSO_4$ 作载体，生成 $RaSO_4$ 和 $BaSO_4$ 的混晶共沉淀而得以富集。海水中亿万分之一的 Cd^{2+}，可用 $SrCO_3$ 作载体，生成 $SrCO_3$ 和 $CdCO_3$ 混晶沉淀而富集。这种共沉淀分离的选择性较好。

3）利用有机共沉淀剂进行共沉淀分离

有机共沉淀剂的作用机理和无机共沉淀剂不同，一般认为有机共沉淀剂的共沉淀富集作用是由于形成固溶体。常用共沉淀剂有甲基紫、结晶紫、次甲基蓝、酚酞等。

由于有机共沉淀剂一般是大分子物质，它的离子半径大，表面电荷较小，吸附杂质的能力较弱，因而选择性较好。由于它是大分子物质，分子体积大，形成沉淀的体积也较大，这对于痕量组分的富集很有利。另外，存在于沉淀中的有机共沉淀剂在沉淀后可灼烧除去，不会影响后续分析。

6.3.2 溶剂萃取分离法

溶剂萃取分离法简称萃取分离法。这种方法是利用与水不相混溶的有机溶剂同试液一起震荡。这时，一些组分进入有机相中，另一些组分仍留在水相中，从而达到分离的目的。

溶剂萃取分离法可用于常量痕量元素以及有机化合物的分离，方法简单、快速。如果萃取的组分是有色化合物，便可直接进行比色测定，称为萃取比色法。这种方法具有较高的灵敏度和选择性。缺点是费时，工作量较大，萃取溶剂易挥发、易燃和有毒。

1. 分配系数、分配比、萃取效率、分离因子

1）分配系数

溶剂萃取是基于不同物质在互不相溶的溶剂中亲和力大小不等而实现分离的。当溶质 A 同时接触两种互不混溶的溶剂时，如果一种是水相，一种是有机溶剂，A 就分配在这两种溶剂中

$$A_{水} \rightleftharpoons A_{有}$$

当分配过程达到平衡时：$K_D = [A]_{有}/[A]_{水}$。

A 在两相中达到分配平衡后，平衡常数称为分配系数。

2）分配比

由于溶质 A 在一相或两相中常会解离、聚合或与其他组分发生化学反应，其在两相中化学存在形式不一定相同，不能简单地用分配系数来说明整个萃取过程的平衡问题。同时，溶剂萃取过程主要关心的是溶质存在于两相中的总量。因此，引入分配比 D 这一参数。分配比 D 是存在于两相中的溶质的总浓度之比，即

$$D = C_{有}/C_{水}$$

式中：C 为溶质以各种形式存在的总浓度。只有在最简单的萃取体系中，溶质在两相中的存在形式又完全相同时，$D = K_D$；实际的溶剂萃取过程中，D 和 K_D 往往不相等。

3）萃取效率

当溶质 A 的水溶液用有机溶剂萃取时，如已知水溶液的体积为 $V_{水}$，有机溶剂的体积为 $V_{有}$，则萃取效率 E（以百分数表示）的关系式如下：

$$\begin{aligned}E(\%) &= (A_{在有机相水的总量}/A_{在两相中的总量}) \times 100\% \\ &= C_{有}V_{有}/(C_{水}V_{水} + C_{有}V_{有}) \times 100\% \\ &= D/[D + (V_{水}/V_{有})] \times 100\%\end{aligned}$$

萃取效率由分配比 D 和体积比 $V_{水}/V_{有}$ 决定。D 越大，萃取效率越高。假设 D 为常数，减小 $V_{水}/V_{有}$，即增加有机溶剂的用量，可提高萃取效率，但效果不太显著。且增加有机溶剂的消耗，使萃取后溶质在有机相中浓度降低，不利于进一步分离和测定。因此，对于分配比较小的溶质，一般采取分几次加入溶剂，连续几次萃取的办法，以提高萃取效率（少量多次的原则）。

4）分离因子

共存组分间的分离效率常用分离因子 β 来表示。β 是两种不同组分分配比的比值。

$$\beta = D_A/D_B$$

若 $\beta \gg 1$ 或 $\beta \ll 1$，D_A 和 D_B 相差很大，分离因子很大，两种物质可以定量分离。

若 $\beta \approx 1$，D_A 和 D_B 相差不大，两种物质就难以完全分离。

2. 溶剂萃取分类

根据萃取反应的类型，萃取体系可分为螯合物萃取体系、离子缔合物萃取体系、溶剂化合物萃取体系和简单分子萃取体系。

1) 螯合物萃取体系

螯合物萃取体系广泛应用于金属阳离子的萃取。所选用的螯合剂（又称萃取络合剂）应能与金属离子形成中性螯合物分子。这类金属螯合物难溶于水，而易溶于有机溶剂，因而能被有机溶剂萃取，如丁二酮肟镍即属于这种类型，Fe^{3+} 与铜铁试剂所形成的螯合物也属于此种类型。常用的螯合剂还有 8-羟基喹啉、双硫腙等。

2) 离子缔合物萃取体系

由金属络离子与异电性离子借静电引力的作用结合成不带电的中性化合物，称为离子缔合物，此缔合物具有疏水性而能被有机溶剂萃取。这类萃取体系称为离子缔合物萃取体系。通常离子的体积越大，电荷越低，越容易形成疏水性的离子缔合物。近年来发展了三元配合物的萃取体系，其选择性好、萃取效率高，已被广泛采用。例如，萃取 Ag^+，首先向含 Ag^+ 的溶液中加入 1,10-邻氮杂菲，使之形成配阳离子，然后与溴邻苯三酚红的阴离子进一步缔合成三元配合物，易被有机溶剂萃取。

3) 溶剂化合物萃取体系

某些溶剂分子通过其配位原子与无机化合物中的金属离子相键合，形成溶剂化合物，从而可溶于该有机溶剂中，这类体系称为溶剂化合物萃取体系，如杂多酸的萃取体系即属于溶剂化合物萃取体系。

4) 简单分子萃取体系

某些无机共价化合物如 I_2、Cl_2、Br_2、$GeCl_4$ 和 OsO_4 等，它们在水溶液中主要以分子形式存在，不带电荷，可以直接用 CCl_4、苯等惰性溶剂进行萃取。

6.3.3 离子交换法

1. 离子交换树脂分类

离子交换树脂是一种高分子聚合物，其网状结构的骨架部分一般很稳定，对于酸、碱、一般的有机溶剂和较弱的氧化剂都不起作用，也不溶于溶剂中。在网状结构的骨架上有许多可以被交换的活性基团，根据这些活性基团的不同，一般把离子交换树脂分成阳离子交换树脂和阴离子交换树脂两大类。

1) 阳离子交换树脂

阳离子交换树脂是含有酸性基团的树脂，酸性基团上的 H^+ 可以和溶液中的阳离子发生交换作用，如磺酸基—SO_3H、羧基—COOH 和酚基—OH 等就是这种酸性基团。

强酸性阳离子交换树脂在酸性、碱性和中性溶液中都可应用；交换反应速率快，与简单的、复杂的、无机的和有机的阳离子都可以交换，因而在分析化学上应用较多。

弱酸性阳离子交换树脂的交换能力受外界酸度的影响较大，羧基在 pH>4、酚基在 pH>9.5 时才具有离子交换能力，因此应用受到一定影响；但选择性较好，可用来分离不同强度的有机碱。上述各种中酸性基团上的 H^+ 可以解离出来，并能与其他阳离子进行交换，因此又称 H-型阳离子交换树脂。

H-型强酸性阳离子交换树脂与溶液中其他阳离子如 Na^+ 发生的交换反应，可简单地表示如下：

$$R-SO_3H + Na^+ \rightleftharpoons R-SO_3Na + H^+$$

溶液中的 Na^+ 进入树脂网状结构中，H^+ 则交换进入溶液，树脂就转变为 Na-型强酸性阳离子交换树脂。由于交换过程是可逆过程，如果以适当浓度的酸溶液处理已经交换的树脂，反应将向反方向进行，树脂又恢复原状，这一过程称为再生或洗脱过程。再生后的树脂经过洗涤可以再次使用。

2）阴离子交换树脂

阴离子交换树脂是含有碱性基团的树脂，含有伯氨基—NH_2、仲胺基—$NH(CH_3)$、叔胺基—$N(CH_3)_2$ 的树脂为弱碱性阴离子交换树脂，树脂水合后即分别成为 R—$NH_3^+OH^-$，R—$NH_2(CH_3)^+OH^-$ 和 R—$NH(CH_3)_2^+OH^-$。水合后含有季铵基 R—$N(CH_3)_3^+OH^-$ 的树脂为强碱性阴离子交换树脂。这些树脂中的 OH^- 能与其他阴离子如 Cl^- 发生交换。

上述各种阴离子交换树脂为 OH^- 型阴离子交换树脂，经交换后则转变为 Cl^- 型阴离子交换树脂。交换后的树脂经适当浓度的碱溶液处理后，可以再生。

各种阴离子交换树脂中以强碱性阴离子交换树脂的应用较广，在酸性、中性和碱性溶液中都能应用，对于强酸根和弱酸根离子都能交换。弱碱性阴离子交换树脂在碱性溶液中就失去交换能力，应用较少。

3）螯合树脂

在离子交换树脂中引入某些能与金属离子螯合的活性基团，就成为螯合树脂，如含有氨基二乙酸基团的树脂，由该基团与金属离子的反应特性可估计，这种树脂对 Cu^{2+}、Co^{2+}、Ni^{2+} 有很好的选择性。因此从有机试剂结构理论出发，可以根据需要有目的地合成一些新的螯合树脂，以有效地解决某些性质相似的离子的分离与富集问题。

2. 离子交换分离操作法

在分析化学中应用最多的是强酸性阳离子交换树脂和强碱性阴离子交换树脂，根据分离任务可选用适当的树脂。市售树脂往往颗粒大小不均匀或粒度不合要求，而且含有杂质，需经处理。

处理步骤包括晾干、研磨、过筛，筛取所需粒度范围的树脂再用 $4\sim6\ mol \cdot L^{-1}$ HCl 溶液浸泡一两天以除去杂质，并使树脂溶胀，然后洗涤至中性，浸泡于去离子水中备用。此时阳离子交换树脂已处理成 H-型，阴离子交换树脂已处理成 Cl-型。

离子交换分离一般在交换柱中进行。经过处理的树脂在玻璃管中充满水的情况下装入管中做成交换柱装置。使用时要注意勿使树脂层干涸而混入空气泡。

交换柱准备好后，将欲交换的试液倾入交换柱中，试液流经树脂层时，从上到下一层层地发生交换。

3. 离子交换树脂应用

1）纯水的制备

天然水中常含一些无机盐类，为了除去这些无机盐类以便将水净化，可将水通过 H-型强酸性阳离子交换树脂，除去各种阳离子。例如以 $CaCl_2$ 代表水中的杂质，则交换反应为

$$2R—SO_3H+Ca^{2+} \Longleftrightarrow (R—SO_3)_2Ca+2H^+$$

再通过氢氧型强碱性阴离子交换树脂，除去各种阴离子：

$$RN(CH_3)_3OH+Cl^- \Longleftrightarrow RN(CH_3)_3Cl+OH^-$$

交换下来的 H^+ 和 OH^- 结合成 H_2O，这样就可以得到相当纯净的去离子水，可以代替蒸馏水使用。

2）干扰离子的分离

阴阳离子的分离：在分析测定过程中，其他离子的存在常有干扰，对不同电荷的离子，用离子交换分离的方法排除干扰最方便。例如，用 $BaSO_4$ 重量分析法测定黄铁矿中硫的含量时，大量 Fe^{3+}、Ca^{2+} 的存在造成 $BaSO_4$ 沉淀得不纯，因此可先将试液通过氢型强酸性阳离子交换树脂除去干扰离子，然后将流出液中的 SO_4^{2-} 沉淀为 $BaSO_4$ 进行硫的测定，这样可以大大提高测定的准确度。

同性电荷离子的分离：如果要使几种阳离子或几种阴离子分离开，可以根据各种离子对树脂的亲和力不同，将它们彼此分离。例如，欲分离 Li^+、Na^+、K^+ 三种离子，将试液通过阳离子树脂交换柱，则三种离子均被交换在树脂上，然后用稀 HCl 洗脱，交换能力最小的 Li^+ 先流出柱外，其次是 Na^+，而交换能力最大的 K^+ 最后流出来。

3）微量组分的富集

以测定矿石中的铂、钯为例来说明微量组分的富集。由于铂、钯在矿石中的含量一般为 $10^{-5}\% \sim 10^{-6}\%$，即使称取 10g 试样进行分析，也只含铂、钯 $0.1\mu g$ 左右。因此，必须经过富集之后才能进行测定。富集的方法是：称取 10~20g 试样，在 700℃ 灼烧之后用王水溶解，加浓 HCl 蒸发，铂、钯形成 $[PtCl_6]^{2-}$ 和 $[PdCl_4]^{2-}$ 络阴离子。稀释之后，通过强碱性阴离子交换树脂，即可将铂或钯富集在交换柱上。用稀 HCl 将树脂洗净，取出树脂移入瓷坩埚中，在 700℃ 灰化，用王水溶解残渣，加盐酸蒸发。然后在 $8mol \cdot L^{-1}$ HCl 介质中，钯（Ⅱ）与双十二烷基二硫代乙二酰胺（DDO）生成黄色络合物，用石油醚-三氯甲烷混合溶剂萃取，用比色法测定钯。铂（Ⅳ）用二氯化锡还原为铂（Ⅱ），与 DDO 生成樱红色螯合物，可进行比色法测定。

6.3.4 色谱分离法

1. 色谱法概述

色谱法又称色谱分析、色谱分析法、色层分析法、层析法，是一种分离和分析方法，在分析化学、有机化学、生物化学等领域有着非常广泛的应用。色谱法利用不同物质在不同相态的选择性分配，以流动相对固定相中的混合物进行洗脱，混合物中不同的物质会以不同的速度沿固定相移动，最终达到分离的效果。色谱法起源于 20 世纪初，20 世纪 50 年代之后飞速发展，并发展出一个独立的三级学科——色谱学。历史上曾经先后有两位化学家因为在色谱领域的突出贡献而获得诺贝尔化学奖，此外色谱分析方法还在 12 项获得诺贝尔化学奖的研究工作中起到关键作用。

色谱法创立者是俄国植物学家茨维特。1906 年茨维特用碳酸钙填充竖立的玻璃管，以石油醚洗脱植物色素的提取液，经过一段时间洗脱之后，植物色素在碳酸钙柱中实现分离，由一条色带分散为数条平行的色带。由于这一实验将混合的植物色素分离为不同的色带，因此茨维特将这种方法命名为色谱法。色谱分离过程如图 6-1 所示。

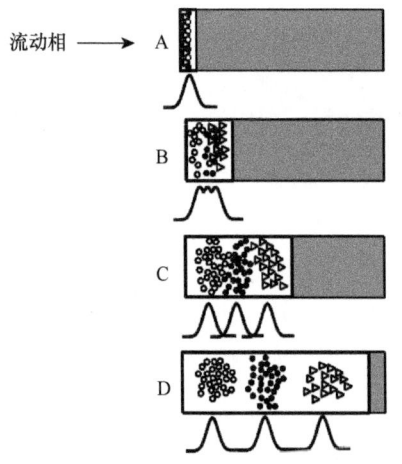

图 6-1 色谱分离过程示意图

A：样品加载；B~D：分离过程

2. 色谱分析基本概念、术语

1）色谱流出曲线

（1）色谱峰。由检测器输出的电信号强度对时间作图，所得曲线称为色谱流出曲线。曲线上突起部分就是色谱峰。如果进样量很小，浓度很低，在吸附等温线（气固吸附色谱）或分配等温线（气液分配色谱）的线性范围内，色谱峰是对称的。

（2）基线。在实验操作条件下，色谱柱后没有样品组分流出时的流出曲线称为基线，稳定的基线应该是一条水平直线（图6-2）。

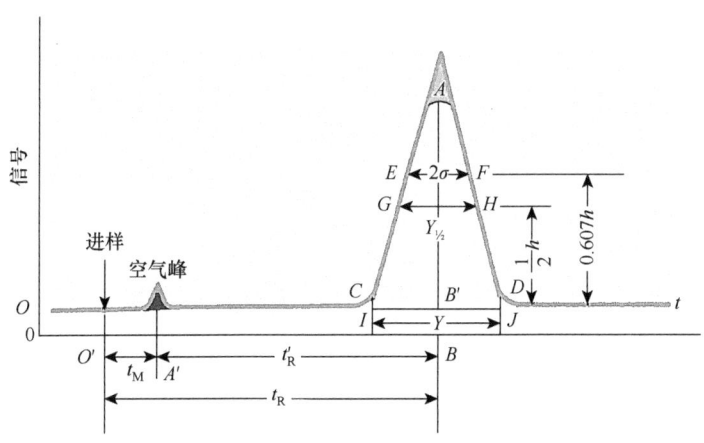

图6-2 色谱流出曲线

σ：标准偏差；h：峰高；Y：峰宽

（3）峰高。峰高指色谱峰顶点与基线之间的垂直距离，以 h 表示。

（4）保留值。

死时间 t_M：不被固定相吸附或溶解的物质进入色谱柱时，从进样到出现峰极大值所需的时间称为死时间，它正比于色谱柱的空隙体积。

保留时间 t_R：试样从进样到柱后出现峰极大点时所经过的时间，称为保留时间。

调整保留时间 t_R'：某组分的保留时间扣除死时间后，称为该组分的调整保留时间，即 $t_R' = t_R - t_M$。由于组分在色谱柱中的保留时间 t_R 包含了组分随流动相通过柱子所需的时间和组分在固定相中滞留所需的时间，所以 t_R' 实际上是组分在固定相中保留的总时间。保留时间是色谱法定性的基本依据，但同一组分的保留时间常受到流动相流速的影响，因此色谱工作者有时用保留体积来表示保留值。

死体积 V_0：色谱柱在填充后，柱管内固定相颗粒间所剩留的空间、色谱仪中管路和连接头间的空间以及检测器的空间的总和称为死体积。当后两相很小可忽略不计时，死体积可由死时间与色谱柱出口的载气流速 F_c 计算：

$$V_0 = t_M F_c$$

式中：F_c 为扣除饱和水蒸气压并经温度校正的流速。本公式仅适用于气相色谱，不适用于液相色谱。

保留体积 V_R：从进样开始到被测组分在柱后出现浓度极大点时所通过的流动相的体积称为保留体积。保留时间与保留体积关系为

$$V_R = t_M F_c$$

调整保留体积 V_R'：某组分的保留体积扣除死体积后，称为该组分的调整保留体积。

$$V_R' = V_R - V_0 = t_R' F_c$$

2）色谱柱效参数

（1）标准偏差 σ。对于正常峰，σ 为 0.607 倍峰高处色谱峰宽的一半。

（2）半峰宽 $Y_{1/2}$。半峰宽即峰高一半处对应的峰宽。它与标准偏差的关系为

$$Y_{1/2} = 2.354\sigma$$

（3）峰底宽度 Y。峰底宽度即色谱峰两侧拐点上的切线在基线上截距间的距离。它与标准偏差 σ 的关系是 $Y = 4\sigma$。

从色谱流出曲线中可得许多重要信息：①根据色谱峰的个数，可以判断样品中所含组分的最少个数；②根据色谱峰的保留值，可以进行定性分析；③根据色谱峰的面积或峰高，可以进行定量分析；④色谱峰的保留值及其区域宽度，是评价色谱柱分离效能的依据；⑤色谱峰两峰间的距离，是评价固定相（或流动相）选择是否合适的依据。

3）色谱法的定性、定量分析

（1）色谱定性分析。色谱定性分析就是要确定各色谱峰所代表的化合物。由于各种物质在一定的色谱条件下均有确定的保留值，因此保留值可作为一种定性指标。目前各种色谱定性方法都是基于保留值的，但是不同物质在同一色谱条件下可能具有相似或相同的保留值，即保留值并非专属的。因此，仅根据保留值对一个完全未知的样品定性是困难的。如果在了解样品的来源、性质、分析目的的基础上，对样品组成作初步的判断，再结合下列的方法则可确定色谱峰所代表的化合物。

利用纯物质对照定性。在一定的色谱条件下，一个未知物只有一个确定的保留时间。因此，将已知纯物质在相同的色谱条件下的保留时间与未知物的保留时间进行比较，就可以定性鉴定未知物。若二者相同，则未知物可能是已知的纯物质；若二者不同，则未知物就不是该纯物质。

纯物质对照法定性只适用于组分性质已有所了解，组成比较简单，且有纯物质的未知物。

相对保留值法：相对保留值 α_{is} 是指组分 i 与基准物质 s 调整保留值的比值：

$$\alpha_{is} = t_{Ri}' / t_{Rs}'$$

它仅随固定液及柱温变化而变化，与其他操作条件无关。

相对保留值测定方法是，在某一固定相及柱温下，分别测出组分 i 和基准物质 s 的调整保留值，再按上式计算即可。用已求出的相对保留值与文献相应值比较即可定性。通常选容易得到纯品的，而且与被分析组分相近的物质作基准物质，如正丁烷、环己烷、正戊烷、苯、对二甲苯、环己醇、环己酮等。

加入已知物增加峰高法：当未知样品中组分较多，所得色谱峰过密，用上述方法不易辨认时，或仅作未知样品指定项目分析时均可用此法。首先作出未知样品的色谱图，然后在未

知样品中加入某已知物,又得到一个色谱图。峰高增加的组分即可能为这种已知物。

保留指数定性法:保留指数又称为柯瓦(Kováts)指数,它表示物质在固定液上的保留行为,是目前使用最广泛并被国际上公认的定性指标。它具有重现性好、标准统一及温度系数小等优点。保留指数也是一种相对保留值,它是把正构烷烃中某两个组分的调整保留值的对数作为相对的尺度,并假定正构烷烃的保留指数为 $n \times 100$。被测物的保留指数值可用内插法计算。

联机定性:质谱法、红外光谱法、核磁共振波谱法和荧光、紫外光谱法对有机化合物具有较强的定性能力,因此将色谱分析与这些仪器联用,就能发挥各自的长处,很好地解决组成复杂的混合物的定性分析问题。

(2)色谱定量分析。定量分析的任务是求出混合样品中各组分的百分含量。色谱定量的依据是,当操作条件一致时,被测组分的质量(或浓度)与检测器给出的响应信号成正比,即

$$\omega_i = f_i A_i$$

式中:ω_i 为被测组分 i 的质量;A_i 为被测组分 i 的峰面积;f_i 为被测组分 i 的校正因子。可见,进行色谱定量分析时需要:①准确测量检测器的响应信号——峰面积或峰高;②准确求得比例常数——校正因子;③正确选择合适的定量计算方法,将测得的峰面积或峰高换算为组分的百分含量。其中的色谱峰面积、峰高由仪器自动给出。

3. 色谱法分类

1)按流动相的物理状态分类

(1)气相色谱法(gas chromatography,GC):用气体作流动相的色谱法。

(2)液相色谱法(liquid chromatography,LC):用液体作流动相的色谱法。

(3)超临界流体色谱法(SFC):用超临界状态的流体作流动相的色谱法。超临界状态的流体不是一般的气体或流体,而是临界压力和临界温度以上高度压缩的气体,其密度比一般气体大得多而与液体相似,故又称"高密度气相色谱法"。

2)按操作形式分类

(1)柱色谱法(column chromatography):固定相装在柱中,试样沿着一个方向移动而进行分离。包括填充柱色谱法(固定相填充满玻璃管和金属管中)、开管柱色谱法(固定相固定在细管内壁,又称毛细管柱色谱法)。

(2)平板色谱法(planer chromatography):固定相呈平面状的色谱法。包括纸色谱法(以吸附水分的滤纸作固定相)、薄层色谱法(以涂敷在玻璃板上的吸附剂作固定相)。

(3)毛细管电泳(capillary electrophoresis,CE):其分离过程在毛细管内进行,利用组分在电场作用下的迁移速度不同进行分离。

3)按原理分类

(1)吸附色谱法(adsorption chromatography):根据吸附剂表面对不同组分物理吸附能力的强弱差异进行分离的方法,如气-固色谱法、液-固色谱法。

(2)分配色谱法(partition chromatography):根据不同组分在固定相中的溶解能力和在两相间分配系数的差异进行分离的方法,如气-液色谱法、液-液色谱法。

(3)离子交换色谱法(ion exchange chromatography):根据不同组分离子对固定相亲和力的差异进行分离的方法。

(4) 尺寸排阻色谱法(size exclusion chromatography)：又称凝胶色谱法(gel chromatography)，根据不同组分的分子体积大小的差异进行分离的方法。其中，以水溶液作流动相的称为凝胶过滤色谱法，以有机溶剂作流动相的称为凝胶渗透色谱法。

(5) 亲和色谱法（affinity chromatography）：利用不同组分与固定相共价键合的高专属反应进行分离的方法。

4. 常见色谱分离法简介

液相色谱分离法有多种类型，本章简要介绍柱色谱法、纸色谱法和薄层色谱法等。

1) 纸色谱分离法

纸色谱是在滤纸上进行的分离分析方法。滤纸是一种惰性载体，滤纸纤维素中吸附着的水分或其他溶剂，在层析过程中不流动，是固定相；在分离过程中沿着滤纸流动的溶剂或混合溶剂是流动相，也称展开剂。试液点在滤纸上，在分离过程中，利用试液中的混合组分在固定相和流动相中溶解度的差异，即在两相中的分配系数不同而得以分离。纸层析设备简单、操作方便，应用广泛。

例如，为了定性检出氨基蒽醌试样中的各种异构体，用玻璃毛细管吸取试液，把它点在已经处理过的滤纸条的下端离边缘一定距离处，然后把滤纸条悬挂在玻璃制圆筒形的层析缸中，下端浸入由吡啶和水（1∶1）配成的混合溶剂，即展开剂中。由于毛细管作用，展开剂将沿着滤纸条上升，当它经过点着的试液时，试液中的各组分将溶解在展开剂中，随着展开剂沿着滤纸条上升。当它们上升而遇到附着于滤纸条中的固定相时，又可以溶解在固定相中而停留下来。继续上升的流动相又可以把它们溶解并带着它们继续上升；在上升过程中又可以再次溶解在固定相中而停留下来。即在分离过程中，试样中的各种组分在固定相和流动相两相之间不断地进行分配。显然，在流动相中溶解度较小、在固定相中溶解度较大的物质，将沿着滤纸条向上移动较短的距离，停留在纸条的较下端。反之，在流动相中溶解度较大、在固定相中溶解度较小的物质，将沿着滤纸条向上移动较长距离，而停留在滤纸条的较上端。试样中的各组分在两相间不断进行分配，将因发生色谱分离现象而彼此分离。分离经过一定时间后，流动相前缘已接近滤纸条上端时，可以停止色谱分离。取出滤纸条，晾干后，可以清楚地看到滤纸条上有五个色斑。

各个色斑在薄层中的位置一般用相对比移值 R_f 来表示，即

$$R_f = 斑点中心移动的距离/溶剂前沿移动的距离$$

R_f 值与溶质在固定相和流动相间的分配系数有关。在一定分离条件下，R_f 值是一定的。根据 R_f 值可以进行定性分析。由于色谱分离条件对 R_f 值有很大的影响，因此要获得可靠的结果，必须严格控制分离条件。文献上查得的 R_f 值只能供参考，进行定性鉴定时常需用已知试剂做对照实验。

对于纸色谱，多数情况下滤纸不必预先处理，滤纸纤维素中吸附的水分就是固定相，用含水的有机溶剂作为展开剂，试样中各种组分在纤维素中的吸附水和有机溶剂之间进行分配，以达到分离的目的。

有色物质的色谱分离后显示多个斑点。如果分离的是无色物质，则在分离后需要用物理或化学方法处理滤纸，使各斑点显现出来。由于很多有机化合物在紫外光照射下常显现其特有的荧光，因此可在紫外光下观察，用铅笔圈出荧光斑点。或用化学显色法以氨熏、用碘蒸气熏，也常喷以适当的显色剂溶液，使之与各组分反应而显色。

2）柱色谱分离法

色谱柱通常为玻璃柱或塑料柱，其中填充硅胶或氧化铝等吸附剂作为固定相。将试液加到色谱柱上后，待分离组分将被吸附在柱的上端，再用一种洗脱剂从柱上方进行洗脱。洗脱剂又称展开剂，通常为有机溶剂，在柱色谱中作流动相。柱色谱的操作方法一般分为装柱、加样、洗脱与检测等步骤。

（1）装柱。色谱柱的大小规格由待分离样品的量和吸附难易程度来决定。一般柱管的直径为0.5~10cm，长度为直径的10~40倍。填充吸附剂的量为样品质量的20~50倍，柱体高度应占柱管高度的3/4，柱子过于细长或过于粗短都不好。装柱前，柱子应干净、干燥，并垂直固定在铁架台上，将少量洗脱剂注入柱内，取一小团玻璃毛或脱脂棉用溶剂润湿后塞入管中，用一长玻璃棒轻轻送到底部，适当捣压，赶出棉团中的气泡，但不能压得太紧，以免阻碍溶剂畅流（如管子带有筛板，则可省略该步操作）。再在上面加入一层约0.5cm厚的洁净细砂，从对称方向轻轻叩击柱管，使砂面平整。

常用的装柱方法有干装法和湿装法两种。

干装法：在柱内装入2/3溶剂，在管口上放一漏斗，打开活塞，让溶剂慢慢地滴入锥形瓶中，接着把干吸附剂经漏斗以细流状倾泻到管柱内，同时用套在玻璃棒（或铅笔等）上的橡皮塞轻轻敲击管柱，使吸附剂均匀地向下沉降到底部。填充完毕后，用滴管吸取少量溶剂把黏附在管壁上的吸附剂颗粒冲入柱内，继续敲击管子直到柱体不再下沉为止。柱面上再加盖一薄层洁净细砂，把柱面上液层高度降至0.1~1cm，再把收集的溶剂反复循环通过柱体几次，便可得到沉降得较紧密的柱体。

湿装法：该方法与干装法类似，所不同的是，装柱前吸附剂需要预先用溶剂调成淤浆状，在倒入淤浆时，应尽可能连续均匀地一次完成。如果柱子较大，应事先将吸附剂泡在一定量的溶剂中，并充分搅拌后过夜（排除气泡），然后再装。无论是干装法，还是湿装法，装好的色谱柱应是充填均匀，松紧适宜一致，没有气泡和裂缝，否则会造成洗脱剂流动不规则而形成"沟流"，引起色谱带变形，影响分离效果。

（2）加样。将干燥待分离固体样品称量后，溶解于极性尽可能小的溶剂中使之成为浓溶液。将柱内液面降到与柱面相齐时，关闭柱子。用滴管小心沿色谱柱管壁均匀地加到柱顶上。加完后，用少量溶剂把容器和滴管冲洗净并全部加到柱内，再用溶剂把黏附在管壁上的样品溶液淋洗下去。慢慢打开活塞，调整液面和柱面相平为止，关好活塞。如果样品是液体，可直接加样。

（3）洗脱与检测。将选好的洗脱剂沿柱管内壁缓慢地加入柱内，直到充满为止（任何时候都不要冲起柱面覆盖物）。打开活塞，让洗脱剂慢慢流经柱体，洗脱开始。在洗脱过程中，注意随时添加洗脱剂，以保持液面的高度恒定，特别应注意不可使柱面暴露于空气中。在进行大柱洗脱时，可在柱顶上架一个装有洗脱剂的带盖塞的分液漏斗或倒置的长颈烧瓶，让漏斗颈口浸入柱内液面下，这样便可以自动加液。如果采用梯度溶剂分段洗脱，则应从极性最小的洗脱剂开始，依次增加极性，并记录每种溶剂的体积和柱子内滞留的溶剂体积，直到最后一个成分流出为止。洗脱的速度也是影响柱色谱分离效果的一个重要因素。大柱一般调节在每小时流出的体积数（mL）等于柱内吸附剂的质量数（g）。中小型柱一般以1~5滴/s的速度为宜。

洗脱液的收集，对于有色物质，按色带分段收集，两色带之间要另收集，可能两组分有重叠。对无色物质的接收，一般采用分等份连续收集，每份流出液的体积数（mL）等于吸附剂的质量数（g）。若洗脱剂的极性较强，或者各成分结构很相似时，每份收集量就要少一些，具体数额要通过薄层色谱检测视分离情况而定。现在，多数用分步接收器自动控制接收。

洗脱完毕，采用薄层色谱法对各收集液进行鉴定，把含相同组分的收集液合并，除去溶剂，便得到各组分的较纯样品。

柱色谱分离法具有设备简单，容易操作，从洗脱液中获得分离样品量大等特点，虽然费时，并且相对于仪器化的高效液相色谱法而言柱效低，但仍然有较多的应用。对于简单的样品，用此法可直接获得纯物质；对于复杂组分的样品，此法可作为初步分离手段，粗分为几类组分，然后用其他分析手段将各组分进行分离分析。在天然产物的分析中此法常作为除去干扰成分的预处理手段，如页岩油组成的定性测定。页岩油组成复杂，直接分析有困难，需要进行预分离，这时可用柱色谱作为分离手段。用在一定温度下活化的硅胶为吸附剂，和溶剂一起装入柱中。装柱完毕加入页岩油试样，用不同极性的溶剂淋洗。先用非极性的溶剂正己烷淋洗，这时最先流出的是非极性组分脂肪烃类；接着流出的是稍带极性的组分芳香烃类，这两类组分间常因颜色不同可以分别收集。然后以弱极性的甲苯淋洗，这时流出的是极性稍强的组分如杂环类化合物，常常带棕色。最后以强极性溶剂甲醇淋洗，这时流出的是较强极性的酚类等酸性或碱性化合物，一般带棕黑色。流出的各流分间有明显的界线，易于收集。收集后的各流分可用仪器法分析。

3）薄层色谱分离法

薄层层析是在纸色谱法的基础上发展起来的。与纸色谱法比较，它具有速度快、分离清晰、灵敏度高、可以采用各种方法显色等特点，因此近年来发展极为迅速，在制药、农药、染料等工业上的应用日益广泛。

各组分在薄层中移动的距离同样用 R_f 值来表示，在相同条件下，某一组分的 R_f 值是一定的，因此根据 R_f 可以进行定性鉴定。

在薄层层析中，为了获得良好的分离效果，必须选择适当的吸附剂和展开剂。

吸附剂都制成细粉状，一般以 150～250 目较为合适。其吸附能力的强弱往往和所含的水分有关，含水较多，吸附能力就大为减弱，因此需把吸附剂在一定温度下烘焙以驱除水分，进行"活化"。在薄层层析中用得最广泛的吸附剂是氧化铝和硅胶。

氧化铝是一种吸附能力、分离能力较强的吸附剂。层析用的氧化铝按生产条件的不同，又可分为中性、碱性和酸性三种，其中中性氧化铝应用较广。硅胶是一种微带酸性的吸附剂，常用于分离中性和酸性物质。

薄层层析按其分离机理主要可分为两种，即吸附层析和分配层析，两种不同的层析所用的展开剂也不相同。吸附层析是利用试样中各组分对吸附剂吸附能力的不同来进行分离的，一般是用非极性或弱极性展开剂来处理弱极性化合物，如 1-氨基蒽醌。分配层析一般是用极性展开剂处理极性化合物，如蒽醌磺酸薄层层析中的展开剂是用极性溶剂正丁醇、氨水、水按 2∶1∶1 配成的。分配层析是利用试样中各组分在流动相和固定相中溶解度的不同，在两相间不断进行分配而达到分离目的。展开剂是流动相，吸附在吸附剂中的少量水分是固定相。吸附层析展开速度较快，需 10～30min；分配层析往往需 1～2h。吸附层析受温度影响较小，分配层析受温度影响较大。

薄层层析展开操作一般采用上升法。对于组成复杂而难于分离的试样，如一次层析不能使各组分完全分离，可用双向层析法。为此，点试样于薄层的一角，用一种展开剂层析展开，层析完毕待溶剂挥发后，再用另一种展开剂，朝着与原来垂直的方向进行第二次层析。如果前后两种展开剂选择适当,可以使各种组分完全分离。氨基酸及其衍生物的分离,用双向层析法获得了满意的结果。

有色物质经层析展开后呈明显色斑,很易观察。对于无色物质,和纸层析一样,展开后可用化学或物理的方法使之显色。在薄层层析中还可以喷洒强氧化剂(如浓硝酸、浓硫酸等),再将薄层加热,使之碳化呈现色斑。

如果要准确测定试样中某种组分的含量,则在展开后将该组分的斑点连同吸附剂一齐刮下或取下,然后将该组分从吸附剂上洗脱下来,收集洗脱液,进行定量测定。这样的定量测定虽然比较费事,所需点样量也较多,但准确度较高,而且不需要复杂的仪器。采用薄层色谱扫描仪,可在层析板上直接扫描各个斑点,得出积分值并自动记录下来,进行定量测定。这种方法速度快,准确度也不差,只是仪器较为复杂,对薄层板要求也较高。

层析分离法在染料、制药、抗生素、农药等化学工业中的应用发展极为快速,目前已广泛地应用在产品质量检验、反应终点控制、生产工艺选择、未知试样剖析等各方面。此外,它在研究中草药的有效成分、天然化合物的组成,以及药物分析、香精分析、氨基酸及其衍生物的分析等方面应用也很广泛。

5. 色谱法的应用

色谱技术由于具有快速、准确、高效的特点而得到广泛应用。近几年来的有关报道反映了我国色谱理论研究和色谱应用取得了很大成就,如在制药工业、生物化学、石油化工、冶金工业、环保、农药、食品等领域,色谱技术已成为广泛使用的分离和分析手段之一。色谱仪的主要应用领域如下:①石油和石油化工分析,如油气田勘探中的化学分析、原油分析、炼厂气分析、模拟蒸馏、油料分析、单质烃分析、含硫/含氮/含氧化合物分析、汽油添加剂分析、脂肪烃分析、芳烃分析;②环境分析,如大气污染物分析、水分析、土壤分析、固体废弃物分析;③食品分析,如农药残留分析、香精香料分析、添加剂分析、脂肪酸甲酯分析、食品包装材料分析;④药物和临床分析,如雌三醇分析、儿茶酚胺代谢产物分析、尿中孕二醇和孕三醇分析、血浆中睾丸激素分析、血液中乙醇/麻醉剂及氨基酸衍生物分析;⑤农药残留物分析,如有机氯农药残留分析、有机磷农药残留分析、杀虫剂残留分析、除草剂残留分析等;⑥精细化工分析,如添加剂分析、催化剂分析、原材料分析、产品质量控制;⑦聚合物分析,如单体分析、添加剂分析、共聚物组成分析、聚合物结构表征/聚合物中的杂质分析、热稳定性研究。

6. 色谱法的优点和缺点

1) 色谱法的优点

(1) 分离效率高。几十种甚至上百种性质类似的化合物可在同一根色谱柱上得到分离,能解决许多其他分析方法无能为力的复杂样品分析。

(2) 分析速度快。一般而言,色谱法可在几分钟至几十分钟的时间内完成一个复杂样品的分析。

(3) 检测灵敏度高。随着信号处理和检测器制作技术的进步,不经过预浓缩可以直接检测 10^{-9}g 级的微量物质,如采用预浓缩技术,检测下限可以达到纳克数量级。

(4) 样品用量少。一次分析通常只需数纳升至数微升的溶液样品。

(5) 选择性好。通过选择合适的分离模式和检测方法,可以只分离或检测感兴趣的部分物质。

(6) 多组分同时分析。在很短的时间内(20min 左右),可以实现几十种成分的同时分离与定量。

(7) 易于自动化。现在的色谱仪器已经可以实现从进样到数据处理的全自动化操作。

2) 色谱法的缺点

定性能力较差。为克服这一缺点,已经发展起来了色谱法与其他多种具有定性能力的分析技术的联用,如色谱-红外光谱联用、色谱-质谱联用等方法。

6.3.5 毛细管电泳

毛细管电泳技术(capillary electrophoresis,CE)又称高效毛细管电泳(HPCE)或毛细管分离法(CESM),是在电泳技术的基础上发展的一种分离技术(图 6-3)。电泳作为一种技术出现已有近百年的历史,但真正被视为一种在生物化学中有重要意义的技术是在 1937 年由蒂塞利乌斯首先提出。传统电泳最大的局限是难以克服由高电压引起的焦耳热,1967 年赫腾最先提出在直径为 3mm 的毛细管中作自由溶液的毛细管区带电泳(capillary zone electrophoresis,CZE),但它没有完全克服传统电泳的弊端。现在所说的毛细管电泳技术是由乔根森和卢卡奇在 1981 年首先提出,他们使用了 75mm 的毛细管柱,用荧光检测器对多种组分实现了分离。1984 年寺边将胶束引入毛细管电泳,开创了毛细管电泳的重要分支:胶束电动毛细管色谱(MEKC)。1987 年赫腾等把传统的等电聚焦过程转移到毛细管内进行。同年,科恩发表了毛细管凝胶电泳的工作。近年来,将液相色谱的固定相引入毛细管电泳中,又发展了电色谱,扩大了电泳的应用范围。

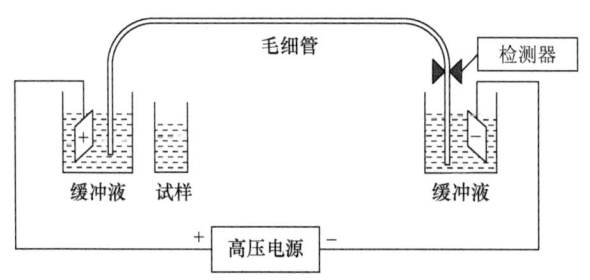

图 6-3 毛细管电泳仪结构简图

当电泳从凝胶板上移到毛细管中以后,发生了奇迹般的变化:分析灵敏度提高到能检测一个碱基的变化,分离效率达百万理论塔片数;分析片段能大能小,小到分辨单个核苷酸的序列,大到分离 Mb 到 DNA;分析时间由原来的以小时计算缩减到以分、秒计算。毛细管电泳技术可以说是经典电泳技术与现代微柱分离技术完美结合的产物。它使分析科学得以从微升水平进入纳升水平,并使单细胞分析乃至单分子分析成为可能。长期困扰人们的生物大分子如蛋白质的分离分析也因此有了新的转机。

毛细管电泳技术是一类以毛细管为分离通道、以高压直流电场为驱动力,根据样品中各组分之间迁移速度和分配行为上的差异而实现分离的一类液相分离技术,迅速发展于 20 世纪 80 年代中后期,它实际上包含电泳技术和色谱技术及其交叉内容,是分析科学中继高效液相色谱之后的又一重大进展,是近几年来分析化学中发展最为迅速的领域之一。毛细管电泳分离原理见图 6-4。

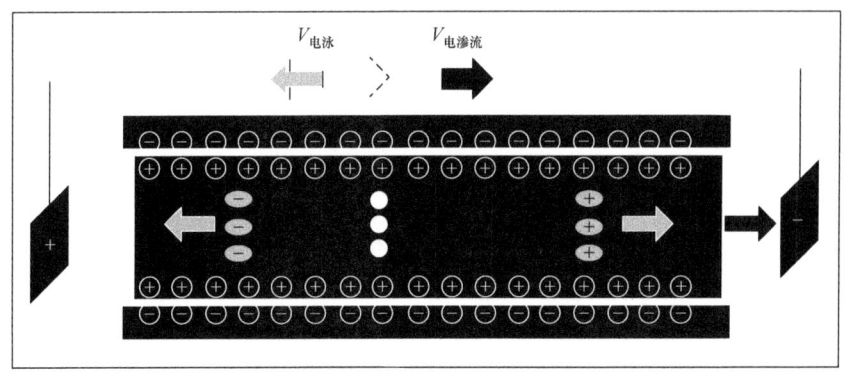

图 6-4 毛细管电泳分离原理简图

毛细管电泳技术的基本原理是根据在电场作用下离子迁移的速度不同而对组分进行分离和分析,以两个电解槽和与之相连的内径为 20~100μm 的毛细管为工具,毛细管电泳所用的石英毛细管柱在 pH>3 的情况下其内表面带负电,和缓冲液接触时形成双电层,在高压电场的作用下,形成双电层一侧的缓冲液由于带正电荷而向负极方向移动形成电渗流。同时,在缓冲液中,带电粒子在电场的作用下以不同的速度向其所带电荷极性相反方向移动,形成电泳,电泳流速即电泳淌度。在高压电场的作用下,根据在缓冲液中各组分之间迁移速度和分配行为上的差异,带正电荷的分子、中性分子和带负电荷的分子依次流出,带电粒子在毛细管缓冲液中的迁移速度等于电泳淌度和电渗流的矢量和,各种粒子由所带电荷多少、质量、体积以及形状不同等因素引起迁移速度不同而实现分离;在毛细管靠负极的一端开一个视窗,可用各种检测器。目前已有多种灵敏度很高的检测器为毛细管电泳提供质量保证,如紫外检测器(UV)、激光诱导荧光检测器(LIF)、能提供三维图谱的光电二极管阵列检测器(DAD)以及电化学检测器(ECD)。由于毛细管的管径细小、散热快,即使是高的电场和温度,都不会像常规凝胶电泳那样使胶变性,影响分辨率。

毛细管电泳技术的分离模式和检测模式的发展同样也是多方面的,经典的分离模式有毛细管区带电泳、毛细管胶束电动色谱、毛细管凝胶电泳等;新方法的发展研究难度大,但近年来有不小的进展,其中建立新的分离模式和联用技术最为突出。例如,建立了阵列毛细管电泳(CAE)、亲和毛细管电泳技术(ACE)、芯片毛细管电泳(CCE)、非水毛细管电泳(NACE);国外已开始探索利用 CE 对 PCR 产物做 DNA 单链构象多态性(single strand conformation polymorphism, SSCP)分析筛查点突变。毛细管电泳技术发展迅速,是色谱最活跃的领域之一。毛细管电泳技术分离模式主要有以下几种。

(1)毛细管区带电泳(capillary zone electrophoresis,CZE)用以分析带电溶质。为了降低电渗流和吸附现象,可将毛细管内壁涂层。CZE 是最基本也是最常见的一种操作模式,应用范围最广,可用于多种蛋白质、肽、氨基酸的分析。

(2)胶束电动毛细管色谱(micellar electrokinetic capillary chromatography,MECC)在缓冲液中加入离子型表面活性剂如十二烷基硫酸钠,形成胶束,被分离物质在水和胶束相(准固定相)之间发生分配并随电渗流在毛细管内迁移,达到分离。MECC 是唯一一种既能用于中性物质的分离,又能分离带电组分的 CE 模式。

(3)毛细管凝胶电泳(capillary gel electrophoresis,CGE)在毛细管中装入单体,引发聚合形成凝胶。CGE 分凝胶和无胶筛分两类,主要用于 DNA、RNA 片段分离和顺序分析,PCR 产物分析以及蛋白质等大分子化合物的检测。

（4）亲和毛细管电泳，在毛细管内壁涂布或在凝胶中加入亲和配基，根据亲和力的不同达到分离。可用于研究抗原-抗体或配体-受体等特异性相互作用。

（5）毛细管电色谱（capillary electrochromatography，CEC），是将高效液相色谱（HPLC）的固定相填充到毛细管中，或在毛细管内壁涂布固定相，以电渗流为流动相驱动力的色谱过程。此模式兼具电泳和液相色谱的模式。

（6）毛细管等电聚焦（capillary isoelectric focusing，CIEF）是通过内壁涂层使电渗流减到最小，在两个电极槽分别装酸和碱，加高电压后，在毛细管内壁建立 pH 梯度，溶质在毛细管中迁移至各自的等电点，形成明显区带。聚焦后，用压力或改变检测器末端电极槽储液的 pH 使溶质通过检测器。CIEF 已经成功用于测定蛋白质等电点、分离异构体等方面。

（7）毛细管等速电泳（capillary isotachophoresis，CITP）采用先导电解质和后继电解质，使溶质按其电泳淌度不同得以分离。

（8）CE/MS 联用，CE 的高效分离与 MS 的高鉴定能力结合，成为微量生物样品尤其是多肽、蛋白质分离分析的强有力工具。其可提供相对分子质量及结构信息，适于目标化合物分析或窄质量范围内扫描分析，如多环芳烃（PAH）、寡聚核苷酸分析等。

毛细管电泳技术兼有高压电泳及高效液相色谱等优点，其突出特点是：①所需样品量少、仪器简单、操作简便；②分析速度快，分离效率高，分辨率高，灵敏度高；③操作模式多，开发分析方法容易；④实验成本低，消耗少；⑤应用范围极广。

毛细管电泳技术可检测多种样品，如血清、血浆、尿样、脑脊液、红细胞、体液或组织及其实验动物活体实验；且可分离分析多种组分，如核酸/核苷酸、蛋白质/多肽/氨基酸、糖类/糖蛋白、酶、碱氨基酸、微量元素、小的生物活性分子等的快速分析，以及 DNA 序列分析和 DNA 合成中产物纯度测定等，甚至可用于碱性药物分子及其代谢产物、无机及有机离子/有机酸、单细胞分析、药物与细胞的相互作用和病毒的分析，如在缓冲液中加入表面活性剂则可用于手性分离中性化合物。

毛细管电泳技术不仅在基础科学中得到广泛应用，在临床医学等领域也有较多应用，如临床疾病诊断、临床蛋白分析、临床药物监测、代谢研究、病理研究、同工酶分析、PCR 产物分析、DNA 片段及序列分析等。随着人类基因组计划的实施，人类基因组计划的完成比预期时间一再提前，很大程度应归功于毛细管电泳技术能够进行大规模基因组测序。但是人类基因组图谱并没有告诉我们所有基因的"身份"以及它们所编码的蛋白质。人体内真正发挥作用的是蛋白质，蛋白质扮演着构筑生命大厦的"砖块"角色，其中可能藏着开发疾病诊断方法和新药的"钥匙"。"后基因时代"——一个以"蛋白质组"为重点的生命科学的新时代的到来，需要对蛋白质进行更多的研究，毛细管电泳技术将发挥更大的作用。在医学研究中毛细管电泳技术越来越受到重视，但其临床应用尚属起步阶段，相信随着毛细管电泳技术的不断发展和完善，其将在临床研究和基础研究领域发挥更重要的作用。

6.3.6 新型萃取分离方法简介

1. 固相微萃取分离法

固相微萃取分离法是 20 世纪 90 年代初由加拿大 Waterloo 大学 Paw Linszyn 及其合作者 Arthur 等提出的试样预分离富集方法。其原理主要针对有机物进行分析，根据有机物与溶剂之间"相似者相溶"的原则，利用纤维（一般为石英材质）表面的涂层对分析组分的吸附作用，将组分从试样基质中萃取出来，并逐渐富集，完成试样前处理过程。在进样过程中，利用气相色谱进样口的高温；液相色谱、毛细管电泳的流动相将吸附的组分从涂层中解吸下来，由色谱仪进行分析。

固相微萃取方式的选择主要与待测物的挥发性、基质和探针涂层的性质有关。一般情况下固相微萃取有两种不同的萃取方式：顶空萃取（把萃取头置于待分析物样品的上部空间进行萃取的方法，这种方法适于被分析物容易逸出样品进入上部空间的挥发性分析物）和直接萃取（将固相微萃取的纤维头直接浸入水相或暴露于气体中进行萃取的方法）。对挥发性特别强的样品，可采用顶空萃取；对于半挥发性和不挥发性样品来说，应采用直接萃取。

影响固相微萃取效率的因素很多，主要是对干扰分析物吸附和解吸的因素进行优化。影响分析物吸附的主要参数有纤维表面涂层类型、萃取时间、离子强度、pH、温度、样本体积和搅拌速度等。

固相微萃取具有以下优点：

（1）固相微萃取无需将待测物全部分离出来，而是通过样品与固相涂层之间的平衡来达到分离的目的。

（2）固相微萃取优于固相萃取的特点是溶质传递快，避免了堵塞，能够大幅度地降低空白值，缩短分析时间，操作步骤简单，只有样品在涂层和样品之间的分配作用以及浓缩分析物的脱附作用，同时固相微萃取不需要溶剂。

（3）固相微萃取容易自动化以及与其他分析技术联用，不仅可与气相联用，还能与高效液相色谱相连，扩大了固相微萃取技术在分析化学领域的应用范围。

（4）固相微萃取无须使用有机溶剂，易于实现自动化，特别适合于在野外采样。

（5）固相微萃取技术操作简单、分析时间短、样品用量小、重现性好。

（6）固相微萃取可以萃取挥发性样品，如顶空固相微萃取法；又可处理挥发性低的样品，而且设备小巧，不需额外面积与空间。

2. 超临界流体萃取分离法

超临界流体萃取（supercritical fluid extraction，SFE）是 20 世纪 70 年代末发展起来的一种新型物质分离、精制技术，已应用到生物技术、环境污染治理技术等高新技术领域，而且在石油工业、食品工业、化妆品香料工业、合成工业等领域中均得到了不同程度的应用。

纯净物质根据温度和压力的不同，呈现出液体、气体、固体等状态变化，如果提高温度和压力来观察状态的变化，那么会发现达到特定的温度、压力时，会出现液体与气体界面消失的现象，该点被称为临界点。通常气体的临界温度（T_c）是指其能被液化的最高温度，而临界压力（p_c）是指在临界温度下气体被液化的最低压力。在临界温度下增加压力使其超过 p_c 时，流体的某些性质（如溶解特性）常接近于液体，而其他某些性质（如传递特性）则接近于气体，即流体性质介于气体和液体之间，将这种状态的流体称为超临界流体。

由于液体与气体分界消失，超临界流体是即使提高压力也不液化的非凝聚性气体。超临界流体具有十分独特的物理化学性质，它的密度接近于液体，黏度接近于气体，扩散系数大、黏度小、介电常数大，扩散度接近于气体。另外，根据压力和温度的不同，这种物性会发生变化，因此，在提取、精制、反应等方面，超临界流体越来越多地被用来作代替原有有机溶媒的新型溶媒使用，分离效果较好，是很好的溶剂。

超临界流体的密度和溶剂化能力接近液体，黏度和扩散系数接近气体，在临界点附近流体的物理化学性质随温度和压力的变化极其敏感。超临界流体萃取技术是指在不改变化学组成的条件下，利用超临界流体的溶解能力与其密度的关系，即利用压力和温度对超临界流体溶解能力的影响而进行萃取分离的提纯方法。以气体萃取介质为例，当气体处于超临界状态时，可先将气体与待分离物质充分接触，然后让气体选择某一种需要分离的组分如极性大小、沸点高低和相对分子质量大小不同的成分对其进行萃取，之后利用减压、升温的方法，气体就由超临界状态变成普通气体，再经压缩后返回萃取器进行循环利用，而留下萃取后的组分，使其析出，这样就达到了萃取分离提纯的目的。

在诸多超临界流体萃取剂中使用最广的是 CO_2，综合起来有如下原因：

（1）临界温度和临界压力低（T_c=31.1℃，p_c=7.38MPa），操作条件温和，对有效成分的破坏少，因此特别适合于处理高沸点热敏性物质，如香精、香料、油脂、维生素等。

（2）CO_2 可看作与水相似的无毒、廉价的有机溶剂。

（3）CO_2 在使用过程中稳定、无毒、不燃烧、安全、不污染环境，且可避免产品的氧化。

（4）CO_2 的萃取物中不含硝酸盐和有害的重金属，并且无有害溶剂残留。

（5）在超临界 CO_2 萃取时，被萃取的物质通过降低压力或升高温度即可析出，不必经过反复萃取操作，萃取流程简单。

综上，超临界 CO_2 萃取特别适合于对生物、食品、化妆品和药物等的提取和纯化。但是由于 CO_2 是非极性溶剂，对于非极性、弱极性的目标组分的溶解度较大。对于中等极性、极性的物质来所说，一般要加入能改善其在 CO_2 中的溶解度的极性溶剂——改性剂。改性剂的加入还能降低操作温度和压力、缩短萃取时间。适宜的改性剂其分子结构上应该既有亲脂基团，又有亲 CO_2 基团。改性剂改性作用可以从分子间相互作用得到解释。另外，改性剂还起到与待萃物争夺基体活性点的作用，使被萃物与基体的键合力减弱，从而更易被萃取出来。目前比较常用的改性剂有甲醇、丙酮、乙醇、乙酸乙酯等，其中甲醇是使用最为广泛的改性剂之一。衍生化试剂可降低被萃物的极性，多用于酚和离子化合物的萃取。需要指出的是，改性剂的作用是有限的，它在改善超临界流体的溶解性的同时，也会削弱萃取系统的捕获作用，导致共萃物增加，还可能干扰分析测定，因此其用量要尽可能小。

夹带剂在超临界 CO_2 微乳液萃取技术中也起着非常重要的作用。超临界 CO_2 微乳液是由合适的表面活性剂（SAA）溶解于 SC-CO_2 中形成的。由于 SC-CO_2 对大多数 SAA 的溶解力是有限的，超临界 CO_2 微乳液的形成过程比较困难。加入夹带剂（多为含 3~6 个碳原子的醇）不仅可以增加 SAA 在 SC-CO_2 中的溶解度，同时还可以作为助表面活性剂有利于超临界 CO_2 微乳液的形成。超临界 CO_2 微乳液萃取技术在生物活性物质和金属离子萃取方面取得了很大的成就，有着非常广阔的发展前景。

夹带剂的引入给了超临界 CO_2 萃取技术更广阔的应用，同时也带来了两个负面影响：一是夹带剂的使用增加了从萃取物中分离回收夹带剂的难度；二是由于使用了夹带剂，一些萃取物中有夹带剂的残留，这就失去了超临界 CO_2 萃取没有溶剂残留的优点，工业上也增加了设计、研制和运行工艺方面的困难。由于对不同的萃取物、不同的萃取体系，夹带剂的种类、用量和作用都会有所不同，因此开发新型、容易与产物分离、无害的夹带剂，研究其作用机理乃是今后研究的方向之一。

超临界流体 CO_2 萃取与化学法萃取相比有以下突出的优点：

(1) 可以在接近室温（35～40℃）及 CO_2 气体笼罩下进行提取，有效地防止了热敏性物质的氧化和逸散。因此，在萃取物中保持着药用植物的全部成分，而且能把高沸点、低挥发度、易热解的物质在其沸点温度以下萃取出来。

(2) 使用 SFE 是最干净的提取方法，由于全过程不用有机溶剂，因此萃取物绝无残留溶媒，同时防止了提取过程对人体的毒害和对环境的污染，是纯天然的。

(3) 萃取和分离合二为一，当饱含溶解物的 CO_2-SCF 流经分离器时，由于压力下降 CO_2 与萃取物迅速成为两相（气液分离）而立即分开，萃取效率高，而且能耗较少，节约成本。

(4) CO_2 是一种不活泼的气体，萃取过程不发生化学反应，且属于不燃性气体，无味、无臭、无毒，故安全性好。

(5) CO_2 价格便宜，纯度高，容易取得，可在生产过程中循环使用，从而降低成本。

(6) 压力和温度都可以成为调节萃取过程的参数，可通过改变温度或压力达到萃取目的。压力固定，改变温度可将物质分离；反之温度固定，降低压力使萃取物分离。因此，工艺简单易掌握，而且萃取速度快。

但是，SFE 也存在缺陷：萃取率低、选择性不够高。

3. 液膜萃取分离法

液膜萃取是以液膜为分离介质、以浓度差为推动力的膜分离操作。液膜萃取与液液萃取虽然机理不同，但都属于液液系统的传质分离过程。液膜萃取也称液膜分离。水溶液组分的萃取分离通常需经萃取和反萃取两步操作，才能将被萃组分通过萃取剂转移到反萃液中。液膜萃取系统的外相、膜相和内相，分别对应于萃取系统的料液、萃取剂和反萃剂。液膜萃取时三相共存，使相当于萃取和反萃取的操作在同一装置中进行，而且相当于萃取剂的接收液用量很少。

液膜是悬浮在液体中很薄的一层乳液微粒。它能把两个组成不同而又互溶的溶液隔开，并通过渗透现象起到分离的作用。乳液微粒通常是由溶剂（水和有机溶剂）、表面活性剂和添加剂制成的。溶剂构成膜基体；表面活性剂起乳化作用，它含有亲水基和疏水基，可以促进液膜传质速度并提高其选择性；添加剂用于控制膜的稳定性和渗透性。

液膜分离涉及三种液体：通常将含有被分离组分的料液作连续相，称为外相；接收被分离组分的液体，称为内相；成膜的液体处于两者之间，称为膜相。三者组成液膜分离体系。

在液膜分离过程中，被分离组分从外相进入膜相，再转入内相，浓集于内相。如果工艺过程有特殊要求，也可将料液作为内相，接收液作为外相。这时被分离组分的传递方向，则从内相进入外相。

当液膜为水溶液时（水型液膜），其两侧的液体为有机溶剂；当液膜由有机溶剂构成时（油型液膜），其两侧的液体为水溶液。液膜萃取可同时实现萃取和反萃取，这是液膜萃取法的主要优点之一，对于简化分离过程、提高分离速度、降低设备投资和操作成本是非常有利的。

4. 微波辅助萃取分离法

微波辅助萃取（MAE）是根据不同物质吸收微波能力的差异使得基体物质的某些区域或萃取体系中的某些组分被选择性加热，从而使得被萃取物质从基体或体系中分离，进入到介电常数较小、微波吸收能力相对差的萃取剂中，达到提取的目的。

1）微波辅助萃取的机理

微波是一种频率在300MHZ～300GHZ的电磁波，它具有波动性、高频性、热特性和非热特性四大基本特性。常用的微波频率为2450MHZ。微波加热是利用被加热物质的极性分子（如H_2O、CH_2Cl_2等）在微波电磁场中快速转向及定向排列，从而产生撕裂和相互摩擦而发热。传统加热法的热传递公式为：热源→器皿→样品，因而能量传递效率受到了制约。微波加热则是能量直接作用于被加热物质，其模式为：热源→样品→器皿。空气及容器对微波基本上不吸收和反射，这从根本上保证了能量的快速传导和充分利用。

2）微波辅助萃取的特点

微波辅助萃取具有一定的选择性，因其对极性分子的选择性加热而对其选择性溶出。

微波辅助萃取大大降低了萃取时间，提高了萃取速度，传统方法需要几小时至十几小时，超声提取法也需半小时到一小时，微波提取只需几秒到几分钟，提取速率提高了几十至几百倍，甚至几千倍。

微波辅助萃取由于受溶剂亲和力的限制较小，可供选择的溶剂较多，同时减少了溶剂的用量。

5. 加速溶剂萃取

复杂样品的前处理常常是现代分析方法的薄弱环节，以往人们做了多种尝试以期找到一种高效、快捷的方法以取代传统的萃取法，如自动索氏萃取、微波消解、超声萃取和超临界萃取等。值得注意的是，以上各法无论是自动索氏萃取，还是超临界流体萃取等，都有一个共同点，即与温度有关。在萃取过程中，通过适当提高温度，可以获得较好的结果。例如，在自动索氏萃取中，由于萃取时是将样品浸入沸腾的溶剂之中，因此，其萃取速度和效率较常规索氏萃取法快且溶剂用量少。超临界流体萃取可通过提高萃取时的温度使其回收率得到改善。而微波萃取则是利用一种可以施加压力的容器，将溶剂加热到其沸点之上，来提高其萃取的效率。

虽然以上各法与经典的索氏法相比已有了很大的进步，但有机溶剂的用量仍然偏多，萃取时间较长，萃取效率还不够高。

20世纪末，里克特等介绍了一种全新的称为加速溶剂萃取（ASE）的方法。该法是一种在提高温度和压力的条件下，用有机溶剂萃取的自动化方法。与前几种方法相比，其突出的优点是有机溶剂用量少、快速、回收率高。该法已被美国环保局选定为推荐的标准方法（标准方法编号3545）。

1）加速溶剂萃取的原理

加速溶剂萃取是在提高的温度（50～200℃）和压力（1000～3000psi或10.3～20.6MPa）下用溶剂萃取固体或半固体样品的新颖样品前处理方法。

（1）在提高的温度下萃取。提高温度使溶剂溶解待测物的容量增加。当温度从50℃升高至150℃后，蒽的溶解度提高了约15倍；烃类的溶解度，如正二十烷，可以增加数百倍。水在有机溶剂中的溶解度随着温度的增加而增加。在低温低压下，溶剂易从"水封微孔"中被排斥出来，然而当温度升高时，由于水的溶解度增加，有利于这些微孔的可利用性。在提高的温度下能极大地减弱由范德华力、氢键、溶质分子和样品基体活性位置的偶极吸引力所引起的溶质与基体之间的强相互作用力，加速溶质分子的解吸动力学过程，减小解吸过程所需的活化能，降低溶剂的黏度，因而减小溶剂进入样品基体的阻滞，增加溶剂进入样品基体的扩散，已报道温度从 25℃增至 150℃，其扩散系数增加 2～10 倍，降低溶剂和样品基体之间的表面张力，溶剂更好地浸润样品基体，有利于被萃取物与溶剂的接触。

（2）在加压下萃取。液体的沸点一般随压力的升高而提高。例如，丙酮在常压下的沸点为 56.3℃，而在 5 个大气压下，其沸点高于 100℃。液体对溶质的溶解能力远大于气体对溶质的溶解能力。因此欲在提高的温度下仍保持溶剂在液态，则需增加压力。另外，在加压下可将溶剂迅速加到萃取池和收集瓶。

2）加速溶剂萃取仪器

加速溶剂萃取仪由溶剂瓶、泵、气路、加温炉、不锈钢萃取池和收集瓶等构成。其工作程序是手工将样品装入萃取池，放到圆盘式传送装置上，以下步骤将完全自动进行：圆盘传送装置将萃取池送入加热炉腔并与相对编号的收集瓶连接，泵将溶剂输送到萃取池（20～60s），萃取池在加热炉被加温和加压（5～8min），在设定的温度和压力下静态萃取 5min，多步小量向萃取池加入清洗溶剂（20～60s），萃取液自动经过滤膜进入收集瓶，用氮气吹洗萃取池和管道（60～100s），萃取液全部进入收集瓶待分析。全过程仅需 13～17min。溶剂瓶由 4 个组成，每个瓶可装入不同的溶剂，可选用不同溶剂先后萃取相同的样品，也可用同一溶剂萃取不同的样品。可同时装入 24 个萃取池和 26 个收集瓶。ASE200 型萃取仪的萃取池体积可从 11mL 到 33mL。ASE300 型萃取仪的萃取池体积可选用 33mL、66mL 和 100mL。

3）加速溶剂萃取的优点

与索氏提取、超声萃取、微波萃取、超临界萃取和经典的分液漏斗振摇等公认的成熟方法相比，加速溶剂萃取的突出优点如下：有机溶剂用量少，10g 样品一般仅需 15mL 溶剂；快速，完成一次萃取全过程的时间一般仅需 15min；基体影响小，对不同基体可用相同的萃取条件；萃取效率高，选择性好。现已成熟的用溶剂萃取的方法都可用加速溶剂萃取法做，且使用方便、安全性好、自动化程度高。

4）加速溶剂萃取的应用

尽管加速溶剂萃取是近年才发展的新技术，但由于其突出的优点，已受到分析化学界的极大关注。加速溶剂萃取已在环境、药物、食品和聚合物工业等领域得到广泛应用。特别是环境分析中，已广泛用于土壤、污泥、沉积物、大气颗粒物、粉尘、动植物组织、蔬菜和水果等样品中的多氯联苯、多环芳烃、有机磷（或氯）、苯氧基除草剂、三嗪除草剂、柴油、总石油烃、二噁英、呋喃、炸药（TNT、RDX、HMX）等的萃取。

6. 双水相萃取

双水相萃取依据的是物质在两相间的选择性分配。当物质进入双水相体系后，由于表面性质、电荷作用和各种力（如憎水键、氢键和离子键等）的存在及环境的影响，其在上、下相中的浓度不同。对于某一物质，只要选择合适的双水相体系，控制一定的条件，就可以得到合适的分配系数，从而达到分离纯化的目的。将两种不同的水溶性聚合物的水溶液混合时，当聚合物浓度达到一定值，体系会自然分成互不相溶的两相，这就是双水相体系。双水相体系的形成主要是由于高聚物之间的不相溶性，即高聚物分子的空间阻碍作用，相互无法渗透，不能形成均一相，从而具有分离倾向，在一定条件下即可分为两相。一般认为，只要两聚合物水溶液的憎水程度有所差异，混合时就可发生相分离，且憎水程度相差越大，相分离的倾向也就越大。

双水相萃取由两种互不相溶的高分子溶液或者互不相溶的盐溶液和高分子溶液组成。最常见的是聚乙二醇（PEG）/葡聚糖和 PEG/无机盐（硫酸盐、磷酸盐等）体系，其次是聚合物/低相对分子质量组分、离子液体体系和高分子电解质/高分子表面活性剂体系。此外，还有被称为智能聚合物的双水相体系。智能聚合物又称刺激-响应型聚合物（stimulus-responsive polymers）或环境敏感聚合物（environmentally-sensitive polymers），是一种功能高分子材料，当外界环境（如温度、pH、离子强度、外加试剂、光、电或磁场等）发生微小变化时就可使成相聚合物与溶质分离。智能聚合物双水相体系有：温度敏感型双水相体系、酸度敏感型双水相体系、光响应型双水相体系、亲和功能双水相体系。

双水相萃取技术设备简单，在温和条件下进行简单操作就可获得较高的收率和纯度。与一些传统的分离方法相比，双水相萃取技术具有以下特点：①整个体系的含水量高（70%～90%），萃取是在接近生物物质生理环境的条件下进行，不会引起生物活性物质失活或变性。②单级分离提纯效率高。通过选择适当的双水相体系，一般可获得较大的分配系数，也可调节被分离组分在两相中的分配系数，使目标产物有较高的收率。③传质速率快，分相时间短。双水相体系中两相的含水量一般都在 80%左右，界面张力远低于水-有机溶剂两相体系，故传质过程和平衡过程快速。④操作条件温和，所需设备简单。整个操作过程在室温下进行，相分离过程非常温和，分相时间短。大量杂质能与所有固体物质一起去掉，大大简化分离操作过程。⑤过程易于放大和进行连续化操作。双水相萃取易于放大，各种参数可以按比例放大而产物收率并不降低，易于与后续提纯工序直接连接，无需进行特殊处理，这对于工业生产来说尤其有利。⑥不存在有机溶剂残留问题，高聚物一般是不挥发性物质，因而操作环境对人体无害。⑦双水相萃取处理容量大，能耗低。主要成本消耗在聚合物的使用上，而聚合物可以循环使用，因此可以降低操作成本。

7. 反胶束萃取

20 世纪 70 年代，瑞士的路易西等首次提出了用反胶束方法萃取蛋白质。反胶束是表面活性剂在有机溶剂中自发形成的纳米尺度的一种聚集体。反胶束是分散于连续有机相中的、由表面活性剂所稳定的纳米尺度的聚集体。通常表面活性剂分子由亲水憎油的极性头和亲油憎水的尾部组成。将表面活性剂溶于水中，并使其浓度超过临界胶束浓度（CMC）则会形成聚集体。反胶束萃取技术（reversed micelles extraction）是利用表面活性剂在有机溶剂中自发形成一种纳米级的反胶束相来萃取水溶液中的大分子蛋白质。

从宏观上看，反胶团萃取是有机相-水相间的分配萃取，和普通的液液萃取在操作上具有相同特征。微观上，是从主体水相向溶解于有机溶剂相中的反胶团微水相中的分配萃取。从原理上，可当作"液膜"分离操作的一种。

在胶束中，表面活性剂的排列方向是极性基团在外与水接触，非极性基团在内，形成一个非极性的核心，在此核心可以溶解非极性物质。表面活性剂的极性头朝外，疏水的尾部朝内，中间形成非极性的"核"。若将表面活性剂溶于非极性的有机溶剂中，并使其浓度超过临界胶束浓度，便会在有机溶剂内形成聚集体，这种聚集体称为反胶束。在反胶束中，表面活性剂的非极性基团在外与非极性的有机溶剂接触，而极性基团则排列在内形成一个极性核。此极性核具有溶解极性物质的能力，极性核溶解水后，就形成了"水池"。表面活性剂的极性头朝内，疏水的尾部向外，中间形成极性的"核"。

表面活性剂是胶体和界面化学中一类重要的有机化合物，这类化合物由非极性的"尾基"和极性的"头基"两部分组成。常用表面活性剂有：①阴离子型表面活性剂；②阳离子型表面活性剂；③非离子型表面活性剂。在反胶团萃取蛋白质中使用最多的是阴离子型表面活性剂双（2-乙基己基）琥珀酸酯磺酸钠（AOT），AOT 容易获得，具有双链，形成反胶团时无需添加辅助表面活性剂且有较好的强度；它的极性基团较小，所形成的反胶团空间较大，有利于生物大分子进入。

反胶束萃取技术在分离生物大分子特别是分离蛋白质方面具有突出优点：

（1）有很高的萃取率和反萃取率，并具有选择性。

（2）分离、浓缩可同时进行，过程简便。

（3）能解决蛋白质（如胞内酶）在非细胞环境中迅速失活的问题。

（4）由于构成反胶团的表面活性剂往往具有细胞破壁功效，因而可直接从完整细胞中提取具有活性的蛋白质和酶。

（5）反胶团萃取技术的成本低，溶剂可反复使用等。

8. 亚临界萃取技术

物质的亚临界状态是相对于临界状态和超临界状态的一种形态。溶剂物质的温度高于其沸点时，以气态存在，对其施以一定的压力压缩使其液化，在此状态下利用其相似相溶的物理性质，用作物质萃取的溶剂为亚临界萃取溶剂，其萃取工艺称为亚临界萃取工艺。适合于亚临界萃取的溶剂沸点都低于我们周围的环境温度，一般沸点在 0℃ 以下，20℃ 时的液化压力在 0.8MPa 以下，因此该技术常称为亚临界低温萃取技术。

亚临界萃取的工艺原理：在常温和一定压力下，以液化的亚临界溶剂对物料进行逆流萃取，萃取液（液相）在常温下减压蒸发，使溶剂气化，与萃取出的目标成分分离，得到液相的产品；被萃取过的物料（固相）在常温下减压蒸发出其中吸附的溶剂，得到另一产品。气化的溶剂被再压缩液化后循环使用。整个萃取过程可以在室温或更低的温度下进行，所以不会对物料中的热敏性成分造成损害，这是亚临界萃取工艺的最大优点。溶剂从物料中气化时，需要吸收热量（气化潜热），所以，蒸发脱溶时要向物料中补充热量。溶剂气体被压缩液化时，会放出热量（液化潜热），工艺中大部分热量可以通过溶剂气化与液化的热交换获取以达到节能的目的，理论计算证明，经过充分热交换，萃取液的溶剂蒸发所需的能量（压缩机能量）只有以蒸汽为能源蒸发常规溶剂的 1/11。

亚临界萃取工艺具有以下优点：

（1）产品中溶剂残留少。目前国内外大规模生产食用油所用的己烷萃取溶剂在油和粕中残留的分别为 50ppm（1ppm 为 10^{-6}）和 700ppm，而丁烷在油和粕中残留分别为 1ppm 和 100ppm。

（2）不会对物料中的热敏性成分造成损害，尤其适用于植物色素提取、药材成分提取、羊毛脱脂等。

（3）节能，萃取液蒸发耗能少，脱溶过程不必对物料加热。

（4）相对于超临界提取技术，已实现大规模生产，投资少，生产成本低。

阅 读 材 料

宇航员在国际空间站工作动辄三个月甚至半年以上，他们如何解决饮水问题呢？需要通过太空船运载吗？答案是否定的。太空船有限的空间是不会装载大量的饮用水升空的。这些太空人解决饮水问题主要靠一种神奇的技术——反渗透膜处理技术。在太空舱里，宇航员把自身的尿液及其他废弃水回收起来，通过反渗透膜处理装置将其处理为纯水，再循环使用，以解决用水问题，这些太空人的饮水是绝对安全的，这是因为反渗透膜处理技术能够有效地去除水中的溶解盐类、胶体、微生物、有机物等（去除率高达97%~98%），细菌、病菌、重金属等肉眼看不到的有害物质都被排除在膜外。曾经在一段时间内，人们将该技术制造出来的纯水形象地称为"太空水"。

什么是反渗透？反渗透膜处理技术如何制备纯水呢？有许多人造的或天然的膜对于物质的透过有选择性。例如，亚铁氰化铜膜只允许水而不允许水中的糖透过；有些动物膜如膀胱等，可以使水透过，却不能使摩尔质量高的溶质或胶体粒子透过。这类膜称为半透膜。当把相同体积的稀溶液和浓溶液分别置于一容器的两侧，中间用半透膜阻隔，稀溶液中的溶剂将自然地穿过半透膜向浓溶液侧流动，浓溶液侧的液面会比稀溶液的液面高出一定高度，形成一个压力差，达到渗透平衡状态，此压力差即为渗透压，如图6-5（a）所示。若在浓溶液侧施加一个大于渗透压的压力时，浓溶液中的溶剂会向稀溶液流动，此种溶剂的流动方向与原来渗透的方向相反，这一过程称为反渗透，如图6-5（b）所示。

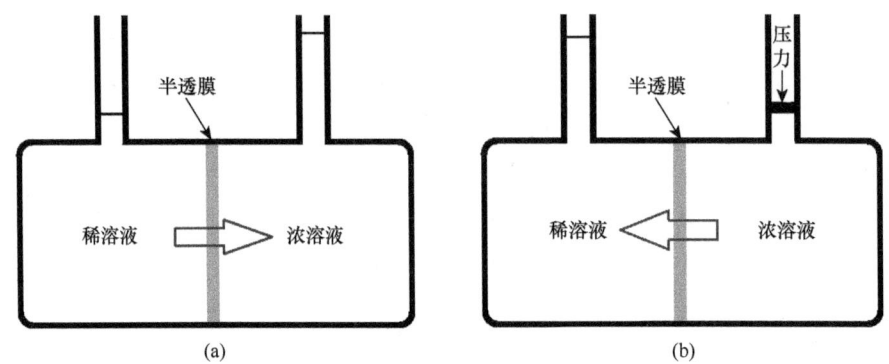

图6-5 渗透（a）和反渗透（b）示意图

通过上面的例子可以看出，反渗透就是利用半透膜只能透过溶剂（通常是水）而截留离子物质或小分子物质的选择透过性，以膜两侧静压为推动力而实现的对液体混合物分离的膜过程。关于反渗透现象的发现，还有一个有趣的故事。

1950年，美国科学家索里拉金无意发现海鸥在海上飞行时从海面啜起一大口海水，隔了几秒后又吐出一小口海水，从而产生疑问：陆地上用肺呼吸的动物绝对无法饮用的高盐分海水，为什么海鸥能够饮用呢？他对海鸥进行了解剖，发现海鸥体内有一层薄膜，该薄膜非常精密，海水经由海鸥吸入体内后加压，再经由压力作用将水分子贯穿渗透过薄膜转化为淡水，而含有杂质及高浓缩盐分的海水则被吐出嘴外，此即反渗透法的基本理论架构。从此反渗透技术开始被广泛关注和研究。1960年洛布和索里拉金制成了第一张高通量和高脱盐率的醋酸纤维素膜，这种膜具有非对称结构，从此使反渗透从实验室走向工业应用。

反渗透技术的工业应用最初是从海水淡化开始的，在此期间，各种新型膜陆续问世，反渗透膜的性能明显提高。例如，从1978年成功地开发海水淡化复合膜（采用脂肪族聚酰胺复合物为材料）至今，经过几十年的不断发展，海水淡化反渗透复合膜的性能已经有了较大的提高。目前，反渗透复合膜多采用芳香族聚酰胺材料，特征水通量是1978年海水淡化复合膜的2倍，盐的透过率约为1978年的1/4。

反渗透技术已成为当今最先进和最节能有效的膜分离技术。和传统分离方法相比，该处理过程无需加热，更没有相变过程，因此比传统的方法能耗低；且反渗透处理装置体积小，操作简单，运行费用低，适用范围比较广。如今反渗透技术已成为现代工业中首选的水处理技术。反渗透技术的应用对象也由海水淡化拓展至生产纯净水、软化水、无离子水、产品浓缩、废水处理方面，目前已广泛应用于医药、电子、化工、食品、海水淡化等诸多行业。

思 考 题

1. 分析化学的任务是什么？简述分析方法的分类。

2. 为了探讨某江河地段底泥中工业污染物的聚集情况，某单位于不同地段采集足够量的原始平均试样，混匀后，取部分试样送交分析部门。分析人员称取一定量试样，经处理后，用不同方法测定其中有害化学成分的含量。试问这样做对不对？为什么？

3. 常见的分离方法有哪些？

4. 色谱分离法具有哪些特点？

第 7 章　化学实验基础知识

7.1　化学实验室规则

7.1.1　化学实验课基本要求

1. 实验前的预习

（1）明确实验目的，理解实验原理。

（2）熟悉实验内容、步骤、基本操作、仪器使用和实验注意事项。

（3）写出预习报告（包括实验目的、实验原理、步骤、实验注意事项及有关的安全问题）。预习报告的书写不可流于形式，要切实做好实验预习，实验指导教师在课程开始前要检查学生实验预习情况。

2. 实验过程中的注意事项

1）严格遵守实验室纪律

本书实验采用半微量实验，一方面锻炼学生化学实验操作的细心程度（试剂用量少，不细心可能无法看到预期的实验现象），另一方面也是化学实验发展的客观要求（微型化发展，减小环境污染），所以要求在做实验时一定要认真、细心。实验过程中，不要在实验室大声喧哗，不要在实验室乱跑，更不要做与实验无关的事。同时由于实验仪器属微型仪器，使用时要保证整套仪器的完整性，如有损坏按实验室相关规定进行赔偿。实验结束，值班学生认真打扫实验室整体卫生。参与实验的每位同学在实验完成后，要认真整理自己所用实验台（包括药品归位和实验台卫生），检查自己所用的实验仪器，确认完好后交还给实验指导教师，同时将实验预习报告中实验原始记录交任课教师检查并签字后，方可离开实验室。

2）按实验报告册操作

按照实验报告册中规定的方法、步骤、试剂用量和操作规程进行实验，保证认真操作，认真记录实验数据。实验中若有实验现象与理论不符的情况，可在教师指导下重做实验，保证实验的结果正确。

3. 实验报告的撰写

在实验完成后，根据实验预习报告所记录的原始数据，整理并完成实验报告（实验过程中，不要在实验报告部分进行填写，保证实验报告的文字工整、图表清晰、形式规范）。

7.1.2　实验室事故的处理和急救常识

1. 火灾

实验室中许多药品是易燃的，一旦发生火灾，应保持镇静，立即熄灭所有火源，关闭室内总电源，搬开易燃物品，防止火势扩展，同时实施灭火。使用灭火器材时，应从火的四周开始向中心扑灭，灭火器的喷出口对准火焰的底部。如果小器皿内着火（如烧杯或烧瓶）可盖上石棉板或瓷片等，使之隔绝空气而灭火，绝不能用嘴吹；油类着火时，要用沙或灭火器灭火；电器着火时，应切断电源，然后才能用二氧化碳灭火器灭火；衣服着火时，切勿奔跑而应立即在地上打滚，用防火毯包住起火部位，使之隔绝空气而灭火。

2. 中毒

化学药品大多数具有不同程度的毒性。实验室中若出现中毒症状时，应立即采取急救措施。若药品溅入口中应立即吐出来，用大量水冲洗口腔；如果已吞下，应根据药品的性质采取不同的解毒方法。腐蚀性中毒，强酸、强碱中毒都要先饮大量的水，对于强酸中毒可服用氢氧化铝膏。不论酸碱中毒都需服牛奶，但不要吃呕吐剂。发生神经性中毒，要先服牛奶或蛋白缓和，再服硫酸镁溶液催吐。吸入有毒气体时，将中毒者搬到室外空气新鲜处，解开衣领纽扣。吸入少量氯气和溴气者，可用碳酸氢钠溶液漱口。严重者应及时送往医院。

3. 玻璃割伤

一旦被玻璃割伤，首先仔细检查伤口处有无玻璃碎片。如果伤口不大，可先用双氧水洗净伤口，涂上红汞，用纱布包扎好；若伤口较大，血不止时，可在伤口上 10cm 处用带子扎紧，减缓流血，并立即送医院就诊。

4. 灼伤、烫伤

皮肤被酸或碱灼伤应立即用大量水冲洗，也可用乙醇洗涤或用 2%硫代硫酸钠溶液洗至伤口呈白色，然后涂甘油加以按摩；酸灼伤用 5%碳酸氢钠溶液洗涤，碱灼伤用饱和硼酸溶液或 1%乙酸溶液洗涤，然后涂上油膏，将伤口包扎好；若眼睛受伤还应最后滴入少许蓖麻油。如果眼睛被溴蒸气刺激，暂时不能睁开时，可以对着盛有卤仿或乙醇的瓶内注视片刻加以缓解。

衣服溅上酸后应先用水冲洗，再用稀氨水洗，最后用水冲洗净；若溅上碱液后应先用水洗，然后用 10%乙酸溶液洗涤，再用氨水中和多余的乙酸，最后用水洗净。地上有酸应先撒石灰粉，后用水冲刷。

皮肤接触高温（火焰、蒸气）、低温（液氮、干冰等）都会造成烫伤，轻伤者涂甘油、玉树油等，重伤者涂烫伤膏后速送医院治疗。

7.1.3 实验室废物处理

为防止实验室污物扩散、污染环境，应根据实验室"三废"的特点，对其进行分类收集、存放、集中处理。

1. 废气

对少量的有毒气体可通过通风设备（通风橱或通风管道）经稀释后排至室外。大量有毒气体必须经过处理，如吸收处理或与氧充分燃烧，然后才能排到室外。例如，氮、硫、磷等酸性氧化物气体，可用导管通入碱液中，使其被吸收后排出。

2. 废液

废液应根据其化学特性选择合适的容器和存放地点，密闭存放，禁止混合储存；容器要防渗漏，防止挥发性气体逸出而污染环境；存放地要通风良好。剧毒、易燃、易爆药品的废液储存应按危险品管理规定办理。一般废液可通过酸碱中和、混凝沉淀、次氯酸钠氧化处理后排放。有机溶剂废液应根据其性质尽可能回收；对于某些数量较少、浓度较高、确实无法回收使用的有机废液，可采用活性炭吸附法、过氧化氢氧化法处理，或在燃烧炉中完全燃烧。

对高浓度废酸、废碱液要经中和至近中性（pH=6～9）方可排放。

3. 废渣（固体废弃物）

对环境无污染、无毒害的固体废弃物按一般垃圾处理。易于燃烧的固体有机废物焚烧处理。

7.1.4 化学实验室安全

实验开始前，学生必须熟悉实验室及其周围环境，检查仪器是否完整无损，装置是否正确稳妥，在征求指导教师同意之后，才可进行实验。

实验进行时，不得离开岗位。做危险性较大的实验时，要根据情况采取必要的安全措施，如戴防护眼镜、面罩、橡皮手套等。

使用易燃、易爆物品时远离火源。对水、电、燃气、煤气灯、酒精灯等的使用，严格遵守操作规程。

取用有毒药品如重铬酸钾、汞盐、砷化物、氰化物时，应小心操作，勿吸入口内、接触伤口或混入其他试剂内。剩余的有毒废弃物应倒入指定接收容器内。剩余的有毒药品应交还教师。

倾注试剂或加热液体时，不要俯视容器，以防溅出致伤。腐蚀性很强的浓酸、浓碱、强氧化剂切勿溅在衣服和皮肤上。稀释这些药品（尤其是浓硫酸）时，应将它们慢慢倒入水中。加热试管时，不要使试管口对着自己和他人。不要直接面对容器放出的气体。不准许随意混合各种药品。

实验室内严禁饮食、吸烟或把餐具带入。实验完毕后必须洗净双手。

7.1.5 实验预习报告和实验报告

1. 实验预习报告

实验预习报告包括实验目的、实验原理、实验内容（步骤）、实验数据原始记录等，重点是实验数据原始记录。实验数据原始记录在实验过程中填写，要及时、真实、准确地记录实验现象和实验数据。实验过程中，不得为追求得到某个结果，擅自更改数据。应认真仔细地多次测量，减少测量误差，有效数字应体现出实验所用仪器和实验方法所能达到的精确度。在测量和记录数据时，应保留一位不确定数字，其余都应是准确的，通常称此时所记录的数字为有效数字。在实验过程中，任何测量的准确度都是有限的，测量结果数值计算的准确度不应该超出测量的准确度，否则会歪曲测量结果的真实性。在测量和数字运算中，确定该用几位数字来代表测量值或计算结果非常重要。

2. 实验报告

实验报告包括实验目的、实验原理、实验内容（步骤）、实验数据及处理、实验结果与讨论，重点是数据处理及结果讨论，另外实验报告还有实验过程中一些问题的思考及总结。

实验报告的具体格式因实验类型而异，常见的主要有合成实验报告、性质实验报告、测定实验报告等，现将各种类型的实验报告要求示例列出以供参考。

1）合成实验报告

实验名称：

（1）实验目的。

（2）反应原理及反应方程式。

（3）仪器装置图。

(4) 操作步骤及现象记录。

(5) 实验结果。

　　产物的颜色状态：

　　产量：

　　产率：

(6) 产物检验。

2）性质实验报告

实验名称：

(1) 实验目的。

(2) 实验内容。

操作步骤	实验现象	解释及反应方程式

(3) 问题与讨论。

3）测定实验报告

实验名称：

(1) 实验目的。

(2) 实验原理。

(3) 实验操作步骤。

(4) 数据处理与结论。

(5) 问题讨论。

7.2　化学实验中常用仪器的介绍和主要仪器的使用

7.2.1　化学实验常用仪器介绍

化学实验室常用仪器如表 7-1 所示。

表 7-1　化学实验常用仪器

仪器	规格	用途	注意事项
离心试管	以容积（mL）表示，如 15、10、50。有的有刻度，有的无刻度	用于少量沉淀的辨认、分离	
烧瓶	大小以容积（mL）表示，有圆底、平底之分	反应物较多又需较长加热时间时，用作反应容器	加热时注意勿使温度变化过于剧烈。一般放在石棉网上或加热套内加热

续表

仪器	规格	用途	注意事项
热滤漏斗	以口径（mm）表示，如60、40、30等 热滤漏斗由普通玻璃漏斗和金属外套组成	用于热过滤	加水不超过其容积的2/3
梨形分液漏斗　球形分液漏斗	以容积（mL）和漏斗的形状（球形、梨形）表示，如100mL球形分液漏斗	萃取时用于分离两种不相溶的溶液	活塞要用橡皮筋系于漏斗颈上，避免滑出
布氏漏斗和吸滤瓶	布氏漏斗：为瓷质，以容积（mL）或口径（mm）表示 吸滤瓶：以容积（mL）表示	两者配套用于分离沉淀与溶液。利用水泵或真空泵降低吸滤瓶中压力以加速过滤	滤纸要略小于漏斗内颈才能贴紧，先开水泵，后过滤。过滤毕，先将泵与吸滤瓶的连接处断开，再关泵
吸量管　移液管	以所度量的最大容积（mL）表示。吸量管：10、5、2、1，移液管：50、25、20、10、5	用来准确吸取一定量的液体	不能加热
容量瓶	以容积（mL）表示，如1000、500、250、100、50、25	用于准确配制一定浓度的标准溶液或被测溶液	1. 不能受热 2. 不能存储溶液 3. 不能在其中溶解固体 4. 塞与瓶是配套的，不能互换 5. 定容时溶液温度应与室温一致

续表

仪器	规格	用途	注意事项
试剂瓶（广口瓶、细口瓶）	分广口瓶和细口瓶，材质分玻璃或塑料，又分无色和有色。以容积（mL）表示：1000、500、250、125	广口瓶用于盛放固体试剂，细口瓶用于盛放液体试剂	1. 盛碱性物质要用橡皮塞 2. 受光易分解的物质用棕色瓶 3. 取用试剂时瓶塞要倒放在台面上
称量瓶	以外颈×高（mm）表示。有"扁形"和"高形"之分	用于准确称量时盛装固体物质	1. 不能直接加热 2. 瓶与盖是配套的，不能互换
研钵	有瓷、铁、玻璃、玛瑙等材质，规格以口径 d（cm）表示	研磨固体物质用，按固体的性质、硬度和测定的要求选用不同的研钵	1. 只能研磨，不能敲击（铁研钵除外） 2. 不能用火直接加热 3. 不能用作反应容器
洗瓶	以容积（mL）表示：250、500等。有玻璃、塑料之分	用蒸馏水洗涤沉淀或容器	
干燥器	以直径 d（cm）表示	1. 内放干燥剂，可保持样品干燥 2. 定量分析时，将灼烧过的坩埚或烘干的称量瓶等置于其中冷却	1. 灼烧过的物体放入干燥器时温度接近室温 2. 干燥器内干燥剂要定期更换 3. 磨口处要涂凡士林
坩埚	以容积（mL）表示：30、25。材质：有瓷、铁、银、镍、铂等之分	用以灼烧固体，耐高温	1. 不同性质的样品选用不同材质的坩埚，如铂坩埚不能用于碱性样品的处理 2. 放在泥三角上直接用火烧 3. 取高温坩埚时，坩埚钳要预热 4. 灼热的坩埚不能骤冷

续表

仪器	规格	用途	注意事项
滴定管（图示：(a) 碱式管 和 (b) 酸式管）	以容积（mL）（量出式）表示：25、50、100等。分碱式管（a）和酸式管（b）。颜色有棕色和无色之分。微量：1、2、3、4、5、10	用于溶液滴定操作。滴定管架用于夹持滴定管。滴定管架由滴定台与蝴蝶夹组成	1. 碱式滴定管用于盛装碱液，但不能长久存放 2. 酸式滴定管用于盛装酸性溶液和氧化性溶液 3. 受光易分解的滴定液要用棕色滴定管 4. 活塞要原配，以防漏液

7.2.2 主要仪器的使用

1. 分析天平

分析天平是指称量精度为 0.0001g 的天平。分析天平是精密仪器，使用时要认真、仔细，按照天平的使用规则操作，做到准确快速完成称量而又不损坏天平。常用分析天平有电光分析天平和电子天平，这里简要介绍电子天平（图 7-1）的使用方法。

图 7-1　精密电子天平

电子天平是最新一代天平，是根据电磁力平衡原理直接称量，全量程不需砝码。放上称量物后，在几秒钟内即达到平衡，显示读数，称量速度快，精度高。电子天平的支承点用弹性簧片，取代机械天平的玛瑙刀口，用差动变压器取代升降枢装置，用数字显示代替指针刻度式。电子天平具有使用寿命长、性能稳定、操作简便和灵敏度高的特点。此外，电子天平还具有自动校正、自动去皮、超载指示、故障报警等功能以及具有质量电信号输出功能，且可与打印机、计算机联用，进一步扩展其功能，如统计称量的最大值、最小值、平均值及标准偏差等。由于电子天平具有机械天平无法比拟的优点，越来越广泛地应用于各个领域并逐步取代机械天平。

电子天平按结构可分为上皿式和下皿式两种。秤盘在支架上面为上皿式，秤盘吊挂在支架下面为下皿式。目前，广泛使用的是上皿式电子天平。尽管电子天平种类繁多，但其使用方法大同小异，具体操作可参看各仪器的使用说明书。

下面以上海天平仪器厂生产的 FA1604 型电子天平为例，简要介绍电子天平的使用方法。

（1）水平调节。观察水平仪，如水平仪水泡偏移，需调整水平调节脚，使水泡位于水平仪中心。

（2）预热。接通电源，预热至规定时间后，开启显示器进行操作。

（3）开启显示器。轻按 ON 键，显示器全亮，约 2s 后，显示天平的型号，然后是称量模式 0.0000g。读数时应关上天平门。

（4）天平基本模式的选定。天平通常为"通常情况"模式，并具有断电记忆功能。使用时若改为其他模式，使用后一经按 OFF 键，天平即恢复通常情况模式。称量单位的设置等可按说明书进行操作。

（5）校准。天平安装后，第一次使用前应对天平进行校准。若存放时间较长、位置移动、环境变化或未获得精确测量，在使用前一般都应进行校准操作。该型号天平采用外校准（有的电子天平具有内校准功能），由 TAR 键清零及 CAL 键、100g 校准砝码完成。

（6）称量。按 TAR 键，显示为零后，置称量物于秤盘上，待数字稳定即显示器左下角的"0"标志消失后，即可读出称量物的质量。

（7）去皮称量。按 TAR 键清零，置容器于秤盘上，天平显示容器质量，再按 TAR 键，显示零，即去除皮重。再置称量物于容器中，或将称量物（粉末状物或液体）逐步加入容器中直至达到所需质量，待显示器左下角"0"消失，这时显示的是称量物的净质量。将秤盘上的所有物品拿开后，天平显示负值，按 TAR 键，天平显示 0.0000g。若称量过程中秤盘上的总质量超过最大载荷（FA1604 型电子天平最大载荷为 160g）时，天平仅显示上部线段，此时应立即减小载荷。

（8）称量结束后，若较短时间内还使用天平（或其他人还使用天平），一般不用按 OFF 键关闭显示器。实验全部结束后，关闭显示器，切断电源，若短时间内（如 2h 内）还使用天平，可不必切断电源，再用时可省去预热时间。若当天不再使用天平，应拔下电源插头。

2. 精密 pH 计

pH 计（图 7-2）由三个部件构成：一个参比电极；一个玻璃电极，其电位取决于周围溶液的 pH；一个电流计，该电流计能在电阻极大的电路中测量出微小的电位差。

实验室常用的 pH 计有老式的国产雷磁 25 型酸度计（最小分度 0.1 单位）和 pHS-2 型酸度计（最小分度 0.02 单位），这类酸度计的 pH 是以电表指针显示。新式数字式 pH 计有 PHS-3C 型，其设定温度和 pH 都在屏幕上以数字的形式显示。无论哪种 pH 计在使用前均需用标准缓冲液进行校对。

首先阅读仪器使用说明书，接通电源，安装电极。在小烧杯中加入 pH 为 7.0 的标准缓冲液，将电极浸入，轻轻摇动烧杯，使电极所接触的溶液均匀。按不同的 pH 计所附的说明书读取溶液的 pH，校对 pH 计，使其读数与标准缓冲液（pH=7.0）的实际值相同并稳定；然后再将电极从溶液中取出并用蒸馏水充分淋洗，将小烧杯中换入 pH=4.01 的标准缓冲液，把电极浸入，重复上

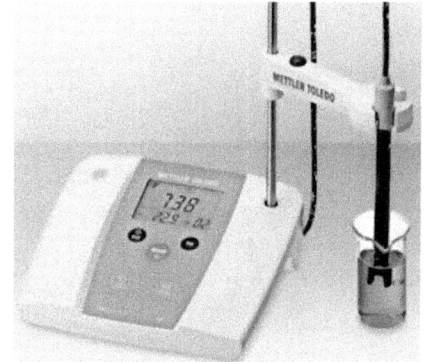

图 7-2 精密 pH 计

述步骤使其读数稳定。校正完毕，用蒸馏水冲洗电极和烧杯。校正后切勿再旋转定位调节器，否则必须重新校正。

所测溶液的温度应与标准缓冲液的温度相同。因此，使用前必须调节温度调节器或斜率调节旋钮。先进的 pH 计在线路中安插有温度补偿系统，仪器经初次校正后，能自动调整温度变化。测量时，先用蒸馏水冲洗两电极，用滤纸轻轻吸干电极上残余的溶液，或用待测液洗电极。然后，将电极浸入盛有待测溶液的烧杯中，轻轻摇动烧杯，使溶液均匀，按下读数开关，指针所指的数值即为待测溶液的 pH，重复几次，直到数值不变（数字式 pH 计在约 10s 内数值变化少于 0.01pH 时），表明已达到稳定读数。测量完毕，关闭电源，冲洗电极，玻璃电极要浸泡在蒸馏水中。

下面以 PHS-3C 型 pH 计为例介绍使用方法。它由主机、复合电极组成。主机上有四个旋钮：选择、温度、斜率和定位旋钮。安装好仪器、电极，打开仪器后部的电源开关，预热 0.5h。在测量之前，首先对 pH 计进行校准，采用两点定位校准法，具体的步骤如下：

（1）调节选择旋钮至 pH 挡；用温度计测量被测溶液的温度，读数，如 25℃，调节温度旋钮至测量值 25℃；调节斜率旋钮至最大值。

（2）打开电极套管，用蒸馏水洗涤电极头部，用滤纸仔细将电极头部吸干，将复合电极放入混合磷酸盐的标准缓冲溶液，使溶液淹没电极头部的玻璃球，轻轻摇匀，待读数稳定后，调定位旋钮，使显示值为该溶液 25℃时标准 pH=6.86。

（3）将电极取出，洗净、吸干，放入邻苯二甲酸氢钾标准缓冲溶液中，摇匀，待读数稳定后，调节斜率旋钮，使显示值为该溶液 25℃时标准 pH=4.00。

（4）取出电极，洗净、吸干，再次放入混合磷酸盐的标准缓冲溶液，摇匀，待读数稳定后，调定位旋钮，使显示值为 25℃时标准 pH=6.86。

（5）取出电极，洗净、吸干，放入邻苯二甲酸氢钾的缓冲溶液中，摇匀，待读数稳定后，再调节斜率旋钮，使显示值为 25℃时标准 pH=4.00，取出电极，洗净、吸干。

（6）重复校正，直到两标准溶液的测量值与标准 pH 基本相符为止。

校正过程结束后，进入测量状态。将复合电极放入盛有待测溶液的烧杯中，轻轻摇匀，待读数稳定后，记录读数。

完成测试后，移走溶液，用蒸馏水冲洗电极，吸干，套上套管，关闭电源，结束实验。

3. 精密电导率仪

以 DDSJ-308A 型电导率仪（图 7-3）为例说明精密电导率仪的使用方法。

1）开机

按下"ON/OFF"，仪器将显示厂标、仪器型号、名称，即"DDSJ-308A 型电导率仪"。几秒后，仪器自动进入上次关机时的工作状态，此时仪器采用的参数为用户最新设置的参数。如果用户不需改变参数，则无需进行任何操作，即可直接进行测量。测量结束后，按"ON/OFF"键，仪器关机。

仪器有电导率、TDS、盐度三种测量功能，按"模式"键可以在三种模式间进行转换。电极常数设置：电导电极出厂时，每支电极都标有一定的电

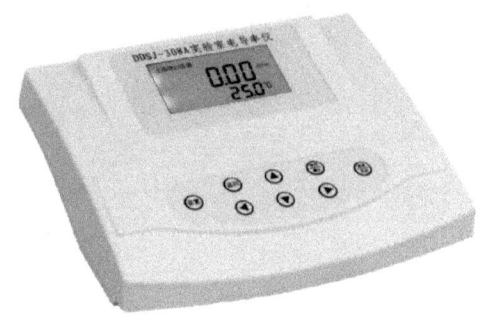

图 7-3　精密电导率仪

极常数值，用户需将此值输入仪器。例如，电导电极的常数为 0.995，则具体操作如下：

（1）在电导率测量状态下，按"电极常数"键，仪器显示转换系数，其中，"选择"指选择电极常数挡次（该仪器设计有五种电极常数挡次值，即 0.01、0.1、1.0、5.0 和 10.0），"调节"指调节当前挡次下的电极常数值。用"▲"或"▼"键即可调节常数或选择挡次。

（2）按"▲"或"▼"键修改到电极标出的电极常数值：0.995。

（3）按"确认"键，仪器自动将电极常数值 0.995 存入并返回测量状态，在测量状态中即显示此电极常数值。

2）电导电极常数的标定

每支电导电极出厂时都标有电极常数值。若用户怀疑电极常数不正确，用以下步骤进行标定：根据电极常数，选择合适的标准溶液（表 7-2）、配制方法（表 7-3）、标准溶液与电导率的关系（表 7-4）。

表 7-2 测定电极常数的 KCl 标准溶液

电极常数/(cm^{-1})	0.01	0.1	1	10
KCl 溶液近似浓度/($mol \cdot dm^{-3}$)	0.001	0.01	0.01 或 0.1	0.1 或 1

表 7-3 标准溶液的组成

近似浓度/($mol \cdot dm^{-3}$)	KCl 溶液质量浓度（20℃空气中）/(g/L)
1	74.2650
0.1	7.4365
0.01	0.7440
0.001	将 100mL 0.01 $mol \cdot dm^{-3}$ 的溶液稀释至 1L

表 7-4 KCl 溶液近似浓度及其电导率值关系（μs/cm）

近似浓度/($mol \cdot dm^{-3}$) \ 温度/℃	15.0	18.0	20.0	25	30
1	92120	97800	101700	111310	131100
0.1	10455	11163	12852	11644	15353
0.01	1141.4	1220.0	1273.7	1408.3	1687.6
0.001	118.5	126.7	132.2	146.6	176.5

（1）将电导电极接入仪器，将温度电极拔去，仪器则认为温度为 25℃，此时仪器所显示的电导率值是未经温度补偿的绝对电导率值。

（2）用蒸馏水清洗电导电极，再用校准溶液清洗一次电极。

（3）将电导电极浸入校准溶液中。

（4）控制溶液温度恒定为：(25.0±0.1)℃ 或 (20.0±0.1)℃ 或 (18.0±0.1)℃ 或 (15.0±0.1)℃。

（5）接上电源，进入电导率测量工作状态。

（6）根据所用电导电极选好电极常数的挡次（分 0.01、0.1、1.0、5.0、10.0 五挡），并回到电导测量状态。

（7）待仪器读数稳定后，按下"标定键"。

（8）按"▲"或"▼"键使仪器显示表 7-3 中所对应的数据，然后按"确认"键，仪器将自动计算出电极常数值并储存（具有断电保护功能），随即自动返回测量状态；按"取消"键，仪器不作电极常数标定并返回测量状态。

4. 低速台式离心机

当被分离的沉淀的量很小时，可把沉淀和溶液放在离心管内，放入电动离心机中进行离心分离。使用离心机时，将盛有沉淀的离心试管放入离心机的试管套内，在与之相对称的另一试管套内也放入盛有相等体积水的试管，然后缓慢启动离心机，逐渐加速。停止离心时，应让离心机自然停止。在下述情况下，使用离心方法较为合适：①沉淀有黏性；②沉淀颗粒小，容易透过滤纸；③沉淀量过多而疏松；④沉淀量很少，需要定量测定；⑤母液黏稠；⑥母液量很少，分离时应减少损失；⑦沉淀和母液必须迅速分离开；⑧一般胶体溶液。

离心机是利用离心力对混合溶液进行分离和沉淀的一种专用仪器。电动离心机通常分为大、中、小三种类型。在此只介绍化学实验室使用的小型低速台式电动离心机（图 7-4）。

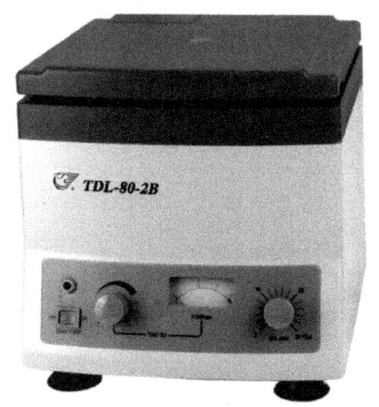

图 7-4 低速台式离心机

1）操作

（1）使用前应先检查变速旋钮是否在"0"处。外套管应完整不漏，外套管底部需放有橡皮垫。

（2）离心时先将待离心的物质转移到大小合适的离心管内，盛量不宜过多（占管的 2/3 体积），以免溢出。将此离心管放入外套管，再在离心管与外套管间加入缓冲用水。

（3）将一对外套管（连同离心管）放在台秤上平衡，如不平衡，可调整离心管内容物的量或缓冲用水的量。每次离心操作都必须严格遵守平衡的要求，否则将会损坏离心机部件，甚至造成严重事故，应该十分警惕。

（4）将以上两个平衡好的套管按对称方向放到离心机中，盖严离心机盖，并把不用的离心套管取出。

（5）开动时，先开电源，然后慢慢拨动旋钮，使速度逐渐增加。停止时，先将旋钮拨动到"0"，不继续使用时拔下插头，待离心机自动停止后，才能打开离心机盖并取出样品，绝对不能用手阻止离心机转动。

（6）用完后，将套管中的橡皮垫洗净后保存。冲洗外套管，倒立放置使其干燥。

2）注意事项

（1）离心过程中，若听到特殊响声，表明离心管可能破碎，应立即停止离心。如果管已破碎，将玻璃渣冲洗干净（玻璃渣不能倒入下水道），然后换新管按上述操作重新离心。

（2）有机溶剂和酚等会腐蚀塑料套管，盐溶液会腐蚀金属套管。若有渗漏现象，必须及时擦洗干净漏出的溶液，并更换套管。

（3）避免连续使用时间过长。一般大离心机用 40min 休息 20min 或 30min，台式小离心机用 40min 休息 10min。

（4）电源电压应与离心机所需要的电压一致。接地线后才能通电使用。

（5）一年应检查一次离心机内电动机的电刷与整流子磨损情况，严重时更换电刷或轴承。

7.3 化学实验的基本操作

7.3.1 试剂的取用

实验室中很多药品易燃、易爆、有腐蚀性或有毒，因此在使用时一定要严格遵照有关规定和操作规程，保证安全。不能用手接触药品，不要把鼻孔凑到容器口去闻药品（特别是气体）的气味，不得尝药品的味道。注意节约药品，严格按照实验规定的用量取用药品。如果没有说明用量，一般应按最少量取用：液体1~2mL，固体只需要盖满试管底部。实验剩余的药品不能放回原瓶，也不要随意丢弃，更不要拿出实验室，要放入指定的容器内。

1. 固体药品的取用

取用固体药品一般用干净的药匙。往试管里装入固体粉末时，为避免药品沾在管口和管壁上，先使试管倾斜，把盛有药品的药匙（或用小纸条折叠成的纸槽）小心地送入试管底部，然后使试管直立起来，让药品全部落到底部。有些块状的药品可用镊子夹取。

2. 液体药品的取用

1) 取用少量液体

取用很少量液体时可用胶头滴管吸取。先用手指紧捏滴管上部的橡皮乳头，赶走其中的空气，然后松开手指，吸入试液。将试液滴入试管等容器时，不得将滴管插入容器。装有药品的滴管不得横置或滴管口向上斜放，以免液体滴入滴管的胶皮帽中。滴管只能专用，用完后放回原处。一般的滴管一次可取1mL，约20滴试液。

2) 定量取用液体

定量取用液体时，用量筒、移液管或吸量管取用。

（1）量筒用于量取一定体积的液体，可根据需要选用不同量度的量筒。量筒有5mL、10mL、50mL、100mL和1000mL等规格。取液时，先取下瓶塞并将它放在桌上。一手拿量筒，一手拿试剂瓶（注意瓶上的标签朝手心），然后倒出所需量的试剂。最后倾斜瓶口在量筒上靠一下，再使试剂瓶竖直，以免留在瓶口的液滴流到瓶的外壁。

（2）移液管和吸量管都是用于准确移取一定体积溶液的量出式玻璃量器。

移液管是一根细长而中间膨大的玻璃管，在管的上端有一环形标线，膨大部分标有它的容积和标定时的温度。在标明的温度下，先使溶液的弯月面下缘与移液管标线相切，再让溶液按一定方法自由流出，则流出的溶液的体积与管上所标明的体积相同。

吸量管是具有分刻度的玻璃管，用于移取非固定量的溶液，一般只用于量取小体积的溶液。其上带有分度，可以用来吸取不同体积的溶液。但用吸量管吸取溶液的准确度不如移液管。上面所指的溶液均以水为溶剂，若为非水溶剂，则体积稍有不同。

（3）移液管和吸量管润洗。以移液管为例说明。使用前用少量洗液润洗后，依次用自来水润洗三次、蒸馏水润洗三次，洗净的移液管整个内壁和下部的外壁不挂水珠。第一次用洗净的移液管吸取溶液时，应先用滤纸将管尖端内外的水吸净，否则会因水滴引入而改变溶液的浓度。然后用所要移取的溶液将移液管洗涤2~3次，以保证移取的溶液浓度不变。方法是：将溶液吸至管膨大部分，立即用右手食指按住管口，将移液管慢慢平放，用两手的拇指及食指分别拿住移液管的两端，转动移液管并使溶液布满全管内壁，当溶液流至距上管口2~3cm时，将管直立，使溶液由尖嘴放出，弃去。

（4）移液管操作。用移液管自烧杯中移取溶液时[图7-5（a）]，一般用右手的拇指和中指拿住颈标线上方，将移液管插入溶液中，移液管不要插入溶液太深或太浅，太深会使管外黏附溶液过多，太浅会在液面下降时吸空。左手拿洗耳球，排除空气后紧按在移液管口上，慢慢松开手指使溶液吸入管内，移液管应随烧杯中液面的下降而下降。

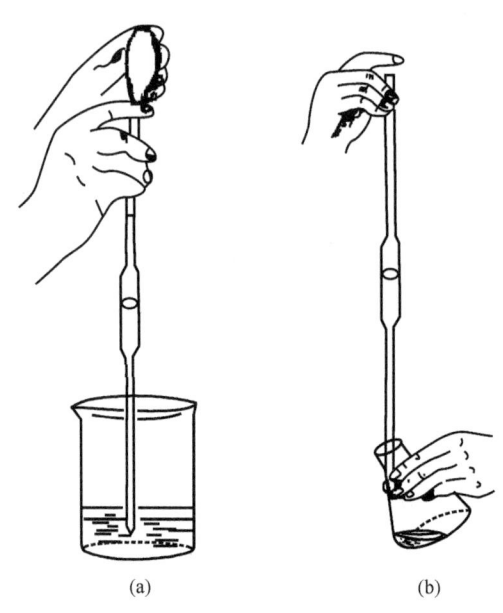

图7-5　吸取溶液和放出溶液

当管口液面上升到标线以上时，立即用右手食指堵住管口，将移液管提离液面，然后使管尖端靠着烧杯的内壁，左手拿烧杯并使其倾斜30°。略微放松右手食指并用拇指和中指轻轻转动管身，使管内液面平稳下降，直到溶液的弯月面与标线相切时，按紧食指。

取出移液管，用干净滤纸擦拭管外溶液，把准备承接溶液的容器稍倾斜，将移液管移入容器中，使管垂直，管尖靠着容器内壁，松开食指，使溶液自由沿器壁流下，待下降的液面静止后，再等待15s，取出移液管[图7-5（b）]。管上未刻有"吹"字的，切勿把残留在管尖的溶液吹出，因为在校正移液管时，已经考虑了末端所保留溶液的体积。

吸量管的操作方法与移液管相同。移液管和吸量管使用后，应洗净放在移液管架上。

7.3.2　滴定

滴定操作的基本仪器是滴定管。滴定管是滴定时准确测量标准溶液体积的量器。滴定管一般分为两种：一种是酸式滴定管（酸管），用于盛放酸性溶液或氧化性溶液；另一种是碱式滴定管（碱管），用于盛放碱性溶液，不能盛放氧化性溶液。

酸式滴定管的下端带有玻璃旋塞；碱式滴定管的下端连接一橡皮管，内放一玻璃珠，以控制溶液的流出，橡皮管下端再连接一段尖嘴玻璃管。

1. 滴定管的准备

酸式滴定管使用前，首先检查活塞与活塞套是否配合紧密，如不密合将会出现漏水现象，则不宜使用。其次，进行充分清洗。根据沾污的程度，可采用下列方法。

（1）用自来水冲洗。

（2）用滴定管刷（特制的软毛刷）蘸合成洗涤剂刷洗，但铁丝部分不得碰到管壁（如用泡沫塑料刷代替毛刷更好）。

（3）用前法不能洗净时，可用铬酸洗液洗。加入 5～10mL 洗液，边转动边将滴定管放平，并将滴定管口对着洗液瓶口，以防洗液洒出。洗净后，将一部分洗液从管上口放回原瓶，打开活塞将剩余的洗液从出口管放回原瓶，必要时可加满洗液进行浸泡。

（4）可根据具体情况采用针对性洗液进行洗涤，如管内壁有残存的二氧化锰时，可用草酸、亚铁盐溶液或过氧化氢加酸溶液进行洗涤。

（5）用各种洗涤剂清洗后，必须用自来水充分洗净，并将管外壁擦干，以便观察内壁是否挂水珠。

（6）为了使活塞转动灵活并克服漏水现象，需将活塞涂油（如凡士林或真空活塞脂）。

移液管检漏：用自来水充满滴定管，将其放在滴定管架上垂直静置约 2min，观察有无水滴漏下。然后将活塞旋转 180°，再如前检查，如果漏水，应重新涂油。若出口管尖被油脂堵塞，可将管插入热水中温热片刻，然后打开活塞，使管内的水突然流下，将软化的油脂冲出。油脂排除后，即可关闭活塞。

碱式滴定管使用前应检查乳胶管和玻璃珠是否完好。若胶管已老化，玻璃珠过大（不易操作）或过小（漏水），应予更换。

碱式滴定管的洗涤方法和酸式滴定管相同。在需要用洗液洗涤时，可除去乳胶管，用塑料乳头堵住管下口进行洗涤。如必须用洗液浸泡，则将管倒夹在滴定管架上，管口插入洗液瓶中，乳胶管处连接抽气泵，用手捏玻璃珠处的乳胶管，吸取洗液，直到充满全管但不接触乳胶管，然后放手，任其浸泡。浸泡完毕，轻轻捏乳胶管，将洗液缓慢放出。

2. 操作溶液的装入

装入操作溶液前，应将试剂瓶中的溶液摇匀，使凝结在瓶内壁上的水珠混入溶液，这在室温比较高、变化较大时更为必要。混匀后将操作溶液直接倒入滴定管中，不得用其他容器（如烧杯、漏斗等）转移。此时，左手前三指持滴定管上部无刻度处，并可稍微倾斜，右手拿住细口瓶往滴定管中倒溶液。小瓶可以手握瓶身（瓶签向手心），大瓶则仍放在桌上，手拿瓶颈使瓶慢慢倾斜，让溶液慢慢沿滴定管内壁流下。

用摇匀的操作溶液将滴定管洗三次（第一次 10mL，大部分可由上口放出，第二、第三次各 5mL，可以从出口放出，洗法同前）。应特别注意的是，一定要使操作溶液洗遍全部内壁，并使溶液接触管壁 1～2min，以便与原来残留的溶液混合均匀。每次都要打开活塞冲洗出口管，并尽量放出残留液。对于碱管，仍应注意玻璃球下方的洗涤。最后，将操作溶液倒入，直到充满至零刻度以上为止。

注意检查滴定管的出口管是否充满溶液，酸管出口管及活塞透明，容易看出（有时活塞孔暗藏着的气泡，需要从出口管快速放出溶液时才能看见），碱管则需对光检查乳胶管内及出口管内是否有气泡或有未充满的地方。为使溶液充满出口管，在使用酸管时，右手拿滴定管上部无刻度处，并使滴定管倾斜约 30°，左手迅速打开活塞使溶液冲出（下面用烧杯承接溶液，或到水池边使溶液放到水池中），这时出口管中应不再留有气泡。若气泡仍未能排出，可重复上述操作。

3. 滴定管的操作方法

进行滴定时，应将滴定管垂直地夹在滴定管架上。使用酸管时，左手无名指和小手指向手心弯曲，轻轻地贴着出口管，用其余三指控制活塞的转动。但应注意不要向外拉活塞，以免推出活塞造成漏水；也不要过分往里扣，以免造成活塞转动困难，不能操作自如。

使用碱管时，左手无名指及小手指夹住出口管，拇指与食指在玻璃珠所在部位往一旁（左右均可）捏乳胶管，使溶液从玻璃珠旁空隙处流出。

注意：①不要用力捏玻璃珠，也不能使玻璃珠上下移动；②不要捏到玻璃珠下部的乳胶管；③停止滴定时，应先松开拇指和食指，最后松开无名指和小指。

无论使用哪种滴定管，都必须掌握三种加液方法：①逐滴连续滴加；②只加一滴；③使液滴悬而未落，即加半滴。

4. 滴定操作

滴定操作可在锥形瓶和烧杯内进行，并以白瓷板作背景。在锥形瓶中滴定时，用右手前三指拿住锥形瓶瓶颈，使瓶底离瓷板2～3cm。同时调节滴管的高度，使滴定管的下端伸入瓶口约1cm。左手按前述方法滴加溶液，右手运用腕力摇动锥形瓶，边滴加溶液边摇动。滴定操作中应注意以下几点：

（1）摇瓶时，应使溶液向同一方向做圆周运动，但勿使瓶口接触滴定管，溶液也不得溅出。

（2）滴定时，左手不能离开活塞任其自流。

（3）注意观察操作溶液落点周围溶液颜色的变化。

（4）开始时，应边摇边滴，滴定速度可稍快，但不能流成"水线"。接近终点时，应改为加一滴，摇几下。最后，每加半滴溶液就摇动锥形瓶，直至溶液出现明显的颜色变化。加半滴溶液的方法如下：微微转动活塞，使溶液悬挂在出口管嘴上，形成半滴，用锥形瓶内壁将其沾落，再用洗瓶以少量蒸馏水吹洗瓶壁。用碱管滴加半滴溶液时，应先松开拇指和食指，将悬挂的半滴溶液沾在锥形瓶内壁上，再放开无名指与小指。这样可以避免出口管尖出现气泡，使读数造成误差。

（5）每次滴定最好都从0.00开始（或从零附近的某一固定刻度线开始），以减小误差。在烧杯中进行滴定时，将烧杯放在白瓷板上，调节滴定管的高度，使滴定管下端伸入烧杯内1cm左右。滴定管下端应位于烧杯中心的左后方，但不要靠壁过近。右手持搅拌棒在右前方搅拌溶液。在左手滴加溶液的同时，搅拌棒应做圆周搅动，但不得接触烧杯壁和底。当加半滴溶液时，用搅拌棒下端承接悬挂的半滴溶液，放入溶液中搅拌。注意，搅拌棒只能接触液滴，不能接触滴定管管尖。滴定结束后，滴定管内剩余的溶液应弃去，不得将其倒回原瓶，以免沾污整瓶操作溶液。随即洗净滴定管，并用蒸馏水充满全管，备用。

5. 滴定管的读数

（1）装满或放出溶液后，必须等1～2min，使附着在内壁的溶液流下来再进行读数。如果放出溶液的速度较慢（如滴定到最后阶段，每次只加半滴溶液时），等0.5～1min即可读数。每次读数前要检查一下管壁是否挂水珠，管尖是否有气泡。

（2）读数时，应使滴定管保持垂直。

(3）对于无色或浅色溶液，应读取弯月面下缘最低点，读数时，视线在弯月面下缘最低点处且与液面水平；溶液颜色太深时，可读液面两侧的最高点，此时视线应与该点水平。注意初读数与终读数采用同一标准。

（4）必须读到小数点后第二位，即要求估计到 0.01mL。

（5）为了便于读数，可在滴定管后衬一黑白两色的读数卡。读数时，将读数卡衬在滴定管背后，使黑色部分在弯月面下 1mm 左右，弯月面的反射层即全部成为黑色。读此黑色弯月下缘的最低点。但需读深色溶液两侧最高点时，可以用白色卡为背景。

（6）若为乳白板蓝线衬背滴定管，应当取蓝线上下两尖端相对点的位置读数。

7.3.3 分离和提纯

1. 溶解与结晶

1) 固体的溶解

溶解固体时，常用加热、搅拌等方法加快溶解速度。当固体物质溶解于溶剂时，如固体颗粒太大，可在研钵中研细。对一些溶解度随温度升高而增加的物质来说，加热对溶解过程有利。搅拌可加速溶质的扩散，从而加快溶解速度。搅拌时注意手持玻璃棒，轻轻转动，玻璃棒不要触及容器底部及器壁。在试管中溶解固体时，可用振荡试管的方法加速溶解，振荡时不能上下，也不能用手指堵住管口来回振荡。

2) 结晶

（1）蒸发（浓缩）。当溶液很稀而所制备的物质的溶解度又较大时，为了能从中析出该物质的晶体，必须通过加热使水分不断蒸发，溶液不断浓缩。蒸发到一定程度时冷却，就可析出晶体。当物质的溶解度较大时，必须蒸发到溶液表面出现晶膜时停止。当物质的溶解度较小或高温时溶解度较大而室温时溶解度较小，此时不必蒸发到液面出现晶膜就可冷却。蒸发是在蒸发皿中进行，蒸发的面积较大，有利于快速浓缩。若无机物对热是稳定的，可以直接加热（应先预热），否则用水浴间接加热。

（2）结晶与重结晶。大多数物质的溶液蒸发到一定浓度下冷却，就会析出溶质的晶体。析出晶体的颗粒大小与结晶条件有关。如果溶液的浓度较高，溶质在水中的溶解度随温度下降而显著减小时，冷却得越快，那么析出的晶体就越细小，否则就得到较大颗粒的结晶。搅拌溶液和静止溶液可以得到不同的效果，前者有利于细小晶体的生成，后者有利于大晶体的生成。

如溶液容易发生过饱和现象，可以用搅拌、摩擦器壁或投入几粒晶体（晶核）等办法，使其形成结晶中心，过量的溶质便会全部析出。

如果第一次结晶所得物质的纯度不合要求，可进行重结晶。其方法是在加热情况下使纯化的物质溶于一定量的水中，形成饱和溶液，趁热过滤，除去不溶性杂质，然后使滤液冷却，被纯化物质即结晶析出，而杂质则留在母液中，过滤便得到较纯净的物质。若一次重结晶达不到要求，可再次结晶。重结晶是提纯固体物质常用的方法之一，它适用于溶解度随温度有显著变化的化合物，对于其溶解度受温度影响很小的化合物则不适用。

2. 沉淀分离

在实验过程中，欲使沉淀与母液分开，有过滤和离心（相关离心方法见 7.2.2）两种方法。

1) 玻璃漏斗过滤

对于需要灼烧的沉淀物，常在玻璃漏斗中用滤纸进行过滤和洗涤。

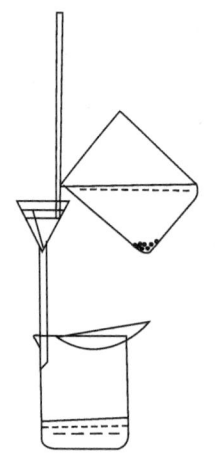

图 7-6 过滤时带沉淀和滤液的烧杯放置方法

过滤和洗涤必须一次完成，不能间断。在操作过程中，不得造成沉淀的损失。

过滤分三步进行：第一步采用倾泻法，尽可能地过滤上层清液；第二步转移沉淀到漏斗上；第三步清洗烧杯和漏斗上的沉淀。此三步操作一定要一次完成，不能间断，尤其是过滤胶状沉淀时更应如此。

第一步采用倾泻法是为了避免沉淀过早堵塞滤纸上的空隙，影响过滤速度。沉淀剂加完后，静置一段时间，待沉淀下降后，将上层清液沿玻璃棒倾入漏斗中（图 7-6），玻璃棒要直立，下端对着滤纸的三层边，尽可能靠近滤纸但不接触。倾入的溶液量一般只充满滤纸的 2/3，离滤纸上边缘至少5mm，否则少量沉淀因毛细管作用越过滤纸上缘，造成损失。

暂停倾泻溶液时，应将烧杯沿玻璃棒向上提起，逐渐使烧杯直立，以免烧杯嘴上的液滴流失。带沉淀的烧杯放置方法如图 7-7 所示，烧杯下放一块木头，使烧杯倾斜，以利于沉淀和清液分开，待烧杯中沉淀澄清后，继续倾注，重复上述操作，直至上层清液倾完为止。开始过滤后，要检查滤液是否透明，如浑浊，应另换一个洁净烧杯，将滤液重新过滤。

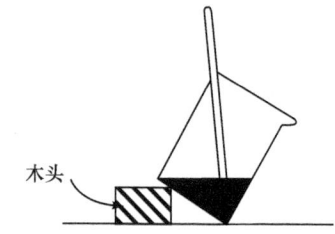

图 7-7 倾泻法过滤

用倾泻法将清液完全过滤后，应对沉淀作初步洗涤。选用什么洗涤液，应根据沉淀的类型和实验内容而定。洗涤时，沿烧杯壁旋转着加入约 10mL 洗涤液（或蒸馏水）吹洗烧杯四周内壁，使黏附的沉淀集中在烧杯底部，待沉淀下沉后，按前述方法倾出过滤清液，如此重复 3～4 次，然后再加入少量洗涤液于烧杯中，搅动沉淀使之均匀，立即将沉淀和洗涤液一起通过玻璃棒转移至漏斗上，再加入少量洗涤液于烧杯中，搅拌均匀后转移至漏斗上，重复几次，使大部分沉淀都转移到滤纸上。然后将玻璃棒横架在烧杯口上，下端应在烧杯嘴上，且超出杯嘴 2～3cm，用左手食指压住玻璃棒上端，大拇指在前，其余手指在后，将烧杯倾斜放在漏斗上方，烧杯嘴向着漏斗，玻璃棒下端指向滤纸的三边层，用洗瓶或滴管吹洗烧杯内壁，使沉淀连同溶液流入漏斗中（图 7-8）。如有少许沉淀牢牢黏附在烧杯壁上而吹洗不下来，可用前面折叠滤纸时撕下的纸角，以水湿润后，先擦玻璃棒上的沉淀，再用玻璃棒按住纸块沿烧杯壁自上而下旋转着把沉淀擦"活"，然后用玻璃棒将它拨出，放入漏斗中心的滤纸上与主要沉淀合并，用洗瓶吹洗烧杯，把擦"活"的沉淀微粒涮洗入漏斗中。在明亮处仔细检查烧杯内壁、玻璃棒、表面皿是否干净、不黏附沉淀，若仍有沉淀痕迹，再行擦拭、转移，直到完全为止。有时也可用沉淀帚（图 7-9）在烧杯内壁自上而下、从左向右擦洗烧杯上的沉淀，然后洗净沉淀帚。沉淀帚一般可自制，剪一段乳胶管，一端套在玻璃棒上，另一端用橡胶胶水黏合，用夹子夹扁晾干即成。

图 7-8　转移沉淀的操作

图 7-9　沉淀帚

沉淀全部转移至滤纸上后进行洗涤，目的是除去吸附在沉淀表面的杂质及残留液。洗涤方法如图 7-10 所示，将洗瓶在水槽上洗吹出洗涤剂，使洗涤剂充满洗瓶的导出管后，再将洗瓶拿至漏斗上方，吹出洗瓶的水流从滤纸的多重边缘开始，螺旋形地往下移动，最后到多重部分停止，这称为"从缝到缝"，这样可使沉淀洗得干净且可将沉淀集中到滤纸的底部。为了提高洗涤效率，应掌握洗涤的要领。洗涤沉淀时要少量多次，即每次螺旋形往下洗涤时，所用洗涤剂的量要少，以便于尽快沥干，沥干后再行洗涤。如此反复，直至沉淀洗净为止。这通常称为"少量多次"原则。

图 7-10　在滤纸上洗涤沉淀

过滤和洗涤沉淀的操作必须不间断地一次完成。若时间间隔过久，沉淀会干涸，粘成一团，就几乎无法洗涤干净了。无论是盛装沉淀还是盛装滤液的烧杯，都应该经常用表面皿盖好。每次过滤完液体后，即将漏斗盖好，以防落入尘埃。

2）微孔玻璃漏斗过滤

不需称量的沉淀或烘干后即可称量或热稳定性差的沉淀，均应在微孔玻璃漏斗（坩埚）内进行过滤，微孔玻璃滤器的滤板是用玻璃粉末在高温下熔结而成的，因此又常称为玻璃砂芯漏斗。此类滤器均不能过滤强碱性溶液，以免强碱腐蚀玻璃微孔。微孔玻璃漏斗使用前应以热浓盐酸或铬酸洗液边抽滤边清洗，再用蒸馏水洗净。使用后的微孔玻璃漏斗应针对不同沉淀物采用适当的洗涤剂洗涤。首先用洗涤剂、水反复抽洗或浸泡，再用蒸馏水冲洗干净，在 110℃ 条件下烘干，保存在无尘柜或有盖的容器中备用。

微孔玻璃漏斗必须在抽滤的条件下采用倾泻法过滤。

3）热过滤

某些物质在溶液温度降低时易成结晶析出，为了滤除这类溶液中所含的其他难溶性杂质，通常使用热滤漏斗[图 7-11（a）]进行过滤，以防止溶质结晶析出。过滤时，把玻璃漏斗放在铜质的热滤漏斗内，热滤漏斗内装有热水以维持溶液的温度。

4）布氏漏斗过滤

对于胶状沉淀和颗粒太小的沉淀，因为胶状沉淀易穿透滤纸，颗粒太小的沉淀易在滤纸上形成一层密实的沉淀，溶液不易透过。可用循环水真空泵使吸滤瓶内减压，如图 7-11（b）所示，瓶内与布氏漏斗液面上形成压力差，因而加快了过滤速度。安装时应注意使漏斗的斜口与吸滤瓶的支管相对。

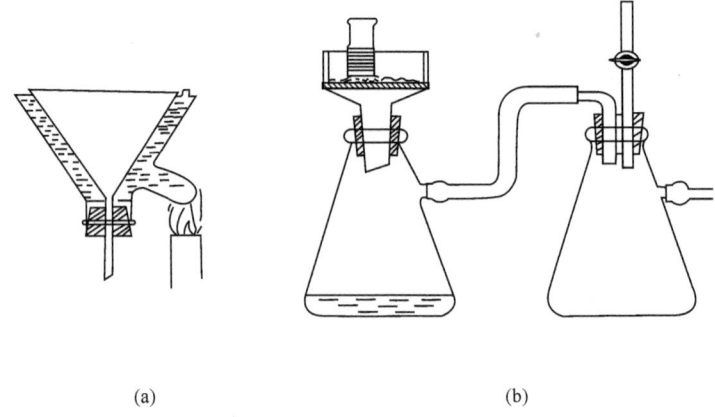

(a)　　　　　　　　(b)

图 7-11　热过滤及抽滤装置

布氏漏斗上有许多小孔，滤纸应剪成比漏斗的内径略小，但又能把瓷孔全部覆盖。用少量水润湿滤纸，打开泵，减压使滤纸与漏斗贴紧，然后开始过滤。当停止吸滤时，需先拔掉连接吸滤瓶和泵的橡皮管，再关泵，以防反吸。为了防止反吸，一般在吸滤瓶和泵之间装上一个安全瓶。

第8章 大学化学实验

实验一 粗盐的提纯与纯度检验

一、实验目的

(1) 掌握溶解、过滤、蒸发等操作技能。
(2) 理解过滤法分离混合物的化学原理。
(3) 了解氯化钠纯度检验的方法。

二、实验原理

粗食盐中通常会含有泥沙等不溶性杂质和 Ca^{2+}、Mg^{2+}、SO_4^{2-} 等盐的可溶性杂质。不溶性杂质可以用过滤的方法除去,可溶性杂质中的 Ca^{2+}、Mg^{2+}、SO_4^{2-} 则可通过加入 $BaCl_2$、NaOH 和 Na_2CO_3 溶液生成沉淀而除去,也可加入 $BaCO_3$ 固体除去。然后蒸发水分得到较纯净的精盐。具体过程如下:

(1) 泥沙等不溶性杂质采用过滤方法除去。
(2) SO_4^{2-} 用稍过量的 $BaCl_2$ 除去:

$$Ba^{2+} + SO_4^{2-} = BaSO_4\downarrow$$

(3) Ca^{2+}、Mg^{2+} 及为沉淀 SO_4^{2-} 而带入的 Ba^{2+},用 NaOH 和 Na_2CO_3 除去:

$$Ca^{2+} + CO_3^{2-} = CaCO_3\downarrow$$

$$Mg^{2+} + 2OH^- = Mg(OH)_2\downarrow$$

$$Ba^{2+} + CO_3^{2-} = BaCO_3\downarrow$$

(4) 过量的 OH^- 和 CO_3^{2-} 用 HCl 除去:

$$OH^- + H^+ = H_2O$$

$$CO_3^{2-} + 2H^+ = H_2O + CO_2\uparrow$$

(5) K^+、Br^-、I^- 等可溶性杂质因含量少,溶解度又很大,可在浓缩结晶时仍残留在母液之中而得到分离。

三、仪器和药品

1. 仪器

电子天平、烧杯、玻璃漏斗、布氏漏斗、抽滤瓶、真空泵、蒸发皿、酒精灯、石棉网、铁架台、药匙。

2. 药品

粗盐、$BaCl_2$ 溶液($1mol \cdot L^{-1}$)、HCl 溶液($2mol \cdot L^{-1}$)、NaOH 溶液($2mol \cdot L^{-1}$)、饱和 Na_2CO_3 溶液、H_2SO_4 溶液($3mol \cdot L^{-1}$)、$(NH_4)_2C_2O_4$ 溶液($0.5mol \cdot L^{-1}$)、镁试剂。

其他:pH 试纸、滤纸。

四、实验内容

1. 粗盐的提纯

（1）在电子天平上称取 8g 粗食盐，放入 100mL 小烧杯中，加 30mL 蒸馏水，边加热边搅拌使其溶解。继续加热至沸，在不断搅拌下逐滴加入 1mol·L^{-1} BaCl$_2$ 溶液至沉淀完全，停止加热，静置 0.5h。

（2）取少许上层清液于试管中，加入 2 滴 BaCl$_2$ 溶液，观察是否有浑浊现象。若没有浑浊，则说明 SO$_4^{2-}$ 沉淀完全。如有浑浊，表示 SO$_4^{2-}$ 尚未除尽，需再滴加 BaCl$_2$ 至所取清液，经检验再无浑浊为止。继续加热 5～10min，用玻璃漏斗过滤，弃去沉淀。

（3）在上述滤液中加入 1mL 2mol·L^{-1} NaOH 溶液和 3mL 饱和 Na$_2$CO$_3$ 溶液，加热至沸。待沉淀沉降后，吸取上层清液于试管中，加入几滴 3mol·L^{-1} H$_2$SO$_4$ 溶液，振荡试管，观察有无浑浊产生。若无白色浑浊，表明 Ba^{2+} 已除尽。若仍有白色浑浊，需再加饱和 Na$_2$CO$_3$ 溶液直至所取清液经检验再无浑浊为止。静置片刻，用玻璃漏斗过滤。

（4）往滤液中滴加 2mol·L^{-1} HCl 溶液，调节 pH 为 3～4，以除去过量的 OH$^-$ 和 CO$_3^{2-}$。

（5）将调节好 pH 的滤液倒入蒸发皿中，小火加热蒸发，并不断搅拌，浓缩至糊状，但切不可蒸干[注1]。适当冷却后，用布氏漏斗抽滤，尽量抽干，用少许蒸馏水洗涤两次，每次洗涤后尽量抽干。

（6）将结晶重新置于干净的蒸发皿中，在石棉网上用小火加热烘干[注2]，冷却、称量，计算产率。

2. 产品的纯度检验

各取约 1g 提纯前后的粗盐和精盐，用少许蒸馏水溶解之后，分别装入 3 支试管中，形成三个对照组。

（1）SO$_4^{2-}$ 检验：在第一组的 2 支试管中分别加入 2 滴 1mol·L^{-1} BaCl$_2$ 溶液，比较沉淀产生情况。

（2）Ca^{2+} 检验：在第二组的 2 支试管中分别加入 2 滴 0.5mol·L^{-1} (NH$_4$)$_2$C$_2$O$_4$ 溶液，分别观察有无白色沉淀产生。

（3）Mg^{2+} 检验：在第三组的 2 支试管中分别加入 2～3 滴 1mol·L^{-1} NaOH 溶液，使溶液呈微碱性，再加入 2～3 滴镁试剂，比较产生蓝色沉淀的情况。

[注1] 蒸发时不能蒸干，否则可溶性杂质无法分离。

[注2] NaCl 晶体必须用小火慢慢烘干，否则会造成 NaCl 晶体溅出。

五、思考题

（1）在除去 Ca^{2+}、Mg^{2+}、SO$_4^{2-}$ 时，为什么要先加入 BaCl$_2$ 溶液，然后再加入 Na$_2$CO$_3$ 溶液？

（2）蒸发前为什么要用盐酸溶液将溶液的 pH 调至 3～4？

（3）中和过量的 NaOH 和 Na$_2$CO$_3$，为什么只用 HCl 溶液？用其他酸是否可以？

实验二 化学平衡与反应速率

一、实验目的

（1）了解浓度和温度对化学平衡的影响。

（2）了解浓度、温度、催化剂对化学反应速率的影响。

（3）学习简单实验仪器的安装和实验数据的作图法处理。

二、实验原理

1. 浓度和温度对化学平衡的影响

在平衡系统中，浓度的改变将导致反应 Q 的改变，而 $K^{\ominus}$ 并不改变，此时，$Q \neq K^{\ominus}$。如果增大反应物浓度或减小生成物的浓度，Q 值将减小，于是 $Q < K^{\ominus}$，$\Delta_r G_m < 0$，反应能自发地向正方向进行，平衡将发生移动，直到 $Q = K^{\ominus}$。例如，铬酸盐和重铬酸盐在水溶液中存在下列平衡：

$$2CrO_4^{2-}(aq) + 2H^+(aq) \rightleftharpoons Cr_2O_7^{2-}(aq) + H_2O(l)$$

黄色　　　　　　　　　　　　橙色

加酸或加碱都会使平衡发生移动而引起颜色的变化。

系统达到平衡后，若不改变系统的 Q 而改变温度，系统的 $K^{\ominus}$ 将会随着温度 T 的改变而发生变化。对于吸热反应，升高温度，$K^{\ominus}$ 值增大，于是 $Q < K^{\ominus}$，$\Delta_r G_m < 0$，平衡向正反应方向移动；对于放热反应，升高温度，$K^{\ominus}$ 值减小，于是 $Q > K^{\ominus}$，$\Delta_r G_m > 0$，平衡向逆反应方向移动。例如

$$[Cu(H_2O)_4]^{2+}(aq) + 4Br^-(aq) \rightleftharpoons [CuBr_4]^{2-}(aq) + 4H_2O(l)$$

蓝色　　　　　　　　　　　　绿色

其 $\Delta_r H_m^{\ominus} > 0$，加热将使平衡向右移动，溶液由蓝色变为绿色，冷却使反应向左进行，溶液由绿色变为蓝色。

2. 浓度和温度对反应速率的影响

在给定的温度条件下，化学反应速率与各反应物浓度（以化学反应式中该物质的化学计量数为指数）的乘积成正比。这一定量关系称为质量作用定律。它仅适用于一步完成的元反应。实际上，很多反应都是由几个元反应组成的复杂反应。例如，Na_2SO_3 和 KIO_3 在酸性溶液中的总反应可表达为

$$5SO_3^{2-}(aq) + 2IO_3^-(aq) + 2H^+(aq) \rightleftharpoons 5SO_4^{2-}(aq) + I_2(s) + H_2O(l)$$

实际反应的机理较复杂，一般认为可能按下列几个连续过程进行：

$$IO_3^-(aq) + SO_3^{2-}(aq) \rightleftharpoons IO_2^-(aq) + SO_4^{2-}(aq) \quad (慢) \tag{1}$$

$$IO_2^-(aq) + 2SO_3^{2-}(aq) \rightleftharpoons I^-(aq) + 2SO_4^{2-}(aq) \quad (快) \tag{2}$$

$$5I^-(aq) + IO_3^-(aq) + 6H^+(aq) \rightleftharpoons 3I_2(s) + 3H_2O(l) \quad (快) \tag{3}$$

$$I_2(s) + SO_3^{2-}(aq) + H_2O(l) \rightleftharpoons 2I^-(aq) + SO_4^{2-}(aq) + 2H^+(aq) \quad (快) \tag{4}$$

总的反应速率由最慢的反应（1）所决定。反应（1）产生的 IO_2^- 很快与剩余的 SO_3^{2-} 作用而产生 I^-，I^- 与 IO_3^- 作用产生 I_2，I_2 又立即与 SO_3^{2-} 作用生成 I^-。这样，只有亚硫酸根离子完全耗尽后，反应（3）所生成的单质碘才可能存在，并与溶液中的淀粉作用而呈蓝色[注1]。因此，可借蓝色出现所需的时间来表示这一反应的反应速率的快慢。

在给定的温度变化范围内，温度对反应速率的影响可用阿伦尼乌斯（Arrhenius）公式表示

$$k = Ae^{-E_a/RT}$$

式中：k 为反应速率常数；A 为指（数）前因子；E_a 为反应的活化能；R 为摩尔气体常量；T 为温度。温度升高，由于 k 增大，反应速率增大，这主要是由于活化分子的百分数增大，从而使活化分子总数大大增加，反应显著加快。对于上述 SO_3^{2-} 与 IO_3^- 的反应，可根据在不同温度条件下出现蓝色所需的时间，粗略地表明温度对反应速率的影响。

3. 催化剂对反应速率的影响

催化剂能显著增加反应速率是因为它改变了反应的过程（或历程），降低了反应的活化能，从而增大了活化分子分数。若催化系统只有一个相，称为单相（或均相）催化；若催化系统不止一个相，则称为多相（或复相）催化。例如

$$2KMnO_4 + 5H_2C_2O_4 + 3H_2SO_4 = 2MnSO_4 + 10CO_2 + K_2SO_4 + 8H_2O$$

反应中所产生的 $MnSO_4$ 是催化剂，该催化系统为单相催化。

对一给定反应，具有催化作用的物质常常不止一种，如 MnO_2、Fe^{3+}、Cu^{2+} 等都是 H_2O_2 分解的催化剂。有时只用一种催化剂时，催化效率并不高，若将几种催化剂并用，可大大提高催化效率，这称为共催化作用。例如，对于反应

$$2H_2O_2(aq) = 2H_2O(l) + O_2(g)$$

Fe^{3+} 的催化能力比 Cu^{2+} 强，而 Fe^{3+} 和 Cu^{2+} 对 H_2O_2 的分解具有共催化作用。

三、仪器和药品

1. 仪器

酒精灯、烧杯（10mL、50mL）、试管（4支）、试管夹、试管刷、石棉铁丝网、三脚架、量筒（10mL）、点滴板、塑料洗瓶、玻璃棒、温度计（0~100℃）、停表（秒表）。

2. 药品

酸：$H_2C_2O_4$（0.05mol·L^{-1}）、H_2SO_4（2mol·L^{-1}）、HCl（2mol·L^{-1}）。

碱：NaOH（2mol·L^{-1}）。

盐：$CoCl_2$（0.1mol·L^{-1}）、$CuSO_4$（1mol·L^{-1}）、KBr（1mol·L^{-1}）、KIO_3（0.01mol·L^{-1}）、$MnSO_4$（0.1mol·L^{-1}）、$CuCl_2$（1mol·L^{-1}）、$FeCl_3$（1mol·L^{-1}）、$K_2Cr_2O_7$（0.1mol·L^{-1}）、$KMnO_4$（0.01mol·L^{-1}）、Na_2SO_3[注2]。

其他：H_2O_2（6%）、锌粒、锌粉。

四、实验内容

1. 浓度和温度对化学平衡的影响

1）浓度的影响

取一洁净点滴板，往点滴穴中滴入 2 滴 0.1mol·L^{-1} $K_2Cr_2O_7$ 溶液，在其中滴加 1 滴 2mol·L^{-1} NaOH 溶液，然后再加入 2mol·L^{-1} H_2SO_4 使之酸化，观察溶液颜色的变化，并进行解释。

2）温度的影响

往试管中加入约 4 滴 1mol·L^{-1} KBr 溶液，再滴加 1 滴 1mol·L^{-1} $CuSO_4$ 溶液。摇匀后，

在酒精灯上加热至 70～80℃，冷却一会，再用自来水淋洗试管外壁。观察颜色变化并解释之。

2. 浓度和温度对反应速率的影响

1) 浓度的影响

往洁净干燥的小烧杯中加入 0.5mL 0.01mol·L^{-1} KIO$_3$ 溶液和 4.5mL 蒸馏水，用玻璃棒搅匀，再加入 1.0mL Na$_2$SO$_3$ 溶液（含有淀粉且用 H$_2$SO$_4$ 酸化过的），立即用玻璃棒搅匀。用停表记录溶液从开始混合至出现蓝色所需的时间（为便于观察颜色变化，可在烧杯下垫一块白瓷板）。

同上操作，按表 8-1 中Ⅱ、Ⅲ及Ⅳ，分别改变 KIO$_3$ 和水的用量，并各加入 1.0mL Na$_2$SO$_3$ 溶液。将各次反应出现蓝色所需的时间记录于表中。

表 8-1 浓度对反应速率的影响

实验编号	Ⅰ	Ⅱ	Ⅲ	Ⅳ
Na$_2$SO$_3$-淀粉溶液体积/mL	1.0	1.0	1.0	1.0
KIO$_3$ 溶液体积/mL	0.5	1.0	1.5	2.0
H$_2$O 体积/mL	4.5	4.0	3.5	3.0
KIO$_3$ 溶液的浓度/(mol·L^{-1})				
反应时间 t/s				
时间的倒数 $\frac{1}{t}$/s^{-1}				

以 KIO$_3$ 溶液的浓度 c(KIO$_3$) 为横坐标，反应所需时间的倒数 $1/t$（可简易地表示其反应速率）为纵坐标，按实验结果在坐标纸上作图，由此得出反应速率与 KIO$_3$ 溶液浓度的关系。

2) 温度的影响

取 3 支试管，量取 2 滴 0.01mol·L^{-1} KIO$_3$ 溶液然后滴加蒸馏水至 1mL，倒入第一支试管中，摇匀。再量取 1mL Na$_2$SO$_3$ 溶液（含有淀粉且用 H$_2$SO$_4$ 酸化过的）倒入第二支试管中。往第三支试管中加入约 1mL 水，并插入温度计（图 8-1）。然后将这 3 支试管同时插入盛有自来水的烧杯（用作水浴）中。1～2min 后（使试管中溶液的温度不再改变），记下温度。将 KIO$_3$ 溶液倒入盛有 Na$_2$SO$_3$ 的试管中，摇荡使之混合均匀，同时按动停表，记录出现蓝色所需的时间。往烧杯中加入热水，使水温分别较室温升高 10K 和 20K，按上述操作进行两次实验。在反应过程中应经常用小火加热，以防止其温度下降。试管中溶液混合后，盛有混合溶液的试管仍应放在盛有热水的烧杯中，以尽量保持温度恒定。根据实验结果，粗略说明温度与反应速率的关系。

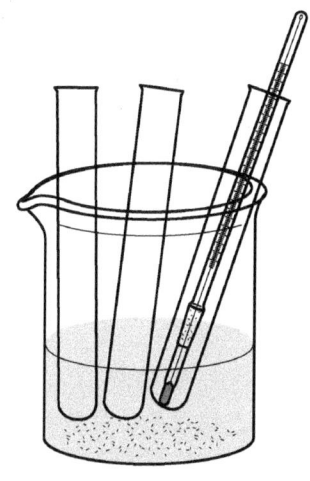

图 8-1 水浴加热示意图

3. 催化剂对反应速率的影响

1）单相催化

取 1 支洁净试管,加入 2 滴 2mol·L^{-1} H$_2$SO$_4$、1 滴 0.1mol·L^{-1} MnSO$_4$ 和 6 滴 0.05mol·L^{-1} H$_2$C$_2$O$_4$ 溶液;往另一支试管中加入 2 滴 2mol·L^{-1} H$_2$SO$_4$、1 滴蒸馏水和 6 滴 0.05mol·L^{-1} H$_2$C$_2$O$_4$ 溶液。然后往这 2 支试管中再各加入 3 滴 0.01mol·L^{-1} KMnO$_4$ 溶液,摇匀。比较这 2 支试管中紫色褪去的快慢。

2）多相催化

往 2 支试管中分别加入 0.5mL 2mol·L^{-1} HCl 溶液,再各加一粒锌粒,然后在其中的一支试管中加入数滴 0.1mol·L^{-1} CoCl$_2$ 溶液,对比反应速率有何差别。由此可得到什么结论?

3）共催化作用

取 3 支试管,分别往每支试管中加入 1mL 质量分数为 6%的 H$_2$O$_2$ 溶液。然后往第一支试管中滴入 3 滴 1mol·L^{-1} FeCl$_3$ 溶液;往第二支试管中滴入 3 滴 1mol·L^{-1} CuCl$_2$ 溶液;往第三支试管中滴入 1 滴 1mol·L^{-1} FeCl$_3$ 溶液和 2 滴 1mol·L^{-1} CuCl$_2$ 溶液。分别摇匀,比较这 3 支试管中生成气泡的多少和快慢有何不同,并由此得出结论。

[注1] 反应中生成的 I$_2$ 与未作用的 I$^-$ 形成 I$_3^-$。溶液所产生的蓝色实际上是 I$_3^-$ 与淀粉形成的配合物的颜色。

[注2] 1L 溶液含 1g Na$_2$SO$_3$、5g 可溶性淀粉及 4mL 浓硫酸,需在实验前新配制。

五、思考题

（1）本实验中如何考察浓度、温度对化学平衡的影响?

（2）为什么可用溶液中蓝色的出现作为 H$_2$SO$_3$ 已反应完的标志?

实验三　电解质在水溶液中的离子平衡

一、实验目的

（1）了解水溶液中可溶电解质的酸碱性及缓冲溶液与 pH 的控制。

（2）了解水溶液中的单相离子平衡及其移动。

（3）了解难溶电解质的多相离子平衡及其移动。

（4）学习离心分离和 pH 试纸的使用等基本操作。

二、实验原理

1. 水溶液中可溶电解质的酸碱性

酸碱质子理论认为,凡能给出质子的物质是酸,凡能与质子结合的物质是碱。酸既可以是中性分子,也可以是带正、负电荷的离子,前者称为分子酸,后者称为离子酸;碱也有分子碱和离子碱之分。酸碱质子理论将电离理论中的电离、中和以及水解等反应归结为一类质子传递的酸碱反应。

酸给出质子后余下的部分称为该酸的共轭碱;碱接受质子后所形成的物质称为该碱的共轭酸。它们存在下列共轭关系:

$$共轭酸 \rightleftharpoons 共轭碱 + H^+$$

在水溶液中，常见的强酸如 HCl、HNO_3、H_2SO_4 等，通常可视为完全解离而生成 $H^+(aq)$；其他常见的酸如 HF、HAc、H_2CO_3、H_2S、H_3PO_4、$NH_4^+(aq)$、$Al^{3+}(aq)$、$Fe^{3+}(aq)$ 等，一般酸性较弱。常见的强碱如 NaOH、KOH、$Ba(OH)_2$ 等，通常可视为完全解离而生成 OH^-；其他常见的碱有 NH_3、$Ac^-(aq)$、$CO_3^{2-}(aq)$、$S^{2-}(aq)$ 等，一般碱性较弱。$HCO_3^-(aq)$、$H_2PO_4^-(aq)$、$HPO_4^{2-}(aq)$ 等既是酸又是碱。

许多酸、碱在水溶液中存在解离平衡，对于一级解离平衡可分别用下列通式表示：

$$HA(aq) + H_2O(l) \rightleftharpoons H_3O^+(aq) + A^-(aq) \ [简写为 HA(aq) \rightleftharpoons H^+(aq) + A^-(aq)]$$

$$A^-(aq) + H_2O(l) \rightleftharpoons HA(aq) + OH^-(aq)$$

它们的平衡常数 $K^\ominus$ 称为解离常数。酸常用 $K_a^\ominus$ 表示，碱则用 $K_b^\ominus$ 表示。例如，$K_a^\ominus$ 和 $K_b^\ominus$ 的表达式按通式为

$$K_a^\ominus = \frac{(c_{H^+}^{eq}/c^\ominus)(c_{A^-}^{eq}/c^\ominus)}{c_{HA}^{eq}/c^\ominus} \qquad K_b^\ominus = \frac{(c_{HA}^{eq}/c^\ominus)(c_{OH^-}^{eq}/c^\ominus)}{c_{A^-}^{eq}/c^\ominus}$$

其中 HA 与 A^- 为共轭酸碱对，它们的解离常数 $K_a^\ominus$ 和 $K_b^\ominus$ 之间有如下关系

$$K_a^\ominus \cdot K_b^\ominus = K_w^\ominus$$

式中：$K_w^\ominus$ 为水的离子积常数。酸越弱，其共轭碱越强；碱越弱，其共轭酸越强。

对于酸碱的一级解离平衡，当其解离度 α 很小时（如 $\alpha < 3\%$），酸溶液中的 H^+ 或碱溶液中的 OH^- 浓度可分别按下式近似计算：

$$c_{H^+} = \sqrt{K_a^\ominus(HA)(c_{HA}/c^\ominus)}c^\ominus$$

$$c_{OH^-} = \sqrt{K_b^\ominus(B)(c_B/c^\ominus)}c^\ominus$$

也可以根据测定溶液 pH 的方法，确定溶液的酸碱性。

2. 缓冲溶液与 pH 的控制

由弱酸及其共轭碱或由弱碱及其共轭酸组成的混合溶液称为缓冲溶液，其相应共轭酸碱对称为缓冲对。缓冲溶液能在一定程度上对外来酸或碱起缓冲作用，即当外加少量酸或碱时，此混合溶液的 pH 基本上保持不变。由弱酸（或碱）及其共轭碱（或酸）组成的缓冲溶液的 pH 为

$$pH = pK_a^\ominus + \lg \frac{c_b}{c_a}$$

如由 $NaHCO_3$ 与 Na_2CO_3 组成的缓冲溶液中，存在

$$HCO_3^-(aq) \rightleftharpoons H^+(aq) + CO_3^{2-}(aq)$$

溶液的 pH 为

$$pH = pK_{a2}^\ominus(H_2CO_3) + \lg \frac{c_{CO_3^{2-}}}{c_{HCO_3^-}}$$

式中：$K_{a2}^\ominus$ 为 H_2CO_3 的二级酸解离常数。

通常可以按指定要求选用不同共轭酸碱对配成缓冲溶液，控制溶液的 pH。一些缓冲溶液所适用的 pH 范围如表 8-2 所示。

表 8-2 一些缓冲溶液及其适用 pH 范围

缓冲溶液的组成	K_a	pK_a	适用的 pH 范围
HF-NH$_4$F	3.53×10^{-4}	3.45	2~4
HAc-NaAc	1.76×10^{-5}	4.75	4~6
NaH$_2$PO$_4$-Na$_2$HPO$_4$	6.23×10^{-8}	7.21	6~8
NH$_3$(aq)-NH$_4$Cl	5.65×10^{-10}	9.25	8~10
NaHCO$_3$-Na$_2$CO$_3$	5.61×10^{-11}	10.25	9~11

3. 水溶液中单相离子平衡及其移动

水溶液中的单相离子平衡包括酸、碱的解离平衡和配离子的解离平衡。根据化学平衡的观点，对于酸或碱的解离平衡：

$Q < K_a^\ominus$（或 $K_b^\ominus$），反应向正方向进行，即酸（或碱）解离；

$Q = K_a^\ominus$（或 $K_b^\ominus$），平衡状态；

$Q > K_a^\ominus$（或 $K_b^\ominus$），反应逆方向进行，即酸（或碱）生成。

显然，若增加某解离产物的浓度，则 $Q > K_a^\ominus$（或 $K_b^\ominus$），平衡向生成酸或碱的方向移动，即酸或碱的解离度减小（同离子效应）。

若减少某解离产物的浓度，则 $Q < K_a^\ominus$（或 $K_b^\ominus$），平衡向酸或碱解离的方向移动。减少解离产物浓度的方法主要是形成难溶电解质、气体以及更难解离的酸、碱与配离子。

4. 难溶电解质的多相离子平衡及其移动

在难溶电解质的饱和溶液中，未溶解的固体与其溶解后形成的离子之间存在着多相离子平衡。例如，在过量 PbCl$_2$ 存在的饱和溶液中，有下列溶解平衡：

$$PbCl_2(s) \rightleftharpoons Pb^{2+}(aq) + 2Cl^-(aq)$$

其平衡常数 $K_{sp}^\ominus(PbCl_2)$ 称为 PbCl$_2$ 的溶度积，可用下式表示

$$K_{sp}^\ominus(PbCl_2) = \left(c_{Pb^{2+}}^{eq}/c^\ominus\right)\left(c_{Cl^-}^{eq}/c^\ominus\right)^2$$

化学平衡的观点也适用于难溶电解质的溶解平衡。例如

$Q < K_{sp}^\ominus$，不发生沉淀反应，或沉淀溶解；

$Q > K_{sp}^\ominus$，发生沉淀反应，或生成沉淀。

显然，同离子效应可使 $Q > K_{sp}^\ominus$，导致溶解平衡向生成沉淀方向移动，即减少了难溶电解质的溶解度。例如，当 Fe^{3+} 与 OH$^-$ 混合产生 Fe(OH)$_3$ 沉淀时，若沉淀剂 NaOH 大大过量，则由于同离子效应的影响，Fe^{3+} 的平衡浓度大大降低。

若减少难溶电解质离子的浓度，则 $Q > K_{sp}^\ominus$，溶解平衡向沉淀溶解的方向移动。因而可借减少离子浓度的方法，使难溶电解质溶解。

金属氢氧化物和 $K_{sp}^\ominus$ 值较大的金属硫化物均可用稀酸（如 HCl），借生成难解离的 H$_2$O、H$_2$S，降低 OH$^-$、S^{2-} 浓度，从而使其溶解。

一些副族元素的难溶电解质如 Cu(OH)$_2$、AgBr 等均可借配离子的形成而降低金属离子的浓度，使其溶解。例如

$$Cu(OH)_2(s) + 4NH_3(aq) \rightleftharpoons [Cu(NH_3)_4]^{2+} + 2OH^-(aq)$$

此外，还可利用氧化还原反应降低离子浓度而使难溶电解质溶解。

使一种难溶电解质转变成另一种更难溶的电解质的反应常称为沉淀的转化。对于同一类型的难溶电解质，沉淀的转化是向生成 $K_{sp}^{\ominus}$ 值较小的难溶电解质的方向进行；对于不同类型的难溶电解质，尤其当两者的 $K_{sp}^{\ominus}$ 值相近时（如 AgCl 和 Ag_2CrO_4），$K_{sp}^{\ominus}$ 值较大者溶解度可能较小，则沉淀的转化就可能向生成 $K_{sp}^{\ominus}$ 值较大、溶解度较小的难溶电解质的方向进行。

三、仪器和药品

1. 仪器

烧杯（50mL）、试管、试管夹、滴管、点滴板、量筒（10mL）、洗瓶、玻璃棒、电动离心机（公用）、离心试管。

2. 药品

酸：CH_3COOH（$0.1mol \cdot L^{-1}$、$1mol \cdot L^{-1}$）、HCl（$0.1mol \cdot L^{-1}$）。

碱：NH_3（aq）（$0.1mol \cdot L^{-1}$、$2mol \cdot L^{-1}$）、NaOH（$0.1mol \cdot L^{-1}$、$2mol \cdot L^{-1}$）。

盐：$AgNO_3$（$0.1mol \cdot L^{-1}$）、$Pb(NO_3)_2$（$0.5mol \cdot L^{-1}$）、$CuSO_4$（$0.1mol \cdot L^{-1}$）、$FeCl_3$（$0.1mol \cdot L^{-1}$）、K_2CrO_4（$0.1mol \cdot L^{-1}$）、KI（$0.1mol \cdot L^{-1}$）、NH_4Ac（$0.1mol \cdot L^{-1}$、饱和）、NH_4SCN（$0.1mol \cdot L^{-1}$）、NaAc（$0.1mol \cdot L^{-1}$、$1mol \cdot L^{-1}$）、NaCl（$1mol \cdot L^{-1}$）、Na_2CO_3（固）、$Al_2(SO_4)_3$（固）。

其他：酚酞（0.1%）[注1]、广泛 pH 试纸、精密 pH 试纸（pH 0.5～5；5.4～7.0）。

四、实验内容

1. 酸、碱溶液 pH 的测定与控制

1）酸、碱溶液 pH 的测定

下列各溶液的浓度均为 $0.1mol \cdot L^{-1}$，试用广泛 pH 试纸测定溶液的 pH。若两溶液的 pH 相差不大，则可改用精密 pH 试纸测定。

    HAc HCl NH_4Ac NaAc NaOH

在点滴板的孔穴中插入选用的 pH 试纸条，然后用多用滴管或滴管依次在每个孔穴中滴入 1 滴各种待测溶液，立即将 pH 试纸所显颜色与 pH 比色卡上的颜色作对比，确定待测溶液的 pH。

2）缓冲溶液的配制与 pH 的控制

用量筒尽可能准确地量取 HAc 和 NaAc（均为 $1mol \cdot L^{-1}$）溶液各 2mL，倒入小试管中，搅匀，用精密 pH 试纸测定所配制的缓冲溶液的 pH（应选择哪种 pH 范围的精密 pH 试纸?），并与计算值比较。

往 3 支试管中各加入 1mL 此缓冲溶液，然后分别加入 $0.1mol \cdot L^{-1}$ HCl、$0.1mol \cdot L^{-1}$ NaOH 溶液和蒸馏水各一滴。用精密 pH 试纸分别测定它们的 pH，观察其 pH 有何变化。

往 2 支试管中各加入 1mL 蒸馏水，用精密 pH 试纸测定其 pH；分别加入与上述相同体积的 $0.1mol \cdot L^{-1}$ HCl、$0.1mol \cdot L^{-1}$ NaOH 溶液，再分别测定它们的 pH。

比较缓冲溶液与蒸馏水两组实验结果，并总结缓冲溶液的特性。

2. 酸、碱的解离平衡及其移动

1）同离子效应

往试管中加入约 2mL 0.1mol·L^{-1} 氨水溶液，再滴入 1 滴酚酞溶液[注2]，观察溶液的颜色。然后将此溶液平均分为两份，其中一份中加入少量 NH_4Ac 饱和溶液，另一份中加入等体积的蒸馏水。比较这两种溶液的颜色有无不同。

2）生成气体与难溶电解质

取 2 支试管，分别加入少量（米粒大小）的固体 Na_2CO_3 和 $Al_2(SO_4)_3$，并各加约 2mL 蒸馏水，摇荡 2 支试管，当固体溶解后分别用 pH 试纸检测两种溶液的 pH。

将上述两溶液混合，有何现象产生？试验证产生的沉淀是 $Al(OH)_3$，而不是 $Al_2(CO_3)_3$（实验时沉淀量要取得少，且需预先离心分离，更重要的是实验中不可多取 Na_2CO_3）。

3. 难溶电解质的多相离子平衡及其移动[注3]

1）沉淀的生成与同离子效应

（1）往 1 支试管中加入 2 滴 0.5mol·L^{-1} $Pb(NO_3)_2$ 溶液，然后再加 2 滴 1mol·L^{-1} NaCl 溶液，摇荡试管，观察现象（静置试管，保留其内容物备用）。

往 2 支试管中分别加入 2 滴 0.5mol·L^{-1} $Pb(NO_3)_2$ 溶液和 2 滴 1mol·L^{-1} NaCl 溶液，然后各加 4mL 蒸馏水稀释，混合这两种溶液，摇荡试管使之混合均匀。再次观察是否有沉淀生成。

比较上述实验结果，试用溶度积规则解释之。

（2）往 1 支离心试管中加入 6 滴 0.1mol·L^{-1} $FeCl_3$ 溶液和 1 滴 2mol·L^{-1} NaOH 溶液，往另 1 支离心试管中加入 6 滴 0.1mol·L^{-1} $FeCl_3$ 溶液和 8~10 滴 2mol·L^{-1} NaOH 溶液，观察两试管中生成的红棕色 $Fe(OH)_3$ 沉淀。将沉淀离心沉降后，分别吸出上层清液，并往清液中各滴加 2~3 滴 0.1mol·L^{-1} NH_4SCN 溶液。比较两种实验结果的不同，试联系同离子效应解释之。

2）沉淀的溶解

利用实验室提供的试剂，自行设计制备难溶 $Cu(OH)_2$，离心沉降后观察沉淀的颜色，并吸去上层大部分清液，保留沉淀做下面的实验。试验沉淀的溶解时，沉淀量应尽可能少，这样有利于观察实验结果。

往盛有 $Cu(OH)_2$ 沉淀的试管中，逐滴加入 2mol·L^{-1} 氨水，摇荡试管，观察沉淀的溶解和溶液颜色的变化。写出化学反应式。

3）沉淀的转化

（1）取实验 3（1）中保留的内容物，吸去其上层清液，往沉淀中加入 2~4 滴 0.1mol·L^{-1} KI 溶液，摇荡试管，观察沉淀颜色的变化。试解释原因，并写出有关化学反应式。

（2）自行制备 Ag_2CrO_4 沉淀，观察沉淀的颜色。试验 Ag_2CrO_4 沉淀能否与 NaCl 溶液发生反应。同时试验 AgCl 沉淀（自行制备）能否与 K_2CrO_4 溶液发生反应。观察两次试验中沉淀与溶液颜色的变化。用化学反应式说明此沉淀转化反应的方向（能否借比较 AgCl 与 Ag_2CrO_4 的 K_{sp} 大小作出判断？）。

[注1] 0.1g 酚酞溶于 100mL 60%乙醇中。

[注2] 酚酞是一种有机化合物，在水中的溶解度很小，而在乙醇中的溶解度较大。一般将酚酞溶于乙醇和水的混合液中配制成酚酞指示剂。酚酞溶液不宜加得太多，否则由于酚酞

溶解度减小，将出现白色浑浊，影响试验现象的观察。

[注3] 此部分内容全部用离心试管做。

五、思考题

（1）同离子效应对酸碱的解离度及难溶电解质的溶解度各有什么影响？联系实验说明之。

（2）缓冲溶液的组成有何特征？为何说它具有控制溶液 pH 的功能？

（3）离心分离适用于何种场合的固体与液体的分离？操作中有哪些注意之处？

实验四　乙酸解离度和解离常数的测定

一、实验目的

（1）了解用 pH 法和电导率法测定乙酸解离度和解离常数的原理和方法。

（2）加深对弱电解质解离平衡的理解。

（3）学习电导率仪的使用方法，学习滴定管、移液管的基本操作。

二、实验原理

乙酸 CH_3COOH 即 HAc，在水中是弱电解质，存在下列解离平衡

$$HAc(aq)+H_2O(l) \rightleftharpoons H_3O^+(aq)+Ac^-(aq)$$

或简写为

$$HAc(aq) \rightleftharpoons H^+(aq)+Ac^-(aq)$$

其解离常数为

$$K_a^\ominus = \frac{(c_{H^+}^{eq}/c^\ominus)(c_{Ac^-}^{eq}/c^\ominus)}{(c_{HAc}^{eq}/c^\ominus)}$$

如果 HAc 的起始浓度为 c_0，其解离度为 α，由于 $c_{H^+}^{eq} = c_{Ac^-}^{eq} = c_0\alpha$，代入上式得

$$K_a^\ominus = \frac{(c_0\alpha)^2}{(c_0-c_0\alpha)c^\ominus} = \frac{c_0\alpha^2}{(1-\alpha)c^\ominus}$$

某一弱电解质的解离常数 $K_a^\ominus$ 仅与温度有关，而与该弱电解质溶液的浓度无关；其解离度 α 则随溶液浓度的降低而增大。可以有多种方法测定弱电解质的 α 和 $K_a^\ominus$，本实验采用的方法有下列两种。

1. pH 法测定 HAc 的 α 和 $K_a^\ominus$

在一定温度下，用 pH 计（又称酸度计）测定一系列已知浓度的 HAc 溶液的 pH，按 $pH = -\lg(c_{H^+}^{eq}/c^\ominus)$ 换算成 $c_{H^+}^{eq}/c^\ominus$。根据 $c_{H^+}^{eq} = c_0\alpha$，即可求得一系列对应的 HAc 的解离度 α 和 $c_0\alpha^2/[(1-\alpha)c^\ominus]$ 值。这一系列 $c_0\alpha^2/[(1-\alpha)c^\ominus]$ 值应近似为一常数，取其平均值，即为该温度时 HAc 的解离常数 $K_a^\ominus$。

另一种测定 $K_a^\ominus$ 的简单方法是根据缓冲溶液的计算公式

$$pH = pK_a^\ominus(HAc) + \lg\frac{c_{Ac^-}}{c_{HAC}}$$

若 $c_{HAc} = c_{Ac^-}$，则上式简化为 $pH = pK_a^\ominus(HAc)$。

因而如果将 HAc 溶液分为体积相等的两部分，其中一部分溶液用 NaOH 溶液滴定至终点（此时 HAc 即几乎完全转化为 Ac^-），再与另一部分溶液混合，并测定该混合溶液（缓冲溶液）的 pH，即可得到 HAc 的解离常数。测定时无需知道 HAc 和 NaOH 溶液的浓度。

2. 电导率法测定 HAc 的 α 和 $K_a^{\ominus}$

电解质溶液是离子电导体，在一定温度时，电解质溶液的电导（电阻的倒数）λ 为

$$\lambda = k \frac{A}{l}$$

式中：k 为电导率（电阻率的倒数），表示长度 l 为 1m、截面积 A 为 $1m^2$ 的导体的电导，可由电导率仪测得，单位为 $S \cdot m^{-1}$。电导的单位为 S［西（门子）］。

在一定温度下，电解质溶液的电导 λ 与溶质的性质及其浓度 c 有关。为了便于比较不同溶质的溶液的电导，常采用摩尔电导 λ_m。它表示在相距 1m 的两平行电极间，放置含有 1 单位物质的量电解质的电导，其数值等于电导率 k 乘以此溶液的全部体积。若溶液的浓度为 c（$mol \cdot L^{-1}$），则含有 1 单位物质的量电解质的溶液体积 $V = \frac{10^{-3}}{c}$，于是溶液的摩尔电导为

$$\lambda_m = kV/m^2 = k \frac{10^{-3}}{c}$$

式中：λ_m 的单位为 $S \cdot m^2 \cdot mol^{-1}$；$c$ 的单位为 $mol \cdot L^{-1}$。

弱电解质溶液的浓度 c 越小，弱电解质的解离度 α 越大，无限稀释时弱电解质也可看作完全解离，即此时的 $\alpha = 100\%$。从而可知，一定温度下，某浓度 c 的摩尔电导 λ_m 与无限稀释时的摩尔电导 $\lambda_{m,\infty}$ 之比，即为该弱电解质的解离度

$$\alpha = \lambda_m / \lambda_{m,\infty}$$

不同温度时，HAc 的 $\lambda_{m,\infty}$ 值如表 8-3 所示。

表 8-3 不同温度下 HAc 无限稀释时的摩尔电导 $\lambda_{m,\infty}$

温度 T/K	273	291	298	303
$\lambda_{m,\infty}/(S \cdot m^2 \cdot mol^{-1})$	0.0245	0.0349	0.0391	0.0428

借电导率仪测定一系列已知起始浓度的 HAc 溶液的 $K_a^{\ominus}$ 值。将摩尔电导表示的解离度 α 代入酸解离常数表达式中可得酸解离常数 $K_a^{\ominus}$ 为

$$K_a^{\ominus} = \frac{c_0 \lambda_m^2}{\lambda_{m,\infty}(\lambda_{m,\infty} - \lambda_m)}$$

三、仪器和药品

1. 仪器

常用仪器：烧杯（20mL）、锥形瓶（50mL）、吸耳球、碱式滴定管、滴定管夹、塑料洗瓶、玻璃棒、铁架台、吸量管（10mL）、白瓷板、试管刷。

其他：电导率仪（附铂黑电导电极）。

2. 药品

乙酸 HAc（0.1mol·L^{-1}）、标准 NaOH 溶液（0.1000mol·L^{-1}）、酚酞（1%）。

四、实验内容

1. 电导率仪的使用方法

电导率仪的使用方法见 7.2.2 节主要仪器的使用。

2. 乙酸溶液浓度的标定

用吸量管（有哪些应注意?）量取 3 份 5.00mL 0.1mol·L^{-1} HAc 溶液，分别注入 3 个锥形瓶中，各加 2 滴酚酞溶液。分别用标准 NaOH 溶液滴定至溶液显浅红色，半分钟内不褪色即为终点，计算滴定所用的标准 NaOH 溶液的体积，从而求得 HAc 溶液的准确浓度。重复上述实验，求出三次测定 HAc 溶液浓度的平均值。

3. 系列乙酸溶液的电导率的测定

用吸量管量取 4.00mL 已标定的 HAc 溶液置于烧杯中，另用吸量管量取 4.00mL 蒸馏水与上述 HAc 溶液混合。用玻璃棒搅拌均匀。根据电导率仪中的操作步骤，使用铂黑电导电极测定所配制的 HAc 溶液的电导率。随后，用吸量管从已测定过电导率的溶液中取出 4.00mL，并弃去；再用另一支吸量管加入 4.00mL 蒸馏水[注1]，搅拌均匀，测定此稀释后 HAc 溶液的电导率。如此不断稀释，共测定电导率 4~6 次。记录实验时室温与不同起始浓度时的电导率 k 数据。根据表 8-3 的数值，得到实验室温下 HAc 无限稀释时的摩尔电导 $\lambda_{m,\infty}$[注2]。再计算不同起始浓度时的摩尔电导 λ_m 即可求得各浓度时 HAc 的解离度 α 和酸解离常数 $K_a^{\ominus}$。

4. 数据记录和处理

1）乙酸溶液浓度的标定
记录所用标准 NaOH 溶液的量。

2）乙酸溶液的电导率、乙酸的解离度和解离常数的测定

实验编号	HAc 溶液的起始浓度 c_0(HAc)/(mol·L^{-1})	电导率 k/(S·m^{-1})	摩尔电导 λ_m/(S·m^2·mol^{-1})	解离度 α	$c_0\alpha^2/(1-\alpha)$ 或 $c_0\lambda_m^2/[\lambda_{m,\infty}(\lambda_{m,\infty}-\lambda_m)]$
I					
II					
III					
IV					
V					
实验时室温 T/K					
无限稀释时的摩尔电导 $\lambda_{m,\infty}$/(S·m^2·mol^{-1})					
$K_a^{\ominus}$ 均值					

[注1] 为使实验结果不产生较大的误差，本实验所用蒸馏水的电导率应不大于 1.2×10^{-3} S·m^{-1}。

[注2] 若室温不同于表 8-3 中所列温度，可用内插法近似求出所需的 $\lambda_{m,\infty}$ 值。例如，室温为 295K 时，HAc 无限稀释时的摩尔电导 $\lambda_{m,\infty}$ 为

$$\frac{(0.0391-0.0349)(S \cdot m^2 \cdot mol^{-1})}{x} = \frac{(298-291)K}{(295-291)K}$$

$$x = 0.0024 S \cdot m^2 \cdot mol^{-1}$$

$$\lambda_{m,\infty} = (0.0349 + x) S \cdot m^2 \cdot mol^{-1} = 0.0373 S \cdot m^2 \cdot mol^{-1}$$

五、思考题

（1）实验用烧杯、移液管各用哪种 HAc 溶液润洗？容量瓶是否要用 HAc 溶液润洗？为什么？

（2）实验所测的 5 种乙酸溶液的解离度各是多少？由此可以得出什么结论？

实验五　电化学实验

一、实验目的

（1）了解原电池的组成及其电动势的粗略测定。
（2）了解浓度、介质的酸碱性对电极电势的影响。
（3）了解电解、电化学腐蚀及防止的基本原理与方法。
（4）了解微型实验方法。

二、实验原理

1. 原电池组成和电动势

利用氧化还原反应产生电流的装置称为原电池。原电池中必须有电解质（常为溶液）及不同的电极材料，还可有盐桥。对于用两种不同金属电极所组成的原电池，一般说来，较活泼的金属为负极，较不活泼的金属为正极。放电时，负极上发生氧化反应，不断给出电子；正极上发生还原反应，不断得到电子。电子通过外电路流入正极。在外电路中接上伏特计，可粗略地测得原电池的电动势 E（此时测定过程中有电流通过）。要精确地测定原电池的电动势，需用补偿法（又称对消法，此时测定过程中无电流通过），可借电势（差）计测量。原电池电动势 E 是正、负电极的电极电势（分别用 $\varphi_正$ 和 $\varphi_负$ 表示）的代数值之差：

$$E = \varphi_正 - \varphi_负$$

2. 浓度、介质的酸碱性对电极电势的影响

1）浓度对电极电势的影响

不同浓度时的电极电势与标准电极电势之间的关系可用能斯特（Nernst）方程式表示。在 298.15K 下

$$\varphi = \varphi^\ominus + \frac{0.05917}{n} \lg (c_{氧化态}/c^\ominus)^a / (c_{还原态}/c^\ominus)^b$$

式中：a、b 分别为电极反应中氧化态物质和还原态物质的化学计量数；n 为反应式中得失电子的化学计量数。例如，对 Pb^{2+}/Pb 这类金属电极

$$Pb^{2+}(aq)+2e^- = Pb(s)$$

由反应式可知，当增大氧化态物质 Pb^{2+} 浓度时，其电极电势代数值将增大；反之，电极电势代数值将减小。对于 Fe^{3+}/Fe^{2+} 这类氧化还原电极：

$$Fe^{3+}(aq)+e^- = Fe^{2+}(aq)$$

当增大其氧化态物质 Fe^{3+} 浓度时，其电极电势代数值将增大；反之，则代数值将减小。

如果改变原电池任一半电池中的某种离子浓度，而另一半电池的离子浓度保持不变，则电动势也会发生改变。尤其是加入某种沉淀剂（如 OH^-、S^{2-} 等）或配位剂（如氨水）时，会使某些离子浓度大为降低，从而使电极电势代数值发生较大改变，甚至导致原电池中电极正、负符号改变。

2）介质的酸碱性对电极电势的影响

介质的酸碱性（或氢离子浓度）对含氧酸盐或 H_2O_2 的电极电势和氧化性影响较大。例如，在酸性介质中 $Cr_2O_7^{2-}$ 能被还原成 Cr^{3+}，它的半电池反应为

$$Cr_2O_7^{2-}(aq)+14H^+(aq)+6e^- = 2Cr^{3+}(aq)+7H_2O(l)$$

$$\varphi^{\ominus}(Cr_2O_7^{2-}/Cr^{3+})=1.232V$$

$$\varphi(Cr_2O_7^{2-}/Cr^{3+}) = \varphi^{\ominus}(Cr_2O_7^{2-}/Cr^{3+}) + \frac{0.059}{6}\lg\frac{[c(Cr_2O_7^{2-}/c^{\ominus})\cdot c(H^+)/c^{\ominus}]^{14}}{[c(Cr^{3+})/c^{\ominus}]^2}$$

又如，在碱性介质中 CrO_4^{2-} 能被还原成 $Cr(OH)_3$ 或 CrO_2^-（碱性更大时），它的半电池反应为

$$CrO_4^{2-}(aq)+4H_2O(l)+3e^- \longrightarrow Cr(OH)_3(s)+5OH^-(aq)$$

$$\varphi^{\ominus}[CrO_4^{2-}/Cr(OH)_3]=-0.13V$$

$$\varphi[CrO_4^{2-}/Cr(OH)_3] = \varphi^{\ominus}[CrO_4^{2-}/Cr(OH)_3] + \frac{0.059}{3} + \lg\frac{c(CrO_4^{2-})/c^{\ominus}}{[c(OH^-)/c^{\ominus}]^5}$$

一般说来，含氧酸盐所处的溶液酸性越强，其氧化性越强。

3. 电解基本原理

直流电通过电解液（电解质溶液或其熔融液）在电极上发生氧化还原的过程称为电解。这种借助于电流引起化学反应的装置，即将电能转变成化学能的装置称为电解池（或电解槽）。电解池中与直流电源负极相连的电极称为阴极；与电源正极相连的电极称为阳极。电子自负极通过导线进入阴极，从阳极通过导线进入正极。

电解产物与电解质溶液浓度、电流密度、电极材料等因素有关。阳极上是析出电势（包括电极电势和超电势）代数值较小的还原态物质先放电（失电子）；阳极若为金属，则常是阳极溶解（除惰性金属如 H 等外）。阴极上是析出电势代数值较大的氧化态物质先放电（得电子）。例如，用石墨作两电极电解 KI 溶液时，阳极将有单质碘析出，阴极则有氢气泡生成。

$$阳极（石墨）2I^-(aq) = I_2(s)+2e^-$$

$$阴极（石墨）2H^+(aq)+2e^- = H_2(g)$$

4. 电化学腐蚀及其防止

电化学腐蚀是由于金属在电解质溶液中发生与原电池相似的电化学过程而引起的一种腐蚀。腐蚀电池中较活泼的金属作为阳极（负极）被氧化而腐蚀，而阴极（正极）仅起传递电子作用，本身不被腐蚀。通常钢铁在大气中的腐蚀是吸氧腐蚀。

阳极　　Fe(s) ══ Fe^{2+}(aq)+2e$^-$
阴极　　O$_2$(g)+2H$_2$O(l)+4e$^-$ ══ 4OH$^-$(aq)

金属由于表面氧气分布浓度不同而引起的腐蚀称为差异充气腐蚀,实际上也是一种吸氧腐蚀。

在腐蚀性介质中,加入少量能防止或延缓腐蚀过程的物质称为缓蚀剂。例如,乌洛托品(六次甲基四胺,商业上又称 H 促进剂)可用作钢铁在酸性介质中的缓蚀剂。

阴极保护法有牺牲阳极法和外加电流法。后者是将需要保护的金属与外加电源的负极相连,使其成为阴极。

三、仪器和药品

1. 仪器

表面皿、烧杯(25mL)、试管、试管架、滴管、洗瓶、砂纸、锌片、小锌条、铜片、石墨棒、铜丝(粗、细)、铁片、小铁钉、一头连有鳄鱼夹的导线、万用电表或直流伏特计(0~3V)、盐桥、干电池。

2. 药品

酸:HCl(0.1mol·L^{-1})、H$_2$SO$_4$(3mol·L^{-1})。

碱:NH$_3$(aq)(2mol·L^{-1})、NaOH(2mol·L^{-1})。

盐:Cr$_2$(SO$_4$)$_3$(0.1mol·L^{-1})、FeCl$_3$(0.1mol·L^{-1})、K$_2$CrO$_4$(0.1mol·L^{-1})、KI(0.1mol·L^{-1})、KNO$_3$(饱和)、NaCl(0.1mol·L^{-1})、Pb(NO$_3$)$_2$(0.1mol·L^{-1})、Na$_2$S(0.1mol·L^{-1})、K$_2$Cr$_2$O$_7$(0.1mol·L^{-1})、K$_3$[Fe(CN)$_6$](0.1mol·L^{-1})、(NH$_4$)$_2$Fe(SO$_4$)$_2$(0.1mol·L^{-1})、CuSO$_4$(0.1mol·L^{-1})、ZnSO$_4$(0.1mol·L^{-1})。

其他:乌洛托品(CH$_2$)$_6$N$_4$(20%)、H$_2$O$_2$(3%)、锌粒(纯)、酚酞(1%)。

四、实验内容

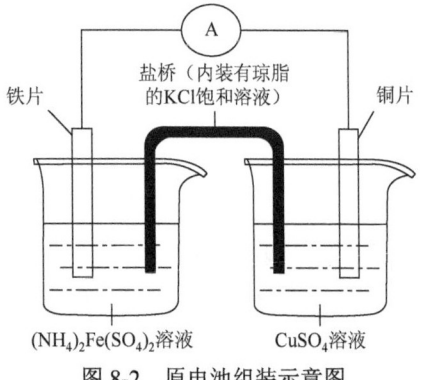

图 8-2　原电池组装示意图

1. 原电池的组成和电动势的粗略测定

取 2 个 25mL 烧杯作好标记,分别倒入适量 0.1mol·L^{-1} CuSO$_4$ 和(NH$_4$)$_2$Fe(SO$_4$)$_2$ 溶液,并与相应电极材料按图 8-2 装配成原电池。接上万用电表或伏特计,注意正、负极的连接,若指针不是正向偏转,则应调换万用电表或伏特计与正、负极的连接。观察万用电表或伏特计指针偏转方向,并记录其读数。另取 4 个 25mL 烧杯作好标记,按表 8-4 所示组成电极,并参照图 8-2 的形式装配成不同的原电池,记录相应的电动势。

表 8-4　一些电极的组成

电极编号	I	II	III	IV	V	
电解质溶液	(NH$_4$)$_2$Fe(SO$_4$)$_2$	Pb(NO$_3$)$_2$	CuSO$_4$	ZnSO$_4$	FeCl$_3$	(NH$_4$)$_2$Fe(SO$_4$)$_2$
浓度/(mol·L^{-1})	0.10	0.10	0.10	0.10	0.10	0.10
电极材料	Fe	Pb	Cu	Zn	石墨	

2. 浓度、介质对电极电势的影响

1）浓度对电极电势的影响

由表 8-4 中任意挑选两个电极组成原电池,并选择适当试剂如 OH^-（aq）、NH_3（aq，$2mol \cdot L^{-1}$）等加入某一电极的溶液中,使生成难溶电解质或难解离物质（如配离子）。观察加入该试剂前后万用电表或伏特计指针偏转的变化（包括指针偏转方向的改变），并简单解释之。

2）介质对电极电势的影响

（1）往烧杯中加入适量质量分数为 3%的 H_2O_2 溶液,往邻近另一烧杯中加入适量 $0.1mol \cdot L^{-1}$ $Cr_2(SO_4)_3$ 和 $0.1mol \cdot L^{-1}$ $K_2Cr_2O_7$ 溶液。在这两个烧杯中分别插入石墨棒,组成两电极,利用经饱和 KNO_3 溶液湿润过的盐桥组成原电池。使原电池正、负电极分别与万用电表或伏特计相接,观察万用电表或伏特计指针偏转方向,记录其读数。再往 $Cr_2O_7^{2-}/Cr^{3+}$电对中滴入几滴 $3mol \cdot L^{-1}$ H_2SO_4 溶液,观察万用电表或伏特计指针偏转情况有何不同。

（2）参照实验内容（1），将 $K_2Cr_2O_7$ 改为 K_2CrO_4 溶液,其他条件不变,组成原电池。使原电池正、负极分别与万用电表或伏特计的两极相连或滴加 $2mol \cdot L^{-1}$ NaOH 溶液至沉淀消失,观察万用电表或伏特计指针偏转方向与实验内容（1）有何不同。

3. 电解

往一个小烧杯中加入适量 $0.1mol \cdot L^{-1}$ KI 溶液,用石墨棒作阴极和阳极,组成电解池,并分别与干电池组的负、正极相连,进行电解。几分钟后,观察电解池中发生的现象。写出阴、阳极的电极反应式。

4. 电化学腐蚀及其防止

1）宏电池腐蚀

（1）预先配制腐蚀液,方法是往试管中加入 1mL $0.1mol \cdot L^{-1}$ NaCl 溶液和 1 滴 $0.1mol \cdot L^{-1}$ $K_3[Fe(CN)_6]$ 及 1 滴质量分数为 1%的酚酞溶液。保留此溶液,供本实验内容 2)、3)中使用。

往表面皿上放一片滤纸,滴加 4～5 滴自己配制的腐蚀液,然后取两枚小铁钉,在一枚铁钉的一端紧绕一根铜丝,在另一枚铁钉的一端紧裹一根薄的锌条。将它们离开一定距离,放置于滤纸片上,并浸没于上述溶液中,经过一定时间后,分别观察铁钉、铜丝以及锌条附近出现的不同颜色。简单解释。

（2）往盛有 $0.1mol \cdot L^{-1}$ HCl 溶液的试管中加入 1 粒纯锌粒,观察有何现象。插入 1 根粗铜丝,并与锌粒相接触。观察前后现象有何不同。简单解释。

2）差异充气腐蚀

在已用砂纸擦亮的铁片上,滴上 1～2 滴自己配制的腐蚀液。观察现象。静置 20～30min 后,再仔细观察液滴的不同部位所产生的颜色。简单解释。

3）金属腐蚀的防止

（1）缓蚀剂法。往两支试管中各放入一枚无锈或已经除锈的铁钉,并往其中的 1 支试管中再加入数滴质量分数为 20%的乌洛托品。然后各加入约 2mL $0.1mol \cdot L^{-1}$ HCl 和几滴 $0.1mol \cdot L^{-1}$ $K_3[Fe(CN)_6]$溶液（后两种溶液的加入量应相同）。观察、比较两支试管中现象有何不同。为什么？

(2) 阴极保护法。将一滤纸片放置于表面皿上，并用自己配制的腐蚀液润湿。将两枚铁钉隔开一段距离，放置于已润湿的滤纸片上，并分别与铜锌电池（由实验内容1提供）的正、负极相连。静置一段时间，观察现象并解释。

五、思考题

(1) 本实验中万用电表或伏特计上读数是否就是原电池的电动势？该数值可否作为比较电极电势大小的依据？为什么？

(2) 在铜锌原电池中，往正极或负极中分别加入 OH^-（aq）、S^{2-}（aq）或 NH_3（aq）时，原电池的电动势将会如何变化？

(3) 用腐蚀液在铁片上进行差异充气腐蚀实验中，液滴中央是阴极还是阳极？将显什么颜色？液滴四周又将如何？

实验六　环保天然皂的制备
（基础型开放实验）

一、实验目的

(1) 了解手工皂的环保特点。
(2) 练习手工皂的制作方法。
(3) 锻炼个性化设计实验的操作技能。

二、实验原理

肥皂的制作方法有很多，但市售的肥皂或者香皂大多为化学皂，很少会使用天然的植物油。冷制法的肥皂（手工皂）是100%天然油脂皂化反应的产物，实际上手工皂的纯度不高，生成的甘油、油脂中的不皂化物以及过剩油脂都未被去除。纯度不高的手工皂的 pH 在 9 以下，呈弱碱性，所以冷制法更适合于运用在洗颜护肤的化妆肥皂中。一方面，制作过程温度很低，不破坏原材料中的营养成分，另一方面，手工皂含有丰富的天然甘油和过剩油脂，在清洗皮肤的时候具有更温和的特性。另外，手工皂与合成洗涤剂相比更加环保。

手工皂中的界面活性剂一旦被稀释，或是遇到酸性物质被中和，就有将已经抓住的污垢全部放掉的特性（界面活性作用丢失），在洗后的皮肤上和排出去的污水中，都无法再发挥界面活性作用。因此手工皂水流入湖泊和海洋只要 24h 就被细菌分解，并且无毒，而化工合成洗涤剂没有这个特性，无论在冲洗过的皮肤上还是排出去的水中都将持续发挥界面活性作用，对生态环境造成不良影响。手工皂的诸多优点使其具有广泛的应用性。

手工皂具有柔软的质感、植物的芳香和未经破坏的天然营养成分，真正让肌肤感受到舒服与滋润。自制手工皂五颜六色，形态各异，充分体现个性，能让学生在制作的过程中感受到实验的乐趣，对培养学生的创新能力和创新精神起到积极的作用。

1. 皂化反应的基本原理

脂肪和植物油的主要成分是甘油三酯，它们在碱性条件下水解的方程式为

$$\begin{array}{c}\text{CH}_2\text{OOCR}\\|\\\text{CHOOCR}\\|\\\text{CH}_2\text{OOCR}\end{array} + 3\text{NaOH} \xrightarrow{\text{加热}} 3\text{RCOONa} + \begin{array}{c}\text{CH}_2\text{OH}\\|\\\text{CHOH}\\|\\\text{CH}_2\text{OH}\end{array}$$

R 基可能不同,但生成的 R—COONa 都可以做肥皂。常见的 R—有:

R—:十七碳烯基,R—COOH 为油酸;

R—:正十五烷基,R—COOH 为软脂酸;

R—:正十七烷基,R—COOH 为硬脂酸。

2. 冷制皂

冷制皂即利用冷制法做成的手工皂。冷制法即在油脂、氢氧化钠混合的皂化过程中,除了最初将油加热至需要温度后,不需另外加热的制皂方法。脱模后通常需要数周使其自然干燥后才能使用。

这样油脂的养分能保存下来,皂体也较光滑细致。

3. 手工研磨皂

手工研磨皂又称再生皂,即冷制皂脱模后刨成丝,加入添加物(牛奶、花茶等),然后加热,使皂丝由固体转为液体,再重新融合的皂。

如果想添加油脂或其他添加物,又怕强碱破坏养分,就很适合以研磨皂的方式来制作。如果对已成型的皂不满意,也可以使用研磨的方式再制作,故研磨皂也称再生皂。

4. 热制皂

热制皂是利用热制法做成的皂。在油脂与氢氧化钠进行皂化反应至稠状阶段时,再以断续加热的方式使其快速皂化。脱模后放置一周使水分蒸发,即可使用。

5. 手工皂的个性化设计

(1)手工皂的颜色。在制作手工皂的过程中可以添加一些天然的染色剂,如花草茶、胡萝卜素、绿藻素、天然矿泥等。天然染色剂虽不如化学染色剂多样缤纷,但还是可以把手工皂做得生动,而且这些天然染色剂不仅使香皂变得更美丽,而且更有营养。如果需要制作特殊色彩时,一定选用食用色素作为染料,或者是化妆品级的染料,保护肌肤不受到伤害。

(2)手工皂的香味。为了使手工皂的香味浓郁持久,一般在制作时都选择添加天然精油。虽然这种添加天然精油的手工皂的香味并不明显,但是精油淡雅的香味会随着手工皂的使用慢慢散发出来,对肌肤及呼吸系统都不会造成负担,运用妥当还有保健的功效。

(3)手工皂的碱性。皮肤是弱酸性,要达到清洁效果必须酸碱中和,因此手工皂的弱碱性是非常合适的。在手工皂的制作过程中需要添加一些碱性物质,所做出来的皂的 pH 在 8~9。正常的肌肤都能自动调节 pH,只要 pH 不超过 10 便可放心使用。因此,手工皂虽具有碱性,但是不具有刺激性。

三、仪器和药品

1. 仪器

烧杯、玻璃棒、水浴锅、温度计、手工皂磨具。

2. 药品

植物油、氢氧化钠溶液、蒸馏水。

四、实验内容

1. 碱量配比计算

根据油脂的特性和自身的需求选择油脂的配比。不同的油脂配比制作出的手工皂在保湿力、洗净力等方面各有差别。确定油脂配比后，按照油脂的皂化值计算所需要的碱的量。计算公式为：油脂的量×皂化值的总和。

为了能使香皂对皮肤更温和，通常会减少一些碱的量或者增加一些油脂的量，让香皂里残留一些油脂，这种方法称为超脂。超脂有两种方法"减碱"和"加油"。减碱是在计算配方时先扣除5%~10%的碱量，使皂化后仍有少许油脂未与碱作用而留下，以达到使成品不干涩的效果。一般来说，减碱越多，成品的pH越低，也越滋润。加油是以正常比例制作，直到皂液呈浓稠状后再加入5%的油脂，由于比例不高且先前的皂化已经完成，加入油脂的步骤并不会对皂化过程有其他影响，而这些后来添加的油脂因为没有多余的碱可以作用，所以油脂本身的特质和功效也比较容易被保留在皂里，达到预期的效果。

2. 皂化操作

在一定温度下加热搅拌，根据配方皂化所需时间不同，初步皂化完毕后就可以从烧瓶里取出，此时烧瓶里的膏状皂液称为半成品，将它们盛装在器皿里，冷却凝固。初步皂化完毕的判断标准是：烧瓶中已经没有透明的液体及油状物质，全部不透明化，趋于凝固，呈膏状，此时80%左右的碱和80%左右的油脂发生了化学反应。

3. 固化成型

皂基完成后，通常要放置20天到一个月的时间，使剩余的碱和油脂反应，或与空气中二氧化碳反应消耗掉，才能使用。因为如果剩余的碱性物质没有反应，皂基的pH较高，碱性较强，容易伤害皮肤。

4. 调香调色

冷制皂固化成型后，可以再加热熔化，添加香料、色素、营养元素，设计成独特的手工皂，增加香味和色彩。

注意事项：

（1）因清洗烧杯的废液黏度较大，容易堵塞下水管道，所以要尽量将烧杯里的肥皂全部转移到模具里变为产品，减少废物的产生。烧杯要放在桶里清洗，洗完后将固液分离后再处理。

（2）手工皂在使用前需要检验pH，当pH为6~8时方可使用。

五、思考题

（1）为何要将烧杯里的产物尽可能转移到模具中？采取哪些措施可以将烧杯里的产物全部转移到模具里？该操作对产率和环保有何意义？

（2）手工皂在使用前为何要检验pH？造成pH偏高的原因有哪些？

（3）手工皂与普通市售肥皂相比有什么特点？哪个更环保？为什么？

实验七 络合反应在文物表面沉淀和锈蚀物清洗中的应用
（综合型开放实验）

文物是历史上各个时代人们在生产、生活和社会实践中产生并遗留下来的具有历史、科学和艺术价值的遗物和遗迹，是人类文明历史发展的见证，是古代人民伟大创造和智慧的结晶。它不仅可以弥补文献资料之不足，而且是研究没有文字记载的史前社会真实面貌的唯一根据和重要的实物资料。地下出土的文物往往沾染各种污泥浊土，有的还粘有硬质沉积物、霉斑、锈蚀斑、虫屎斑、油斑、烟熏黑斑等，为了保持文物原貌、防止继续腐蚀、尽可能延长文物寿命，出土文物的清洗工作十分必要，而且是文物保护主要操作单元的首要操作。由于文物表面的结构和性质、污染物的组成和性质不同，清洗剂及清洗方法也就不同。本实验主要针对文物上硬质沉积物及锈蚀物的络合物清洗。

一、实验目的

（1）了解文物上硬质沉积物及锈蚀产物的组成性质及对文物的影响。
（2）掌握除去沉积物及锈蚀产物的一般原理及常用清洗剂的组成及性质。
（3）掌握清洗操作方法。

二、实验提要

文物上沉积物的清洗常采用分解沉淀物石灰质（碳酸盐）、石膏质（硫酸盐）、硅质（硅酸盐）中的阴离子（如碳酸根、硫酸根、硅酸根）和螯合剂夺取沉积物中阳离子（如钙离子、镁离子、铁离子、钡离子）两种类型的清洗。前种方法是用强酸或氧化性酸来分解沉积物石灰质、石膏质、硅质中的阴离子，而后种方法则是用螯合剂夺取沉积物中的阳离子，使不溶的沉积物中的阴离子与螯合剂中的钠离子形成可溶性钠盐而达到清除目的。

例如，用 EDTA 二钠盐作螯合剂清洗金属文物、石质文物、陶瓷类文物上的沉积物，其清洗过程的化学反应如下：

$$M^{2+}+Na_2[C_{10}H_{14}O_8N_2]（EDTA 的二钠盐）\longrightarrow M[C_{10}H_{14}O_8N_2]+2Na^+$$

EDTA 二钠盐对钙、镁离子螯合能力强，但对二价铁和钡离子则螯合能力很差。改用螯合能力更强的六偏磷酸钠螯合剂，可将二价钙、镁、铁、钡离子从沉积物中螯合夺出而溶解除去，其清洗过程的化学反应式如下：

$$M^{2+}+Na_2[Na_4(PO_3)_6]\longrightarrow Na_2[M_2(PO_3)_6]+2Na^+$$
$$M^{2+}=Ca^{2+}，Mg^{2+}，Fe^{2+}，Ba^{2+}$$

文物上的金属锈蚀产物，如青铜器的"癌症"粉状锈，不仅严重影响文物原貌，而且会使青铜器继续锈蚀，必须清除，用络合法清洗安全、效果好。其清洗过程的化学反应如下：

$$Cu^{2+}+4NH_3\longrightarrow [Cu(NH_3)_4]^{2+}$$
$$Cu(OH)_2·CuCl_2+8NH_3\longrightarrow [Cu(NH_3)_4]Cl_2+[Cu(NH_3)_4](OH)_2$$
粉状锈　　　　　　　　　（不溶于水）　（易溶于水）

在青铜器上有一价铜和二价铜伴生的锈蚀处，可用硫脲与柠檬酸混合溶液处理，可使含有氯化物的锈蚀产物中的氯离子顺利通过腐蚀层向外扩散而释放出来，其清洗过程的化学反应如下：

$$Cu^+ + H_2N-\underset{\underset{S}{\|}}{C}-NH_2 \longrightarrow [Cu(H_2N-\underset{\underset{S}{\|}}{C}-NH_2)_2]^+$$

$$Cu^{2+} + 4HO-\underset{\underset{CH_2COOH}{|}}{\overset{\overset{CH_2COOH}{|}}{C}}-COOH \longrightarrow [Cu(HO-\underset{\underset{CH_2COOH}{|}}{\overset{\overset{CH_2COOH}{|}}{C}}-COOH)_4]^{2+}$$

螯合清洗法对需显示表面铭文和花纹的文物清洗效果很好，既安全又方便。

三、药品和器材

1. 药品

NaOH、Na_2CO_3、Na_2SO_4、EDTA、三乙醇胺、苯磺酸钠、2%HAc、5%～15%$Na_2[Na_4(PO_3)_6]$、8%～14%氨水、0.1～3mol·L^{-1} $AgNO_3$。

2. 器材

陶瓷或陶片、文物碎片或完整文物、青铜器、银器、古钱币（金属质）、毛笔、宣纸。

四、实验内容

1. 陶器或陶片上沉积物的清洗

（1）在 800mL 蒸馏水中，溶解 80.0g 氢氧化钠，再加入 30mL 三乙醇胺，100g EDTA 钠盐，缓慢加热并滴加 5～10mL 苯磺酸钠（表面活性剂）。待温度升至 75～80℃时，放入陶器或陶片，翻动下煮 20～30min，取出，用大量水冲洗，并刷除软化的沉淀物。一次未洗净，可再洗，直至干净。再用 2%的乙酸溶液洗以中和除去碱性，最后用蒸馏水洗净、晾干。若陶器较大、沉积物特别坚硬、厚实，陶器表面有彩绘时，可采用 EDTA 的二钠盐（乙二胺四乙酸二钠盐）多层纸张贴敷法（用 EDTA 溶液将宣纸或白麻纸贴在陶器有沉积物处，待纸干后揭下，一次不行时再贴，直至清除干净）。最后用蒸馏水多层纸张贴敷法，利用陶器本身孔隙和纸张文理的抽吸作用的协同作用，抽吸除去陶器孔隙的可溶盐及螯合剂。

（2）用 5% $Na_2[Na_4(PO_3)_6]$ 多层纸张贴敷法清除陶瓷表面沉积物。

2. 石刻文物表面上沉积物的清洗

同样用多层纸张贴敷法去除石刻文物表面上的沉积物，操作同陶器上多层纸张贴敷法。此法对有彩绘、花纹、铭文的文物的沉积清洗，既安全、简便，清洗效果又好。

3. 金属上沉积物的清洗操作

用 5% $Na_2[Na_4(PO_3)_6]$ 多层纸张贴敷法使青铜器表面的沉积物软化、溶解、吸入纸层，随着水蒸发，沉积物变成盐留在纸层中。必要时可提高浓度到 15%。

4. 青铜器上锈蚀产物——粉状锈的清洗

青铜器上粉状锈可用毛笔蘸上 8%～14%的氨水涂刷，粉状锈很易配位溶解产生深蓝色铜氨络合物溶液，马上用吸水纸吸除，反复操作直至清除干净，最后用蒸馏水清洗、晾干。

5. 银器上氯化物的清洗

银器上氯化物可用毛笔或小排笔蘸 8%～14% 的氨水轻轻刷除，操作同青铜器粉状锈的清洗。其清洗过程中化学反应如下：

$$AgCl + 2NH_3 \longrightarrow [Ag(NH_3)_2]Cl$$
（不溶于水）　　　　　　（溶于水）

6. 清洗效果的检验

1）沉淀物清洗是否完全的检查

将最后一次用蒸馏水敷的多层纸张用蒸馏水浸泡后过滤，滤液用检查有关沉淀物中 Ca^{2+}、Ba^{2+}、Fe^{2+} 的典型反应来鉴定，例如

$$Ca^{2+} + Na_2CO_3 \longrightarrow CaCO_3\downarrow + 2Na^+$$
$$Ba^{2+} + Na_2SO_4 \longrightarrow BaSO_4\downarrow + 2Na^+$$

如果滤液变浑或有沉淀，说明未清洗干净。如果滤液加入 Na_2CO_3 或 Na_2SO_4 后不变浑或无沉淀，则表明 Ca^{2+}、Ba^{2+} 形成的沉积物已清洗干净。

2）青铜文物的粉状锈及银质文物上氯化物的检查

将最后清洗下来的蒸馏水用 $AgNO_3$ 检查，若水溶液中滴加硝酸银溶液不变浑或无沉淀，则表明已清洗干净，否则未干净，还需进一步清洗。其清洗检查的化学反应如下：

$$Cl^- + AgNO_3 \longrightarrow AgCl\downarrow + NO_3^-$$

五、思考题

（1）为什么文物出土后必须清洗？不清洗对文物有什么危害？
（2）利用络合反应清洗文物的优点是什么？
（3）文物清洗时应特别注意哪些问题？
（4）多层纸张贴敷法的原理和优点是什么？

实验八　废干电池的综合利用
（设计型开放实验）

一、实验目的

（1）进一步熟练实验室制备、提纯和分析无机物的方法与技能。
（2）了解废弃物中有效成分的回收利用方法。

二、实验提要

日常生活中使用的干电池是锌锰干电池。其负极为作为电池壳体的锌电极，正极为被 MnO_2（为增强导电能力，填充有炭粉）包围着的石墨电极，电解质是氯化锌及氯化铵的糊状物，其结构如图 8-3 所示，电池反应为

$$Zn + 2NH_4Cl + 2MnO_2 = Zn(NH_3)_2Cl_2 + 2MnOOH$$

在使用过程中，二氧化锰只起氧化作用，锌皮消耗最多，氯化铵作为电解质没有消耗，炭粉是填料。因而回收处理废干电池可以获得多种物质，如铜、锌、二氧化锰、氯化铵和炭棒等。

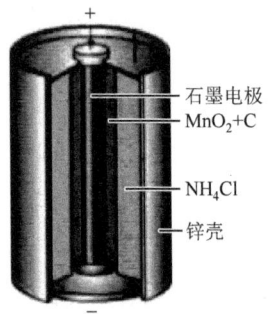

图 8-3　锌锰电池构造图

回收时，剥去电池外层包装纸，用螺丝刀撬去顶盖，用小刀挖去盖下面的沥青层，即可用钳子慢慢拔出炭棒（连同铜帽），可留作电解食盐水等的电极。

用剪刀（或钢锯片）把废电池外壳剥开，即可取出里面黑色的物质，为二氧化锰、炭粉、氯化铵、氯化锌等的混合物。把这些黑色混合物倒入烧杯中，加入去离子水（按每节 1 号电池加 50mL 水计算），搅拌，溶解，过滤，滤液用以提取氯化铵，滤渣用以制备 MnO_2 及锰的化合物。电池的锌壳可用以制备锌盐。

剖开电池后（请同学利用课外活动时间预先分解废干电池），按教师指定从实验内容中选做一项。

三、仪器和药品

1. 仪器

台秤、减压过滤装置、实验室常用玻璃仪器、废电池。

2. 药品

NaOH（2.0 mol·L^{-1}）、KMnO$_4$（0.02 mol·L^{-1}）。

四、实验内容

1. 从黑色混合物的滤液中提取氯化铵

1）要求

（1）设计实验方案，提取并提纯氯化铵。
（2）产品定性检验：①证实其为铵盐；②证实其为氯化物；③判断有否杂质存在。
（3）测定产品中 NH_4Cl 的含量。

2）提示

已知滤液的主要成分为 NH_4Cl 和 $ZnCl_2$，两者在不同温度下的溶解度（g/100g 水）如下。

温度/K	273	283	293	303	313	333	353	363	373
NH_4Cl	29.4	33.2	37.2	31.4	45.8	55.3	65.6	71.2	77.3
$ZnCl_2$	342	363	395	437	452	488	541	—	614

氯化铵在 100℃时开始显著挥发，338℃时解离，350℃时升华。

2. 从黑色混合物滤渣中提取 MnO_2

1）要求

（1）设计实验方案，精制二氧化锰。
（2）设计实验方案，验证二氧化锰的催化作用。
（3）试验 MnO_2 与盐酸、MnO_2 与 $KMnO_4$ 的作用。

2）提示

黑色混合物滤渣中含有二氧化锰、炭粉和其他少量有机物。用水冲洗，滤出干固体，灼烧以除去炭粉和其他有机物。粗二氧化锰中还含有一些低价锰和少量其他金属氧化物，应设法除去以获得精制二氧化锰。纯二氧化锰密度为 $5.03\text{g}\cdot\text{L}^{-1}$，535℃时分解为 O_2 和 Mn_2O_3，不溶于水、硝酸、稀 H_2SO_4 中。

取精制二氧化锰做如下试验：

（1）催化作用。二氧化锰对氯酸钾热分解反应有催化作用。

（2）与浓 HCl 的作用。二氧化锰与浓 HCl 发生如下反应：

$$MnO_2 + 4HCl = MnCl_2 + Cl_2\uparrow + 2H_2O$$

注意：所设计的实验方法（或采用的装置）要尽可能避免产生污染。

（3）MnO_4^{2-} 的生成及其歧化反应。在大试管中加入 5mL $0.02\text{mol}\cdot\text{L}^{-1}$ $KMnO_4$ 及 5mL $2.0\text{mol}\cdot\text{L}^{-1}$ NaOH 溶液，再加入少量制备的 MnO_2 固体。验证所生成的 MnO_4^{2-} 的歧化反应。

3. 由锌壳制备 $ZnSO_4\cdot 7H_2O$

1）要求

（1）设计实验方案，以锌单质制备七水硫酸锌。

（2）产品定性检验：①证实为硫酸盐；②证实为锌盐；③不含 Fe^{3+}、Cu^{2+}。

2）提示

将洁净的碎锌片以适量的酸溶解。溶液中有 Fe^{3+}、Cu^{2+} 杂质时，设法除去。七水硫酸锌极易溶于水（在15℃时，无水盐为33.4%），不溶于乙醇。在39℃时溶于结晶水，100℃开始失水。在水中水解呈酸性。

思考题与习题参考答案

第 1 章

一、选择题

1. A 2. A 3. C 4. B 5. D 6. C 7. C 8. C 9. A 10. C 11. A 12. C

二、填空题

1. 40

2. 恒容，不做非体积功；恒压，不做非体积功

3. >；<；=；>

4. 增大；不变

5. 不变

6. 3.987 kJ·mol^{-1}

三、判断题

1. × 2. × 3. × 4. × 5. √ 6. × 7. × 8. × 9. × 10. ×

四、计算题

1. 解：$2N_2H_4(l) + N_2O_4(g) \rightleftharpoons 3N_2(g) + 4H_2O(l)$

$$\Delta_r H_m^\ominus = \sum \nu_B \Delta_f H_m^\ominus = 0 + 4 \times (-285.84) - 2 \times 50.63 - 9.66 = -1254 \text{ (kJ·mol}^{-1})$$

$N_2H_4(l)$ 的摩尔燃烧热为 $\frac{1}{2}\Delta_r H_m^\ominus = -627 \text{ kJ·mol}^{-1}$

2. 解：$CO(g) + NO(g) \longrightarrow CO_2(g) + \frac{1}{2}N_2(g)$

$$\Delta_r H_m^\ominus = \sum \nu_B \Delta_f H_m^\ominus = -393.5 - (-110.52) - 90.25 = -373.23 \text{ (kJ·mol}^{-1})$$

$$\Delta_r S_m^\ominus = \sum \nu_B S_m^\ominus = 213.6 + \frac{1}{2} \times 191.5 - 197.56 - 210.65 = -98.86 \text{ (J·mol}^{-1}\text{·K}^{-1})$$

$$T_{转} = \frac{\Delta_r H_m^\ominus}{\Delta_r S_m^\ominus} = \frac{-373.23}{-98.86 \times 10^{-3}} = 3.79 \times 10^3 \text{ (K)}$$

$$\Delta_r G_m^\ominus = \sum \nu_B \Delta_f G_m^\ominus = -394.36 - (-137.15) - 86.57 = -343.78 \text{ (kJ·mol}^{-1})$$

此反应的 $\Delta_r G_{m(298K)}^\ominus$ 是较大的负值，且是 $\Delta H(-)$、$\Delta S(-)$ 型反应，从热力学上看，在 $T_{转}$ 的温度以内反应都可自发进行。

3. 解：查表知

	$CaO(s) +$	$SO_3(g) \rightleftharpoons$	$CaSO_4(s)$
$\Delta_f H_m^\ominus/(\text{kJ·mol}^{-1})$	−634.9	−395.7	−1434.5
$\Delta_f G_m^\ominus/(\text{kJ·mol}^{-1})$	−603.3	−371.1	−1322.0
$S_m^\ominus/(\text{J·mol}^{-1}\text{·K}^{-1})$	38.1	256.8	106.5

求得
$$\Delta_r H_m^\ominus = \Delta_f H_m^\ominus(CaSO_4) - \Delta_f H_m^\ominus(SO_3) - \Delta_f H_m^\ominus(CaO)$$
$$= -1434.5 - (-395.7) - (-634.9) = -403.9 \text{ kJ} \cdot \text{mol}^{-1}$$

同理求得 $\Delta_r G_m^\ominus = -347.6 \text{kJ} \cdot \text{mol}^{-1}$, $\Delta_r S_m^\ominus = -188.4 \text{J} \cdot \text{mol}^{-1} \cdot \text{K}^{-1}$

因为 $\Delta_r G_m^\ominus = -348 \text{kJ} \cdot \text{mol}^{-1} \ll -42 \text{kJ} \cdot \text{mol}^{-1}$

所以根据经验推断可知，反应可以自发进行。

但由于该反应 $\Delta_r H_m^\ominus < 0$, $\Delta_r S_m^\ominus < 0$, 故存在一个能使反应自发进行的最高温度，该温度为

$$T = \frac{\Delta_r H_m^\ominus}{\Delta_r S_m^\ominus} = \frac{-403.9 \times 10^3}{-188.4} = 2143.8 \text{K} = 1870.69 \text{℃}。$$

一般的炉温是 1200℃ 左右，所以热学上用 CaO 来吸收 SO_3 以减少空气污染的可能性是存在的。这种方法在实际中已有应用。

4. 解：（1）$\Delta_r H_m^\ominus = \sum \nu_B \Delta_f H_m^\ominus = -2 \times (-90.37) = 180.74 \text{ (kJ} \cdot \text{mol}^{-1})$

$\Delta_r S_m^\ominus = \sum \nu_B S_m^\ominus = 2 \times 77.4 + 205.0 - 2 \times 72.0 = 215.8 \text{ (J} \cdot \text{mol}^{-1} \cdot \text{K}^{-1})$

$\Delta_r G_m^\ominus = \Delta_r H_m^\ominus - T\Delta_r S_m^\ominus = 180.74 - 298.15 \times 215.8 \times 10^{-3} = 116.4 \text{ (kJ} \cdot \text{mol}^{-1})$

$\Delta_r G_m^\ominus > 0$，在 298.15K，标准态下不自发。

（2）$T = \frac{\Delta_r H_m^\ominus}{\Delta_r S_m^\ominus} = \frac{180.74}{215.8 \times 10^{-3}} = 837.5 \text{(K)}$

$T > 837.5$K，反应自发进行。

5. 解：（1）$\Delta_r H_{m\,(298K)}^\ominus = \sum \nu_B \Delta_f H_m^\ominus = \Delta_f H_m^\ominus(Fe^{3+}) - \Delta_f H_m^\ominus(Ag^+) - \Delta_f H_m^\ominus(Fe^{2+})$
$$= -48.5 - 105.58 + 89.1 = -64.98 \text{ (kJ} \cdot \text{mol}^{-1})$$

$\Delta_r S_m^\ominus = \sum \nu_B S_m^\ominus = S_m^\ominus(Ag) + S_m^\ominus(Fe^{3+}) - S_m^\ominus(Ag^+) - S_m^\ominus(Fe^{2+})$
$$= 42.55 - 316 - 72.68 + 138 = -208.13 \text{ (J} \cdot \text{mol}^{-1} \cdot \text{K}^{-1})$$

$\Delta_r G_{m\,(298K)}^\ominus = \Delta_r H_m^\ominus - T\Delta_r S_m^\ominus = -64.98 - 298 \times (-208.13) \times 10^{-3} = -2.957 \text{ (kJ} \cdot \text{mol}^{-1})$

$\ln K^\ominus = -\frac{\Delta_r G_m^\ominus}{RT} = -\frac{-2.957 \times 10^3}{8.314 \times 298} = 1.194$

$K_{(298\text{K})}^\ominus = 3.30$

（2）$T = 308$K 时

$\Delta_r G_m^\ominus = \Delta_r H_m^\ominus - T\Delta_r S_m^\ominus = -64.98 - 308 \times (-208.13) \times 10^{-3} = -8.76 \times 10^{-1} \text{(kJ} \cdot \text{mol}^{-1})$

$\ln K^\ominus = -\frac{\Delta_r G_m^\ominus}{RT} = -\frac{8.76 \times 10^{-1} \times 10^3}{8.314 \times 308} = 0.342$

$K^\ominus = 1.41$

当可逆过程时做电功最大，$W = \Delta_r G_m^\ominus = -8.76 \times 10^{-1} \text{ kJ} \cdot \text{mol}^{-1}$。

（3）$Q = \left(\frac{c(Fe^{3+})}{c^\ominus}\right) \Big/ \left(\frac{c(Fe^{2+})}{c^\ominus}\right)\left(\frac{c(Ag^+)}{c^\ominus}\right)$

$= \left(\frac{0.01}{1}\right) \Big/ \left(\frac{0.10}{1}\right)\left(\frac{0.10}{1}\right)$

$= 1.0 < K^\ominus = 1.41$

反应正向自发进行。

6. 解：$Ag_2O(s) \rightleftharpoons 2Ag(s) + \dfrac{1}{2}O_2(g)$

$$\Delta_r H_{m(298 K)}^{\ominus} = \sum v_B \Delta_f H_m^{\ominus} = 0 + 0 - (-31.1) = 31.1 \,(kJ \cdot mol^{-1})$$

$$\Delta_r S_{m(298 K)}^{\ominus} = \sum v_B S_m^{\ominus} = 2 \times 42.55 + \dfrac{1}{2} \times 205.03 - 121 = 66.62 \,(J \cdot mol^{-1} \cdot K^{-1})$$

$$T = \dfrac{\Delta_r H_m^{\ominus}}{\Delta_r S_m^{\ominus}} = \dfrac{31.1}{66.62 \times 10^{-3}} = 467(K)$$

$\Delta_r H_m^{\ominus} > 0$，$\Delta_r S_m^{\ominus} > 0$，$T > 467K$ 才分解。

$$\Delta_r G_m^{\ominus} = \sum v_B \Delta_f G_m^{\ominus} = 0 + 0 - (-11.2) = 11.2 \,(kJ \cdot mol^{-1})$$

$$\lg K_{(298 K)}^{\ominus} = \dfrac{-\Delta_r G_{m(298 K)}^{\ominus}}{2.303 RT} = -\dfrac{11.2 \times 10^3}{2.303 \times 8.314 \times 298} = -1.96$$

$$\lg \dfrac{K_{(467K)}^{\ominus}}{K_{(298K)}^{\ominus}} = \dfrac{\Delta_r H_m^{\ominus}(T_2 - T_1)}{2.303 RT_2 T_1}$$

$$\lg K_{(467K)}^{\ominus} = \lg K_{(298K)}^{\ominus} + \dfrac{31.1 \times 10^3 \times (467 - 298)}{2.303 \times 8.314 \times 298 \times 467} = 1.25 \times 10^{-2}$$

$$K_{(467K)}^{\ominus} = 1.03$$

$$K_{(467K)}^{\ominus} = \left[\dfrac{p(O_2)}{p^{\ominus}} \right]^{1/2} = 1.03$$

$$p(O_2) = 1.03^2 \, p^{\ominus} = 106(kPa)$$

第 2 章

1. $L \cdot mol^{-1} \cdot s^{-1}$ 或 $L \cdot mol^{-1} \cdot min^{-1}$；2

2. $v = kc(NO_2)c(NO_3)$；2

3. $-E_a/R$；$\ln A$

4. 解：（1）$\bar{v} = -\dfrac{\Delta c}{\Delta t} = -\dfrac{(0.007\,03 - 0.007\,68)\,mol \cdot L^{-1}}{(800 - 600)s} = 3.25 \times 10^{-6} \,mol \cdot L^{-1} \cdot s^{-1}$

（2）作图如下：

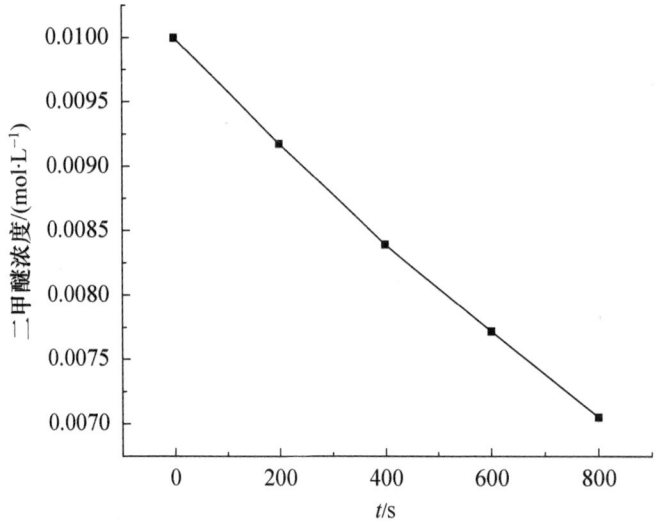

$x=800$ 时，$y=0.00703$，800s 时的 $r=\dfrac{0.00703}{800}=8.78\times10^{-6}\mathrm{mol\cdot L^{-1}\cdot s^{-1}}$。

5. 解：(1) 一级反应，从单位可以得出；

(2) $t_{1/2}=\dfrac{\ln 2}{k}=\dfrac{\ln 2}{2.50\times10^{-3}\mathrm{min^{-1}}}=277\mathrm{min}=4.62\mathrm{h}$；

(3) $t=-\dfrac{1}{k}\ln\dfrac{c_t}{c_0}=-\dfrac{1}{2.50\times10^{-3}\mathrm{min^{-1}}}\ln\dfrac{0.010}{0.40}=1476\mathrm{min}=24.59\mathrm{h}$；

(4) $c_t=c_0\mathrm{e}^{-kt}=0.40\mathrm{mol\cdot L^{-1}}\exp(-2.50\times10^{-3}\mathrm{min^{-1}}\times8\times60\mathrm{min})=0.12\mathrm{mol\cdot L^{-1}}$。

6. 解：根据公式（2-13）$\ln\dfrac{k_2}{k_1}=\dfrac{E_\mathrm{a}}{R}(\dfrac{1}{T_1}-\dfrac{1}{T_2})$ 可知

$$\lg\dfrac{k_2}{k_1}=\dfrac{E_\mathrm{a}}{2.303R}(\dfrac{1}{T_1}-\dfrac{1}{T_2})=\dfrac{150.0\times10^3}{2.303\times8.314}(\dfrac{1}{700}-\dfrac{1}{800})=1.399$$

则 $\dfrac{k_2}{k_1}=25.06$，所以 $k_2=25.06k_1=25.06\times1.2\mathrm{L\cdot mol^{-1}\cdot s^{-1}}=30.07\mathrm{L\cdot mol^{-1}\cdot s^{-1}}$。

7. 解：一级反应，$t_{1/2}=\dfrac{\ln 2}{k}$，可看出 $t_{1/2}$ 与 k 成反比

$$\dfrac{t_{1/2(300\mathrm{K})}}{t_{1/2(350\mathrm{K})}}=\dfrac{20\mathrm{min}}{5.0\mathrm{min}}=\dfrac{4}{1}，\text{所以}\dfrac{k_{(300\mathrm{K})}}{k_{(350\mathrm{K})}}=\dfrac{1}{4}$$

$$E_\mathrm{a}=R\left(\dfrac{T_1T_2}{T_1-T_2}\right)\ln\dfrac{k_1}{k_2}=8.314\mathrm{J\cdot mol^{-1}\cdot K^{-1}}\left(\dfrac{300\mathrm{K}\times350\mathrm{K}}{300\mathrm{K}-350\mathrm{K}}\right)\ln\dfrac{1}{4}=24.2\mathrm{kJ\cdot mol^{-1}}$$

8. 解：根据公式（2-13）$\ln\dfrac{k_2}{k_1}=\dfrac{E_\mathrm{a}}{R}(\dfrac{1}{T_1}-\dfrac{1}{T_2})$ 可知

$$\lg\dfrac{k_2}{k_1}=\dfrac{E_\mathrm{a}}{2.303R}(\dfrac{1}{T_1}-\dfrac{1}{T_2})=\dfrac{50.0\times10^3}{2.303\times8.314}(\dfrac{1}{310}-\dfrac{1}{313})=0.08$$

则 $\dfrac{k_2}{k_1}=1.2$，所以反应速率增加了 20%。

第 3 章

一、判断题

1. × 2. × 3. × 4. × 5. × 6. √ 7. × 8. √ 9. √ 10. √

二、填空题

1. 1；$\beta=\dfrac{\Delta n}{V|\Delta\mathrm{pH}|}$

2. 总浓度；缓冲比

3. 缓冲溶液；1.8×10^{-4}；4.74

4. 7

5. 10^{-3}

6. $\mathrm{HPO_4^{2-}}$；$\mathrm{H_2PO_4^{-}}$；6.2～8.2

7. $\mathrm{HPO_4^{2-}}$、$\mathrm{H_2PO_4^{-}}$、$\mathrm{H_2O}$、$\mathrm{H^+}$、$\mathrm{OH^-}$、$\mathrm{H_3PO_4}$、$\mathrm{PO_4^{3-}}$

8. 7.35～7.45；$\mathrm{H_2CO_3}$ 和 $\mathrm{HCO_3^{-}}$

9. 7.89×10^{-8}

10. HAc；乙酸为弱电解质，加水稀释，其解离平衡发生移动

三、问答题

1. 答：$K_{sp,\,Cr(OH)_3} = 6 \times 10^{-31}$，$K_{sp,\,CrS} = 3.6 \times 10^{-29}$

$$S^{2-} + H_2O \rightleftharpoons HS^- + OH^-$$

S^{2-}在水溶液中会发生水解，生成HS^-和OH^-。铬离子与S^{2-}、OH^-都可以形成沉淀。但在铬离子浓度相同时，达到氢氧化铬的溶度积所需要的OH^-的含量少，所以优先生成氢氧化铬沉淀。

2. 答：pH 为 7。可以闻到氨和乙酸的味道是因为铵根离子和乙酸根离子发生了水解。向其中加入少量的酸或碱时，溶液的 pH 无明显变化，是因为饱和乙酸铵溶液为缓冲溶液，具有抗酸成分和抗碱成分，所以可以维持溶液的 pH 无明显变化。

3. 答：弱酸或弱碱是部分解离，与水的质子传递作用是可逆的。而强酸或强碱在水溶液中却是完全解离的。所以，是不能组成缓冲溶液的。

四、计算题

1. 解：HCOOH-HCOONa 共轭酸碱对最接近于 4，所以应选择 HCOOH-HCOONa 配制缓冲溶液。

$$pH = pK_a^\ominus - \lg \frac{c_{酸}}{c_{碱}}$$

所以

$$\lg \frac{c_{酸}}{c_{碱}} = -0.26$$

$$\frac{c_{酸}}{c_{碱}} = 0.55$$

2. 解：

	$HAc + H_2O \rightleftharpoons H_3O^+ + Ac^-$		
初始浓度/（mol·L^{-1}）	0.1	0	0.1
平衡浓度/（mol·L^{-1}）	0.1−x	x	0.1+x

$$K^\ominus(HA) = \frac{[c(H^+)/c^\ominus][c(A^-)/c^\ominus]}{c(HA)/c^\ominus}$$

$$c(H^+) = \frac{K^\ominus(HA)[c(HA)/c^\ominus]}{c(A^-)/c^\ominus} = K^\ominus(HA)\frac{0.10-x}{0.10+x}$$

$(c/c^\ominus)/K_a^\ominus \geqslant 500$，所以 $0.10+x \approx 0.10$，$0.10-x \approx 0.10$。上式可变为 $[H^+] = K_a^\ominus = 1.8 \times 10^{-5}$，pH = 4.74

$$\alpha = \frac{c(H^+)}{c_0} = \frac{1.8 \times 10^{-5}}{0.10} = 0.018\%$$

3. 解：（1）

	$NH_3 \cdot H_2O \rightleftharpoons NH_4^+ + OH^-$		
初始浓度/（mol·L^{-1}）	0.1	0	0
平衡浓度/（mol·L^{-1}）	0.1−x	x	x

$$K_b(NH_3 \cdot H_2O) = \frac{c(NH_4^+)c(OH^-)}{c(NH_3 \cdot H_2O)} = \frac{x \cdot x}{0.1-x} = 1.8 \times 10^{-5}$$

因为 $c_0/K_b^{\ominus} \geqslant 500$，所以 $0.1-x \approx 0.1$，则

$$x = \sqrt{1.8 \times 10^{-5} \times 0.1} = 1.342 \times 10^{-3} (\text{mol} \cdot \text{L}^{-1})$$

$$\text{Mg(OH)}_2 \rightleftharpoons \text{Mg}^{2+} + 2\text{OH}^-$$

$$Q_i = c(\text{Mg}^{2+}) \cdot c^2(\text{OH}^-) = 0.1 \times 1.8 \times 10^{-6} = 1.8 \times 10^{-7} > K_{sp,\text{Mg(OH)}_2}$$

所以，有沉淀生成。

（2） $c(\text{NH}_4\text{Cl}) = n/V = m/MV = 1.3/(53.49 \times 0.1) = 0.2430(\text{mol} \cdot \text{L}^{-1})$

$$\text{NH}_3 \cdot \text{H}_2\text{O} \rightleftharpoons \text{NH}_4^+ + \text{OH}^-$$

初始浓度/（mol·L^{-1}）   0.1   0.2430
平衡浓度/（mol·L^{-1}）   0.1–x   0.2430+x   x

$$K_b^{\ominus} = \frac{c(\text{NH}_4^+) \cdot c(\text{OH}^-)}{c(\text{NH}_3 \cdot \text{H}_2\text{O})} = \frac{(0.2430+x) \cdot x}{0.1-x} = 1.8 \times 10^{-5}$$

由于 $c_0/K_b^{\ominus} \geqslant 500$，所以 $0.1-x \approx 0.1$，则

$$0.2430 + x \approx 0.2430$$

所以 $x = 7.49 \times 10^{-6}$

$$Q_i = c(\text{Mg}^{2+}) \cdot c^2(\text{OH}^-) = 0.1 \times (7.49 \times 10^{-6})^2 = 5.61 \times 10^{-12} < K_{sp,\text{Mg(OH)}_2}$$

所以，加入氯化铵固体后，没有氢氧化镁沉淀生成。

4. 解：（1） $c(\text{Pb}^{2+}) = 0.020 \text{mol} \cdot \text{L}^{-1}$，$c(\text{Fe}^{3+}) = 0.010 \text{mol} \cdot \text{L}^{-1}$，逐滴加入 NaOH 后，析出沉淀所需要的 OH$^-$ 最低浓度是

$$\text{Pb(OH)}_2: c(\text{OH}^-) = \sqrt{\frac{K_{sp,\text{Pb(OH)}_2}}{c(\text{Pb}^{2+})}} = \sqrt{\frac{1.2 \times 10^{-15}}{0.020}} = 2.45 \times 10^{-7}(\text{mol} \cdot \text{L}^{-1})$$

$$\text{Fe(OH)}_3: c(\text{OH}^-) = \sqrt[3]{\frac{K_{sp,\text{Fe(OH)}_3}}{c(\text{Fe}^{3+})}} = \sqrt[3]{\frac{4 \times 10^{-38}}{0.010}} = 1.59 \times 10^{-12}(\text{mol} \cdot \text{L}^{-1})$$

显然，析出 Fe(OH)$_3$ 沉淀所需要的 OH$^-$ 比析出 Pb(OH)$_2$ 所需要的小得多，所以 Fe^{3+} 先沉淀。
（2）欲使两种离子完全分离，即当 Pb(OH)$_2$ 开始沉淀时，$c(\text{Fe}^{3+}) \ll 10^{-5} \text{mol} \cdot \text{L}^{-1}$。
Pb(OH)$_2$ 开始沉淀，Fe(OH)$_3$ 沉淀完全所需的 OH$^-$ 的浓度：

$$\text{Pb(OH)}_2: c(\text{OH}^-) = \sqrt{\frac{K_{sp,\text{Pb(OH)}_2}}{c(\text{Pb}^{2+})}} = \sqrt{\frac{1.2 \times 10^{-15}}{0.020}} = 2.45 \times 10^{-7}(\text{mol} \cdot \text{L}^{-1})$$

$$\text{Fe(OH)}_3: c(\text{OH}^-) = \sqrt[3]{\frac{K_{sp,\text{Fe(OH)}_3}}{c(\text{Fe}^{3+})}} = \sqrt[3]{\frac{4 \times 10^{-38}}{10^{-5}}} = 1.59 \times 10^{-11}(\text{mol} \cdot \text{L}^{-1})$$

所以应将溶液的 pOH 控制在 6.61～10.80，即 pH 控制在 3.20～7.39。

5. 解：$K^{\ominus} = \frac{[\text{CO}_3^{2-}]}{[\text{SO}_4^{2-}]} = \frac{K_{sp,\text{BaCO}_3}^{\ominus}}{K_{sp,\text{BaSO}_4}^{\ominus}} = \frac{5.1 \times 10^{-9}}{1.1 \times 10^{-10}} = 46$

因为 $[\text{SO}_4^{2-}] = 0.01 \text{mol} \cdot \text{L}^{-1}$，则 $[\text{CO}_3^{2-}] = 46 \times 0.01 = 0.46(\text{mol} \cdot \text{L}^{-1})$，所以应加入 0.46mol Na$_2CO_3$。

第 4 章

一、选择题

1. A 2. D 3. B 4. A 5. B

二、填空题

1. +6；+2.5；0
2. 正；负；化学；电
3. 低；高
4. Mn^{2+}；MnO_2；MnO_4^{2-}
5. $(-)Sn(s)|Sn^{2+}(aq)\|Pb^{2+}(aq)|Pb(s)(+)$

三、判断题

1. × 2. √ 3. √ 4. × 5. ×

四、计算题

1. 解：设该反应在原电池中进行，则

正极 $MnO_2(s)+4H^+(aq)+2e^- \rightleftharpoons Mn^{2+}(aq)+2H_2O(l)$

负极 $Cl_2(g)+2e^- \rightleftharpoons 2Cl^-(aq)$

查表得 $\varphi^{\ominus}(MnO_2/Mn^{2+})=1.224V$，$\varphi^{\ominus}(Cl_2/Cl^-)=1.36V$。

（1）标准状态时，$E^{\ominus}=\varphi_+^{\ominus}-\varphi_-^{\ominus}=1.224-1.36=-0.136(V)<0$，反应不能自发进行。

（2）改用浓盐酸后

$$\varphi(MnO_2/Mn^{2+})=\varphi^{\ominus}(MnO_2/Mn^{2+})+\frac{0.059}{2}\lg\frac{[c(H^+)/c^{\ominus}]^4}{c(Mn^{2+})/c^{\ominus}}$$

$$=1.224+\frac{0.059}{2}\lg[12.0]^4=1.35(V)$$

$$\varphi(Cl_2/Cl^-)=\varphi^{\ominus}(Cl_2/Cl^-)+\frac{0.059}{2}\lg\frac{p(Cl_2)/p^{\ominus}}{[c(Cl^-)/c^{\ominus}]^2}$$

$$=1.36+\frac{0.059}{2}\lg\frac{1}{[12]^2}=1.30(V)$$

$E=\varphi_+-\varphi_-=1.35-1.30=0.05(V)>0$，所以实验室中可以用二氧化锰与浓盐酸反应制取氯气。

2. 解：正极 $Cr_2O_7^{2-}(aq)+14H^+(aq)+6e^- \rightleftharpoons 2Cr^{3+}(aq)+7H_2O(l)$

   负极 $Fe^{3+}(aq)+e^- \rightleftharpoons Fe^{2+}(aq)$

查表得 $\varphi^{\ominus}(Cr_2O_7^{2-}/Cr^{3+})=1.232V$，$\varphi^{\ominus}(Fe^{3+}/Fe^{2+})=0.771V$，则

$$\lg K^{\ominus}=\frac{nE^{\ominus}}{0.059}=\frac{6\times(1.232-0.771)}{0.059}=46.88$$

$K^{\ominus}=7.586\times10^{46}$，反应进行得很完全。

3. 解：查表得 $\varphi^{\ominus}(Cl_2/Cl^-)=1.36V$，依题意钴电极为负极，氯电极为正极，电极反应为

正极 $Cl_2(g)+2e^- \rightleftharpoons 2Cl^-(aq)$

负极 $Co^{2+}(aq)+2e^- \rightleftharpoons Co(s)$

（1）已知 $E^{\ominus}=1.64V$，$E^{\ominus}=\varphi^{\ominus}(Cl_2/Cl^-)-\varphi^{\ominus}(Co^{2+}/Co)$，则

$$\varphi^{\ominus}(Co^{2+}/Co)=1.36-1.64=-0.28(V)$$

（2）当 $Co^{2+}=0.01 mol\cdot L^{-1}$ 时

$$\varphi(\mathrm{Co^{2+}/Co}) = \varphi^{\ominus}(\mathrm{Co^{2+}/Co}) + \frac{0.059}{2}\lg[c(\mathrm{Co^{2+}})/c^{\ominus}] = -0.28 + \frac{0.059}{2}\lg 0.01 = -0.339\,(\mathrm{V})$$

4. 解：原电池 $(-)\mathrm{Pt}|\mathrm{H_2(100kPa)}|\mathrm{H^+}(x\,\mathrm{mol\cdot L^{-1}})\|\mathrm{H^+}(1\,\mathrm{mol\cdot L^{-1}})|\mathrm{H_2(100kPa)}|\mathrm{Pt}(+)$ 的电池反应为

负极　$2\mathrm{H^+}(\mathrm{aq},x\,\mathrm{mol\cdot L^{-1}}) + 2e^- \rightleftharpoons \mathrm{H_2}(g,100\,\mathrm{kPa})$

正极　$2\mathrm{H^+}(\mathrm{aq},1\,\mathrm{mol\cdot L^{-1}}) + 2e^- \rightleftharpoons \mathrm{H_2}(g,100\,\mathrm{kPa})$

已知 $\varphi^{\ominus}(\mathrm{H^+/H_2})=0\,\mathrm{V}$，$p(\mathrm{H_2})=100\,\mathrm{kPa}$，正极 $c(\mathrm{H^+})=1\,\mathrm{mol\cdot L^{-1}}$，代入

$$\varphi(\mathrm{H^+/H_2}) = \varphi^{\ominus}(\mathrm{H^+/H_2}) + \frac{0.059}{2}\lg\frac{\left[c(\mathrm{H^+})/c^{\ominus}\right]^2}{p(\mathrm{H_2})/p^{\ominus}}$$

得　　　　　　　　$\varphi_+(\mathrm{H^+/H_2})=0\,\mathrm{V}$，$\varphi_-(\mathrm{H^+/H_2})=0.059\lg x$

又知 $E=\varphi_+-\varphi_-=0.177$，则 $x=1.0\times 10^{-3}\,\mathrm{mol\cdot L^{-1}}$。

第 5 章

一、判断题

1. ×　2. √　3. √　4. ×　5. ×　6. √　7. ×　8. ×　9. ×　10. ×　11. ×　12. √　13. √　14. √　15. √

二、选择题

1. C　2. A　3. A　4. A　5. D　6. D　7. A　8. D　9. D　10. B　11. B　12. C　13. D　14. C　15. D　16. C　17. D

三、填空题

1. $R(r)$；径向；$Y(\theta,\varphi)$；角度

2. d；10

3. 等于

4. 大；大

5. 1；6

6. As；Mn

7. F；Cs

8. sp^2；平面三角形

9. 原子；分子

10. 头碰头；肩并肩

11. 正负电荷间的静电作用力；无方向性；无饱和性

12. I_2

13. 偶极矩

14. 原子轨道；整个分子

15. 平面三角形；三角锥；sp^2；sp^3

16. N_2、NH_3（氢键）、NaCl（离子晶体）、Si（原子晶体）

17. 取向力；色散力

18. 高；H_2O 间存在氢键

19. 4

20. σ；σ 和 π

四、简答题

1. 答：(1) $n \geq 3$；(2) $l=1$；(3) $m_s=+1/2$ (-1/2)；(4) $m=0$，(+1，-1)

2. 答：在进行原子的电子排布时，必须首先根据能量最低原理，然后考虑洪德规则等。据此 2s 应先填入，后再填 2p。主量子数 n 较小时，s 和 p 的能量相差较大。故要从 2s 把电子激发到 2p 所需能量较大，而 2p 的自旋平行电子数增加到半满状态所需的能量又不足以补偿该激发能。所以 ^{6}C 的外围电子构型为 $2s^2 2p^2$。^{29}Cu 外围电子构型为 $3d^{10}4s^1$，这是因为 3d 和 4s 能量相近，由 4s 激发 3d 所需能量较少，而 3d 电子全满时降低的能量比该激发能要大，补偿结果使能量降低，故此构型更稳定。

3. 答：角量子数为 2 对应的是 d 轨道，半充满时有 5 个电子，该元素 3 价离子的核外电子排布式为 $[1s^2 2s^2 2p^6 3s^2 3p^6 3d^5]$，可推断该元素是第 26 号元素 Fe$[1s^2 2s^2 2p^6 3s^2 3p^6 3d^6 4s^2]$。

4. 答：由元素在周期表中的相对位置可以推断：
(1) 金属性 Sb>Te>Se；　　(2) 电负性 Se>Te>Sb；
(3) 原子半径 Sb>Te>Se；(4) 第一电离能 Se>Te>Sb。

5. 解：(1) $1s^2 2s^2 2p^6 3s^2 3p^6 4s^2 3d^4$，第四周期，ⅥB 族；
(2) $1s^2 2s^2 2p^6 3s^2 3p^6 4s^2 3d^{10} 4p^6 4d^{10} 5s^1$，第五周期，ⅠB 族；
(3) $1s^2 2s^2 2p^6 3s^2 3p^6 4s^2 3d^{10} 4p^6 5s^2 4d^{10} 5p^6 6s^2 4f^{14} 5d^{10} 6p^2$，第六周期，ⅣA 族。

6. 答：NH$_3$ 和 H$_2$O 分子中 N 和 O 原子都是采取 sp^3 杂化，但有的杂化轨道中由原子本身的孤对电子占据着，电子云密度大，对其他成键的电子的杂化轨道有排斥作用，所以 NH$_3$ 和 H$_2$O 的键角被压缩而小于 109.5°。在 C$_2$H$_4$ 分子中，两个 C 原子都采取 sp^2 杂化，两原子各以一个 sp^2 杂化轨道上的电子相互配对形成一个 δ 键；每个 C 原子的另外两个 sp^2 杂化轨道上的电子分别与两个氢原子的 1s 轨道的电子配对形成共价键；每个碳原子剩下的一个未参与杂化的 2p 轨道能够以"肩并肩"的方式重叠，该轨道上的电子配对形成一个 π 键，所以 C$_2$H$_4$ 分子中 C—H 键键角为 120°。

7. 答：(1) 有三个电子层，半径最大是第三周期的前三个元素。
A：Na，ⅠA 族，$3s^1$；　　B：Mg，ⅡA 族，$3s^2$；　　C：Al，ⅢA 族，$3s^2 3p^1$。
(2) 由题意分析，D 和 E 为ⅦA 族元素。D：室温液态，为 Br，第三周期，ⅦA 族，$3s^2 3p^5$；E：室温固态，为 I，第四周期，ⅦA 族，$4s^2 4p^5$。
(3) G：电负性最大是氟 (F)，第二周期，ⅦA 族，$2s^2 2p^5$。
(4) L：He，第一周期，零族，$1s^2$。
(5) M：金属，第四周期，可显七价，只有锰 (Mn)，ⅦB 族，$3d^5 4s^2$。

8. 答：(1) Mg^{2+}>Al^{3+}；(2) Br$^-$<I$^-$；(3) Cl$^-$>K$^+$；(4) Cu$^+$>Cu^{2+}。

9. 答：SiC>SiBr$_4$>SiCl$_4$>SiF$_4$。

10. 答：(1) 金刚石是一种典型的共价型原子晶体，在金刚石的晶体结构中，以一个碳原子为中心，通过共价键连接 4 个碳原子，形成正四面体的空间结构，每个碳环由 6 个碳原子组成，所有的 C—C 键键长为 1.55×10^{-10}m，键角为 109°28′，键能也都相等，熔点高达 3550℃，是硬度最大的单质。

石墨是典型的层状结构晶体，同层中，每个碳原子采用 sp^2 杂化轨道与相邻的 3 个 C 原子以 3 个 σ 键相连接，键角为 120°，构成一个正六角形平面网络结构。未参加杂化的 2p 轨道垂直于 3 个 sp² 杂化轨道所在的平面，且彼此平行，共同形成大 π 键。石墨层内相邻碳原子之间 C—C 键长为 142pm，层与层间的距离为 340pm，靠分子间力结合起来。石墨晶体既有共价键，又有分子间力，是混合键型的晶体。

（2）同理，SO_2 为分子晶体，分子间力较弱；SiO_2 为原子晶体，Si、O 原子间以强的共价键结合。

第 6 章

1. 答：主要任务是鉴定物质的化学组成（元素、离子、官能团或化合物）、测定物质的有关组分的含量、确定物质的结构（化学结构、晶体结构、空间分布）和存在形态（价态、配位态、结晶态）及其与物质性质之间的关系等。主要是进行结构分析、形态分析、能态分析。

按原理分类，分析方法可分为化学分析和仪器分析。

2. 答：不对。分析人员对样品未缩分，所分析的样品不具代表性。

3. 答：沉淀分离法、色谱分离法、萃取分离法、重结晶、蒸馏、过滤。

4. 答：（1）色谱法的突出特点是具有很强的分离能力。（2）近年来，随着填料与柱制备技术、仪器一体化技术、检测器技术、数据处理技术的发展与创新，色谱法已具有分离效率高、分析速度快、样品用量少、灵敏度高、分离和测定一次完成、易于自动化等优点。

参 考 文 献

戴树桂. 2004. 环境化学. 北京：高等教育出版社.
邓建成. 2004. 大学化学基础. 北京：化学工业出版社.
段玉峰. 2001. 综合训练与设计. 北京：科学出版社.
傅献彩，沈文霞，姚天扬，等. 2006. 物理化学（上、下册）. 5 版. 北京：高等教育出版社.
高学敏. 2000. 中医药高级丛书·中药学. 北京：人民卫生出版社.
古凤才，肖衍繁，张明杰，等. 2005. 基础化学实验教程. 2 版. 北京：科学出版社.
胡英. 2007. 物理化学. 5 版. 北京：高等教育出版社.
华彤文，陈景祖，等. 2005. 普通化学原理. 3 版. 北京：北京大学出版社.
刘汉兰，陈浩，文利柏. 2005. 基础化学实验. 北京：科学出版社.
马家举. 2003. 普通化学. 北京：化学工业出版社.
牟世芬，刘勇建. 2001. 加速溶剂萃取的原理及应用. 现代科学仪器，1（3）：18-20.
申泮文. 2002. 近代化学导论（上、下册）. 北京：高等教育出版社.
宋天佑，程鹏，王杏乔. 2004. 无机化学. 北京：高等教育出版社.
天津大学物理化学教研室. 2009. 物理化学（上、下册）. 5 版. 北京：高等教育出版社.
仝克勤. 2007. 基础化学实验. 北京：化学工业出版社.
王彦广. 2000. 化学与人类文明. 杭州：浙江大学出版社.
武汉大学. 2006. 分析化学（上、下册）. 5 版. 北京：高等教育出版社.
徐家宁，门瑞芝，张寒琦. 2006. 基础化学实验. 北京：高等教育出版社.
徐崇泉，强亮生. 2003. 工科大学化学. 北京：高等教育出版社.
徐伟亮. 2005. 基础化学实验. 北京：科学出版社.
杨春，梁萍，张颖，等. 2007. 无机化学实验. 天津：南开大学出版社.
张学红. 2006. 超临界流体萃取技术. 化学教学，(6)：33-34.
钟振声，章莉娟. 2003. 表面活性剂在化妆品中的应用. 北京：化学工业出版社.
朱文祥. 2004. 中级无机化学. 北京：高等教育出版社.
朱湛，傅引霞. 2007. 无机化学实验. 北京：北京理工大学出版社.
Bard A J，Faulkner L R. 2005. 电化学方法原理和应用. 2 版. 邵元华，朱果逸，董献堆，等译. 北京：化学工
　业出版社.

附　录

附录1　一些基本物理常数

物理量	符号	数值与单位
真空中的光速	c	$(299\,792\,458\pm1.2)\,\text{m}\cdot\text{s}^{-1}$
阿伏伽德罗（Avogadro）常量	N_0	$(6.022\,045\pm0.000\,031)\times10^{23}\,\text{mol}^{-1}$
玻尔兹曼（Boltzmann）常量	k	$(1.380\,662\pm0.000\,041)\times10^{-23}\,\text{J}\cdot\text{K}^{-1}$
基本电荷（元电荷）	e	$(1.602\,189\,2\pm0.000\,004\,6)\times10^{-19}\,\text{C}$
质子静止质量	m_p	$(1.672\,648\,5\pm0.000\,008\,6)\times10^{-27}\,\text{kg}$
电子静止质量	m_e	$(9.109\,534\pm0.000\,047)\times10^{-31}\,\text{kg}$
普朗克（Planck）常量	h	$(6.626\,176\pm0.000\,036)\times10^{-34}\,\text{J}\cdot\text{s}$
法拉第（Faraday）常量	F	$(9.648\,456\pm0.000\,027)\times10^{4}\,\text{C}\cdot\text{mol}^{-1}$

附录2　常见物质的标准摩尔生成焓、标准摩尔生成吉布斯函数及标准摩尔熵（298.15K）

物质	$\Delta_\text{f}H_\text{m}^{\ominus}/(\text{kJ}\cdot\text{mol}^{-1})$	$\Delta_\text{f}G_\text{m}^{\ominus}/(\text{kJ}\cdot\text{mol}^{-1})$	$S_\text{m}^{\ominus}/(\text{J}\cdot\text{mol}^{-1}\cdot\text{K}^{-1})$
Ag（s）	0	0	42.55
Ag^{+}（aq）	105.579	77.107	72.68
AgBr（s）	−100.37	−96.90	170.1
AgCl（s）	−127.068	−109.789	96.2
AgI（s）	−61.68	−66.19	115.5
Ag_2O（s）	−30.05	−11.20	121.3
Ag_2CO_3（s）	−505.8	−436.8	167.4
Ag^{3+}（aq）	−531	−485	−321.7
AlCl_3（s）	−704.2	−628.8	110.67
Al_2O_3（s，α，刚玉）	−1675.7	−1582.3	50.92
AlO_2^{-}（aq）	−918.8	−823.0	−21
Ba^{2+}（aq）	−537.64	−560.77	9.6
BaCO_3（s）	−1216.3	−1137.6	112.1
BaO（s）	−553.5	−525.1	70.42
BaTiO_3（s）	−1659.8	−1572.3	107.9
Br_2（l）	0	0	152.231
Br_2（g）	30.907	3.110	245.463
Br^{-}（aq）	−121.55	−103.96	82.4
C（s，石墨）	0	0	5.740
C（s，金刚石）	1.8966	2.8995	2.377
CCl_4（l）	−135.44	−65.21	216.40

续表

物质	$\Delta_f H_m^\ominus$ /(kJ·mol^{-1})	$\Delta_f G_m^\ominus$ /(kJ·mol^{-1})	$S_m^\ominus$ /(J·mol^{-1}·K^{-1})
CO(g)	−110.525	−137.168	197.674
CO$_2$(g)	−393.509	−394.359	213.74
CO$_3^{2-}$(aq)	−677.14	−527.81	−56.9
HCO$_3^-$(aq)	−691.99	−586.77	91.2
Ca(s)	0	0	41.42
Ca^{2+}(aq)	−542.83	−553.58	−53.1
CaCO$_3$(s, 生解石)	−1206.92	−1128.79	92.9
CaO(s)	−635.09	−604.03	39.75
Ca(OH)$_2$(s)	−986.09	−898.49	83.39
CaSO$_4$(s, 不溶解)	−1434.11	−1321.79	106.7
CaSO$_4$·2H$_2$O(s, 透石膏)	−2022.63	−1797.28	194.1
Cl$_2$(g)	0	0	223.006
Cl$^-$(aq)	−167.16	−131.26	56.5
Co(s, α)	0	0	30.04
CoCl$_2$(s)	−312.5	−269.8	109.16
Cr(s)	0	0	23.77
Cr^{3+}(aq)	−1999.1	—	—
Cr$_2$O$_3$(s)	−1139.7	−1058.1	81.2
Cr$_2$O$_7^{2-}$(aq)	−1490.3	−1301.1	261.9
Cu(s)	0	0	33.150
Cu^{2+}(aq)	64.77	65.249	−99.6
CuCl$_2$(s)	−220.1	−175.7	108.07
CuO(s)	−157.3	−129.7	42.63
Cu$_2$O(s)	−168.6	−146.0	93.14
CuS(s)	−53.1	−53.6	66.5
F$_2$(g)	0	0	202.78
Fe(s, α)	0	0	27.28
Fe^{2+}(aq)	−89.1	−78.90	−137.7
Fe^{3+}(aq)	−48.5	−4.7	−315.9
Fe$_{0.947}$O(s, 方铁矿)	−266.27	−245.12	57.49
FeO(s)	−272.0	—	—
Fe$_2$O$_3$(s, 赤铁矿)	−824.2	−742.2	87.40
Fe$_3$O$_4$(s, 磁铁矿)	−1118.4	−1015.4	146.4
Fe(OH)$_2$(s)	−569.0	−486.5	88
Fe(OH)$_3$(s)	−823.0	−696.5	106.7
H$_2$(g)	0	0	130.684
H$^+$(aq)	0	0	0
H$_2$CO$_3$(aq)	−699.65	−623.16	187.4
HCl(g)	−92.307	−95.299	186.80
HF(g)	−271.1	−273.2	173.79

续表

物质	$\Delta_f H_m^\ominus$/(kJ·mol^{-1})	$\Delta_f G_m^\ominus$/(kJ·mol^{-1})	$S_m^\ominus$/(J·mol^{-1}·K^{-1})
HNO$_3$ (l)	−174.10	−80.79	155.60
H$_2$O (g)	−241.818	−228.572	188.825
H$_2$O (l)	−285.83	−237.129	69.91
H$_2$O$_2$ (l)	−187.78	−120.35	109.6
H$_2$O$_2$ (aq)	−191.17	−134.03	143.9
H$_2$S (g)	−20.63	−33.56	205.79
HS$^-$ (aq)	−17.6	12.08	62.8
S^{2-} (aq)	33.1	85.8	−14.6
Hg (g)	61.317	31.820	174.96
Hg (l)	0	0	76.02
HgO (s)	−90.83	−58.539	70.29
I$_2$ (g)	62.438	19.327	260.65
I$_2$ (s)	0	0	116.135
I$^-$ (aq)	−55.19	−51.59	111.3
K (s)	0	0	64.18
K$^+$ (aq)	−252.38	−283.27	102.5
KCl (s)	−436.747	−409.14	82.59
Mg (s)	0	0	32.68
Mg^{2+} (aq)	−466.85	−454.8	−138.1
MgCl$_2$ (s)	−641.32	−591.79	89.62
MgO (s, 粗粒的)	−601.70	−569.44	26.94
Mg(OH)$_2$ (s)	−924.54	−833.51	63.18
Mn (s, α)	0	0	32.01
Mn^{2+} (aq)	−220.75	−228.1	−73.6
MnO (s)	−385.22	−362.90	59.71
N$_2$ (g)	0	0	191.50
NH$_3$ (g)	−46.11	−16.45	192.45
NH$_3$ (aq)	−80.29	−26.50	111.3
NH$_4^+$ (aq)	−132.43	−79.31	113.4
N$_2$H$_4$ (l)	50.63	149.34	121.21
NH$_4$Cl (s)	−314.43	−202.87	94.6
NO (g)	90.25	86.55	210.761
NO$_2$ (g)	33.18	51.31	240.06
N$_2$O$_4$ (g)	9.16	304.29	97.89
NO$_3^-$ (aq)	−205.0	−108.74	146.4
Na (s)	0	0	51.21
Na$^+$ (aq)	−240.12	−261.95	59.0
Na (s)	0	0	51.21
NaCl (s)	−411.15	−384.15	72.13
Na$_2$O (s)	−414.22	−375.47	75.06
NaOH (s)	−425.609	−379.526	64.45

续表

物质	$\Delta_f H_m^\ominus$ /(kJ·mol^{-1})	$\Delta_f G_m^\ominus$ /(kJ·mol^{-1})	$S_m^\ominus$ /(J·mol^{-1}·K^{-1})
Ni(s)	0	0	29.87
NiO(s)	−239.7	−211.7	37.99
O$_2$(g)	0	0	205.138
O$_3$(g)	142.7	163.2	238.93
OH$^-$(aq)	−229.994	−157.244	−10.75
P(s,白)	0	0	41.09
Pb(s)	0	0	64.81
Pb^{2+}(aq)	−1.7	−24.43	10.5
PbCl$_2$(s)	−359.41	−314.1	136.0
PbO(s,黄)	−217.32	−187.89	68.70
S(s,正交)	0	0	31.80
SO$_2$(g)	−296.83	−300.19	248.22
SO$_3$(g)	−395.72	−371.06	256.76
SO$_4^{2-}$(aq)	−909.27	−744.53	20.1
Si(s)	0	0	18.83
SiO$_2$(s,α,石英)	−910.94	−856.64	41.84
Sn(s,白)	0	0	51.55
SnO$_2$(s)	−580.7	−519.7	52.3
Ti(s)	0	0	30.63
TiCl$_4$(l)	−804.2	−737.2	252.34
TiCl$_4$(g)	−763.2	−726.7	354.9
TiN(s)	−722.2	—	—
TiO$_2$(s,金红石)	−944.7	−889.5	50.33
Zn(s)	0	0	41.63
Zn^{2+}(aq)	−153.89	−147.06	−112.1
CH$_4$(g)	−74.81	−50.72	186.264
C$_2$H$_2$(g)	226.73	209.20	200.94
C$_2$H$_4$(g)	52.26	68.15	219.56
C$_2$H$_6$(g)	−84.68	−32.82	229.60
C$_6$H$_6$(g)	82.93	129.66	269.20
C$_6$H$_6$(l)	48.99	124.35	173.26
CH$_3$OH(l)	−238.66	−166.27	126.8
C$_2$H$_5$OH(l)	−277.69	−174.78	160.07
CH$_3$COOH(l)	−484.5	−389.9	159.8
C$_6$H$_5$COOH(s)	−385.05	−245.27	167.57
C$_{12}$H$_{22}$O$_{11}$(s)	−2225.5	−1544.6	360.2

附录3 弱酸在水中的解离常数（298.15K）

化合物	分子式		$K_a^\ominus$	$pK_a^\ominus$
亚砷酸	H_3AsO_3		6.0×10^{-10}	9.22
砷酸	H_3AsO_4	$K_{a_1}^\ominus$	6.3×10^{-3}	2.20
		$K_{a_2}^\ominus$	1.0×10^{-7}	7.00
		$K_{a_3}^\ominus$	3.2×10^{-12}	11.50
硼酸	H_3BO_3		5.8×10^{-10}	9.24
四硼酸	$H_2B_4O_7$	$K_{a_1}^\ominus$	1×10^{-4}	4
		$K_{a_2}^\ominus$	1×10^{-9}	9
碳酸	H_2CO_3	$K_{a_1}^\ominus$	4.2×10^{-7}	6.38
		$K_{a_2}^\ominus$	5.6×10^{-11}	10.25
氢氰酸	HCN		6.2×10^{-10}	9.21
氰酸	HOCN		2.2×10^{-4}	3.66
铬酸	H_2CrO_4	$K_{a_1}^\ominus$	0.18	0.74
		$K_{a_2}^\ominus$	3.2×10^{-7}	6.50
氢氟酸	HF		6.6×10^{-4}	3.18
过氧化氢	H_2O_2		1.8×10^{-12}	11.75
亚硝酸	HNO_2		5.1×10^{-4}	3.29
亚磷酸	H_3PO_3	$K_{a_1}^\ominus$	5.0×10^{-2}	1.30
		$K_{a_2}^\ominus$	2.5×10^{-7}	6.60
磷酸	H_3PO_4	$K_{a_1}^\ominus$	7.6×10^{-3}	2.12
		$K_{a_2}^\ominus$	6.3×10^{-8}	7.20
		$K_{a_3}^\ominus$	4.4×10^{-13}	12.36
焦磷酸	$H_4P_2O_7$	$K_{a_1}^\ominus$	3.0×10^{-2}	1.52
		$K_{a_2}^\ominus$	4.4×10^{-3}	2.36
		$K_{a_3}^\ominus$	2.5×10^{-7}	6.60
		$K_{a_4}^\ominus$	5.6×10^{-12}	9.25
氢硫酸	H_2S	$K_{a_1}^\ominus$	1.3×10^{-7}	6.88
		$K_{a_2}^\ominus$	1.20×10^{-13}	12.92
硫氰酸	HSCN		1.41×10^{-1}	0.85
亚硫酸	H_2SO_3（$SO_2\cdot H_2O$）	$K_{a_1}^\ominus$	1.29×10^{-2}	1.89
		$K_{a_2}^\ominus$	6.3×10^{-8}	7.20

续表

化合物	分子式	$K_a^\ominus$		p$K_a^\ominus$
硫酸	H_2SO_4	$K_{a_2}^\ominus$	1.3×10^{-2}	1.90
硫代硫酸	$H_2S_2O_3$	$K_{a_1}^\ominus$	2.5×10^{-1}	0.60
		$K_{a_2}^\ominus$	1.9×10^{-2}	1.72
硅酸	H_2SiO_3	$K_{a_1}^\ominus$	1.7×10^{-10}	9.77
		$K_{a_2}^\ominus$	1.6×10^{-12}	11.80
甲酸	HCOOH		1.8×10^{-4}	3.74
乙酸	CH_3COOH		1.8×10^{-5}	4.74
丙酸	C_2H_5COOH		1.35×10^{-5}	4.87
一氯乙酸	$ClCH_2COOH$		1.38×10^{-3}	2.86
二氯乙酸	$Cl_2CHCOOH$		5.0×10^{-2}	1.30
三氯乙酸	Cl_3CCOOH		2.3×10^{-1}	0.64
苯甲酸	C_6H_5COOH		6.2×10^{-5}	4.21
苯酚	C_6H_5OH		1.1×10^{-10}	9.95
乙二酸	$H_2C_2O_4$	$K_{a_1}^\ominus$	5.9×10^{-2}	1.22
		$K_{a_2}^\ominus$	6.4×10^{-5}	4.19
乳酸	$CH_3CHOHCOOH$	$K_{a_1}^\ominus$	1.4×10^{-4}	3.86
		$K_{a_2}^\ominus$	1.12×10^{-3}	2.95
邻苯二甲酸	$C_6H_4(COOH)_2$		3.91×10^{-6}	5.41
(d)-酒石酸	CHOHCOOH–CHOHCOOH	$K_{a_1}^\ominus$	9.1×10^{-4}	3.04
		$K_{a_2}^\ominus$	4.3×10^{-5}	4.37
抗坏血酸	(见结构式)	$K_{a_1}^\ominus$	6.8×10^{-5}	4.17
		$K_{a_2}^\ominus$	2.8×10^{-12}	11.56
柠檬酸	CH_2COOH–$COHCOOH$–CH_2COOH	$K_{a_1}^\ominus$	7.4×10^{-4}	3.13
		$K_{a_2}^\ominus$	1.7×10^{-5}	4.76
		$K_{a_3}^\ominus$	4.0×10^{-7}	6.40
乙二胺四乙酸	H_6-EDTA^{2+}	$K_{a_1}^\ominus$	1.3×10^{-1}	0.9
		$K_{a_2}^\ominus$	2.5×10^{-2}	1.6
		$K_{a_3}^\ominus$	1.0×10^{-2}	2.0
		$K_{a_4}^\ominus$	2.14×10^{-3}	2.67
		$K_{a_5}^\ominus$	6.92×10^{-7}	6.16
		$K_{a_6}^\ominus$	5.50×10^{-11}	10.26

续表

化合物	分子式		$K_a^{\ominus}$	$pK_a^{\ominus}$
水杨酸	$C_6H_4OHCOOH$	$K_{a_1}^{\ominus}$	1.0×10^{-3}	3.00
		$K_{a_2}^{\ominus}$	4.2×10^{-13}	12.38
磺基水杨酸	$C_6H_3SO_3HOHCOOH$	$K_{a_1}^{\ominus}$	4.7×10^{-3}	2.33
		$K_{a_2}^{\ominus}$	4.8×10^{-12}	11.32
苦味酸	$HOC_6H_2(NO_2)_3$		4.2×10^{-1}	0.38
邻二氮菲	$C_{12}H_8N_2$		1.1×10^{-5}	4.96
8-羟基喹啉	C_9H_6NOH	$K_{a_1}^{\ominus}$	9.6×10^{-6}	5.02
		$K_{a_2}^{\ominus}$	1.55×10^{-10}	9.81

附录4　弱碱在水中的解离常数（298.15K）

名称	分子式		$K_b^{\ominus}$	$pK_b^{\ominus}$
氨水	$NH_3\cdot H_2O$		1.8×10^{-5}	4.74
羟胺	NH_2OH		9.1×10^{-9}	8.04
联氨	H_2NNH_2	$K_{b_1}^{\ominus}$	9.8×10^{-7}	6.01
		$K_{b_2}^{\ominus}$	1.32×10^{-15}	14.88
苯胺	$C_6H_5NH_2$		4.2×10^{-10}	9.38
甲胺	CH_3NH_2		4.2×10^{-4}	3.38
乙胺	$C_2H_5NH_2$		4.3×10^{-4}	3.37
二甲胺	$(CH_3)_2NH$		5.9×10^{-4}	3.23
二乙胺	$(C_2H_5)_2NH$		8.5×10^{-4}	3.07
乙醇胺	$HOC_2H_4NH_2$		3×10^{-5}	4.5
三乙醇胺	$N(C_2H_4OH)_3$		5.8×10^{-7}	6.24
六次甲基四胺	$(CH_2)_6N_4$		1.35×10^{-9}	8.87
乙二胺	$H_2NCH_2CH_2NH_2$	$K_{b_1}^{\ominus}$	8.5×10^{-5}	4.07
		$K_{b_2}^{\ominus}$	7.1×10^{-8}	7.15
吡啶	C_5H_5N		1.8×10^{-9}	8.74
尿素	$(NH_2)_2CO$		1.3×10^{-14}（21℃）	1.39

附录 5 金属离子与 EDTA 配合物的 $\lg K_f^\ominus$（298.15K）

离子	$\lg K_f^\ominus$	离子	$\lg K_f^\ominus$	离子	$\lg K_f^\ominus$
Ag^+	7.32	Hg^{2+}	21.7	Sm^{3+}	17.1
Al^{3+}	16.3	Ho^{3+}	18.7	Sn^{2+}	22.11
Ba^{2+}	7.86	In^{3+}	25.0	Sn^{4+}	34.5
Be^{2+}	9.2	La^{3+}	15.4	Sr^{2+}	8.73
Bi^{3+}	27.94	Li^+	2.79	Tb^{3+}	17.9
Ca^{2+}	10.69	Lu^{3+}	19.8	Th^{4+}	23.2
Cd^{2+}	16.46	Mg^{2+}	8.7	Ti^{3+}	21.3
Ce^{3+}	16.0	Mn^{2+}	13.87	TiO^{2+}	17.3
Co^{2+}	16.31	MoO^{2+}	28	Tl^{3+}	37.8
Co^{3+}	36	Na^+	1.66	Tm^{3+}	19.3
Cr^{3+}	23.4	Nd^{3+}	16.6	U^{4+}	25.8
Cu^{2+}	18.80	Ni^{2+}	18.62	UO_2^{2+}	10
Dy^{3+}	18.3	Os^{3+}	17.9	V^{2+}	12.7
Er^{3+}	18.8	Pb^{2+}	18.04	V^{3+}	25.9
Eu^{2+}	7.7	Pd^{2+}	18.5	VO^{2+}	18.8
Eu^{3+}	17.4	Pm^{3+}	16.8	VO_2^+	18.1
Fe^{2+}	14.32	Pr^{3+}	16.4	Y^{3+}	18.09
Fe^{3+}	25.1	Pt^{3+}	16.4	Yb^{3+}	19.5
Ga^+	20.3	Ra^{2+}	7.4	Zn^{2+}	16.50
Gd^+	17.4	Ru^{2+}	7.4	ZrO^{2+}	29.5
HfO^{2+}	19.1	Sc^{3+}	23.1		

附录 6 标准电极电势（298.15K）

半反应	$\varphi^\ominus$ /V
$F_2 + 2e^- \rightleftharpoons 2F^-$	2.87
$O_3 + 2H^+ + 2e^- \rightleftharpoons O_2 + H_2O$	2.07
$S_2O_8^{2-} + 2e^- \rightleftharpoons 2SO_4^{2-}$	2.0
$Ag^{2+} + e^- \rightleftharpoons Ag^+$	1.98
$H_2O_2 + 2H^+ + 2e^- \rightleftharpoons 2H_2O$	1.77
$PbO_2 + SO_4^{2-} + 4H^+ + 2e^- \rightleftharpoons PbSO_4 + 2H_2O$	1.69
$Au^+ + e^- \rightleftharpoons Au$	1.68
$MnO_4^- + 4H^+ + 3e^- \rightleftharpoons MnO_2 + 2H_2O$	1.68
$2HClO + 2H^+ + 2e^- \rightleftharpoons Cl_2 + 2H_2O$	1.63
$Ce^{4+} + e^- \rightleftharpoons Ce^{3+}$	1.61

续表

半反应	$\varphi^\ominus$ /V
$H_5IO_6 + H^+ + 2e^- \rightleftharpoons IO_3^- + 3H_2O$	1.6
$2HBrO + 2H^+ + 2e^- \rightleftharpoons Br_2 + 2H_2O$	1.6
$Bi_2O_4 + 4H^+ + 2e^- \rightleftharpoons 2BiO^+ + 2H_2O$	1.59
$2BrO_3^- + 12H^+ + 10e^- \rightleftharpoons Br_2 + 6H_2O$	1.5
$MnO_4^- + 8H^+ + 5e^- \rightleftharpoons Mn^{2+} + 4H_2O$	1.51
$Mn^{3+} + e^- \rightleftharpoons Mn^{2+}$	1.51
$HClO + H^+ + 2e^- \rightleftharpoons Cl^- + H_2O$	1.49
$PbO_2 + 4H^+ + 2e^- \rightleftharpoons Pb^{2+} + 2H_2O$	1.455
$ClO_3^- + 6H^+ + 6e^- \rightleftharpoons Cl^- + 3H_2O$	1.45
$2HIO + 2H^+ + 2e^- \rightleftharpoons I_2 + 2H_2O$	1.45
$BrO_3^- + 6H^+ + 6e^- \rightleftharpoons Br^- + 3H_2O$	1.44
$Cl_2 + 2e^- \rightleftharpoons 2Cl^-$	1.358
$Cr_2O_7^{2-} + 14H^+ + 6e^- \rightleftharpoons 2Cr^{3+} + 7H_2O$	1.33
$MnO_2 + 4H^+ + 2e^- \rightleftharpoons Mn^{2+} + 2H_2O$	1.23
$O_2 + 4H^+ + 4e^- \rightleftharpoons 2H_2O$	1.229
$ClO_4^- + 2H^+ + 2e^- \rightleftharpoons ClO_3^- + H_2O$	1.19
$2IO_3^- + 12H^+ + 10e^- \rightleftharpoons I_2 + 6H_2O$	1.19
$Br_2(aq) + 2e^- \rightleftharpoons 2Br^-$	1.08
$2ICl_2^- + 2e^- \rightleftharpoons I_2 + 4Cl^-$	1.06
$N_2O_4 + 2H^+ + 2e^- \rightleftharpoons 2HNO_2$	1.07
$HNO_2 + H^+ + e^- \rightleftharpoons NO + H_2O$	0.98
$VO_2^+ + 2H^+ + e^- \rightleftharpoons VO^{2+} + H_2O$	0.999
$NO_3^- + 3H^+ + 2e^- \rightleftharpoons HNO_2 + H_2O$	0.94
$2Hg^{2+} + 2e^- \rightleftharpoons Hg_2^{2+}$	0.907
$ClO^- + H_2O + 2e^- \rightleftharpoons Cl^- + 2OH^-$	0.89
$H_2O_2 + 2e^- \rightleftharpoons 2OH^-$	0.88
$Cu^{2+} + I^- + e^- \rightleftharpoons CuI$	0.86
$Ag^+ + e^- \rightleftharpoons Ag$	0.7994
$Hg_2^{2+} + 2e^- \rightleftharpoons 2Hg$	0.792
$Fe^{3+} + e^- \rightleftharpoons Fe^{2+}$	0.771
$BrO^- + H_2O + 2e^- \rightleftharpoons Br^- + 2OH^-$	0.76
$O_2 + 2H^+ + 2e^- \rightleftharpoons H_2O_2$	0.69

续表

半反应	$\varphi^{\ominus}$ /V
$2HgCl_2 + 2e^- \rightleftharpoons Hg_2Cl_2 + 2Cl^-$	0.63
$I_2(aq) + 2e^- \rightleftharpoons 2I^-$	0.621
$MnO_4^- + e^- \rightleftharpoons MnO_4^{2-}$	0.57
$H_3AsO_4 + 2H^+ + 2e^- \rightleftharpoons HAsO_2 + 2H_2O$	0.56
$I_3^- + 2e^- \rightleftharpoons 3I^-$	0.545
$I_2(s) + 2e^- \rightleftharpoons 2I^-$	0.535
$MnO_4^{2-} + 2H_2O + 2e^- \rightleftharpoons MnO_2 + 4OH^-$	0.5
$Cu^+ + e^- \rightleftharpoons Cu$	0.52
$H_2SO_3 + 4H^+ + 4e^- \rightleftharpoons S + 3H_2O$	0.45
$O_2 + 2H_2O + 4e^- \rightleftharpoons 4OH^-$	0.401
$2H_2SO_3 + 2H^+ + 4e^- \rightleftharpoons S_2O_3^{2-} + 3H_2O$	0.40
$VO^{2+} + 2H^+ + e^- \rightleftharpoons V^{3+} + H_2O$	0.34
$UO_2^{2+} + 4H^+ + 2e^- \rightleftharpoons U^{4+} + 2H_2O$	0.33
$BiO^+ + 2H^+ + 3e^- \rightleftharpoons Bi + H_2O$	0.32
$Hg_2Cl_2 + 2e^- \rightleftharpoons 2Hg + 2Cl^-$	0.268
$AgCl + e^- \rightleftharpoons Ag + Cl^-$	0.2223
$SO_4^{2-} + 4H^+ + 2e^- \rightleftharpoons H_2SO_3 + H_2O$	0.17
$Cu^{2+} + e^- \rightleftharpoons Cu^+$	0.17
$Sn^{4+} + 2e^- \rightleftharpoons Sn^{2+}$	0.14
$S + 2H^+ + 2e^- \rightleftharpoons H_2S$	0.14
$Hg_2Br_2 + 2e^- \rightleftharpoons 2Hg + 2Br^-$	0.1392
$TiO^{2+} + 2H^+ + e^- \rightleftharpoons Ti^{3+} + H_2O$	0.1
$S_4O_6^{2-} + 2e^- \rightleftharpoons 2S_2O_3^{2-}$	0.09
$AgBr + e^- \rightleftharpoons Ag + Br^-$	0.071
$2H^+ + 2e^- \rightleftharpoons H_2$	0.0000
$Pb^{2+} + 2e^- \rightleftharpoons Pb$	−0.126
$Sn^{2+} + 2e^- \rightleftharpoons Sn$	−0.14
$O_2 + 2H_2O + 2e^- \rightleftharpoons H_2O_2 + 2OH^-$	−0.146
$AgI + e^- \rightleftharpoons Ag + I^-$	−0.152
$V^{3+} + e^- \rightleftharpoons V^{2+}$	−0.255
$Cd^{2+} + 2e^- \rightleftharpoons Cd$	−0.403
$Cr^{3+} + e^- \rightleftharpoons Cr^{2+}$	−0.38

续表

半反应	$\varphi^{\ominus}$ /V
$Fe^{2+}+2e^- \rightleftharpoons Fe$	−0.44
$2CO_2+2H^++2e^- \rightleftharpoons H_2C_2O_4$	−0.49
$S+2e^- \rightleftharpoons S^{2-}$	−0.48
$As+3H^++3e^- \rightleftharpoons AsH_3$	−0.61
$U^{4+}+e^- \rightleftharpoons U^{3+}$	−0.63
$AsO_4^{3-}+3H_2O+2e^- \rightleftharpoons H_2AsO_3^-+4OH^-$	−0.67
$Ag_2S+2e^- \rightleftharpoons 2Ag+S^{2-}$	−0.69
$Zn^{2+}+2e^- \rightleftharpoons Zn$	−0.7628
$[Sn(OH)_6]^{2-}+2e^- \rightleftharpoons HSnO_2^-+H_2O+3OH^-$	−0.90
$Al^{3+}+3e^- \rightleftharpoons Al$	−1.66
$H_2AlO_3^-+H_2O+3e^- \rightleftharpoons Al+4OH^-$	−2.35
$Na^++e^- \rightleftharpoons Na$	−2.713
$K^++e^- \rightleftharpoons K$	−2.925

附录7 部分氧化还原电对的条件电极电位（298.15K）

半反应	$\varphi_N^{\ominus'}$	介质
$Ag^{2+}+e^- \rightleftharpoons Ag^+$	1.93	4mol·L^{-1} HNO$_3$
	2.00	4mol·L^{-1} HClO$_4$
$Ag^++e^- \rightleftharpoons Ag$	0.792	1mol·L^{-1} HClO$_4$
	0.228	1mol·L^{-1} HCl
	0.59	1mol·L^{-1} NaOH
$Bi^{3+}+3e^- \rightleftharpoons Bi$	−0.05	5mol·L^{-1} HCl
	0.0	1mol·L^{-1} HCl
$Ce^{4+}+e^- \rightleftharpoons Ce^{3+}$	1.70	1mol·L^{-1} HClO$_4$
	1.82	6mol·L^{-1} HClO$_4$
	1.61	1mol·L^{-1} HNO$_3$
	1.44	1mol·L^{-1} H$_2$SO$_4$
	1.28	1mol·L^{-1} HCl
$Co^{3+}+e^- \rightleftharpoons Co^{2+}$	1.84	3mol·L^{-1} HNO$_3$
	1.95	4mol·L^{-1} HClO$_4$
	1.80	1mol·L^{-1} H$_2$SO$_4$

续表

半反应	$\varphi_N^{\ominus\prime}$	介质
$Cr^{3+}+e^- \rightleftharpoons Cr^{2+}$	−0.40	$5mol \cdot L^{-1}$ HCl
$CrO_4^{2-}+2H_2O+3e^- \rightleftharpoons CrO_2^-+4OH^-$	−0.12	$1mol \cdot L^{-1}$ NaOH
$Cr_2O_7^{2-}+14H^++6e^- \rightleftharpoons 2Cr^{3+}+7H_2O$	1.02	$1mol \cdot L^{-1}$ $HClO_4$
	1.275	$1mol \cdot L^{-1}$ HNO_3
	1.34	$8mol \cdot L^{-1}$ H_2SO_4
	1.10	$2mol \cdot L^{-1}$ H_2SO_4
	0.92	$0.1mol \cdot L^{-1}$ H_2SO_4
	0.93	$0.1mol \cdot L^{-1}$ HCl
	1.00	$1mol \cdot L^{-1}$ HCl
	1.15	$4mol \cdot L^{-1}$ HCl
$Cu^{2+}+e^- \rightleftharpoons Cu^+$	−0.09	pH=14
$Cu(EDTA)^{2-}+2e^- \rightleftharpoons Cu+EDTA^{4-}$	0.13	$0.1mol \cdot L^{-1}$ EDTA,pH=4～5
$Fe^{3+}+e^- \rightleftharpoons Fe^{2+}$	0.74	$1mol \cdot L^{-1}$ $HClO_4$
	0.70	$1mol \cdot L^{-1}$ HCl
	0.64	$5mol \cdot L^{-1}$ HCl
	0.53	$10mol \cdot L^{-1}$ HCl
	0.68	$1mol \cdot L^{-1}$ H_2SO_4
	0.46	$2mol \cdot L^{-1}$ H_3PO_4
	0.51	$1mol \cdot L^{-1}$ HCl～$0.25mol \cdot L^{-1}$ H_3PO_4
$[Fe(CN)_6]^{3-}+e^- \rightleftharpoons [Fe(CN)_6]^{4-}$	0.72	$1mol \cdot L^{-1}$ $HClO_4$
	0.56	$0.1mol \cdot L^{-1}$ HCl
	0.70	$1mol \cdot L^{-1}$ HCl
	0.72	$1mol \cdot L^{-1}$ H_2SO_4
	0.46	$0.01mol \cdot L^{-1}$ NaOH
	0.52	$5mol \cdot L^{-1}$ NaOH
$Fe(EDTA)^-+e^- \rightleftharpoons Fe(EDTA)^{2-}$	0.12	$0.1mol \cdot L^{-1}$ EDTA,pH=4～6
$H_3AsO_4+2H^++2e^- \rightleftharpoons H_3AsO_3+H_2O$	0.557	$1 mol \cdot L^{-1}$ $HClO_4$
	0.557	$1mol \cdot L^{-1}$ HCl
$Hg_2Cl_2+2e^- \rightleftharpoons 2Hg+2Cl^-$	0.3337	$0.1mol \cdot L^{-1}$ KCl
	0.2807	$1mol \cdot L^{-1}$ KCl
	0.2415	饱和 KCl
$I_2(aq)+2e^- \rightleftharpoons 2I^-$	0.6276	$0.5mol \cdot L^{-1}$ H_2SO_4
$I_3^-+2e^- \rightleftharpoons 3I^-$	0.545	$0.5mol \cdot L^{-1}$ H_2SO_4
$MnO_4^-+8H^++5e^- \rightleftharpoons Mn^{2+}+4H_2O$	1.45	$1mol \cdot L^{-1}$ $HClO_4$

半反应	$\varphi_N^{\ominus\prime}$	介质
$MnO_4^- + 8H^+ + 5e^- \rightleftharpoons Mn^{2+} + 4H_2O$	1.27	$8\ mol\cdot L^{-1}\ H_3PO_3$
$Mn(Ⅶ) + 4e^- \rightleftharpoons Mn(Ⅲ)$	1.42	$0.7\ mol\cdot L^{-1}\ H_2SO_4$
$Mn^{3+} + e^- \rightleftharpoons Mn^{2+}$	1.488	$7.5\ mol\cdot L^{-1}\ H_2SO_4$
$Mn(H_2P_2O_7)_3^{3-} + 2H^+ + e^- \rightleftharpoons Mn(H_2P_2O_7)_2^{2-} + H_4P_2O_7$	1.15	$0.4\ mol\cdot L^{-1}\ Na_2H_2P_2O_7$
$MnO_4^{2-} + 2H_2O + 2e^- \rightleftharpoons MnO_2 + 4OH^-$	0.5	$8\ mol\cdot L^{-1}\ KOH$
$Sb(Ⅴ) + 2e^- \rightleftharpoons Sb(Ⅲ)$	0.75	$3.5\ mol\cdot L^{-1}\ HCl$
	0.82	$6\ mol\cdot L^{-1}\ HCl$
	−0.43	$3\ mol\cdot L^{-1}\ KOH$
	−0.59	$10\ mol\cdot L^{-1}\ KOH$
$SnCl_6^{2-} + 2e^- \rightleftharpoons SnCl_4^{2-} + 2Cl^-$	0.14	$1\ mol\cdot L^{-1}\ HCl$
	0.40	$4.5\ mol\cdot L^{-1}\ H_2SO_4$
$Ti(Ⅳ) + e^- \rightleftharpoons Ti(Ⅲ)$	−0.04	$1\ mol\cdot L^{-1}\ HCl$
	0.09	$3\ mol\cdot L^{-1}\ HCl$
	0.125	$4\ mol\cdot L^{-1}\ HCl$
	0.169	$6\ mol\cdot L^{-1}\ HCl$
	0.221	$8\ mol\cdot L^{-1}\ HCl$
	−0.01	$0.2\ mol\cdot L^{-1}\ H_2SO_4$

附录8　难溶化合物的溶度积常数（298.15K）

化合物	$K_{sp}^{\ominus}$	$pK_{sp}^{\ominus}$	化合物	$K_{sp}^{\ominus}$	$pK_{sp}^{\ominus}$
Ag_3AsO_4	1×10^{-22}	22.0	$BaSO_4$	1.1×10^{-10}	9.96
$AgBr$	5.0×10^{-13}	12.30	$Bi(OH)_3$	4×10^{-31}	30.4
Ag_2CO_3	8.1×10^{-12}	11.09	$CaCO_3$	2.9×10^{-9}	8.54
$Ag_2C_2O_4$	3.5×10^{-11}	10.46	CaC_2O_4	2.3×10^{-9}	8.64
$AgCl$	1.77×10^{-10}	9.75	CaF_2	2.7×10^{-11}	10.57
Ag_2CrO_4	2.0×10^{-12}	11.71	$Ca_3(PO_4)_2$	2.0×10^{-29}	28.70
$AgOH$	2.0×10^{-8}	7.71	$CaSO_4$	9.1×10^{-6}	5.04
AgI	9.3×10^{-17}	16.03	$CaWO_4$	8.7×10^{-9}	8.06
Ag_3PO_4	1.4×10^{-16}	15.84	$CdCO_3$	5.2×10^{-12}	11.28
Ag_2S	2×10^{-49}	48.7	CdC_2O_4	1.51×10^{-8}	7.82
$AgSCN$	1.0×10^{-12}	12.00	$Cd(OH)_2$	2.5×10^{-14}	13.60
Ag_2SO_4	1.58×10^{-5}	4.80	CdS	8×10^{-27}	26.1
$Al(OH)_3$	4.6×10^{-33}	32.34	$Co(OH)_2$	1.6×10^{-15}	14.8
$BaCO_3$	5.1×10^{-9}	8.29	$Co(OH)_3$	2×10^{-44}	43.7
BaC_2O_4	1.6×10^{-7}	6.79	$\alpha\text{-}CoS$	4×10^{-21}	20.4
$BaCrO_4$	1.2×10^{-10}	9.93	$\beta\text{-}CoS$	2×10^{-25}	24.7
$BaMnO_4$	3×10^{-10}	9.6	$Cr(OH)_3$	6×10^{-31}	30.2

续表

化合物	$K_{sp}^{\ominus}$	$pK_{sp}^{\ominus}$	化合物	$K_{sp}^{\ominus}$	$pK_{sp}^{\ominus}$
CuBr	5.2×10^{-9}	8.28	MnS（绿）	3×10^{-13}	12.6
CuCl	1.2×10^{-3}	5.92	$Ni(OH)_2$	2×10^{-15}	14.7
CuI	1.1×10^{-12}	11.96	α-NiS	3×10^{-19}	18.5
CuOH	1×10^{-14}	14.0	β-NiS	1×10^{-24}	24.0
Cu_2S	2×10^{-48}	47.7	γ-NiS	2×10^{-26}	25.7
CuSCN	4.8×10^{-15}	14.32	$PbCO_3$	7.4×10^{-14}	13.13
$CuCO_3$	1.4×10^{-10}	9.86	PbC_2O_4	3×10^{-11}	10.5
$Cu(OH)_2$	2.2×10^{-20}	19.66	$PbCl_2$	1.6×10^{-5}	4.79
CuS	6×10^{-36}	35.2	$PbCrO_4$	2.8×10^{-13}	12.55
$Fe(OH)_2$	8×10^{-16}	15.1	PbF_2	2.7×10^{-8}	7.57
FeS	6×10^{-18}	17.2	PbI_2	7.1×10^{-9}	8.15
$Fe(OH)_3$	4×10^{-38}	37.4	$PbMoO_4$	1×10^{-13}	13.0
$FePO_4$	1.3×10^{-22}	21.89	$Pb(OH)_2$	1.2×10^{-15}	14.93
Hg_2Br_2	5.8×10^{-23}	22.24	$PbSO_4$	1.6×10^{-8}	7.79
Hg_2Cl_2	1.32×10^{-18}	17.88	PbS	8×10^{-28}	27.9
$Hg_2(OH)_2$	2×10^{-24}	23.7	$Sn(OH)_2$	8×10^{-29}	28.1
Hg_2I_2	4.5×10^{-29}	28.35	SnS	1×10^{-25}	25.0
$Hg(OH)_2$	3.0×10^{-25}	25.52	$Sn(OH)_4$	1×10^{-56}	56.0
HgS（红）	4×10^{-53}	52.4	$SrCO_3$	1.1×10^{-10}	9.96
HgS（黑）	1.6×10^{-52}	51.8	SrC_2O_4	5.6×10^{-8}	7.25
$MgNH_4PO_4$	2×10^{-13}	12.7	$SrCrO_4$	2.2×10^{-5}	4.65
$MgCO_3$	1×10^{-5}	5.0	SrF_2	2.4×10^{-9}	8.61
MgC_2O_4	8.5×10^{-5}	4.07	$SrSO_4$	3.2×10^{-7}	6.49
MgF_2	6.4×10^{-9}	8.19	$TiO(OH)_2$	1×10^{-29}	29.0
$Mg(OH)_2$	1.8×10^{-11}	10.74	$ZnCO_3$	1.4×10^{-11}	10.84
$MnCO_3$	5.0×10^{-10}	9.30	$Zn(OH)_2$	1.2×10^{-17}	16.92
$Mn(OH)_2$	1.9×10^{-13}	12.72	ZnS	1.61×10^{-24}	23.8
MnS（粉红）	3×10^{-10}	9.6			